石油工程技能培训系列教材

综合录井工

明晓峰 主编

中国石化出版社

内 容 提 要

《综合录井工》为《石油工程技能培训系列教材》之一。本教材分为录井概述、综合录井仪原理及组成、录井施工工艺、地质录井、气测录井、工程录井、录井新技术及应用等 7 个章节，涵盖了录井专业基础性和通用性知识。在章节编排上，充分结合现场施工工序和操作程序，能够让读者更系统了解掌握本专业常识性内容。

本教材为综合录井技能操作人员技能培训必备教材，也可作为相关专业大中专院校师生的参考教材。

图书在版编目（CIP）数据

综合录井工 / 明晓峰主编．—北京：中国石化出版社，2023.8

ISBN 978-7-5114-7184-0

Ⅰ．①综… Ⅱ．①明… Ⅲ．①录井—技术培训—教材 Ⅳ．① TE242.9

中国国家版本馆 CIP 数据核字（2023）第 139102 号

中国石化出版社出版发行

地址：北京市东城区安定门外大街 58 号
邮编：100011　电话：（010）57512500
发行部电话：（010）57512575
http：//www. sinopec-press. com
E-mail：press@ sinopec. com
北京富泰印刷有限责任公司印刷
全国各地新华书店经销

*

787 毫米 ×1092 毫米　16 开本　20 印张　437 千字
2023 年 9 月第 1 版　2023 年 9 月第 1 次印刷
定价：78.00 元

《石油工程技能培训系列教材》编写工作指导委员会

编委会办公室

测录井专业教材编写分委会

主　任：吴柏志

副主任：马艳杰　潘　军　张　波　慈兴华
许利辉

成　员：董经利　张晋言　李油建　李　迅
饶海涛　王　斌　郭同政　郭云峰
张多文

《综合录井工》编审人员

主　编：明晓峰

编　写：毛学斌　向巧玲　邱田民　段部青

　　　　陈清贵　范美虹　张德安　周　峻

审　稿：李油建　张多文　姚金志　渠效文

　　　　刘军平

序

PREFACE

习近平总书记指出："石油能源建设对我们国家意义重大，中国作为制造业大国，要发展实体经济，能源的饭碗必须端在自己手里。"党的二十大报告强调："深入推进能源革命，加大油气资源勘探开发和增储上产力度，确保能源安全。"石油工程是油气产业链上不可或缺的重要一环，是找油找气的先锋队、油气增储上产的主力军，是保障国家能源安全的重要战略支撑力量。随着我国油气勘探开发向深地、深海、超高温、超高压、非常规等复杂领域迈进，超深井、超长水平段、非常规等施工项目持续增加，对石油工程企业的核心支撑保障能力和员工队伍的技能素质提出了新的更高要求。

石油工程企业要切实履行好"服务油气勘探开发、保障国家能源安全"的核心职责，在建设世界一流、推进高质量发展中不断提高核心竞争力和核心功能，迫切需要加快培养造就一支高素质、专业化的石油工程产业大军，拥有一大批熟练掌握操作要领、善于解决现场复杂疑难问题、勇于革新创造的能工巧匠。

我们组织编写的《石油工程技能培训系列教材》，立足支撑国家油气产业发展战略所需，贯彻中国石化集团公司人才强企战略部署，把准石油工程行业现状与发展趋势，符合当前及今后一段时期石油工程产业大军技能素养提升的需求。这套教材的编审人员集合了中国石化集团公司石油工程领域的高层次专家、技能大师，注重遵循国家相关行业标准规范要求，坚持理论与实操相结合，既重理论基础，更重实际操作，深入分析提炼了系统内各企业的先进做法，涵盖了各相关专业（工种）的主要标准化操作流程和技能要领，具有较强的系统性、科学性、规范性、实用性。相信该套教材的出版发行，能够对推动中国石化乃至全国石油工程产业队伍建设和油气行业高质量发展产生积极影响。

匠心铸就梦想，技能成就未来。希望生产一线广大干部员工和各方面读者充分运用好这套教材，持续提升能力素质和操作水平，在新时代新征程中奋发有为、建功立业。希望这套教材能够在实践中不断丰富、完善，更好地助力培养石油工程新型产业大军，为保障油气勘探开发和国家能源安全作出不懈努力和贡献！

中石化石油工程技术服务股份有限公司

董事长、党委书记

2023 年 9 月

前言

FOREWORD

技能是强国之基、立业之本。技能人才是支撑中国制造、中国创造的重要力量。石油工程企业要高效履行保障油气勘探开发和国家能源安全的核心职责，必须努力打造谋求自身高质量发展的竞争优势和坚实基础，必须突出抓好技能操作队伍的素质提升，努力培养造就一支技能素养和意志作风过得硬的石油工程产业大军。

石油工程产业具有点多线长面广、资金技术劳动密集、专业工种门类与作业工序繁多、不可预见因素多及安全风险挑战大等特点。着眼抓实石油工程一线员工的技能培训工作，石油工程企业及相关高等职业院校等不同层面，普遍期盼能够有一套体系框架科学合理、理论与实操结合紧密、贴近一线生产实际、具有解决实操难题“窍门”的石油工程技能培训系列教材。

在中国石化集团公司对石油工程业务进行专业化整合重组、中国石化石油工程公司成立10周年之际，我们精心组织编写了该套《石油工程技能培训系列教材》。编写工作自2022年7月正式启动，历时一年多，经过深入研讨、精心编纂、反复审校，于今年9月付梓出版。该套教材涵盖物探、钻井、测录井、井下特种作业等专业领域的主要职业（工种），共计13册。主要适用于石油工程企业及相关油田企业的基层一线及其他相关员工，作为岗位练兵、技能认定、业务竞赛及其他各类技能培训的基本教材，也可作为石油工程高等职业院校的参考教材。

在编写过程中，坚持“系统性与科学性、针对性与适用性、规范性与易读性”相统一。在系统性与科学性上，注重体系完整，整体框架结构清晰，符合内在逻辑规律，其中《石油工程基础》与其他12册教材既相互衔接又各有侧重，整套教材紧贴技术前沿和现场实践，体现近年来新工艺新设备的推广，反映旋转导向、带压作业等新技术的应用等。在针对性与适用性上，既有物探、钻井、测录井、井下特种作业等专业领域基础性、通用性方面的内容，也凝练了各企业、各工区近年来摸索总结的优秀操作方法和独门诀窍，紧贴一线操作实际。在规范性与易读性上，注重明确现场操作标准步骤方法，保持体例格式规范统一，内容通俗易懂、易学易练，形式喜闻乐见、寓教于乐，语言流畅简练，符合一线员工“口味”。每章末尾还设有“二维码”，通过扫码可以获取思维导图、思考题答案、最新修订情况等增值内容，助力读者高效学习。

为编好本套教材，中国石化石油工程公司专门成立了由公司主要领导担任主任、班子成员及各所属企业主要领导组成的教材编写工作指导委员会，日常组织协调工作由公司人力资源部牵头负责，各相关业务部门及各所属企业人力资源部门协同配合。从全系统各条战线遴选了中华技能大奖、全国技术能手、中国石化技能大师获得者等担任主编，并精选业务能力强、现场经验丰富的高层次专家和业务骨干共同组成编审团队。承担13本教材具体编写任务的牵头单位如下：《石油工程基础》《石油钻井工》《石油钻井液工》《钻井柴油机工》《修井作业》《压裂酸化作业》《带压作业》等7本由胜利石油工程公司负责，《石油地震勘探工》和《石油勘探测量工》由地球物理公司负责，《测井工》和《综合录井工》由经纬公司负责，《连续油管作业》由江汉石油工程公司负责，《试油（气）作业》由西南石油工程公司负责。本套教材编写与印刷出版过程中得到了中国石化总部人力资源部、油田事业部、健康安全环保管理部等部门和中国石化出版社的悉心指导与大力支持。在此，向所有参与策划、编写、审校等工作人员的辛勤付出表示衷心的感谢！

编辑出版《石油工程技能培训系列教材》是一项系统工程，受编写时间、占有资料和自身能力所限，书中难免有疏漏之处，敬请多提宝贵意见。

编委会办公室

2023年9月

目录

CONTENTS

第一章

录井概述

录井是在钻进过程中应用电子技术、计算机技术、气体分析技术、网络通信技术及传感器技术，通过钻机相关部位安装的传感器，随钻将测得的相应变化的物理量转换成电信号，借助分析仪器、计算机和相应解释图版对油气地质、钻井工程及其他随钻信息进行分析处理，进而达到对钻遇地层含油气性评价、地层压力预测及钻井安全监控的一项随钻石油勘探技术。

第一节 发展历程

现代录井的发展从钻探石油的第一天起就已开始，20 世纪 30 年代美国 Baroid 公司首次研制的气测录井仪开始使用，构成了录井技术的雏形。从 30 年代到 70 年代初，涌现出钻时、地层剖面、初步判断油气层的方法等录井技术。70 年代中期之后，国外将计算机引入录井用于实时处理地质与工程数据，录井技术在智能化、定量化方面得到了巨大发展。我国录井技术的发展可以分为以下四个阶段。

第一阶段：20 世纪 50 年代初期主要是手工方式录井。自 1953 年引入荧光录井以来，各项数据信息的收集基本以人工为主，通过荧光灯、目测、观察油花等手段进行录井，开展的项目有岩屑（心）、荧光等常规录井。

第二阶段：1955 年 ~20 世纪 80 年代中期使用气测仪（半自动气测仪、全自动气测仪）。1955 年从苏联引进半自动气测仪，开了使用仪器的历史先河。1957 年钻井液检测技术引入录井范畴。1964 年研制出全自动气测仪，1974 年研制出 SQC-701 型全自动气测仪，开展的项目有气测和岩屑（心）等常规录井。

第三阶段：20 世纪 80 年代中期开始引进国外录井仪，具代表性的有 1984 年引进法国 Geoservices 公司生产的 TDC 录井仪，这个时期录井装备以全自动气测仪为主。80 年代后期开始研制国产录井仪，包括上海石油仪器厂于 1988 年推出的 SDL-1 地质录井仪、SQC882 气测录井仪，新乡二十二所于 1991 年推出的 SLZ-1 录井仪及上海神开公司推出的 SK-1Z01 录井仪等。开展的录井项目有气测录井、工程录井、钻井液录井、罐顶气分析、地化录井、常规荧光录井、常规地质录井等。

第四阶段：20 世纪 90 年代末期至今，为全面使用国际及国产录井仪时期，且厂家、型号数量丰富。这段时期是国内录井仪研制、进步和应用最快的阶段，国内和国际主流厂家合作引进 GEO6000、SDL9000、DRILLBYTE、ALS、DLS 等型号录井仪及特殊录井设备并大量实现配套设备设施国产化，随钻 MWD、LWD 及快速色谱技术迅猛发展，国内仪器厂商产品不断升级，如新乡二十二所将 SLZ-1 型升级至 SLZ-2A 型、ACE 智能录井仪，上海神开公司将 SK-1Z01 型升级到 SK-2000、SK-2000FC、SK-CMS 型及 SK-WFS 井工厂录井仪，上海科油公司将 CPS-2000 升级到 CPS-3000、WELLSTAR 录井仪，经纬公司地质测控技术研究院将 ZH-2 升级到 ZH-3 及 MatriExplore WFS-I 井工厂录井仪，淘汰老旧落后的计算机及数模转换、网络、记录打印输出等设备，普遍使用当前主流通用产品，硬件水平相当于甚至超过国外生产的第四代录井仪。各厂家均研发推广快速色谱仪，西南测控公司成功研发应用拉曼激光气体分析仪，开了录井行业气体无损、连续在线检测先河。录井开展的项目有岩屑（岩心）录井等地质录井，气测、工程、钻井液等综合录井，地化、定量荧光、核磁、光谱、元素、岩屑伽马等特殊录井，岩屑（岩心）及镜下薄片数字化采集、信息传输、地质导向技术、地质基础研究。录井项目向多领域、服务项目多样化方向发展，开始进入多维录井时代。

第二节　录井方法

一　地质录井

地质录井包括岩心录井、岩屑录井、迟到时间录井、钻时录井、荧光录井等，通过采集和识别钻井液携带出的岩屑、岩心及其结构构造、含油荧光特征，结合钻时建立钻遇地层岩性和油气水层剖面。

岩心录井：对钻井中取出的岩心进行丈量、计算、归位；观察和描述岩心的岩性、矿物成分、结构、沉积构造、产状、孔隙裂缝、各种次生变化、含油气情况、鉴定所含古生物；对岩心表面和断面上的特殊地质现象进行素描、摄影、摄像；对岩心选取样品进行化学、物理分析；最后，编制岩心柱状图。

岩屑录井：钻井过程中，按一定深度间隔取样，对每次取得的混杂样品进行挑选，排除坍塌的岩块后，进行肉眼或显微镜下地质观察、描述、定名，分别求出各种岩屑样品的质量或体积百分比，确定取样深度的岩石类别，配合其他录井资料，作出井下岩屑地层剖面图。

钻时录井：钻进速度的快慢，一方面取决于地下岩石的可钻性；另一方面又取决于钻井措施，如钻压、转速、排量的配合、钻井液性能、钻头类型及使用情况等。因此，根据钻时的大小，既可以帮助判断井下地层岩性的变化和缝洞发育情况，又能帮助工程人员掌握钻头使用情况，提高钻头利用率，并改进钻进措施，提高钻速，降低成本。

迟到时间录井：钻井过程中，钻井液携带钻头破碎岩石形成的岩屑及地层气，从井底沿钻具与井壁间的环形空间上返至地面所需的时间。随着井深的不断增加，迟到时间也相应持续变大。在录井现场，可通过实物、气显示变化、标志层及参考随钻测井等多种方法，对迟到时间进行校正，从而获得准确的实际迟到时间，并总结迟到时间在录井、钻井和固井中的应用。

荧光录井：钻井中，直接对岩屑、岩心等样品，定时或定距作紫外光照射，观察有无荧光反应，以了解钻经地层何处有含油层迹象的一种录井方法。

二 综合录井

综合录井是以综合录井仪为主要设备实施的录井任务，包括工程录井、钻井液录井、气测录井等。

工程录井：通过传感器采集和派生扭矩、悬重、钻压、泵冲、立压、套压、转速、钻具振动等与钻井工程有关的参数，通过监测、分析、判断等发现和预报工程异常，并为钻井参数的优化提供技术支持。

钻井液录井：通过综合录井仪监测和计算钻井液密度、电导率、温度、出口流量、池体积、H_2S 传感器等参数变化情况，实现对井漏、井涌、H_2S 浓度超标等异常情况的判断和预报。

气测录井：通过气体分析仪监测全烃、组分、非烃组分气体含量变化，实现对油气水层的实时发现与判别、初步解释评价，并与其他参数结合实施井控监测。

近年来随着录井技术的发展，元素录井、矿物录井、核磁共振录井、离子色谱录井、地化录井、岩屑伽马录井、水平井地质导向、录井井场信息远程传输等特殊录井技术及项目在油气勘探开发中应用推广，为快速识别岩性、储层评价、烃源岩评价、目的层卡层取心、水平井目的层地质导向技术服务、业主方勘探开发管理决策等提供了有效的录井技术支撑，形成了多种设备和技术手段组合的广义综合录井技术。

第三节　录井流程

一 施工设计

录井施工按钻井地质设计执行，目的是确保油气勘探开发与生产中录井资料的有效应用、采集作业顺利实施以及资料质量可靠控制。

（一）基本原则

钻井地质设计的基本原则是录井过程中应遵循的一般准则，包括以下主要内容：

①依据井位部署文件，收集、分析区域地质资料、邻井和邻区实钻资料、井位部署研究报告、过井和区域地震测线或三维地震数据体相关资料，区域构造图、目的层构造图、油藏预测剖面图各种相关图件。

②利用已有资料对设计井地层进行预测，主要有：地层分层预测、地层岩性剖面预测、油气层预测。

③根据地震、测井、邻井试油资料及邻井钻井液使用情况，邻井钻探过程中发生的卡钻、井喷、井漏、油气侵等复杂情况，综合分析、利用地层压力软件系统进行钻前地层压力预测，并合理提出钻井液性能、油气层保护方面的设计要求，特别是主要含油气目的层段的设计要求，达到近平衡钻井，保护油气层。

④根据不同的地质剖面、不同的油气性质，设计不同的地质录井项目，形成不同井别、

不同井型的单井最优化的录井系列，并对测井项目提出要求。

⑤通过对邻井钻探过程中出现井涌、井喷、井漏、卡钻、油气侵、盐水侵及钻遇软沥青、浅气层、有毒气体等情况综合分析，预测设计井在钻井过程中可能出现的复杂情况，并进行提示。

⑥应用钻井地质设计系统软件，建立地质设计各方面的数据体，快速掌握设计井区各项信息，达到快速设计。

⑦设计研究预测过程中，若发现与井位部署文件或地下地质情况不相符，应及时请示项目建设单位，拟定解决方案或以书面形式提出建议，呈交项目建设单位审批、改正；同时应用各项设计技术对钻井地质设计单项项目和整体进行优化，达到优化设计的目的。

⑧根据新的现场钻井施工情况、录井情况及钻探成果重新研究、预测，对原设计提出修改意见，并修改或变更原设计。

⑨及时提交设计进行审核，并按照审核意见修改，提交最终设计书，完成设计流程。

⑩编写执行 Q/SH 1020 0207—2020《钻井地质设计规范》。

（二）设计内容

不同的油气田公司、不同井的钻井地质设计的具体内容可能存在一定的差异，但钻井地质设计的格式和基本内容基本相同，具体包括以下内容。

1. 基本数据

包括：井号、井别、井位、设计垂深、目的层、完钻层位及完钻原则等。

2. 区域地质简介

包括：地层构造情况、邻井测井及钻探成果等。

3. 设计依据及钻探目的

（1）设计依据

依据钻探任务书、邻井实钻及试油资料作为正钻井设计依据。

（2）钻探目的

了解正钻井含油气范围。

4. 设计地质剖面及预计油气水层位置

包括：设计地层分层、地层岩性描述及预计油气水层位置。

5. 地层孔隙压力和钻井液性能使用要求

包括：邻井实测压力成果、邻井钻井液使用情况、地层压力及地层温度预测、钻井液类型及性能、使用原则要求等。

6. 取资料要求

包括：资料录取项目、资料录取要求等。

7. 井身质量及井身结构要求

包括：下套管原则、井身质量要求、固井质量要求、完井井口质量要求、油气层污染判定要求等。

8.HSE 专篇

包括：地理及环境资料、气象资料、有毒有害气体预测、HSE 基本要求、健康管理、安全管理、环境保护等。

9. 井控专篇

包括：邻井注水汽情况、邻井油气水显示情况、邻井工程复杂情况、故障提示、井控管理等。

10. 技术说明及要求

包括：对钻井工程要求、对现场地质录井要求等。

11. 附图附表

包括：邻井地层分层数据表、正钻井测井项目附表、正钻井及邻井井位图、正钻井及邻井地震剖面、正钻井地层压力预测剖面、设计变更通知单等。

二 施工流程

自接到一口井录井任务开始，需经过前期井位勘测、钻井地质设计、生产准备、设备搬迁、设备安装、设备调试、开钻验收、钻进过程录井作业、完井作业条件下录井作业、设备拆卸及资料整理等流程（单井录井施工流程见图 1–3–1），每个步骤紧密连接，确保录井施工任务的完成。

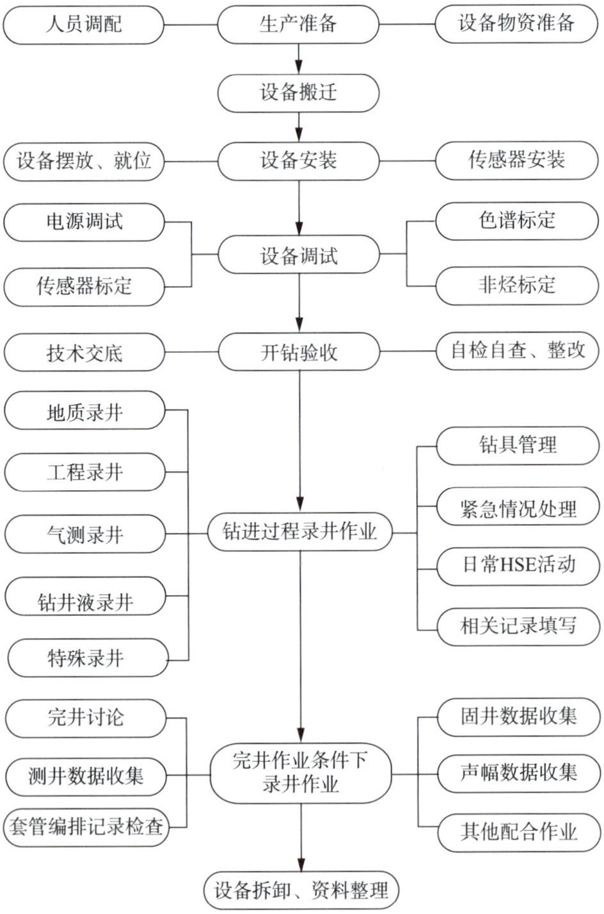

图 1–3–1　单井录井施工流程

三 录井资料解释

录井资料解释具体体现在地层评价、油气资源评价及钻井施工监控中。

地层评价：分析岩性、划分地层、构造分析、沉积环境分析、岩相古地理分析、单井评价－区域对比等。

油气资源评价：发现油气层、解释油气层、储集层评价、生油层评价、单井油气资源评价等。

钻井施工监控：钻井实时监控、优选参数钻井、提高机械钻速、地层压力监测等。

思考题

1. 录井的主要工作职能有哪些？
2. 地质录井项目主要包括哪几个方面？
3. 综合录井项目主要包括哪几个方面？
4. 油气资源评价主要包括哪几个方面？
5. 地层评价主要包括哪几个方面？
6. 钻井地质设计原则有哪些？
7. 钻井地质设计主要包括哪几个方面？

扫一扫
获取更多资源

第二章

综合录井仪原理及组成

录井配备的各种仪器设备和检测技术为勘探施工现场提供了从单井油气层的发现、解释到储层的分析、评价，生油层的生油资源评价等一整套手段和方法。录井设备分为仪器房内部参数分析处理解释和仪器房外部参数采集两部分，参数分析通过计算机技术完成，参数采集由安装在钻机不同部位的传感器进行。本章探讨的内容以 Matri Explore ZH-3 录井仪为例。

第一节　数据采集系统

一　数据采集处理单元

数据采集处理（Data Acquisition，DAQ）是指从传感器和其他待测设备等模拟和数字被测单元中自动采集或产生信息的过程。数据采集系统（Data Acquisition System，DAQS）是基于计算机的测量软硬件产品实现灵活、用户自定义的测量系统。

数据采集的目的是测量电压、电流、温度、压力或声音等物理现象。基于计算机的数据采集，通过模块化硬件、应用软件和计算机的结合，进行测量。尽管数据采集系统根据不同的应用需求有不同的定义，但各个系统采集、分析和显示信息的目的却都相同。数据采集系统整合了传感器、数据接口信号采集、信号调理、数据存储发送和应用软件。

录井数据采集系统是通过传感器（分析仪器）、信号接口、计算机软硬件系统对钻井过程中工程、钻井液、气体等信息进行采集的系统。

（一）接线箱

室内接线箱箱体内封装一个总线模拟量模块（ID5）和一个 RS485 转 RS232 模块，采集 H_2S、CO_2 等模拟量信号，并且留有多个未定义扩展口，实现 RS485 信号转换为 RS232 信号并传输给采集计算机。

（二）采集原理

1. 非电量测量原理

一个典型的非电量测量过程，一般包括传感器、信号调节转换电路（或称变送器）、接口电路、A/D 变换、脉冲计数、计算机等几个主要部分，如图 2-1-1 所示。

在图 2-1-1 中，根据不同性质被测物理量选用不同的传感器，其作用是将被测物理量转换为电信号，以便后续电路变换处理。被测物理量不同，对应的传感器的敏感机理也各不相同。

图 2-1-1　非电量测量过程

在所配接的传感器中，大钩负荷、立管压力、套管压力、扭矩、碳酸盐岩传感器为电阻应变式压力传感器，而硫化氢传感器则是电化学传感器。无论敏感机理如何，其目的都是一致的，都是将非电量转化为电量的器件，这就是测量的基本原则。

通常情况下，传感器的敏感元件所产生的电信号是很微弱的，称为小信号。小信号很容易受到来自外界的干扰，不适合作长距离的传送。为了保证测量的精度，必须将小信号变换成适合传送的信号，这就是变送器的作用。

接口电路是为了实现电信号与计算机的连接而设置的。广义地讲，接口电路是指计算机与外部设备连接时所需的电路，例如 A/D 板、I/O 板等均可看作是接口电路的一种。在录井设备中接口电路专指为实现计算机处理而设计的前端信号调制电路，包括传感器接口电路和色谱通道电路等。

A/D 变换器完成模拟量向数字量的转换。计算机可处理的信息是以二进制代码为基础的数字信息，例如 11 或 101 等这样的数码，而不可直接处理像 18mA 电流或 3.5V 电压这样的电信号。为了实现计算机的采集和处理，需将电信号量转化为数值量，这个过程称为 A/D 变换，又称为采集。A/D 变换器的输入为电压信号，输出为二进制代码。

综上所述，经过变换处理、采集与计算，完成了一个测量全过程。

2. 电信号及传输

信号是携带了某种信息变化的波形。在数学上，信号可以表示成一个或多个变量的函数，这个函数蕴含着输出随输入变化的规律。在录井设备中，信号函数大多为线性变化，即 $y=kx+b$ 这种形式。

（1）电信号

在电子测量系统中传递和处理的信号都是电信号，也就是说无论信号函数的自变量是什么，其因变量都是电特性的，通常是电压或电流。例如用传感器测量大钩负荷时，大钩负荷是自变量，而传感器的输出是因变量。如果是电压输出，大钩负荷传感器信号就可表示为 $V_o=kf+b$。若是电流输出，那么大钩负荷信号又可表示为 $I_o=kf+b$。

输出是电压形式的信号称为电压信号。在录井设备中，接口电路板通常输出的是 0~5V 电压信号。

输出是电流形式的信号称为电流信号。在录井设备中的传感器信号线上通常传送的是 4~20mA 的电流信号。

在实际应用中，电压和电流信号是可以相互转换的，也就是说无论是以哪种形式存在，其内涵是一致的。

（2）电信号传输

传送传感器信号，有电流信号和电压信号之分。如为电压信号，除传送信号的两根线外，还需两根电源线，称为四线制传送。如为电流信号，只用两根导线就够了，因此又称为二线制传送。由于电压信号易受导线电阻和干扰信号的影响，因此工业现场多采用电流信号传送，即二线制传送方式。

电流传输方式所接收的信息不会受到传输线压降、杂散热电偶、接触电势和接触电阻以及电压噪声等因素的影响，在工业现场具有独特的优点。同时可加以偏置电流以区别有无信息。录井普遍选用 4~20mA 电流来传送传感器信号。

敏感元件的信号经前置电路调理后转换为 4~20mA 的电流信号，经传感器总线传送到仪器房的接口电路。接口电路再将电流信号处理为电压信号供计算机采集和处理。

3.A/D（模 / 数）转换

随着计算机技术的不断发展，信息处理技术的自动化程度越来越高。计算机正成为测量系统和控制系统的主要手段。

在传统的二次仪表测量系统中，传感器信号被调理成一定量程范围的电压或电流信号，经由二次仪表处理为模拟信号。与此不同，计算机处理以二进制代码为基础的数值信息，而不能直接处理模拟信息。因此，在传感器的模拟信号和二进制代码之间需要做一个变换，这就是 A/D 变换器的作用，如图 2–1–2 所示。

通过 A/D 变换器，原来的模拟电压变成了二进制数。对 12 位的 A/D 来说，这个二进制数的长度为 12 位，对于满量程（5V），12 位全为 1 的 *D* 值为 4095。

0~5V 电压范围 *D* 值可表示为：*D* 值 $=4095 \times V_1/5\text{V}$（$V_1$ 为实际测量值）。

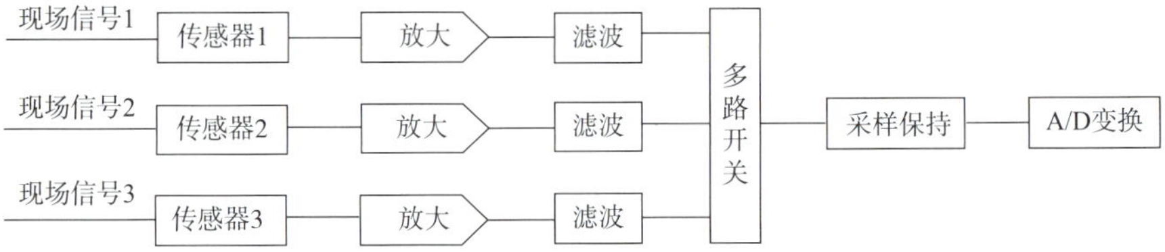

图 2–1–2　计算机采集系统 A/D 变换原理框图

4. 采集方式

录井数据采集系统按采集方式可分为分线式数据采集系统、总线式数据采集系统和无线数据采集系统。

（1）分线式数据采集系统

在分线式数据采集系统中，每一个传感器都对应一根信号电缆，传感器信号通过信号电缆送至录井仪的数据采集单元，然后通过 A/D 卡、I/O 卡、串口、网络等方式送至计算机系统，通过数据采集软件进行数据采集。

分线式数据采集按照安装方式可以分为直连安装和接线箱安装。直连安装的分线式数据采集主要由传感器、信号线、供电模块、隔离栅、转接板、A/D 卡、I/O 卡、计算机等组成，如图 2–1–3 所示。采用接线箱安装的分线式数据采集比直连安装的分线式数据采集增加了三个接线箱，三个接线箱通过三根多芯线连接至数据采集单元。与直连安装的分线式数据采集相比，安装较方便快捷，如图 2–1–4 所示。

1）绞车信号采集工作原理

绞车传感器输出两路相位差 90° 脉冲信号，通过信号电缆接入绞车接口电路。绞车传感器接口电路的作用是对绞车传感器输出的信号做预处理以满足计数器或者计算机 I/O 板计数的需要。其原理框图如图 2–1–5 所示。

拨动换向开关使大钩运动方向与计算机大钩高度显示方向一致，然后由电平转换电路将绞车信号变为符合要求的电平，光 / 电隔离电路用以防止环境对电路的干扰，沿电路分别取出两路脉冲。

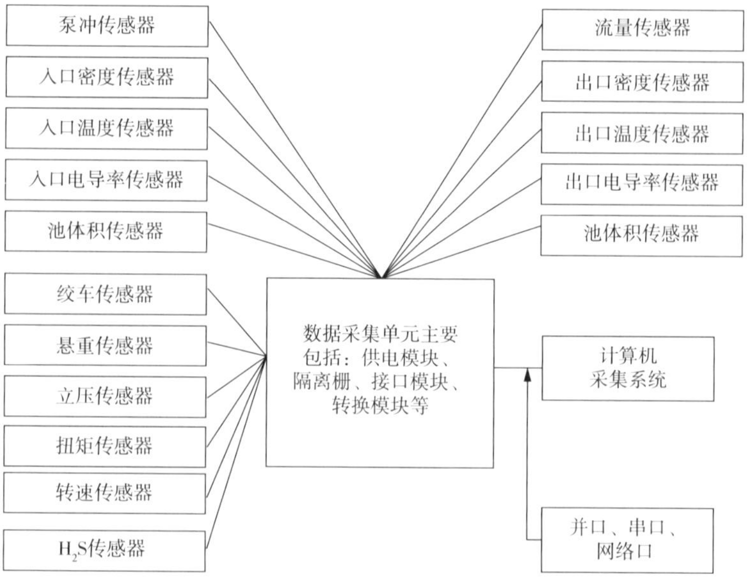

图 2-1-3　采用直连安装的分线式数据采集图

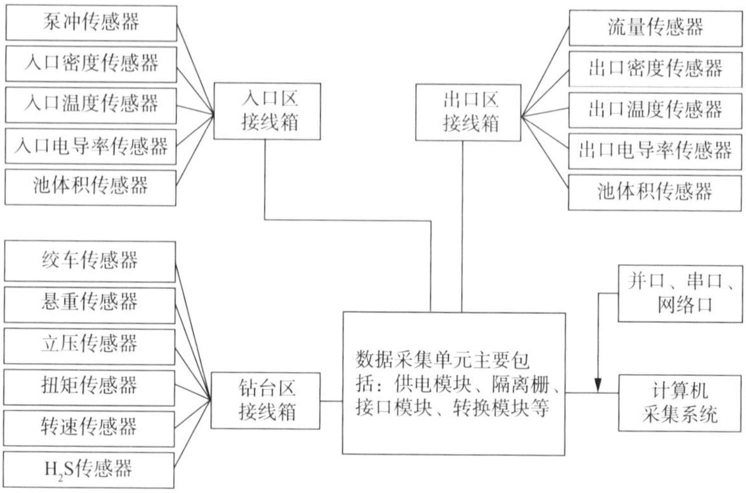

图 2-1-4　采用接线箱安装的分线式数据采集图

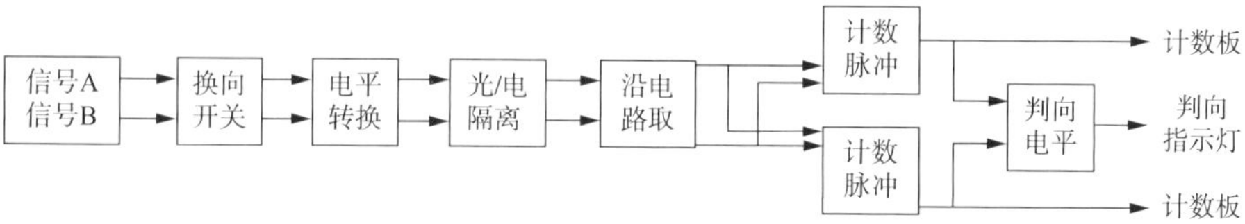

图 2-1-5　绞车传感器接口电路原理框图

信号的前后沿由下一级电路产生计数脉冲和判向电平，两路计数脉冲不同时产生，当一路有脉冲信号时，另一路保持高电平，脉冲的有无与传感器的转动方向以及拨动开关的位置有关。

最后接口电路输出绞车计数脉冲传送给计数器转换成串口信号送至计算机（或者直接送给计算机内 I/O 板）进行大钩高度计算。

2）泵冲 / 转盘转速信号采集工作原理

泵冲和转盘转速的检测使用同一种传感器，所以接口电路也是相同的。其作用是将传感器信号处理为计数板所需的 TTL 窄脉冲信号，将之计数，送计算机采集。

泵冲 / 转盘转速传感器接口电路的原理图如图 2-1-6 所示。

图 2-1-6 泵冲 / 转盘转速传感器接口电路原理图

和绞车传感器接口电路大致相同，先将传感器信号通过电平转换电路变为标准电平，然后触发窄脉冲形成电路，产生相应的输出脉冲。

输出脉冲传送给计数器转换成串口信号送至计算机（或者直接送给计算机内 I/O 板）进行泵冲数和转盘转速计算。

录井除了绞车、泵冲、转速传感器输出的信号是脉冲信号外，其他的传感器输出的都是模拟信号。输出信号一般为电流型，可达 4~20mA，模拟信号经传感器总线传送到仪器房的接口电路，接口电路再将电流信号处理为电压信号供给 A/D 采集模块转换成数字信号通过串口（或者接口电路的电压信号直接传送给计算机内的 A/D 卡）送至计算机用于计算机采集和处理。

（2）总线式数据采集系统

现场总线是连接智能现场设备和自动化系统的全数字、双向、多站的通信系统。主要解决工业现场的智能化仪器仪表、控制器、执行机构等现场设备间的数字通信以及这些现场控制设备和高级控制系统之间的信息传递问题。

目前的工业总线网络可归为三类：485 网络、HART 网络、FieldBus 现场总线网络。

485 网络：RS485/MODBUS 是现在流行的一种工业组网方式，其特点是实施简单方便，而且现在支持 RS485 的仪表特别多。现在的仪表商也纷纷转而支持 RS485/MODBUS，原因很简单，RS485 的转换接口不仅便宜而且种类繁多。

HART 网络：HART 是由艾默生提出的一个过渡性总线标准，主要特征是在 4~20mA 电流信号上面叠加数字信号，但该协议并未真正开放。HART 技术主要被国外几家大公司垄断。现在有很多智能仪表带有“HART 圆卡”，支持 HART 通信功能。但从国内情况来看，还没有真正用到这部分功能来进行设备联网监控，最多只是利用手操器对其进行参数设定。

FieldBus 现场总线网络：现场总线是当今自动化领域的热点技术之一，被誉为自动化领域的计算机局域网。它的出现标志着自动化控制技术又一个新时代的开始。现场总线是连接控制现场的仪表与控制室内控制装置的数字化、串行、多站通信的网络。其关键标志是能支持双向、多节点、总线式的全数字化通信。现场总线技术近年来成为国际上自动化和仪器仪表发展的热点，它的出现使传统的控制系统结构产生了革命性的变化，使自控系统朝着“智能化、数字化、信息化、网络化、分散化”的方向进一步迈进，形成新型的网络通信的全分布式控制系统——现场总线控制系统（Fieldbus Control System，FCS）。然而，到目前为止，现场总线还没有形成真正统一的标准，ProfiBus、CANBus、CC-Link 等多种标准并行存在，并且都有自己的存在空间。

录井总线式数据采集系统应用较广泛的有 RS485 总线和 CAN 总线。

RS485 总线数据采集系统结构如图 2-1-7 所示，CAN 总线系统结构如图 2-1-8 所示。

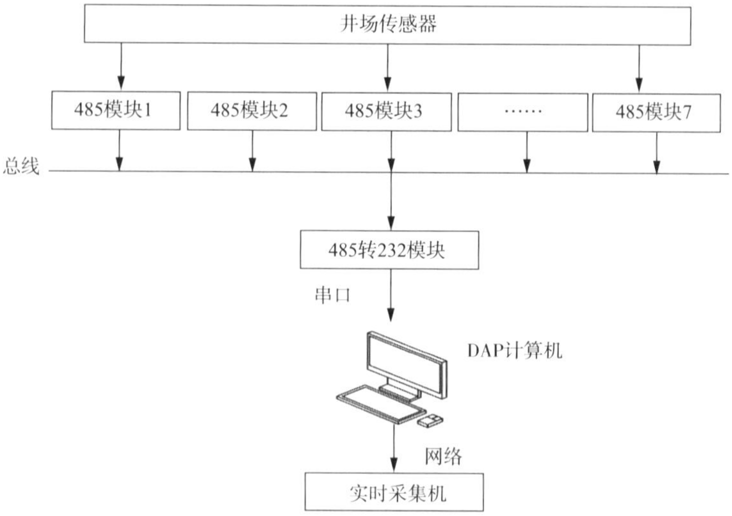

图 2-1-7　RS485 总线数据采集系统结构图

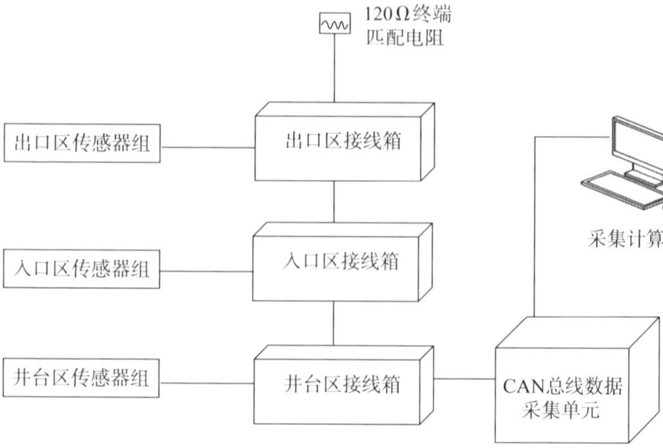

图 2-1-8　CAN 总线系统结构图

（3）无线数据采集系统

无线数据采集是指利用无线数据采集模块或者设备，对工业现场的传感器输出的电压、电流等物理量采集，远程传输。

无线数据采集通信技术主要有 GPRS、CDMA、3G、红外、蓝牙、Wi-Fi、ZigBee、RFID 等方式。

GPRS：通用分组无线业务（General Packet Radio Service）的英文缩写。是一种基于 GSM 系统的无线分组交换技术，理论最高数据速率为 171.2kb/s。

CDMA：是码分多址（Code Division Multiple Access）的英文缩写，它是在数字技术的分支——扩频通信技术上发展起来的。CDMA 是为满足现代移动通信网所要求的大容量、高质量、综合业务、软切换、国际漫游等要求而设计的一种移动通信技术。CDMA 技术的原理是基于扩频技术，将需传送的具有一定信号带宽的信息数据，用一个带宽远大于信号带宽的高速伪随机码进行调制，使原数据信号的带宽被扩展，再经载波调制并发送出去。接收端使用完全相同的伪随机码，与接收的带宽信号做相关处理，把宽带信号换成原信息数据的窄带信号，即解扩，以实现信息通信。

3G：第三代移动通信技术（3rd-generation，3G），是指支持高速数据传输的蜂窝移动通信技术。3G 服务能够同时传送声音及数据信息，速率一般在几百 kb/s 以上。

红外：一种无线通信方式，可以进行无线数据的传输。自 1974 年发明以来，得到很普遍的应用，如红外线鼠标、红外线打印机、红外线键盘等。红外传输是一种点对点的传输方式，无线，不能离得太远，要对准方向，且中间不能有障碍物也就是不能穿墙而过，几乎无法控制信息传输的进度。

蓝牙：是一种支持设备短距离（一般 10m 内）通信的无线电技术。能在包括移动电话、掌上电脑、无线耳机、笔记本电脑、相关外接设备等众多设备之间进行无线信息交换。利用“蓝牙”技术，能够有效地简化移动通信终端设备之间的通信，也能够成功地简化设备与因特网（Internet）之间的通信，从而使数据传输变得更加迅速高效，为无线通信拓宽道路。蓝牙采用分散式网络结构以及快跳频和短包技术，支持点对点及点对多点通信，工作在全球通用的 2.4GHz ISM（工业、科学、医学）频段。其数据速率为 1Mb/s。采用时分双工传输方案实现全双工传输。

Wi-Fi：全称 Wireless Fidelity（无线保真），它的最大优点就是传输速度较高，可以达到 300Mb/s，另外它的有效距离也很长，同时也与已有的各种 802.11 DSSS 设备兼容。笔记本电脑的迅驰技术就是基于该标准，无线上网已经成为现实。

ZigBee：是基于 IEEE802.15.4 标准的低功耗无线网络协议。根据这个协议规定的技术是一种短距离、低功耗的无线通信技术。这一名称来源于蜜蜂的八字舞，蜜蜂（bee）是靠飞翔和“嗡嗡”（zig）地抖动翅膀的“舞蹈”来向同伴传递花粉所在方位信息的，也就是说蜜蜂依靠这样的方式构成了群体中的通信网络。其特点是近距离、低复杂度、自组织、低功耗、低数据速率、低成本。主要适合于自动控制和远程控制领域，可以嵌入各种设备。简而言之，ZigBee 就是一种便宜的、低功耗的近距离无线组网通信技术。

RFID：射频识别（Radio Frequency Identification）技术，又称电子标签、无线射频识别，是一种通信技术，可通过无线电信号识别特定目标并读写相关数据，而无须在识别系统与特定目标之间建立机械或光学接触。RFID 技术是从 20 世纪 90 年代兴起的一项自动识别技术。把 RFID 技术应用到数据实时采集中，能有效解决制造业信息化工程的瓶颈，保证采集数据的可靠性、高效性，使企业有效地进行产品质量跟踪和追溯，保证产品生产在精确的实时指导下按严格的质量要求被加工制造。

无线数据采集系统对于录井来说是最近几年才发展起来的，目前采用 ZigBee 和 RFID 的较多。下面以某设备中使用的 ZigBee 无线采集系统为例进行介绍。无线数据采集系统连接如图 2-1-9 所示。

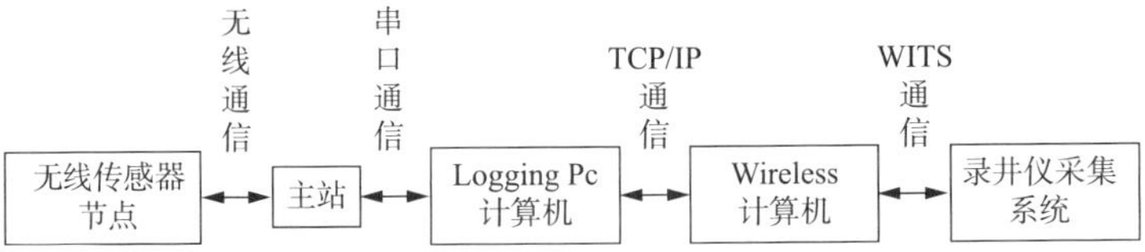

图 2-1-9　无线数据采集系统连接示意图

二 传感器

（一）传感器分类

传感器是将非电量（物理量、化学量、生物量等）按照一定的规律转换成易于处理和传输的另一种物理量（通常为电量）的器件或装置。传感器通常由敏感元件和转换元件组成，输出信号有不同的形式，如电压、电流、脉冲、频率等，以满足信号的传输、处理、记录、显示和控制的要求。

录井传感器系统，由绞车（大钩位移）传感器、潮差传感器和游车补偿传感器（海洋钻井平台录井仪使用）、大钩负荷（悬重）传感器、立管压力（泵压）传感器、套管压力传感器、泵冲传感器、转速传感器、扭矩（机械扭矩、电扭矩）传感器、出口流量传感器、硫化氢传感器、出/入口钻井液温度传感器、出/入口钻井液密度传感器、出/入口钻井液电导率传感器、钻井液池体积传感器等组成。在气体钻的燃爆监测中，还要用到 SO_2、O_2、H_2、N_2 等传感器及分析设备。

在录井设备中，传感器是测量系统中的前置部件，它将输入变量转换成可供测量的信号。传感器的分类方法比较多，在录井仪器上根据输出信号可将传感器分为模拟量传感器和脉冲量传感器，见表 2-1-1。

表 2-1-1 传感器分类

传感器种类	传感器名称	传感器种类	传感器名称
脉冲量传感器	大钩位移传感器	模拟量传感器	扭矩传感器
			入/出口温度传感器
	海浪潮汐传感器		入/出口电导率传感器
			入/出口密度传感器
	大钩补偿传感器		体积传感器
			硫化氢传感器
	转盘转速传感器		出口流量传感器
			大钩负荷传感器
	泵冲传感器		立管压力传感器
			套管压力传感器

（二）性能描述

传感器的性能描述是以技术指标的形式表示的，它既是衡量传感器质量好坏的重要标准，也是系统检验（或校验）的理论基础。

一般来说，传感器的特性可以从静态特性和动态特性两个方面来描述。所谓静态特性，是指传感器在稳定信号的作用下所表现的输入－输出关系，例如线性度、精度、重复性、漂移等指标。所谓动态特性，是指传感器在随时间变化的信号作用下传感器的输出与输入之间的关系，例如响应时间等指标。

下文对传感器的测量范围、量程、精度、分辨率、重复性和响应时间分别加以介绍。

1. 测量范围

测量范围是指在允许误差门限内被测量值的范围。例如，某型大钩负荷传感器的测量范围是 0~4000kN。

2. 量程

量程是指测量范围上限值和下限值的代数差，其中上限值又称为满量程值（F.S.）。

3. 精度

精度又称精确度，表示测量结果与被测量“真值”的接近程度。精度可以用极限误差来表示，也可以用“极限误差”与满量程之比按百分数给出。

即：精度 = 极限误差 /F.S. × 100%。

精度规定了测量时最大的容许误差，因为测量的各个环节均会引入误差，在选择传感器时其本身的精度要高于录井仪标准 SY/T 6679.2—2022《综合录井仪校准方法　第 2 部分：录井气相色谱仪》所规定的指标，以保证整个测量的精度。

有些时候以“误差”代替“精度”指标来规定对精度的要求。

4. 分辨率

分辨率指传感器在规定测量范围内可能检测出的被测量的最小变化量。分辨率反映了测量系统对输入的敏感程度。

5. 重复性

重复性指在一定条件下，对同一被测量值进行多次连续测量所得结果之间的符合程度。

6. 响应时间

响应时间是指从输入量开始起作用到输出指示值进入规定稳定值的范围所需要的时间，是一个动态特性指标，表征了测量系统对输入变化的反应速度。在某些参数的测量中，响应时间是非常重要的参数。以硫化氢为例，若测量系统的响应时间过长，不能及时发现硫化氢超限的异常情况，后果是非常严重的。

（三）传感器功能及原理

1. 绞车传感器

绞车传感器通过测量绞车滚筒转动的角度，结合滚筒的直径、钢丝绳的层数和圈数等参数计算出大钩升降高度，从而根据钻井状态，计算钻头位置和井深。

大钩升降高度（大钩的运动）是一个基本参数，由此派生的参数有钻头位置、井深、进尺、钻时（钻速）等。

钻井状态有钻进、起下钻、接单根、划眼、循环钻井液、活动钻具（上提 / 下放）等。各种钻井状态与录井参数之间的关系见表 2-1-2。

表 2-1-2　各种钻井状态的判别

钻井工况	钻头与井底相对位置	大钩运动方向	大钩负荷
钻进	接触井底	下行	重载
上提钻具	脱离井底	上行	重载
下放钻具	未到井底	下行	重载
循环钻井液	未到井底		重载
划眼	未到井底	上行 / 下行	重载
接单根	未到井底	上行	轻载
起下钻	未到井底	上行 / 下行	重载 / 轻载

（1）大钩位移测量方法

1）悬吊系统坐标

具有滚筒的悬吊系统是一个非线性系统。对于这样的系统，首先规定其坐标系。规定大钩高度为纵坐标，单位为 m，绞车脉冲计数为横坐标，坐标原点（0，0）为大钩高度的零点及绞车脉冲计数的零点。一般规定大钩高度的零点在转盘面上，高于转盘面，大钩高度为正值；低于转盘面，大钩高度为负值。大钩高度以双吊环吊上吊卡、吊卡底面到转盘面的距离来计量。钻井悬吊系统如图 2–1–10 所示。

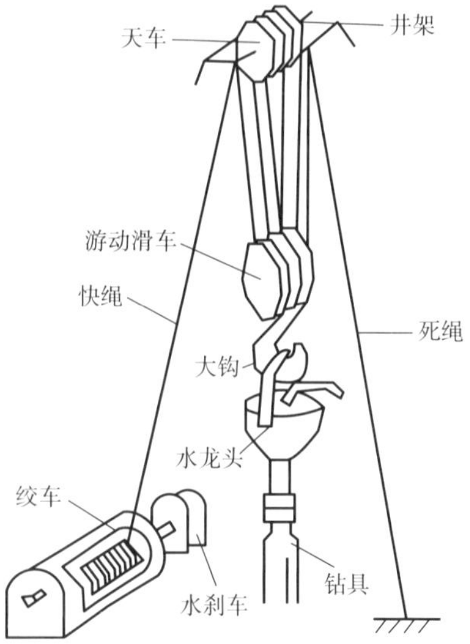

图 2–1–10 钻井悬吊系统示意图

2）理论模型

确定理论模型的任务是找出大钩高度与绞车脉冲计数理论上的对应关系。假设钢丝绳在滚筒上按层排列，忽略钢丝绳因受力而引起的形变，也忽略外层钢丝绳对内层钢丝绳所产生的挤压作用。钢丝绳排列在滚筒上，其截面为正三角形，忽略钢丝绳在滚筒上排列得不规则。经过上述处理，便可得到理论模型，通过实践检验，上述处理是合理的，所带来的误差很小。总的说来，在悬吊系统坐标系中，大钩高度与绞车脉冲计数理论上应为分段线性函数。

钢丝绳在滚筒上的排绕结构如图 2–1–11 所示，图中 d 为大绳直径，D_0 为滚筒直径，D_1 为在滚筒上第 1 层大绳绕一圈的直径，D_2 为在滚筒上第 2 层大绳绕一圈的直径，L 为滚筒长度。

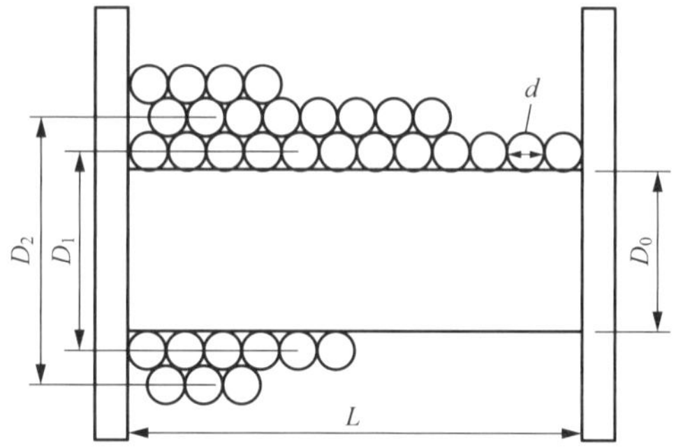

图 2–1–11 钢丝绳在滚筒上排绕结构图

由图 2–1–11 可得大绳在滚筒上缠绕直径的变化为：

$$D_1 = D_0 + d \tag{2–1–1}$$

$$D_2 = D_1 + \sqrt{3}d \tag{2–1–2}$$

设滚筒上最多排绕 n 层大绳，则有：

$$D_i = D_1 + (i-1)\sqrt{3}d \quad (i=1, 2, \cdots, n) \tag{2–1–3}$$

滚筒上大绳每增加一层，相当于滚筒实际缠绕直径增量 ΔD：

$$\Delta D = 2\sqrt{d^2 - (\frac{d}{2})^2} = \sqrt{3}d \qquad (2\text{–}1\text{–}4)$$

每当绞车滚筒转动一圈，则大钩移动距离为：

$$H_i = \frac{\pi D_i}{M} \qquad (2\text{–}1\text{–}5)$$

式中　H_i———大钩移动距离，cm；

D_i———某层实际缠绕直径，cm；

M———天车变速比（大绳股数）。

天车变速比（大绳股数）是指当滚筒的圆周运动转变为大钩的直线运动之间的转换系数。它主要取决于天车（固定滑轮组）和游动滑车（动滑轮组）所穿绳索数，如图 2–1–12 所示。

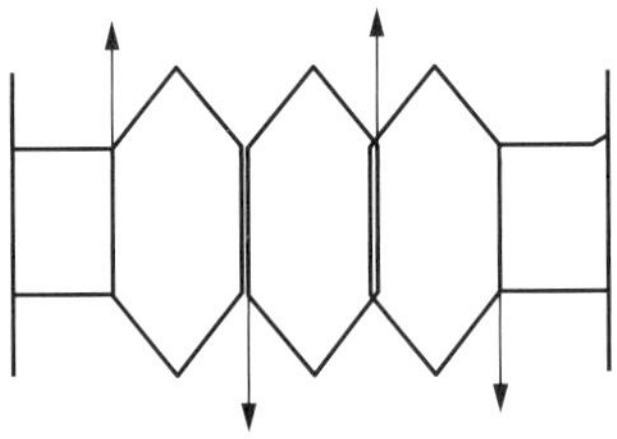

图 2–1–12　滑轮组所穿绳索

设绞车传感器每转动 360°，鉴相器能输出 n 个脉冲，则大钩移动单位距离与脉冲数的关系如下：

$$K_i = \frac{n}{H_i} \qquad (2\text{–}1\text{–}6)$$

综合可得：

$$K_i = \frac{Mn}{\pi D_i} \qquad (2\text{–}1\text{–}7)$$

式中　K_i——在某一层大钩移动 1cm 鉴相器输出的脉冲数。

3）层位（层序）和层变的判别

在缠绕钢丝绳时，在滚筒第一层总是预先缠绕若干圈，用以确保安全，即在大钩高度等于零时，滚筒上还剩余一定圈数的钢丝绳，把这些钢丝绳的圈数定义为 T。这些钢丝绳在滚筒转动时，始终不会产生脉冲数。

每层（一整层）所能发出的脉冲数：

$$K_0 = \mathrm{INT}(\frac{L}{d} + 0.5)n \qquad (2\text{–}1\text{–}8)$$

式中　K_0——整层所发脉冲数；

L——滚筒长度；

n——滚筒每转动一周鉴相器输出的脉冲数；

d——大绳直径；

INT——取整函数。

第一层未发出的脉冲数：

$$K'_0 = Tn \qquad (2\text{–}1\text{–}9)$$

式中　K'_0——第一层未发出的脉冲数；

T——大钩高度为零时滚筒上剩余大绳圈数；

n——滚筒每转动一周鉴相器输出的脉冲数。

第一层所发出的脉冲数：

$$N_l=K_0-K'_0 \tag{2-1-10}$$

a. 当每一层结束时（考虑到第一层未发出的脉冲数），所发脉冲数为：

$$N_i=K_0-K'_0 \tag{2-1-11}$$

根据采集到的脉冲总数与 $N_1 \sim N_i$ 相比较，看其落在哪两个值之间，即可判断在哪一层中（可根据 N_1 来判断层位）。

b. 脉冲总数与大钩高度的关系：

$$H_i=\frac{N_i}{K_i} \tag{2-1-12}$$

根据现在的层位，可以求出脉冲总数对应的大钩高度。每层结束时的大钩高度为：

$$H_i=H_{i-1}+\frac{K_0}{K_{i-1}} \tag{2-1-13}$$

式中　H_i——每层结束时的大钩高度。

当层数已经确定时，在某一具体层位，脉冲所对应的大钩高度为：

$$\text{第 1 层：}\quad h_1=\frac{X}{K_1} \tag{2-1-14}$$

$$\text{第 } i \text{ 层：}\quad h_i=H_{i-1}+\frac{X-N_{i-1}}{K_i} \tag{2-1-15}$$

式中　h_i——现在的大钩高度，cm；

X——采集所得 16 位计数器中的脉冲总数。

表征了在某一具体层位脉冲数所对应的大钩高度。

由于所用单位为米，而上述式中 H 的单位为 cm，要经转换才能输出。同时任何深度系统都有一定的系统误差，要求随时都能校正，因此可得：

$$H_{\mathrm{m}}=B\times\frac{\mathrm{INT}(h)}{100} \tag{2-1-16}$$

式中　H_{m}——校正后大钩高度，m；

B——系统校正系数。

4）钻头位置计算与钻井状态判别

钻头位置的计算：在大钩重载情况下，大钩的位移等于钻头的位移。假设大钩处于重载：在 t_0 时刻，钻头在 H_0 处，大钩在 h_0 处；在 t_1 时刻，大钩下行 Δh_0，那么钻头下行 $\Delta H_0=\Delta h_0$，钻头位置为 $H=H_0+\Delta H_0$；在 t_2 时刻，大钩上行 Δh_1，那么钻头上行 $\Delta H_1=\Delta h_1$，此时钻头位置为 $H=H_0+\Delta H_0-\Delta H_1=H_0+\Delta h_0-\Delta h_1$。显然，钻头位置可由大钩位移求得。在钻柱坐卡情况下，大钩为轻载，此时大钩的运动与钻头位置无关，钻头位置保持不变。

井深计算：井深总是大于或等于钻头位置。设：在 t_0 时，井深、钻头位置为 H_0；在 t_1 时，大钩与钻头均向上移动 ΔH_0，此时，钻头位置为 $H_0-\Delta H_0$，但井深仍然为 H_0。当钻头再向下移动 ΔH_0 时，井深与钻头位置相同，即钻头已经接触井底。如果想让钻头继续下移，则为钻进状态，在这种状态下，钻头位置总是与井深相同，知道了钻头位置，也就等于知道了井深。

钻井状态判别：钻井状态包括初级钻井状态和次级钻井状态，系统根据采集参数首先判别初级钻井状态，然后确定次级钻井状态。

初级钻井状态判定：对初级钻井状态主要根据设置的参数门限值判别。

a. 大钩重载（ON-HOOK）和轻载状态（ON-SLIP）判定：

为了判断大钩重载或轻载，设计了两种模型，即双限模型和差值模型。双限模型设置了坐卡门限和解卡门限；差值模型设置了坐卡门限和差值门限。

双限模型：若大钩负荷＜坐卡门限，初级钻井状态为轻载（ON-SLIP）；若大钩负荷＞解卡门限，初级钻井状态为重载（ON-HOOK），如图 2-1-13 所示。

差值模型：若大钩负荷＜坐卡门限，初级钻井状态为轻载（ON-SLIP）；若大钩负荷＞坐卡门限，则需进一步判断。若理论大钩负荷 - 大钩负荷＞重量差值门限，则为轻载；反之，为重载，如图 2-1-14 所示。

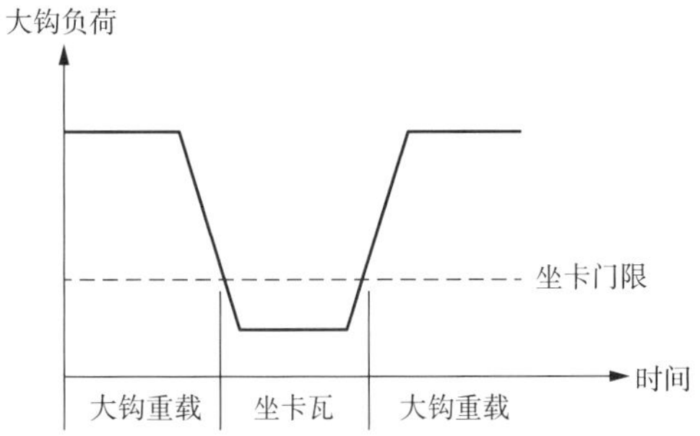

图 2-1-13　初级钻井状态双限模型图

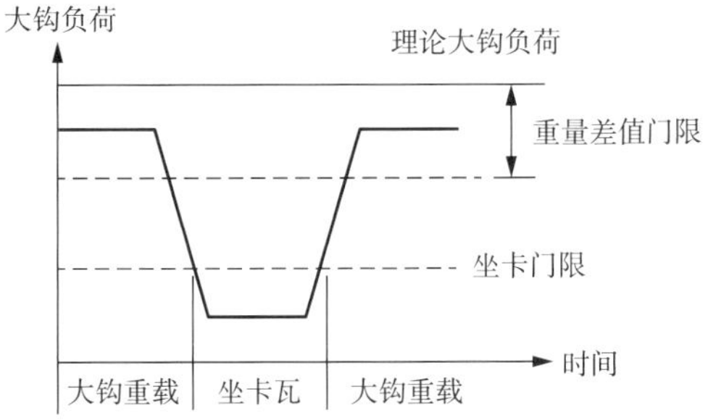

图 2-1-14　初级钻井状态差值模型图

b. 钻井液循环状态判定：

为判断循环系统是否正在循环，特设置了一个立压门限，即最小循环压力 p_{min}。若立管压力（SPP）≥最小循环压力 p_{min}，判为循环；反之，为停循环。

为了保证判断无误，即在压力传感器失效时对循环状态正确判断，检测到有入口流量时，判断为循环。

c. 钻头离井底状态判定：

根据钻头离井底门限值和当前钻头位置及当前井深判断钻头是否离井底。若井深与钻头位置的差值＞钻头离井底门限值，则判断为钻头离井底。

d. 方钻杆接卸判定：

当大钩负荷小于卸下方钻杆门限值（此时大钩负荷仅为游动滑车重量）时，判别为方钻杆已卸下；反之，判为方钻杆已接上。在判为方钻杆卸下时，如果此时为循环状态，则判为方钻杆仍为接上状态。

e. 次级钻井状态判定：

次级钻井状态分为钻进、离井底、划眼和起下钻四个状态。它代表了整个钻井过程的不同工况。判断次级钻井状态的主要根据是钻头与井底的相对位置、是否循环钻井液、有无转速、方钻杆是否接上等参数状态以及前序次状态。

根据起下钻门槛、离井底门槛以及井深和钻头位置的差值的比较，可分成四个带，如图 2-1-15 所示。

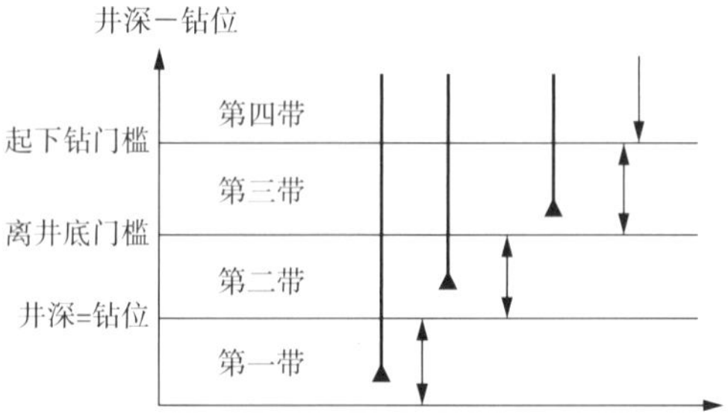

图 2-1-15　次级钻井状态分区图

第一带：井深－钻头位置 =0，此时次级钻井状态为钻进；

第二带：0 ＜井深－钻头位置＜离井底门槛，此时四种次级钻井状态均可能出现，要根据原钻井状态加以判定，处于此带时，继续延续原来的钻井状态；

第三带：离井底门槛＜井深－钻头位置＜起下钻门槛，此时可能存在的钻井状态为离井底、划眼和起下钻，处于此带时，继续延续原来的钻井状态，若原钻井状态为钻进，则变为离井底；

第四带：井深－钻头位置＞起下钻门槛，此时可能存在的钻井状态为划眼和起下钻。对于划眼和起下钻的区分，可根据是否接有方钻杆来判定：若接有方钻杆，则为划眼；否则，为起下钻。

根据以上分区，各次级状态的判定原则为：

钻进状态的判定：

测量井深－钻头位置≤钻头波动门槛，则判为钻进。

测量井深－钻头位置≤离井底门槛，且钻压大于 0，并有钻井液循环时，判为钻进。

钻头离井底的判定：

测量井深－钻头位置＞离井底门槛时，判定为钻头离井底。

起下钻状态的判定：

测量井深－钻头位置＞起下钻门槛，且方钻杆卸下时，判为起下钻。

划眼状态的判定：

测量井深－钻头位置＞离井底门槛，循环、转速不等于零，且前序主状态为起下钻时，判当前状态为划眼。

如果用以上判别原则不能确定当前钻进状态，则当前钻井状态持续前序状态。

f. 接卸钻具判断：

当主状态由轻载变为重载时，需要确定此操作是否为接卸钻具，是接钻具还是卸钻具以及接卸的钻具长度和接卸的钻具类型。判别方法如下：

当主状态由重载变为轻载时，记下此时的大钩高度 H_0，而由轻载重新变回重载时的大钩高度为 L_2，则钻具接卸长度为：

$$L=L_2-H_0 \tag{2-1-17}$$

当 $L>0$ 时，为接入钻具；

当 $L<0$ 时，为卸下钻具。

接卸短节：$L<$最小钻杆长度，说明接卸短节。

接卸钻杆：最小钻杆长度$< L <$最大钻杆长度，说明接卸钻杆。

接卸立柱：$L >$最大钻杆长度，说明接卸立柱。

g. 钻具运动方向判定：

当$L > 0$时，向下运动；

当$L < 0$时，向上运动。

h. 钻井液循环的判定：

当立管压力≥最小循环压力门槛值时，为循环；

当立管压力<最小循环压力门槛值时，为停止循环。

以上所有的理论模型和钻井状态均是为了通过绞车传感器的检测来实时跟踪井深。所谓井深跟踪，就是录井仪器井深数据采集始终要与现场钻进或划眼状态下钻头位置保持一致。井深跟踪的原理是利用绞车传感器感应滚筒转动、钻机参数参与推算校正、系数参与微调的处理方式来实现深度跟踪。

钻机参数包括绞车滚筒直径、滚筒长度、大绳直径、大绳股数（天车变速比）和大绳剩余圈数等。

使用绞车传感器作为深度变送装置，必须解决以下几个问题：

（a）绞车传感器连接在绞车轴头上，随绞车滚筒一起转动，绞车传感器的信号必须能反映出绞车的正转与反转，以及绞车的转动圈数或角度。

（b）由于悬挂大钩的大绳是多圈、多层地缠绕在绞车滚筒上的，要想派生出大钩移动距离，必须弄清滚筒转动角度与大钩运动距离之间的关系。

（c）由于滚筒上每层大绳的缠绕周长不同，在不同的层上滚筒转动一圈所对应的大钩移动距离也不同，所以需要判断绞车上外层大绳所处的层数。

（d）由于不同的钻机结构，使用大绳的直径、天车变速比以及深度系统开始工作的时机不同，大钩的位置也都不相同。因此在每次工作前，都必须预置不同钻机型号的绞车和大钩数据。

（2）结构与工作原理

绞车传感器是一种增量型旋转编码器，绞车传感器（见图 2-1-16）在结构上主要由定子和转子部件组成。定子部件包括金属圆盘外壳和传感器转子部件的支架；转子部件包括接头、轴承和 12 个方齿的齿盘（国外个别仪器有 20 齿）。在安装传感器时，转子与滚筒轴固定在一起，定子部件固定不动，保护传感器探头。当大钩运动时，传感器转子部件随滚筒一起转动，转子齿盘的齿与齿间空交替通过探测头，传感器探测头输出脉冲信号。脉冲信号被信号处理电路加以处理后，用于测量大钩位移。

目前常用的检测元件有光电式和霍尔效应式两种。这两种传感器输出的数字信号是一样的。霍尔效应式绞车传感器（见图 2-1-17）：超小型双脉冲探头以 90° 相位差平卧在定子槽中。当转子转动时，转盘上的 12 个金属齿不断从霍尔元件表面扫过，改变通过霍尔元件的磁通量。

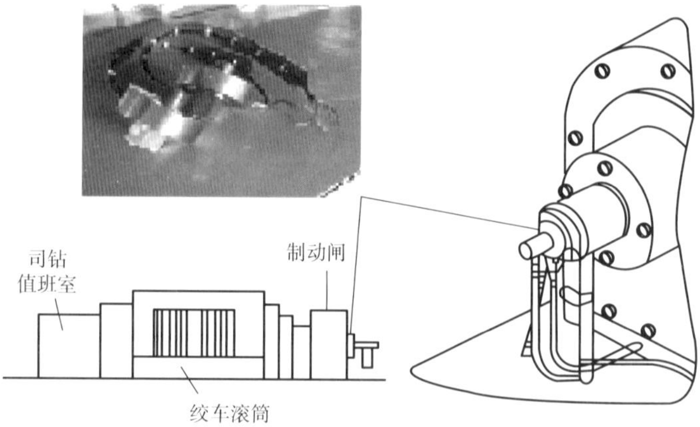

图 2–1–16　绞车传感器安装结构图

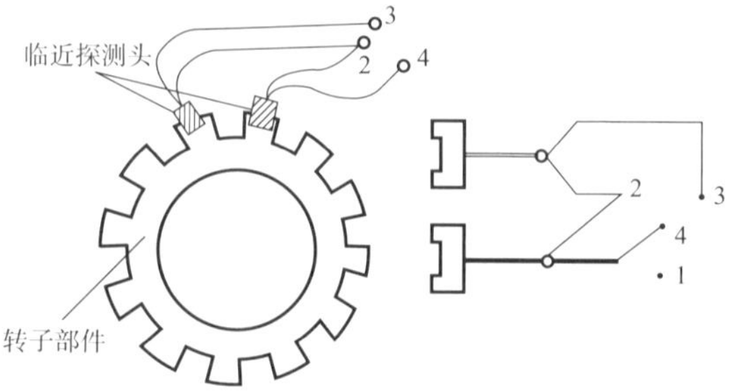

图 2–1–17　霍尔效应式绞车传感器内部结构图

1—空；2—供电 5V；3—信号 A；4—信号 B

霍尔开关（见图 2–1–18）工作方式：金属齿未进入工作气隙时，霍尔开关电路处于截止态。金属属齿进入后，磁通量增加，使开关变成导通态，经过相关电路的处理，转换成一系列脉冲输出。

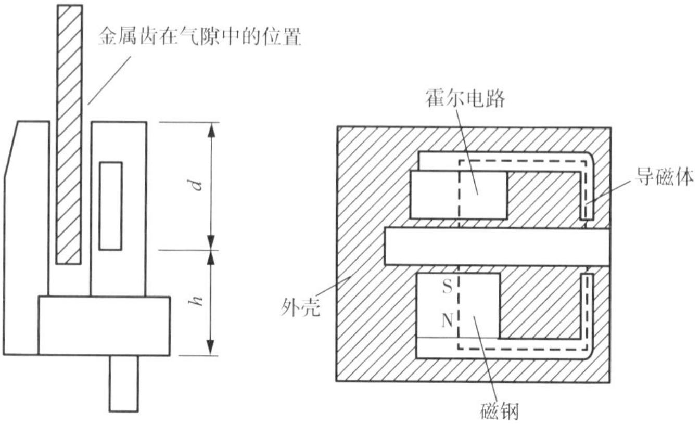

图 2–1–18　霍尔开关结构图

光电式绞车传感器（见图 2–1–19）的机械部分与霍尔效应式绞车传感器大致相同。不同之处是检测元件为光敏元件和红外发光管。

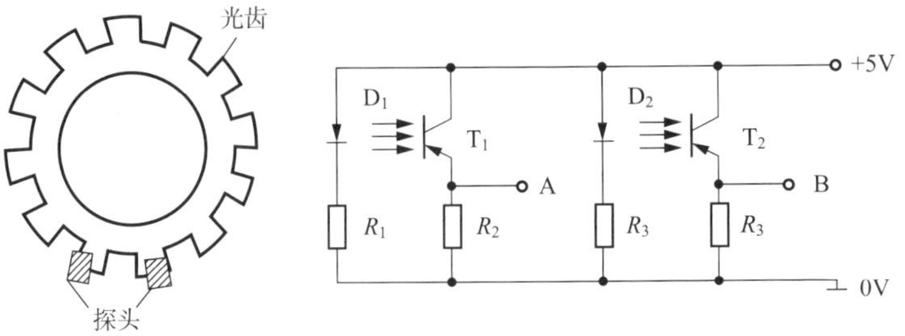

图 2-1-19　光电式绞车传感器结构与检测电路原理图

在图 2-1-19 中 D_1、D_2 为红外线发光二极管；T_1、T_2 为光敏三极管。

当遮光片（光齿）阻断红外线时，光敏三极管的基极没有输入信号，T_1、T_2 处于截止状态，输出脚 A（B）输出低电平；当遮光片（光齿）导通红外线时，红外线照射到光敏三极管的基极，T_1、T_2 处于导通状态，输出脚 A（B）输出高电平。

由于绞车传感器采用的是 12 齿的转子，为了产生准确的相位差为 90° 的脉冲信号，绞车传感器的两个光电开关探头中心点的安装位置角度差必须为 15°（360° /24）的奇数倍。即当一个探头正对着某一齿时，另一个探头只遮挡另一齿的一半（见图 2-1-20）。由绞车传感器输出的相位差为 90° 的 A、B 两相脉冲信号一般要通过光电隔离、鉴相、计数和信号处理后，方可得到绞车（大钩）的运动脉冲和方向信号。信号整形滤波、鉴相倍频计数的基本方法如下。

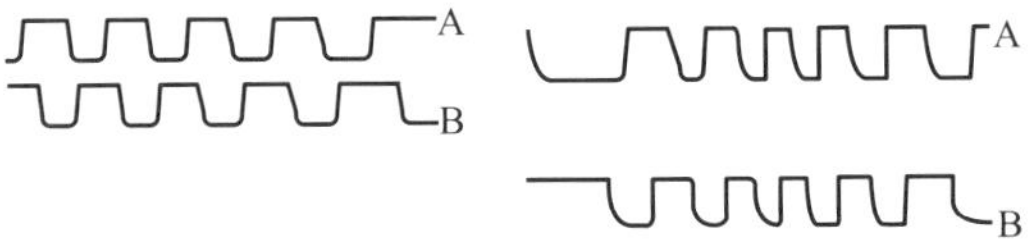

图 2-1-20　绞车传感器输出波形图

1）信号整形滤波

绞车传感器的输出信号并不是标准的方波信号（见图 2-1-20），为了满足信号准确处理的要求，需要对绞车的输出信号进行滤波整形，然后再进行下一步处理。通过双通道的光电隔离器对绞车传感器的输出信号进行隔离滤波，去除信号中的干扰信号，然后采用施密特触发器对滤波后的信号进行整形，使整形后的信号与标准的数字信号相匹配。经过滤波整形之后的波形如图 2-1-21 所示。

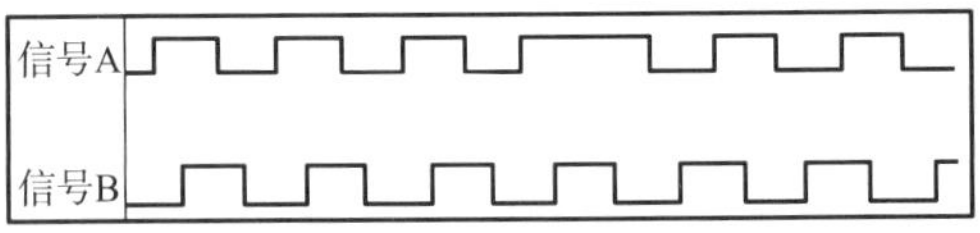

图 2-1-21　滤波整形后绞车传感器输出滤波图

对经过滤波整形之后的信号需要进行鉴相、倍频和计数等处理工作。通常鉴相、倍频和计数处理采用分立元件进行，鉴相使用 D 触发器就可以实现；倍频电路使用单稳态芯片来检测每对脉冲信号的两个边沿，在脉冲信号的每个边沿都会产生一个脉冲信号，每对脉冲信号能产生 4 个脉冲信号（构成 4 倍频的脉冲信号）；计数使用计数器芯片就可以完成，鉴相信号用于控制计数器的加减计数，4 倍频信号作为计数器时钟信号。

2）鉴相倍频计数

鉴相的目的就是区分绞车正、反转时的两种信号波形，判断绞车的转动方向，以便决定在对绞车脉冲计数时是递增计数还是递减计数，进而确定钻台大钩的运动（升或降）方向。

从任意一路信号波形的边沿类型（上升沿或下降沿）、相同时刻另一路信号的电平（高电平或低电平）以及绞车转动方向（正向或反向）的对应关系上分析，绞车传感器的输出波形存在着表 2–1–3 中所列的特征。

经过对表 2–1–3 中各个对应关系的分析，要在两路信号的边沿处判断出绞车的转动方向，必须确定以下三个条件：

a. 该边沿的信号源属于信号 A 还是信号 B。

b. 该边沿的类型是上升沿还是下降沿。

c. 该边沿所对应的另一路信号的电平是高电平还是低电平。

表 2–1–3　绞车传感器的输出波形特征表

序号	信号 A	信号 B	绞车转向
1	上升沿	低电平	正转
2	下降沿	高电平	正转
3	高电平	上升沿	正转
4	低电平	下降沿	正转
5	上升沿	高电平	反转
6	下降沿	低电平	反转
7	高电平	下降沿	反转
8	低电平	上升沿	反转

只有这三个条件全部确定后，才可以判断绞车的转动方向。

边沿检测、鉴相、倍频波形图如图 2–1–22 所示。时钟为外部高频时钟，图中 A 上升沿、A 下降沿分别为信号 A 的上升沿和下降沿检测信号，B 上升沿、B 下降沿分别为信号 B 的上升沿和下降沿检测信号。这 4 个边沿检测信号进行逻辑运算之后产生计数脉冲，每对信号 A、B 产生 4 个脉冲信号。鉴相信号如图 2–1–22 所示，为方向信号的波形。在信号 B 的上升沿时，方向信号的电平与信号 A 的电平一致。

图 2–1–22 左边表示绞车正向转动，信号 B 相位超前信号 A 相位，方向信号输出低电平信号；右边表示绞车反向转动，信号 A 相位超前信号 B 相位，方向信号输出高电平信号。

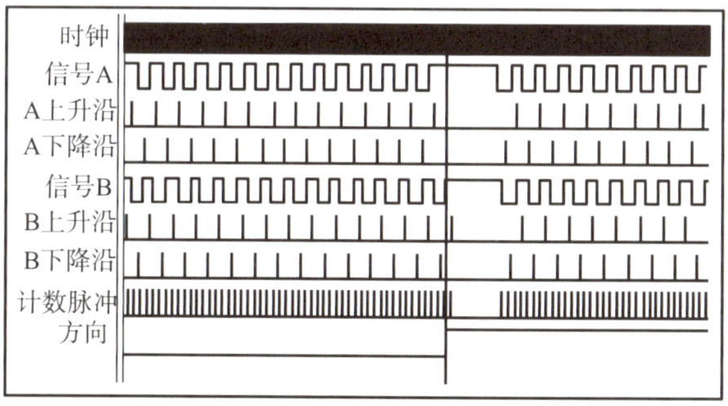

图 2–1–22　边沿检测、鉴相、倍频波形图

根据边沿检测电路分析，在信号 A 由高电平变成低电平时，A 下降沿信号保持高电平直到时钟的上升沿触发，A 下降沿信号的高电平宽度最大为一个时钟周期。为了保证对 A 下降沿信号和 B 上升沿信号进行准确检测与逻辑运算，A 下降沿信号的下降沿和 B 上升沿信号的上升沿之间至少有一个时钟周期的时间间隔，根据信号 A、B 的相位差 90° 计算，对于时钟信号频率的要求至少是信号 A、B 频率的 8 倍。为保证准确检测信号 A、B 的边沿，时钟频率最好远大于信号 A、B 的频率。假设绞车转速为 1000r/s，经过处理后每转产生 48 个计数脉冲信号，则计数脉冲的频率为 48000Hz，信号 A、B 的频率为 $48000 \div 4=12000$（Hz），则时钟频率至少为 $12000 \times 8=96000$（Hz）。考虑实际情况，在设计中采用频率为 4MHz 的时钟信号。

2. 海洋钻井平台深度测量系统

海洋钻井平台一般分为两种：一种是直接坐落在海底的固定式平台，钻井平台直接利用桩腿插入海底，这种形式的钻井平台主要包括支撑式钻井平台及海上钻采平台，在这种类型的平台上钻井和在陆地上钻井相同，钻井平台直接固定在海底，转盘面不会上下移动，因此录井过程中只要测量出转盘面以下钻具的长度就能得到准确的井深参数；另外一种钻井平台不是直接固定在海底而是漂浮在海面上的，它会随着潮汐和海浪的作用上下浮动，这种情况下测量到的转盘面下面钻具的长度时刻在变动，就不能精确测量出井深。

决定浮动钻井平台上井深参数的主要有两个因素：一是转盘面以下钻具的长度，二是潮水使转盘面上下移动的幅度。要想精确地测量出井深，就需要把转盘面与大地之间的距离固定下来，把浮动的钻井平台转盘面转换成像陆地上钻井固定的转盘面一样，这样就需要选择一个参照点。一般把海水平潮时转盘面的位置作为转盘面的标准位置，这时转盘面下的钻具长度就是井的深度，如果出现了海水涨潮或者落潮使转盘面位置发生变化，只要考虑到涨潮或者落潮时与平潮时的差值，就能正确地得出准确的井深，即：

$$H=L+l \tag{2-1-18}$$

式中 H——井深，m；

L——转盘面下钻具的长度，m；

l——潮水的涨落幅度，m。

在浮动钻井平台上也有两个地方可以测量出海潮的上下幅度，一个是平台的升沉补偿器，另一个是游车的补偿器。如果在这两个地方装上相应的传感器，就能够测量出潮水的涨落幅度。

浮动钻井平台的游车和大钩与陆地或支撑式钻井平台上的游车和大钩有一个明显的不同（见图 2-1-23）。在浮动钻井平台大钩和游车之间增加了一个液压装置，该装置可缓冲潮汐和海浪在钻井过程中对井下钻具的冲击，并对潮汐和海浪使钻井平台的升沉进行了补偿，称为游车液压补偿装置。

当游车液压补偿装置受潮汐和海浪的影响而上下移动时，绞车传感器却是不动的，这时绞车传感器就失去了作用，从而不能得到一个正确的井深参数。

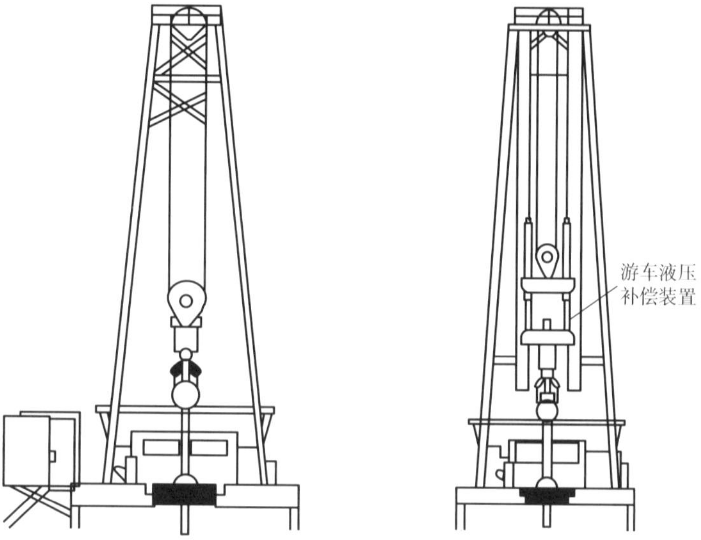

陆地及支撑式平台井架　　　　浮动平台井架

图 2-1-23　陆地及支撑式平台与浮动平台井架示意图

对浮动钻井平台来说，只靠一个绞车传感器不能得到正确的井深参数。如果能够测量出游车液压补偿装置的移动距离，再和绞车传感器测量出的钻具长度结合，就可以得到准确的井深参数。因此，将绞车传感器和测量游车液压补偿装置移动距离的传感器配合使用，就可以测量出正确的井深。测量游车液压补偿装置移动距离的传感器称为游车补偿传感器。

在实际应用中，从传感器的安装、维修、维护的难易度及传感器所处的环境几个方面综合分析，平台升降补偿器（潮差传感器）配合绞车传感器测量井深是更加实用的。

（1）潮差传感器

1）用途

潮差传感器主要应用于浮动的石油钻井平台。通过潮差传感器消除海浪和潮差对井深的影响。

2）原理

潮差传感器的工作原理和绞车传感器的工作原理一样。传感器是由光电编码轮和回拉装置组成的（见图 2-1-24）。它是利用光电编码轮通过定周长的钢丝导轮测量升沉补偿器的液压行程高度，一般测量长度不超过 5m。光电编码轮每转一圈可以产生若干个脉冲。通过产生脉冲信号的数量和顺序，来反映绞车的旋转速度和旋转方向，其测量精度可达 1~2mm。

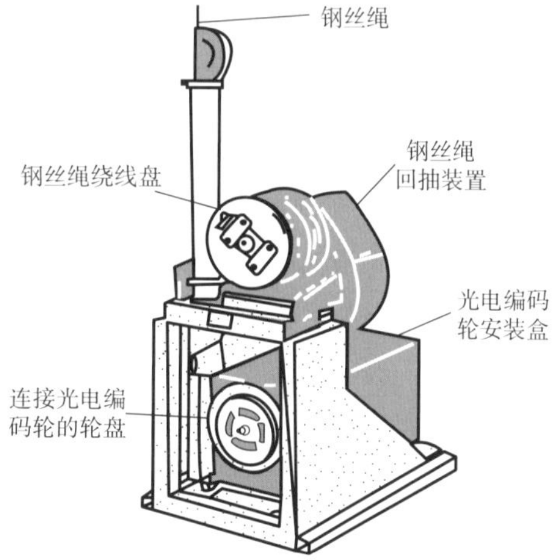

图 2-1-24　大钩位移及潮差传感器结构示意图

（2）游车补偿传感器

1）用途

游车补偿传感器主要应用于浮动的石油钻井平台上，通过游车补偿传感器可以测量出大钩和游车之间补偿器移动的距离，大钩和游车之间补偿器的移动距离也就是海浪和潮差对钻头位置的影响距离，通过游车补偿传感器和绞车传感器的配合使用可以消除海浪和潮差对井深的影响。

2）原理

游车补偿传感器包括绞车传感器、钢丝绳回绕装置。它适合于测量大钩与游车之间补偿器伸缩的距离。

其中包含的绞车类型的传感器的工作原理和前面介绍的绞车传感器的工作原理一样，其传感器连接一个周长为 0.5m 的绕有细钢丝绳的绕线盘。所以这个绞车类型的传感器旋转一圈对应于 0.5m 的距离，如图 2–1–25 所示。

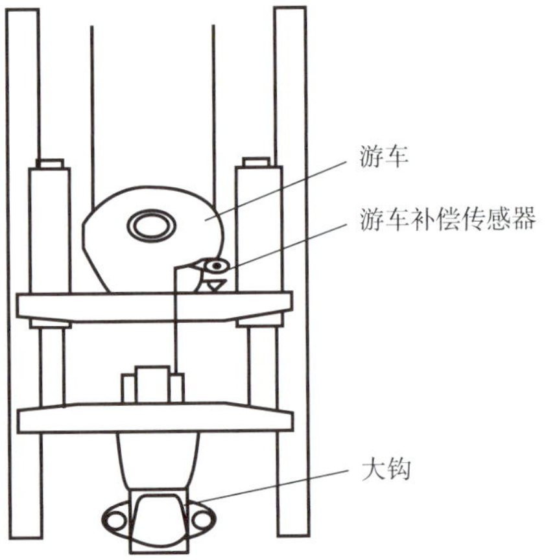

图 2–1–25　游车补偿传感器安装示意图

3. 泵冲 / 转速传感器

（1）用途

录井过程中，泵冲传感器用以测量钻井液泵每分钟的活塞动作次数，是计算钻井液入口排量、迟到时间的重要参数，还可用于判断泵故障或井下异常。转盘转速传感器可以测量转盘转速，是记录机械转速的重要参数，辅助判断钻头寿命终结、卡钻等井下故障。

（2）原理

传感器内部电路由振荡、检波和输出级组成，振荡线圈产生交变磁场，当有金属物体接近线圈时，磁场在金属物体中产生涡流，能量上的损失使振荡器振荡减弱以至停振，经检波和输出级后变为高电平，指示灯亮；在没有金属物体接近时振荡器起振为低电平输出，指示灯灭。泵冲 / 转速传感器电路原理如图 2–1–26 所示。

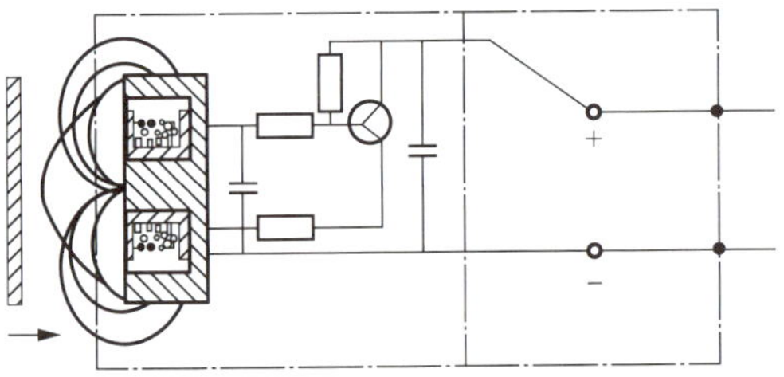

图 2–1–26　泵冲 / 转速传感器电路原理示意图

4. 压力传感器

（1）用途

录井压力传感器主要包括：立管压力传感器（也叫泵压传感器）、套管压力传感器、大钩负荷传感器（也叫悬重传感器），如图 2–1–27 所示。这三种传感器的工作原理是一样的，只是测量参数不同，所以三种压力传感器的量程和在钻井现场的安装位置有所不同。

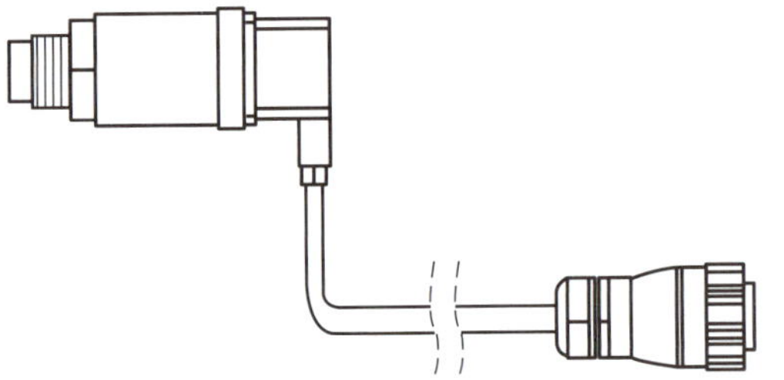

图 2–1–27　压力传感器示意图

录井过程中，立管压力传感器主要用于测量由钻井液泵所产生的压力（立压力），测量立管压力参数可以监测循环系统的工作状态（开泵、停泵、循环钻井液），为水马力计算、优化钻井提供所需的实时数据，同时，为发现和判断工程事故（刺钻具、蹩泵、掉水眼、堵水眼及掉钻具等），避免工程事故的发生和进一步恶化提供第一手资料。

套管压力传感器，主要用于测量由高压地层所产生的环空压力，测量套管压力参数的变化，可以监测井筒内压力变化，为测量计算地层压力梯度和处理工程事故、制定压井方案提供可靠的依据。

大钩负荷传感器，用于测量死绳固定器处的液压转换器所产生的压力，并转换为大钩负荷参数。大钩负荷参数的变化，可以判断钻井工作状态（坐卡、解卡、钻进、起下钻等），计算钻压，提供优化钻井所需要的数据，判断卡钻、遇阻、掉钻具等工程事故。

（2）原理

采用离子束溅射和刻蚀工艺，制作了组成惠斯登电桥的合金薄膜应变电阻。应变电桥直接制作在金属测压膜片上，在压力作用下膜片产生应变，应变电桥感受此应变而导致其电阻变化，对应变电桥所组成的电桥加额定激励电压，则可得到与压力呈线性关系的电压变化（电压型）。电流型则是通过电子电路，将电桥输出的信号放大，并转换成标准4~20mA 电流信号输出。

根据传感器的量程和传感器输出电流的对应关系，按式（2-1-19）计算出传感器输出电流的理论值。

$$I=16/M\times P+4 \tag{2-1-19}$$

式中 I——传感器输出电流的理论值，mA；

M——传感器的量程，MPa；

P——传感器承受的压力示值，MPa。

传感器感应头采用金属一体化结构平面设计，可直接与被测量的气体或液体接触，防水耐腐蚀、精度高、性能稳定可靠。

5. 出口流量传感器

（1）用途

录井过程中，出口流量传感器主要用于测量钻井液出口流量的相对变化，与入口流量对比，可以监测是否有钻井液漏失和地层流体侵入，为及时预报井涌、井漏、井喷等工程事故提供实时数据。出口流量传感器如图 2-1-28 所示。

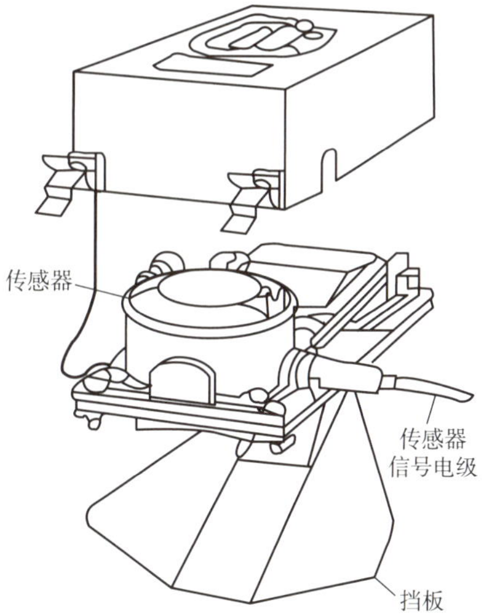

图 2-1-28　出口流量传感器结构图

（2）原理

常见的出口流量传感器是靶式流量传感器，利用钻井液流体连续性原理和伯努利方程，以及挡板受力的分析，可得出流量与传感器挡板之间的关系。核心测量元件是一个半圈电阻器，流量传感器的挡板在钻井液冲击力作用下转动，电位器的轴随传感器的靶轴转动而转动，并以电阻器的阻值线性变化反映挡板的角位移，即可测得钻井液流量的相对变化。

6. 钻井液温度传感器

（1）用途

录井过程中，温度传感器用于测量钻井液的温度。钻井液温度的变化可以间接地反映地热梯度。由于地层的异常压力区均表现为较高的地热梯度，所以钻井液温度也是判断地层异常压力的重要参数。

（2）原理

钻井液温度传感器的探头内部是一个具有热敏特性的铂丝，当钻井液温度变化时，由于热敏元件的电阻值随着温度的变化而变化，从而使输出的电流信号发生变化，这一信号通过前置电路处理成标准电流信号（4~20mA）输入给计算机。常见的热电阻有铂、铜等。

如图 2–1–29、图 2–1–30 所示，铂电阻的特点是精度高、稳定性好，在温度不太高时（0~630.74℃），其阻值与温度存在近似线性关系，线性度好。感应头的铂阻丝经过热处理，密封到一个耐热玻璃筒中，经调节使其阻值与温度保持良好的线性关系。受热元件是利用细铂丝均匀地双绕在绝缘材料制成的骨架上制成的，封装在不锈钢探头中。常用钻井液温度传感器选用 Pt100 为感温探头，即：$R=100+0.385t$。

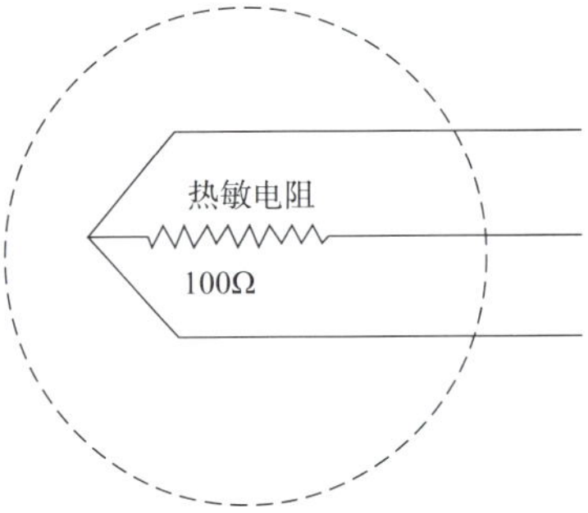

图 2–1–29　温度传感器工作原理图

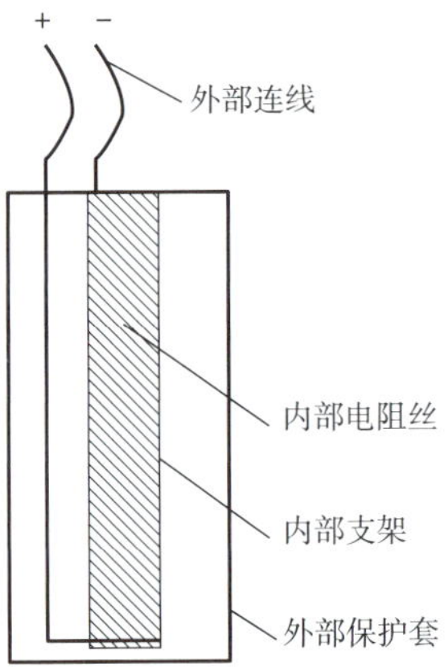

图 2–1–30　温度传感器内部结构示意图

7. 钻井液密度传感器

（1）用途

录井过程中，密度传感器主要用于测量钻井液的密度值。钻井液的密度，反映了钻井液中固相物质的含量，可以监测地层流体的进入，及时预报井涌、井喷，为计算地层压力等提供实时参数，为调整钻井液性能、优化钻井提供方案。

（2）原理

密度传感器采用差压式原理来测量钻井液密度，如图 2–1–31 所示。在其总成上有两个相

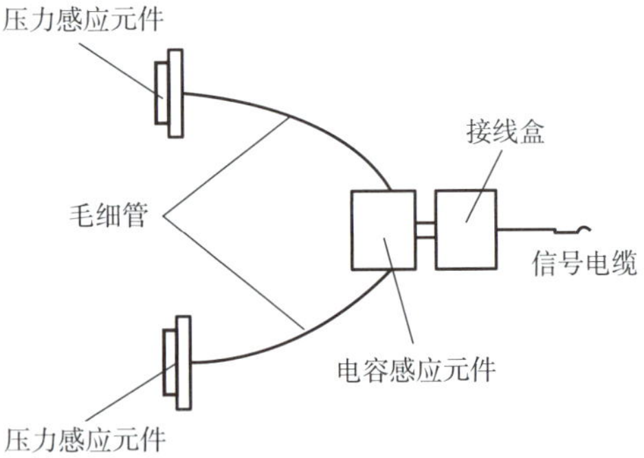

图 2–1–31　压差式钻井液密度传感器测量原理图

差一定距离的压膜片，当传感器垂直浸入钻井液面之下时，由于两压膜片距液面的高度不同，其所受到的压力不同，从而使两膜片间产生一压力差；该压力差经两根毛细管传递给可变电容元件，使可变电容中间膜片变形，引起电容量变化，将此信号转换成 4~20mA 标准电流信号输入给计算机，它们的差压与液体的密度呈线性关系。

当已知两压力感应元件间的压差 D_p 时，若其间距为 H，根据式（2–1–20）可得出钻井液密度值 d：

$$d = \frac{10 \times D_p}{H} \tag{2–1–20}$$

式中 d——钻井液密度，g/cm^3；

D_p——压力感应元件间压差，gf/cm^2；

H——压力感应元件间距，cm。

电容感应元件的作用是接收来自两个压力感应元件的液压信号，将压差转化成电容量，进而转化成 4~20mA 的电流信号。

根据公式计算液体密度值与压力差值之间的对应关系，计算液体密度值、压力值与理论电流值之间的对应关系、数据可以作为调校密度传感器的依据，见表 2–1–4。

表 2–1–4　液体密度值与压力值对应关系数据表

H=30cm	密度 /（g/cm^3）	0.96	1.41	1.86	2.31	2.76
	对应压力 /kPa	2.88	4.23	5.58	6.93	8.28
H=45cm	密度 /（g/cm^3）	0.96	1.41	1.86	2.31	2.76
	对应压力 /kPa	4.32	6.345	8.37	10.395	12.42
H=60cm	密度 /（g/cm^3）	0.96	1.41	1.86	2.31	2.76
	对应压力 /kPa	5.76	8.46	11.16	13.86	16.56

注：表中的 H 为传感器两个探头中心之间的距离。

8. 钻井液电导率传感器

（1）用途

录井过程中，电导率传感器主要用于测量钻井液的电导率值，监测钻井液的电导率变化，是检测钻井液中矿化度的重要参数。根据变化趋势监测是否有地层流体进入，判断侵入钻井液中地层流体的性质，评价油气水层。

（2）原理

钻井液电导率传感器由感应元件、温度补偿元件、变送器等组成，如图 2–1–32 所示。感应元件由两个平行放置的初、次级磁环线圈组成，初级线圈中通过一定频率的交流信号，在呈现闭合状态的钻井液中产生感应电流，通过钻井液中的感应电流，感应到次级线圈，次级线圈接收信号的大小与钻井液的导电能力（电导率）大小成正比。温度补偿元件对被测温度下的电导率进行温度校

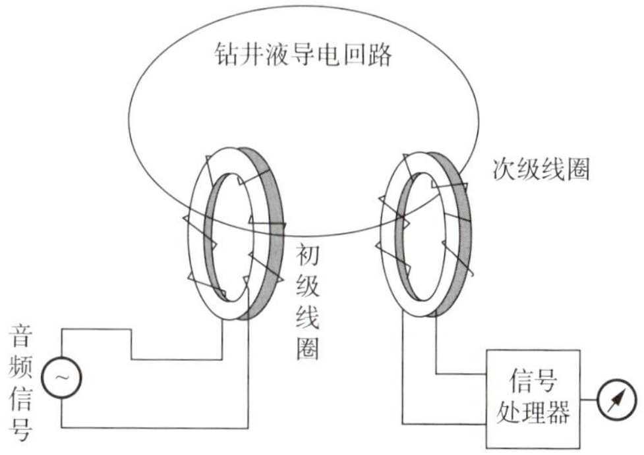

图 2–1–32　电导率传感器电路原理示意图

正，补偿到该钻井液 25℃时的电导率值。通过变送器，输出 4~20mA 电流信号。

电解质溶液与金属导体一样是电的良导体，当电流流经电解质溶液时，呈现出一定的电阻：

$$R = p\frac{L}{S} \tag{2-1-21}$$

式中 R——溶液的电阻，Ω；

p——溶液电阻率，Ω·m；

L——导电溶液长度，m；

S——导电溶液截面积，mm^2。

所以，电阻率的公式可写成：

$$p = R\times\frac{S}{L} \tag{2-1-22}$$

从另一方面讲，溶液具有一定的电导及电导率：

$$G = \frac{1}{R} = \frac{1}{p}\cdot\frac{S}{L} = r\cdot\frac{S}{L} \tag{2-1-23}$$

$$r = \frac{G\cdot L}{S} \tag{2-1-24}$$

式中 G——溶液的电导，S（等价于 1/Ω）；

r——溶液电导率，S/m、mS/m。

电阻（导）率传感器通常采用无电极方式，由两个线圈组成的感应元件、温度补偿元件及支架等组成。

9. 超声波池体积传感器

（1）用途

超声波池体积传感器用于测量钻井液罐内的液面高度，并通过计算实现对钻井液体积的测量。测量钻井液体积的变化，可以监测是否有钻井液漏失和地层流体进入，及时预报井涌、井漏、井喷，给工程施工提供依据。

（2）原理

如图 2-1-33 所示，池体积传感器是根据超声波测距原理进行液面位置检测的。传感器由发射探头发射一系列超声波脉冲，而超声波脉冲遇到液面后返回，被接收探头接收，通过记录超声波发射与接收所需要的时间，测量传感器端面和被测液面之间的距离。传感器中的滤波装置可从来自声波、电波噪声及转动搅拌器桨叶噪声的各种假回波中分辨出从液面上返回的真实回波，脉冲波从发射到液面，再返回到传感器所用的时间经温度补偿后，转变为电流输出。

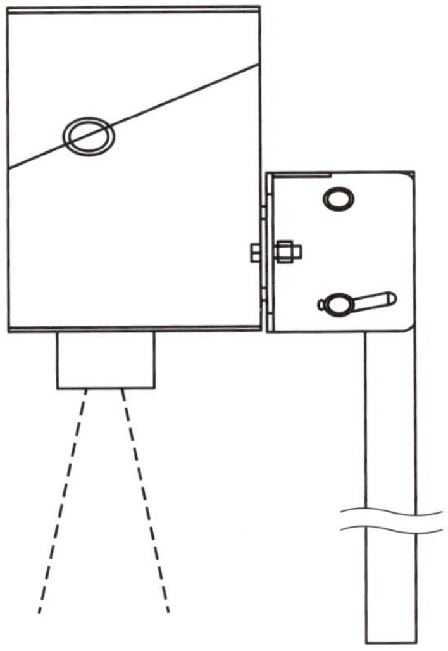

图 2-1-33 超声波池体积传感器工作原理图

10. 浮球池体积传感器

（1）用途

浮球池体积传感器用于测量钻井液罐内钻井液的液面高度，并通过计算实现对钻井液体积的测量。

（2）原理

浮球池体积传感器的工作原理是基于液位的变化引起电阻的变化。传感器的不锈钢直管内有一根测量杆，杆上等距离分布有若干个干簧管和电阻，安装管外套有带磁环的浮球。浮球在杆上的位置变化，引起杆上不同点的干簧管的吸合，则测量杆电阻值也发生变化，如图 2-1-34 所示。此电阻值经前置电路转换成电信号，从而测得浮球在杆上的位置。当把传感器垂直安装于钻井液池中后，则测得钻井液池中钻井液的液面高度。根据池底面积，便可求得钻井液池中钻井液的体积。

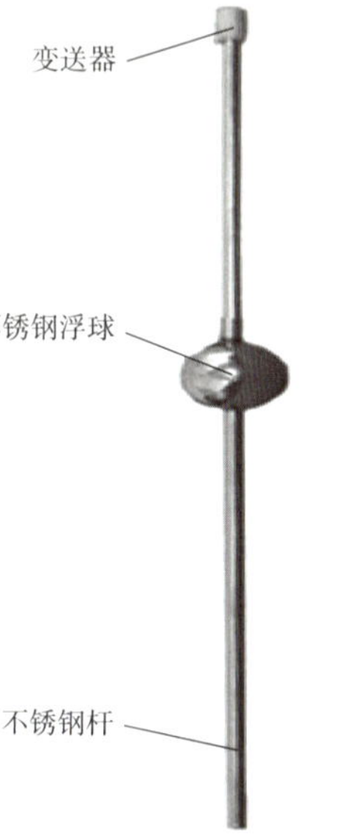

图 2-1-34 浮球池体积传感器

11. 硫化氢传感器

（1）用途

硫化氢传感器用于测量从地层中侵入钻井液，并随钻井液返出地面的硫化氢气体。发现硫化氢气体，及时报警并采取有效的安全措施，对保证人身和施工安全有着极其重要的意义。

（2）原理

硫化氢传感器主要有半导体感应式和电化学式两种，传感器由感应探头和变送器组成，如图 2-1-35 所示。硫化氢传感器的探头是利用一种特殊金属氧化物半导体的吸附效应来检测硫化氢气体的，半导体材料薄片被放置在两个电极之间的衬片上，在衬片的外圈有一个加热圈，加热圈的温度由热敏电阻测量，放置在传感器探头内部的控制电路使探头的温度始终保持恒定，保证探头处于最佳工作状态。当硫化氢气体吸附在半导体材料薄片上时，两电极之间的电阻减小，这种电阻值的减小与所检测的硫化氢气体浓度呈对数关系，测量电路将电阻值的变化转换成电信号。

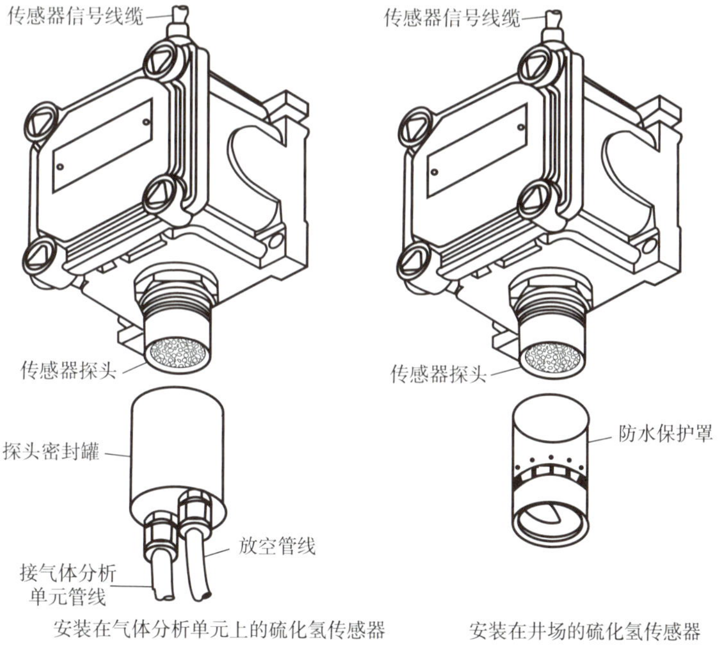

图 2-1-35 硫化氢传感器结构图

12. 电扭矩传感器

（1）用途

电扭矩传感器主要用于测量电力驱动钻机的转盘扭矩大小。转盘扭矩是判断钻具运转状态、钻头磨损状况、地层岩性、可钻性是否发生变化、定向井狗腿角是否超标的重要依据。在钻具振动分析中扭矩也是主要参数之一，当钻具发生有害振动时，报警装置提醒操作人员改变钻井参数，以防止井下钻具损伤，避免钻井事故。

（2）原理

电扭矩传感器主要根据霍尔效应原理制成，如图 2–1–36 所示，使用时夹钳卡在电动钻机转盘动力电缆上，当电缆线中有电流通过时，在电缆线周围产生一个磁场，且磁场强度与通过电缆线的电流成正比。当转盘扭矩变化时，转盘动力电机的负荷变化，因此通过动力电缆的电流发生变化，从而引起传感器输出信号变化。

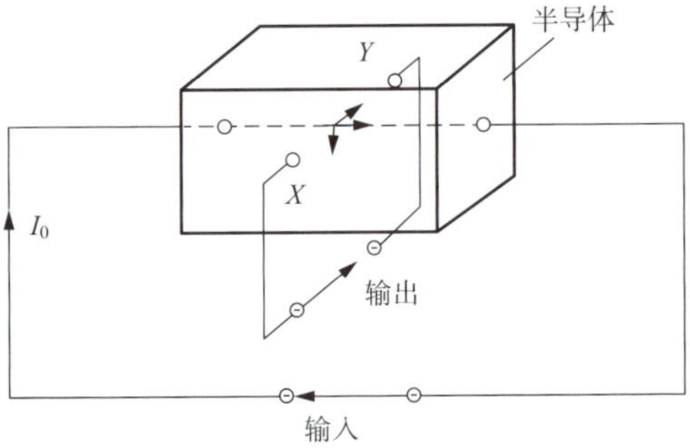

图 2–1–36　霍尔效应传感器工作原理图

13. 张紧轮式转盘扭矩传感器

（1）用途

张紧轮式转盘扭矩传感器也称为机械扭矩传感器，主要用于测量链条驱动钻机的转盘扭矩。

（2）原理

钻井过程中，柴油发动机通过一系列传动装置，经传动链条带动绞车和转盘，转盘驱动钻具实现钻进。传动链条的张紧程度反映了转盘的扭矩的大小，当井下钻具发生异常或地层岩性发生变化时，转盘扭矩的大小产生变化，从而影响到链条张紧力的变化。

在传动链条的下方放入张紧轮式转盘扭矩传感器，它将链条的张紧力转换成油压，再通过压力传感器，把油压信号转换成电信号，电信号的强弱就反映出转盘驱动扭矩的大小。

14. 顶丝式转盘扭矩传感器

（1）用途

用于测量转盘扭矩，适用于转盘用顶丝固定的机械钻机。

（2）原理

钻井过程中，转盘驱动钻具，实现钻进，同时钻具会产生一个大小与驱动扭矩相等、方向相反的反扭矩，作用在转盘上，使转盘有反向旋转的趋势。在转盘四周有若干顶丝固定转盘，因而顶丝上就受到转盘反向旋转的推力，其大小与转盘扭矩成正比。根据这一力学原理，传感器将对顶丝的作用力转换成电信号，电信号的强弱反映了转盘驱动扭矩大小的变化。顶丝式转盘扭矩传感器结构如图 2–1–37 所示。

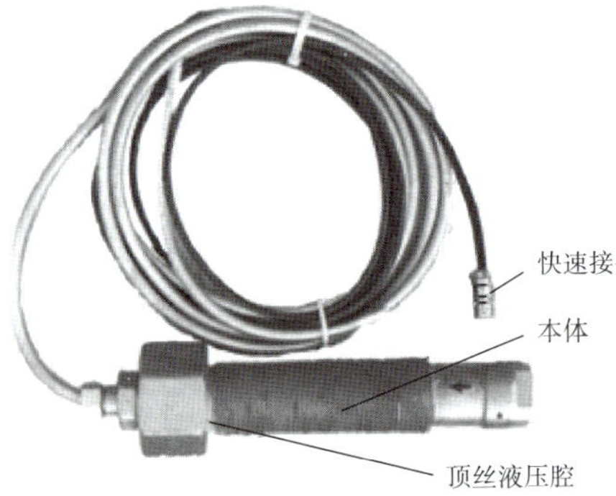

图 2–1–37　顶丝式转盘扭矩传感器

15. 无线传感器

录井无线传感器如图 2-1-38 所示。采用无线方式进行数据传送，没有信号线与录井仪连接，具有准确度高、防雷能力强、功耗低、安装方便等特点。无线传感器在关键测量元件上与常规传感器的区别不大，校验、使用注意事项大致相同。

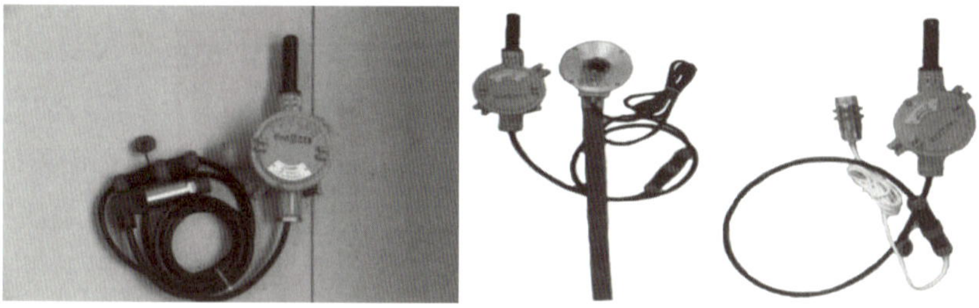

图 2-1-38　无线传感器

（四）光纤传导技术

光纤技术投入开发已有 20 年，经历了四代更新。第一代光纤通信系统是在 1973~1976 年研制成功的 45Mb/s、0.85 μm 多模光纤系统。第二代光纤通信系统于 1976~1982 年研制成功，它可以传送中等码速的数字信号。工作波长为 1.30 μm，损耗为 0.5dB/km，色散的最小值近似为零。目前，正处在大规模应用的是第三代光纤通信系统，工作波长为 1.31 μm，使用激光二极管（Laser Diode，LD）可传输 140~600Mb/s 的高码速信号，中继距离达 30~50km。第四代光纤通信系统目前还处在实验室研制阶段，主要是将零色散波长移到 1.55 μm，这样可以使光纤损耗更低，色散为零。

目前，已经涉足第五代光纤通信系统的研究和开发，称为光孤子通信系统。该系统具有超长距离的传输能力，应用潜力巨大，已生产出多种产品，例如光纤陀螺仪、盈度传感器、声传感器、加速度计和化学探头等。其多种应用领域包括结构监测、军事系统、工业应用、化学传感及安全监测等。但是，光孤子通信系统尚处于研究开发阶段，要真正进入实用化还需要解决一系列实际应用问题。

1. 技术优势

光纤的发展使光纤技术在传感能力、成本效益和可靠性方面，与传统的以电子器件为基础的系统相比，有巨大的进步，从而以较低的操作成本获得较高的油气采收率。光纤基传感器能够借助若干种新技术，高精度地测量井筒和井场环境中的多项参数。

目前世界上从事油田光纤技术研究与应用的公司有 15 家以上。英国 Sensor Highway 公司是光纤技术的主导公司，已在美国、加拿大、印尼、挪威、英国和委内瑞拉等国家的井中安装了多套光纤温度传感器。德国 CDRA 公司试验光纤压力、温度、流量和相组分测量系统已有 3 年多，已进入商业性应用阶段。

光纤技术之所以引起人们重视，并具有一定发展潜力，相比传统式的信号传输与电子传感技术，光纤技术具有许多的优点，主要表现在：

①灵敏度高、低损耗、中继距离长。由于光是一种波长极短的电磁波，通过光的相位便得到其光学长度。以光纤干涉仪为例，由于所使用的光纤直径很小，受到微小的机械外力的作用或温度变化时其光学长度要发生变化。相较于其他传输介质而言，使用石英材质

光纤损耗可在 0.2dB/km 以下，远小于其他介质，即使将来应用非石英材质光纤，其损害值也在 9~10dB/km。光纤低损耗的特点便决定了光纤通信可以实现长远的中继距离，实际建设过程中可以大幅度降低通信系统成本，有利于提升系统的稳定性和可靠性。

②抗电磁干扰、电绝缘、耐腐蚀、本质安全。由于光纤传感器是利用光波传输信息的，而光纤又是电绝缘、耐腐蚀的传输媒质，并且安全可靠，这使得它可以方便有效地用于各种大型机电、石油化工、矿井等强电磁干扰和易燃易爆等恶劣环境中。

③线径细、质量小、测量速度快。光纤内芯半径约 0.1mm，为单管同轴电缆的 1%。线径细这一特点使得整个传输系统占用空间小，具备节约资源、减少占用面积的优点。此外，光纤属玻璃材质，质量极轻，构成的光缆质量也较小，1m 单管同轴电缆质量为 11kg，而同容量下光缆仅为 90g。光的传播速度最快且能传送二维信息，因此可用于高速测量。对雷达等信号的分析要求具有极高的检测速率，应用电子学的方法难以实现，利用光的衍射现象的高速频谱分析便可解决。

④通信宽频带、信息容量大。被测信号以光波为载体，而光的频率很高，所容纳的频带很宽，同一根光纤可以传输多路信号，可传输多项参数，井下检测空间分辨率高。

⑤适用于恶劣环境。为适应特殊工作条件，光纤是一种电介质，耐高温（175℃以上）、适应剧烈冲击和振动、耐高压、耐腐蚀、抗电磁干扰；可用于其他传感器所不适应的恶劣环境中。

2. 光纤传感技术检测工作原理

新型光纤技术能够测得井筒内、外各项参数，对油气生产实施全面的控制。目前应用到油气田开采的这类技术，可用于压力、温度传感器和流量计。已用于研制多种传感器的光纤传感器技术主要有：用于分布式温度测量的拉受散射技术、用于高精度压力传感的法布里－珀罗光纤传感器技术，以及布拉格光纤光插传感技术。

上述第一种方法能对整个井筒做温度测量，其垂向分辨率达 1m。光纤可被泵传送入固定在油管壁上的导管内，或者在光缆制造过程中直接安装于导管内。这种传感技术可提供一种简便、实时、不停产、不干预井筒中使用测井仪器的、监测全井筒的方法，已广泛用于测层段和井筒的热力剖面，尤其适用于注蒸汽井。利用热力剖面可以深入观察井筒和地层中的热流动态，了解分层及长水平段的流量分布，鉴别见水层及见气层，监控气举凡尔和电潜泵的工作状况，达到优化生产的目的。此方法可测出井下数千米的连续温度剖面。其缺点是光纤上某一点的温度不能分辨，地面检测仪器昂贵，数据处理缓慢。

第二种方法也称法布里－珀罗干涉仪传感器法。由于此方法具有简便性，有助于采用小型高精度压力计，永久性地安装于井筒内。光纤传感器工作原理如图 2–1–39 所示。

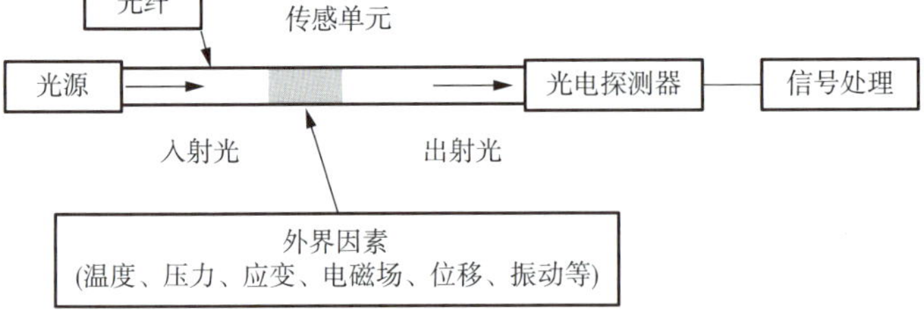

图 2–1–39　光纤传感器工作原理图

第二节　气体分配系统

一　气体分配单元

气路分配单元作为仪器的气路预处理单元，主要是为色谱分析单元提供分析用气，它的主要功能是对空气、氢气和样气进行净化处理，对空气、氢气和样气进行稳压处理，通过泵抽取样气，将处理后的空气、氢气和样气输出到气体分析单元，通过开关控制，手动控制样气管线反吹。

（一）前面板

气体分配单元前面板如图 2-2-1 所示（以 MatriExplore ZH-3 仪为例）。

其中，

SAMPLE：样气的稳压阀和压力表；

AIR：空气的稳压阀和压力表；

H_2：氢气的稳压阀和压力表；

VENT：样气的放空针阀；

TG INJ：总烃样气前进样口；

PURGE：样气管线反吹开关。

（二）后面板

气体分配单元后面板如图 2-2-2 所示。

其中，

SAMPLE IN：样气输入口；

AIR IN：空气输入口；

H_2 IN：氢气输入口；

SAMPLE OUT：样气输出口（接分析单元 SAMPLE IN）；

SAMPLE VENT：样气放空口（可接非烃单元或放到仪器房外放空）；

AIR OUT：空气输出口（接分析单元 SAMPLE IN）；

VALVE AIR：十通阀驱动空气输出口（接分析单元 VALVE AIR）；

H_2 OUT：氢气输出口（接分析单元 H_2 IN）；

AUX CONTROL：分析单元控制输入；

PURGE：样气管线反吹控制输出。

图 2-2-1　气体分配单元前面板

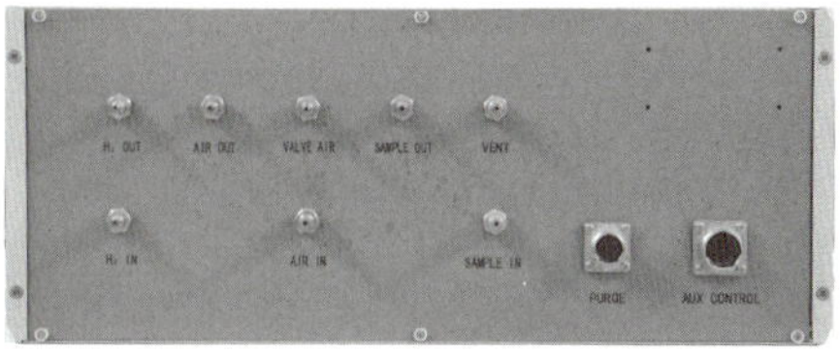

图 2-2-2　气体分配单元后面板

（三）前面板内部结构

气体分配单元的内部结构如图 2-2-3 所示。

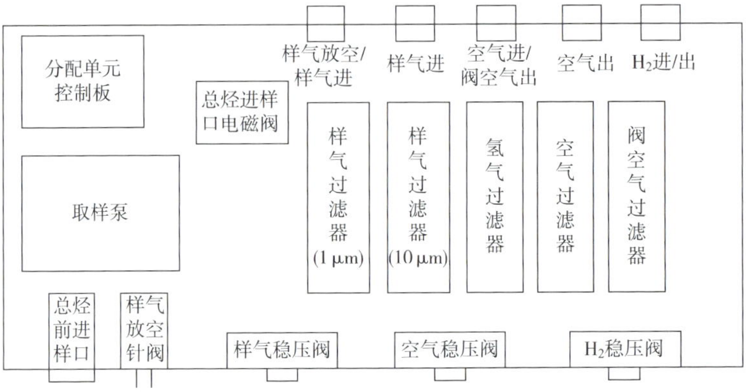

图 2-2-3　气体分配单元内部结构

二　气体分析单元

气体分析单元通过使用两套独立的 FID 氢火焰离子化检测器系统，可同时分析样品气中的总烃含量和样品气中的 C_1~C_5 含量。主要由分析系统和电器控制系统两大部分组成，气体分析单元内部框图如图 2-2-4 所示。

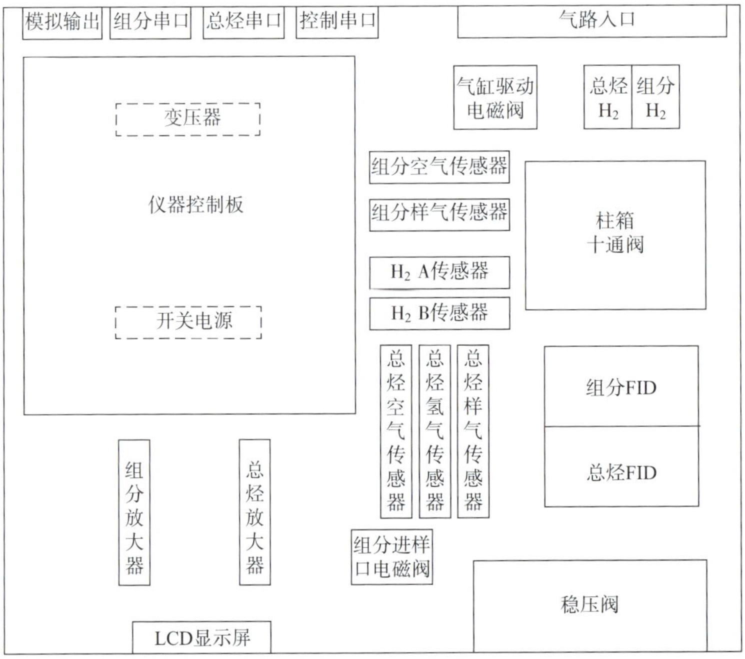

图 2-2-4　气体分析单元内部示意图

（一）前面板

前面板上主要是液晶屏，用于仪器的参数设定和状态显示，如图 2-2-5 所示。

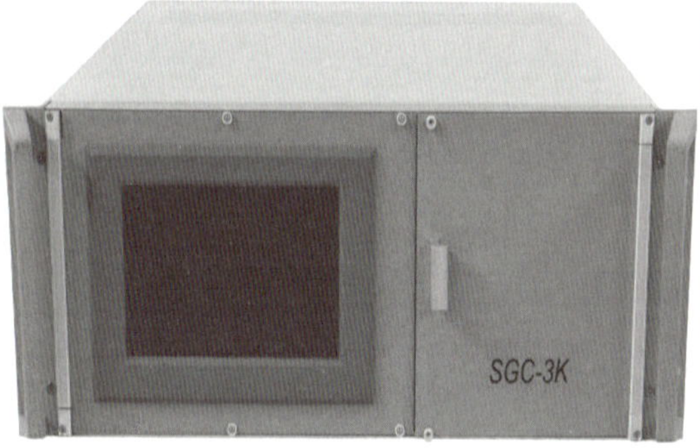

图 2-2-5　气体分析单元及控制阀

其中，

H_2 A：组分分析时控制载气 A 的稳压阀；

H_2 B：组分分析时控制载气 B 的稳压阀；

INJ：做组分标定时的前进样口（该口仅在组分标定时可用）；

VENT：组分分析时的样气放空针阀；

TG Sample：总烃分析时调节总烃样气流量的稳压阀。

（二）后面板

后面板上主要是气路入口、电源接口、数据输出口、放大器模拟信号输出、风扇等，如图 2-2-6 所示。

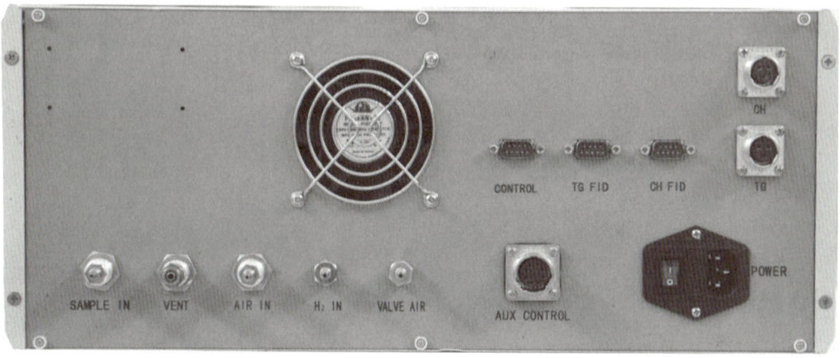

图 2-2-6　气体分析单元后面板

其中，

POWER：仪器电源、开关，接 AC200V；

TG：总烃放大器模拟输出；

CH：组分放大器模拟输出；

CONTROL：仪器控制串口；

TG FID：总烃放大器串口；

CH FID：组分放大器串口；

AUX CONTROL：气路分配单元控制接口。

三 CO_2 检测仪

（一）前面板

仪器前面板布局如图 2-2-7 所示。

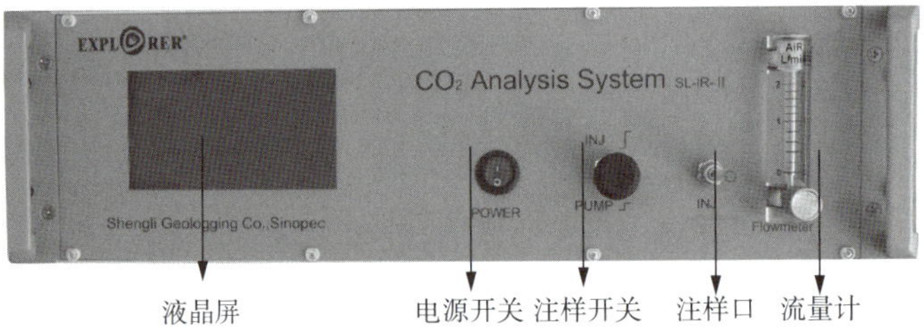

图 2-2-7　CO_2 检测仪前面板

（二）后面板

仪器后面板布局如图 2-2-8 所示。

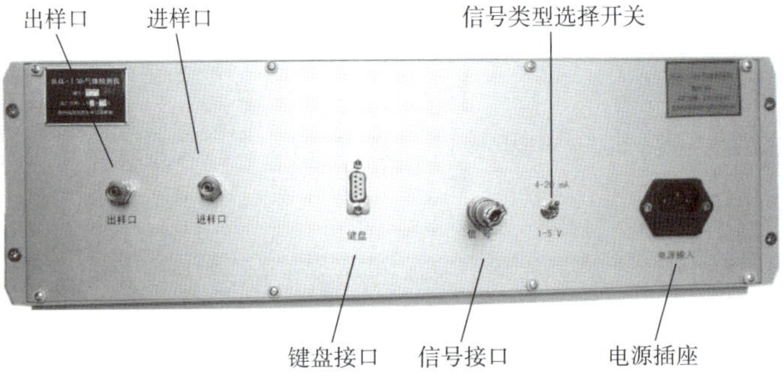

图 2-2-8　CO_2 检测仪后面板

四 辅助设备

仪器房内部的辅助设备主要有空压机和氢气发生器。

（一）空气压缩机

空气压缩机简称空压机，是空气气源装置中的主体，是将电动机的机械能转换成气体压力能的装置，也是压缩空气的气压发生装置。空压机为 FID 检测器提供助燃气，为 TCD 检测器提供载气，还为旋转阀或拉杆阀提供驱动的动力气，最小气压不得小于 0.3MPa。

（二）氢气发生器

气体分析系统使用的氢气是由氢气发生器产生的，氢气发生器结构如图 2-2-9 所示。

氢气发生器工作原理是电解分离池在电场的作用下，阴极产生氢气，阳极产生氧气。氧气经液路被释放到大气中，氢气经过净化系统净化后输出。当压力达到出厂设定值时，压力控制系统将根据色谱仪或其他仪器的氢气使用量，自动追踪并调整至稳定状态。氢气发生器工作时，一般会有输出氢气的压力和当前制氢量的指示。它为 FID 提供燃气和载气，输出气压不能小于 0.2MPa。

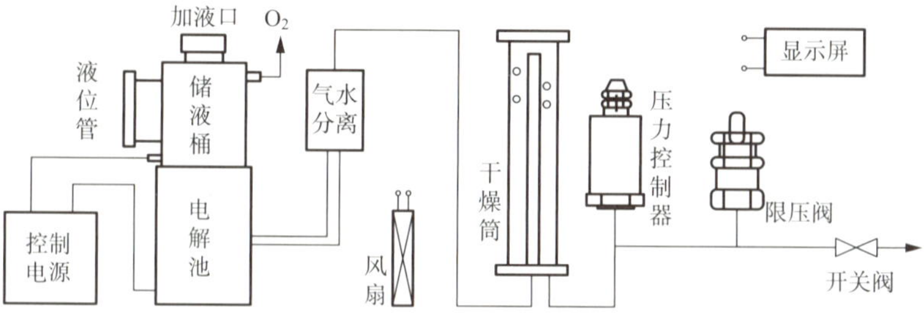

图 2-2-9 氢气发生器结构图

第三节 计算机系统

计算机系统主要由实时控件软件（Real Time Controlling，RTC）、实时监控软件（Real Time Monitor，RTM）和资料处理软件组成的。

一 RTC 实时控件软件

RTC 实时控件软件可运行在 Win10、Win7、WindowsXP 等操作系统环境下。软件系统充分利用了 C++ 语言面向对象技术，以及 Windows 32 位程序的多任务、多线程、界面美观等特性，软件稳定、易维护。软件能够实时采集工程数据和色谱数据，进一步分析计算后，进行数据显示、存储、打印等。RTC 主屏幕如图 2-3-1 所示。

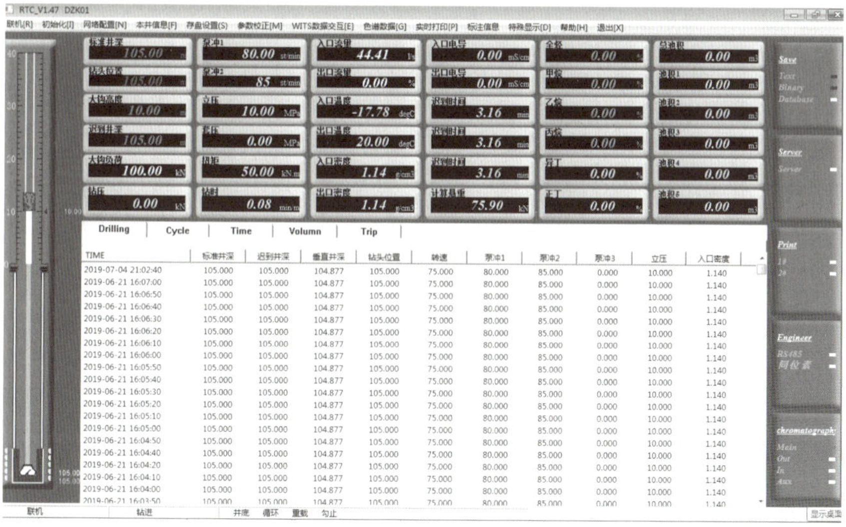

图 2-3-1 RTC 主屏幕

（一）软件运行环境

① Pentium4 或者更高级中央处理器。

②1G 以上 RAM（随机存取存储器）。

③2G 以上自由磁盘空间。

④所使用的相关设备必须能够和 Windows 相兼容，且正常安装，正常运行。

（二）RTC 特点

①数据来源多样。提供多种数据采集接口，包括 RS485 数据、CAN 数据、无线传感器，及其他钻井现场数据。

②数据显示形式丰富：以数值、曲线、图表、动画等多种形式显示。

③完整的数据存储：录井数据以文本、二进制、数据库等多种方式存储。

④具有气体校准功能：色谱数据能进行差分计算，建立了气体检验校准模型。

⑤数据计算模型：丰富的数据计算模型。

⑥丰富灵活的单位：采用多种单位系，用户可定制数据显示单位。

⑦灵活的数据传输功能：内嵌了 WITS 传输数据功能，同时支持串口和网络方式的传输。

⑧直观的信息显示：具有声光报警功能，提示岩屑运移、参数报警、多个模块运行工作状态等。

⑨对存盘、打印、色谱等重要设置、功能以及周边设备的运行状态更方便地监控。

（三）RTC 功能

RTC 的功能主要包括：数据采集和监控，数据报警，实时数据计算，实时打印输出，实时数据存储和数据传输。

1. 数据采集和监控

①通过 WITS 方式采集工程传感器数据。

②通过串口采集色谱数据。

2. 数据报警

可设置参数是否报警以及报警界限，当达到报警界限时，实现声、光提示报警。

3. 实时数据计算

RTC 软件实时计算标准井深、迟到井深、垂直井深、大钩运移速度、悬重、钻时、钻井液体积变化、*dc* 指数、钻头进尺、钻头成本等参数。所有的计算结果可显示在屏幕上，并可存储在计算机硬盘上。

4. 实时打印输出

RTC 提供 2 台打印机的实时打印输出功能，打印方式有曲线和数据两种形式。

5. 实时数据存储

（1）文本方式

井深数据（包括标准井深数据和迟到井深数据）以 ASCII 码方式存储，用户可用 Excel 方式打开查看。时间间隔的数据以二进制方式存储，回放方式是通过后台程序中的“后台回放”完成。这两种方式下，所要存储的参数，V1.47 以前版本可以由用户进行选择；V1.47 以后版本（含 V1.47），所有参数均存储，无须用户选择。

（2）Mysql 数据库存储

Mysql 数据库数据，可以通过数据库查看器进行浏览，同时，具体操作由后台程序“数据库处理”进行。这种方式下的存储参数，为固定的1~300个存储参数。

6. 数据传输

以WITS格式进行数据进一步传输共享，方式包括串口和网络两种。

二 RTM实时监控软件

RTM实时监控软件，可运行在WindowsXP、Windows2000等操作系统环境下。软件系统充分利用了C++语言面向对象技术，以及Windows 32位程序的多任务、多线程、界面美观等特性，软件稳定、易维护。软件是RTC软件的延伸显示，能够完成数据显示、曲线显示、实时打印、特殊功能显示等。

（一）软件运行环境

① Windows XP/7/10；

② Pentium4或者更高级中央处理器；

③ 1G以上RAM；

④ 2G以上自由磁盘空间；

⑤所使用的相关设备必须能够和Windows相兼容，且正常安装，正常运行。

（二）RTM特点

①所有数据从Server服务程序获得；

②数据显示形式丰富：以数值、曲线、图表等多种形式显示。

③丰富灵活的单位：采用多种单位系，用户可定制数据显示单位。

④灵活的数据传输功能：内嵌了WITS传输数据功能，同时支持串口和网络方式的传输。

（三）RTM工作流程

RTM软件能够以数据、曲线组合方式显示。RTM的工作流程主要有界面操作、网络配置、逻辑参数显示、远程传输、实时打印、添加注释、钻时显示和实时数据显示等。RTM软件界面如图2–3–2所示。

（四）远程传输

根据录井仪型号确定Wits数据采集方式（串口或TCP/IP），截取Wits格式数据至采集软件后，开始进行数据回传的认证操作。通过地库和服务器中心数据库的TID、ID、回传时间三项的对比判断，确定其是否为新增数据。在判断分析确认后，将现场数据进行以下两种处理：

①通过和中心服务器数据比对，在数据库中存在新增数据后，进行同步处理将数据回传至中心数据库。回传同步成功后，向本地库反馈，并重新写入upload信息。回传数据结束后停止进程。

②与服务器数据比对，无新增数据时，锁定本地数据库数据。记录upload时间并结束进程。远程传输流程如图2–3–3所示。

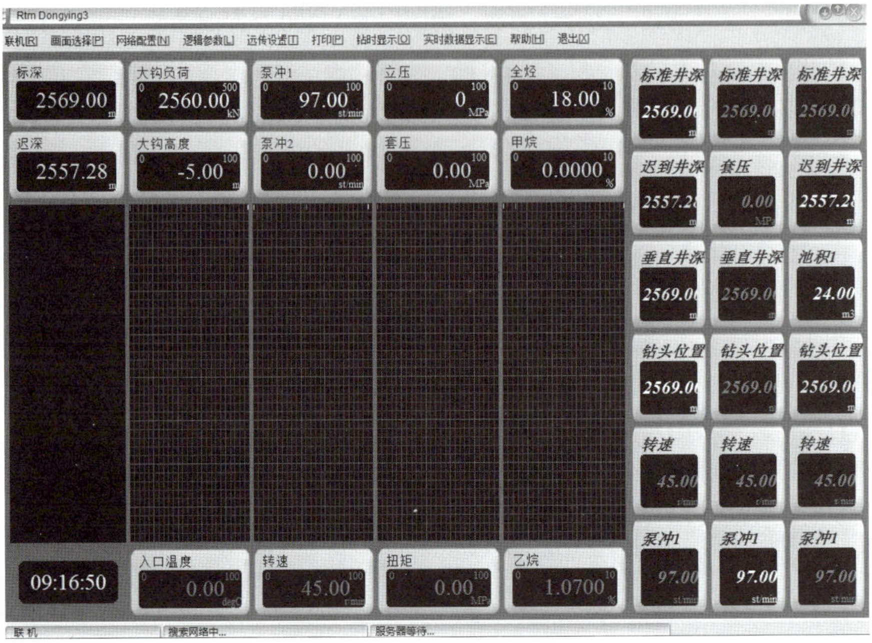

图 2-3-2　RTM 软件界面

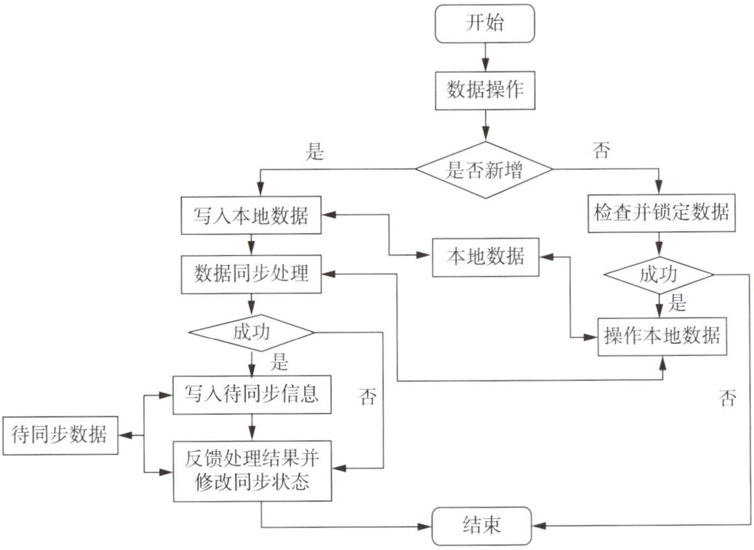

图 2-3-3　远程传输流程示意图

第四节　仪器房

仪器房由照明系统、办公设备、空调系统等组成，是为录井设备提供工作条件，为操作人员提供工作场所的装置。仪器房具有适应野外频繁移动、搬迁、安装的特点，能够适应较为恶劣的地理、气候环境。

一 电源

仪器房为适应钻井现场供电情况和外围设备的保护需要，提供了一套完整的强电配电系统，保证仪器在野外恶劣的供电条件下能稳定可靠地运行，电源系统主要由隔离变压器、强电配电箱、不间断电源等组成。仪器房供电如图 2-4-1 所示。

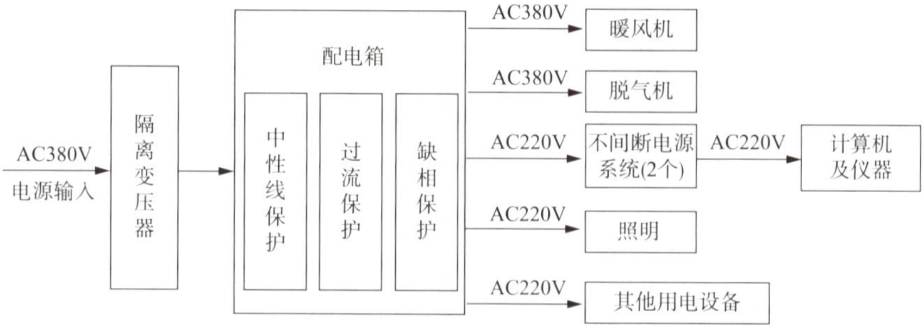

图 2-4-1 仪器房供电示意图

（一）电源输入

仪器房输入主电源是由外电源的三相四线制（A、B、C、N）或三相三线制（A、B、C）供电电源进入配电箱内，通常电源电压为交流 380V、50Hz，也有交流 220V、440V，60Hz 等不同的供电方式，仪器供电功率一般在 20kW 左右。

（二）隔离变压器

仪器房电源隔离变压器可以适应不同电压的供电系统，使外电输入端与仪器内部的电气完全绝缘，隔离变压器对地悬浮，只能用在供电范围较小、线路较短的场合，此时，系统的对地电容电流小得不足以对人身造成伤害，可以起到保护的作用。隔离变压器铁芯的高频损耗大，从而抑制了高频杂波传入控制回路，可以在一定程度上抑制从电源输入端进来的不稳定或破坏性因素，隔离危险电压，起到保护仪器的作用。

（三）配电

仪器房电源系统通常有过压、欠压、断相、过载、零线带电等保护装置。下面以某仪器房配电系统为例进行说明。

1. 配电流程

供电电源流程：空气开关（过压、欠压、过载保护）→熔断器→漏电保护开关→主接触器→电流互感器（中性线带电、缺相、电压检测保护）→过电流检测保护→用电设备。

2. 配电部分的电路流程

配电部分的各分电路流程示例如图 2-4-2 所示。

（四）UPS

UPS（Uninterruptible Power System）不间断电源系统，是指正常交流供电中断时，将蓄电池输出的直流电变换成交流电持续供电的电源设备。UPS 能够将现场比较恶劣的电源输入转换为更稳定的输出，在停电时提供后备电源供应，保证仪器连续正常运转，一般需要维持重要设备正常工作 20min 以上。

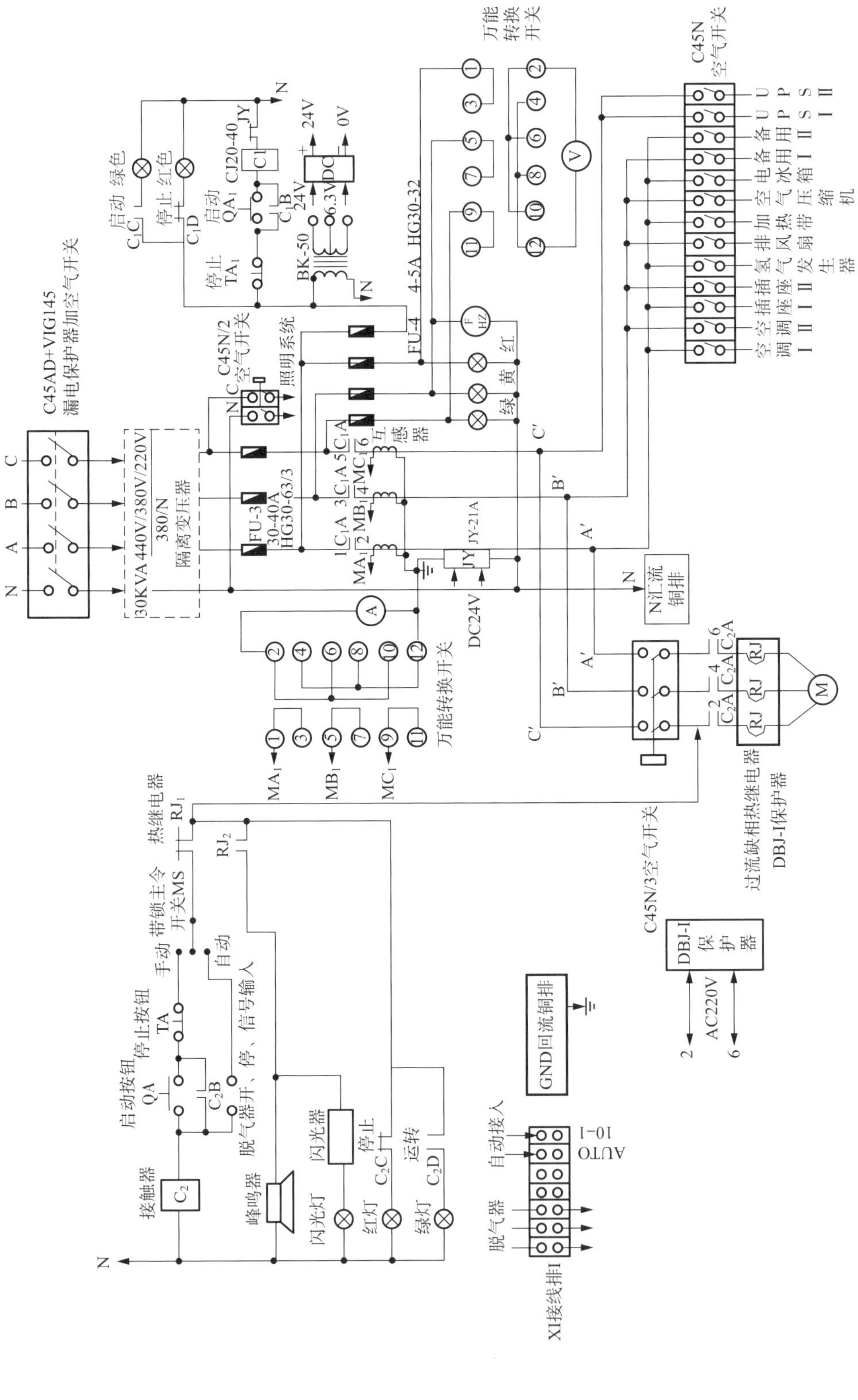
C45AD+VIG145
漏电保护器加空气开关
30KVA 440V/380V/220V
380/N
隔离变压器
C45N/2
空气开关
照明系统
FU-3
30-40A
HG30-63/3
FU-4
4-5A HG30-32
BK-50
CJ20-40
启动
停止
绿色
红色
24V
0V
6.3V
DC
万能转换开关
C45N
空气开关
空调Ⅰ
空调Ⅱ
插座Ⅰ
插座Ⅱ
氢气发生器
排风扇
加热带
空压缩机
冰箱
备用Ⅰ
备用Ⅱ
UPSⅠ
UPSⅡ
互感器
JY-21A
DC24V
N汇流铜排
过流缺相热继电器
DBJ-I保护器
C45N/3空气开关
DBJ-I保护器
AC220V
GND回流铜排
热继电器
带锁主令开关MS
手动
自动
启动按钮
停止按钮
脱气器开、停、信号输入
接触器
峰鸣器
闪光器
闪光灯
红灯
绿灯
停止
运转
自动接入
脱气器
XI接线排
AUTO 10-1

图 2-4-2 配电箱电路图

（五）接地保护

为保证用电安全，仪器房使用前必须可靠接地。在拖橇壳体外部至少有 1 个接地端子，通电前应先用接地线（黄绿线）将端子与大地可靠连接。

二 正压防爆

石油、化工、煤炭、国防等许多工业部门，在生产、加工、运输和储存的各个过程中，可能泄漏或溢散出各种各样的易燃易爆气体、液体和各种粉尘及纤维，这类物质与空气混合后，可能成为具有爆炸危险的混合物。当混合物的浓度达到爆炸浓度范围时，一旦出现火源即会引起爆炸和火灾。

正压防爆：使具有点火源（明火、电气火花等）的危险场所内空气压力高于周围大气压力，避免可燃气体进入该场所，防止爆炸和火灾等严重事故发生。

正压防爆是重要的电气防爆形式之一。

在石油钻井现场形成爆炸，需要同时存在可燃性物（一定浓度的天然气）、助燃物（空气）、点火源（非防爆交流接触器和开关的触点）三个条件。因此，在设计防爆系统时须防止爆炸三个条件同时出现，这样就可以达到防爆目的。

仪器房所使用的正压防爆安全控制系统采取控制可燃性气体浓度和隔离点火源方式来达到防爆要求。图 2-4-3 是防爆电源控制系统框图。

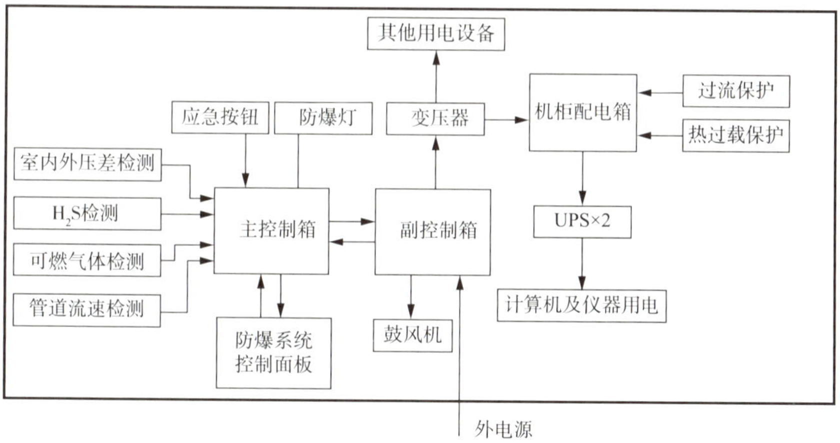

图 2-4-3　仪器房防爆电源控制系统框图

在启动仪器供电电源之前，安全控制系统处于工作状态。安全控制系统中的继电器和接触器等电器部件无防爆功能（点火源），因此安装在隔爆箱中，使电器部件组成的安全控制电路在工作时产生的电火花不会引起隔爆箱以外的可燃性气体爆炸。

为了限制仪器房内可燃性气体浓度，系统通过安装在离仪器房上风口 50m 以外的防爆风机抽取安全区域的清洁空气来不断替换仪器房室内空气，使仪器房室内和室外保持一定的正压力差，以阻止仪器房外可能存在的危险气体（可燃性气体或有毒有害气体）进入仪器房内。根据防爆要求抽取清洁空气连续清扫仪器房内数遍后，仪器房内的环境才被认为达到安全标准。在清扫完成后，通过调节清扫空气进出防火闸的开启大小，使仪器房室内正压力达到设定压力值以上。系统在运行期间仪器房室内正压力低于设定压力值（如仪器房门、逃生窗没有及时关闭，防火风闸开启过大等），将发出声光报警提示，若在设定时间内室内压力不能恢复到设定值以上，系统将自动关闭供电电源。

仪器房内各项环境指标检测合格后，正压防爆安全控制系统给配电系统供电。

（一）可燃气体探测器

可燃气体探测器有 200s 的预启动过程，因此必须待可燃及有毒气体探测器启动完毕后方可启动电机或通用电源。

（二）有毒气体探测器

有毒气体探测器有 200s 的预启动过程，因此必须待可燃及有毒气体探测器启动完毕后方可启动电机或通用电源。

（三）防爆型光电感烟探测器

防爆型光电感烟探测器用于火灾发生初期，当烟雾已达到一定浓度时进行火灾报警，它可广泛用于各类工业与民用建筑的场所火灾探测。满足国家防爆标准（本安型）EXIbⅡCT6。

（四）防爆型感温探测器

防爆型感温探测器，用于火灾发生初期，当温度变化达到一定程度时，进行火灾报警，它可广泛用于各类工业与民用建筑的场所火灾探测。满足国家防爆标准（本安型）EXIbⅡC T6。

（五）防爆微压差探测器

防爆微压差探测器由不锈钢膜片与固定电极构成一个可变电容，压力变化时，电容值发生变化。此传感器 / 变送器已进行了温度补偿，从而提高了温度性能和长期稳定性。将信号转换为成比例的电流信号，输出 4~20mA 的电流信号，激励电压为 24VDC。

（六）室内差压表

指针式显示表，显示压力范围为 0~500Pa 或 0~250Pa。

（七）声光报警器

隔爆型声光报警器，防爆标识 EXdⅡBT4，供电 24VDC。

（八）进风流速开关

叶片式自动流速监测开关，属无源磁力开关，干触点输出，叶片可调。隔爆型，防爆标识 EXdⅡBT6。

思考题

1. 录井仪的电控原理基础主要包括哪几个方面？
2. 气体分析的结构和原理主要体现在哪几个方面？
3. 录井的计算机系统包括什么？
4. 传感器按照信号类型可分为哪几类？
5. 套管压力传感器采集参数的意义是什么？
6. 光纤传导技术有哪些优点？
7. 简述光纤传感技术检测的工作原理。

扫一扫
获取更多资源

第三章

录井施工工艺

录井施工按设计执行，录井通过钻机相关部位安装的传感器，随钻将各种测得的变化的物理量转换成电信号，经计算机系统的采集、处理、解释，达到对正钻地层的含油气评价，地层压力预测以及钻井监控的目的，良好的设备运行条件是确保优质施工的关键。

第一节　设备搬迁

一　设备搬迁

①搬迁前由项目负责人组织，搬迁现场领导带班，对施工区域、环境和作业过程危害进行识别，制定相应的作业程序和安全措施，明确搬迁分工，指定现场安全监护人。

②遇有下列情况之一，施工单位必须编制起重作业方案：

a. 起重质量大于 40t 的重物。

b. 起重质量不足 40t，但形状复杂、刚度小、长径比大、精密贵重、作业条件特殊的物件。

③遇有下列情况之一，提供起重服务的单位应在作业前办理《起重作业安全许可证》：

a. 吊装质量大于 10t 的物体。

b. 质量达到起重机械额定负荷的 95%。

c. 两台及两台以上起重机械抬吊同一物件。

d. 起吊精密物件，或起吊不易吊装的大件，或在复杂场所进行大件吊装。

e. 起重机械在输电线路下方或其附近工作。

④起重指挥、司索人员须持证上岗，起重指挥人员应佩戴明显标志。

⑤参与搬迁作业的人员须正确穿戴劳动防护用品。

⑥搬迁前，野营房内的仪器、柜门、抽屉应固定牢靠，易碎物品应进行包装保护，活动物品重量应均匀分布、固定平稳，并在吊装前对固定情况进行查验。

⑦检查野营房内物品的固定、摆放情况，切断电源，锁牢内、外门窗。

⑧检查野营房的吊桩（吊环螺栓）、吊索是否存在缺陷，承载能力是否满足吊装需要。

⑨标识野营房吊装方向。

⑩作业场所照明充足，作业现场配备了辅助就位工具。

⑪野营房装车后，须捆扎牢固。

⑫车辆装载超高、超宽、超长时，由承运单位到当地公安交通管理部门办理相关行车手续。

⑬野营房搬迁时，录井人员不得随车押运。

二 设备吊装

①起重作业前，现场作业负责人应向作业人员、监护人员告知作业内容与程序、主要危害和控制措施、事故避险和急救措施等。

②危险区域禁停留，作业区域应设置警戒线，作业时吊物上严禁站人，转盘旋转区、起重臂下、被吊物下方、吊物运行路径范围及其可能滑脱摔落的最大半径范围等危险区内有人员时应立即停止作业。

③正式起吊前应进行试吊，将重物吊离地面20~30cm时停止提升，检查起重机的稳定性、制动器的可靠性、重物的平衡性、绑扎的牢固性，检查全部机具、地锚受力情况，发现问题应先将重物放回地面，故障排除后重新试吊，确认一切正常，方可正式吊装。

④施工前应提前掌握天气情况，遇六级以上大风或大雪、暴雨、大雾、沙尘暴等恶劣天气时，露天起重作业应立即停止，并卸下重物，收回吊臂。

⑤起重指挥应遵守以下规定：

a. 现场吊装指挥人员必须由专人指挥，无指挥人员或指挥信号不明时，坚决不能起吊。

b. 保证起重设施的安全可靠，及时纠正起重设备设施的错误选择。起重设备报警装置、高度限位器、超载限制器、行程极限位置限制器、吊钩防脱装置、吊钩、钢丝绳、绳卡、卷筒、制动系统、液压系统、控制系统等关键部位以及吊索具、吊耳、吊笼应无缺陷，严禁使用“死绳套”。吊车支腿千斤基础应平整坚实，支撑点无塌陷危险，机身无不平稳现象。

c. 指挥吊运、下放吊钩或吊物时，应确保人员、设备的安全，起吊重物就位前，不许解开吊装索具。

d. 禁止使用起重机械移送人员。

e. 吊车宜保持起重作业时吊臂与重物间的水平净距大于或等于200mm，吊钩滑轮与重物间的水平净距大于或等于50mm。

f. 对可能出现的事故，应及时采取必要的防范措施。

g. 发现问题应及时与方案编制人协商解决。

⑥起重机司机应遵守以下规定：

a. 操作人员在进行起重作业时，必须听从作业现场吊装指挥人员的指挥，无指挥人员或指挥信号不明时，坚决不能起吊，对紧急停车信号，不论由何人发出，均应立即执行。

b. 当起重臂、吊钩或吊物下面有人，吊物上有人或浮置物时不得进行起重操作。

c. 严禁起吊超载或重量不轻的物品和埋置物体。

d. 在制动器、安全装置失灵，吊钩螺母防松装置损坏，钢丝绳损伤达到报废标准等情况下禁止起重操作。

e. 吊物捆绑、吊挂不牢或不平衡、吊物棱角处与钢丝绳之间未加衬垫时不得进行起重操作。

f. 无法看清场地、吊物情况和指挥信号时不得进行起重操作。

g. 起重机械及其臂架、吊具、辅具、钢丝绳、缆风绳和吊物不应靠近高低压输电线路，起重设备和被吊物与输电线路最小安全距离不得小于以下要求，即：小于1kV、最小安全距离 1.5m；1~10kV、最小安全距离 2m；35~110kV、最小安全距离 4m；220kV、最小安全距离 6m；330kV、最小安全距离 7m；500kV、最小安全距离 8.5m。不能满足规定的安全距离时，应停电后再进行起重作业。

h. 在停工或休息时，不得将吊物、吊具和吊索悬吊在空中。

i. 在起重机械工作时，不得对起重机械进行检查和维修，不得在有载荷的情况下调整起升、变幅机构的制动器。

j. 下放吊物时，严禁自由下落（溜），不得利用极限位置限制器停车。

k. 用两台或多台起重机械吊运同一重物时，钢丝绳应保持垂直，升降、运行应保持同步，各台起重机械所承的载荷不能超过各自额定起重能力的 80%。

⑦司索人员应遵守以下规定：

a. 听从指挥人员的指挥，并及时报告险情。

b. 根据重物的具体情况选择合适的吊具与吊索；不准用吊钩直接缠绕重物，不得将不同种类或不同规格的吊索、吊具混在一起使用；吊具承载不得超过额定起重量，吊索不得超过安全负荷；起升吊物，应检查其连接点是否牢固、可靠。

c. 吊物捆绑应牢靠，吊点和吊物的重心应在同一垂直线，捆绑余下的绳头，应紧绕在吊钩或吊物之上；多人绑挂时，应由一人负责指挥。

d. 禁止随吊物起吊或在吊钩、吊物下停留，不得在起重机运行轨迹上停留，遇地面有障碍物时不得进入吊物和障碍物之间的受限空间。

e. 吊挂重物时，吊索所经过的棱角处应加衬垫。

f. 被吊物与其他固定设施应无焊接、螺栓固定、冰冻粘连，或者无被吊物堆压在其他物件下或埋在地下的状况。被吊物上应无浮放（放置）的未固定的活动物品或捆绑连接不牢靠的物品。

g. 人员与吊物应保持一定的安全距离，放置吊物就位时，应用拉绳或撑杆、钩子辅助就位，禁止将引绳缠绕在身体的任何部位，确需用人力的，应在吊物距离基准面不超 0.5m 的条件下，确保人员处于安全状态，方可用肢体接触吊物辅助就位。

h. 起吊重物就位前，不许解开吊装索具。

三 设备就位

①录井仪器房、地质值班房应摆放在井场右前方靠振动筛一侧，符合钻井井场布局要求，仪器房宜摆放在首位，距井口 30m 以外，地基平整坚实，避开垫方、易垮塌滑坡及洪水影响地带。

②仪器房前方不得有影响观察钻井平台、架空槽等区域工况的障碍物存在。

四 设备安装

（一）电气设备

①仪器外壳必须接地，并使用接地电阻测量仪测试，保证符合接地要求，即对地电阻

≤ 4Ω。

②请钻井队协助进行外线接电作业。

③进行外线接电时，应指明仪器端线相序，防止零线带电造成设备损坏。

④外线连接完毕后，仪器工程师应确认录井仪器外壳接地可靠，各工作单元安装、连接正确，附属设备完好，方可给仪器通电。

⑤电源通电时先开总电源，后开分电源。电源及绝缘应满足以下要求：

a. 在仪器不接入电网，同时配电箱各开关置于接通位置的情况下，在电源线、零线和外壳之间施加 500V 直流试验电压稳定 5s 后，用 500V 兆欧表测得绝缘电阻≥ 20MΩ。

b. 合上主电路空气开关及配电箱总空气开关，配电屏三相指示灯亮，电压表、电流表和频率表同时有显示。转换万能开关可检查各相电压值和电流值。当电压低于 180V 或高于 240V，频率低于 45Hz 或高于 55Hz 时，必须采取措施使电源满足要求后，方可启动主电路按钮。

c. 启动不间断电源开关，不间断电源输出电压 220V ± 5%，频率 50Hz ± 1Hz，波形失真≤ 5%，不间断电源续电时间≥ 30min。

⑥录井仪器房、地质值班房应架设专用电力线路，并满足以下要求：

a. 进出户加设绝缘护套，室内严禁私拉乱接电线和使用大功率用电器具。

b. 录井房应设置漏电保护装置，室外电缆线用防爆接线盒连接。

c. 室外报警器、报警灯架设应高出仪器房房顶。

⑦若录井队配备烘烤箱，则应采用独立漏电保护开关，烘烤箱与房体金属构件有效连接。

（二）传感器

1. 绞车传感器

（1）安装

绞车传感器应安装于绞车滚筒轴的端部，两端均可安装；首先确认绞车处于停止状态，有专人在司控台监控；卸下滚筒轴端部的护罩；拧下导气龙头，将传感器的公头与滚筒轴接上；将导气龙头与传感器的母头接上，将固定用的不锈钢架与气动管线卡接牢靠，注意：一定要将固定用不锈钢架与气动管线卡接牢靠，否则在绞车高速运转当中容易造成传感器断线（见图 3–1–1）；接通电缆线至接线箱，最后装上护罩。

为提高传感器的抗干扰能力，信号电缆的屏蔽层要在仪器端良好地接地；信号电缆要远离动力线缆，布线要走线槽，无线槽时应注意铺设的电缆不得妨碍井场工作人员作业，线缆架设安全、可靠，不易被砸碰，损坏。

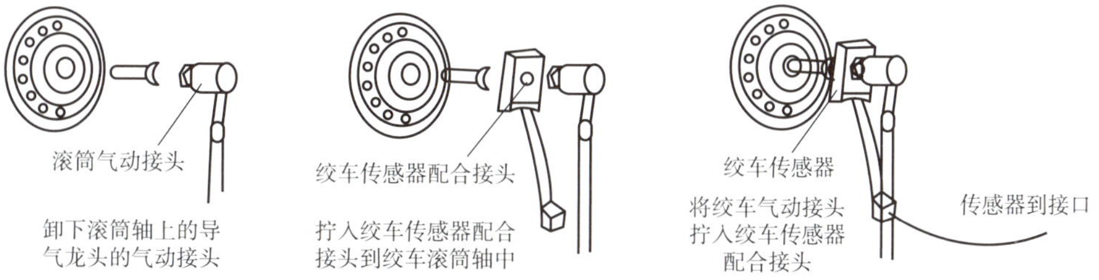

图 3–1–1　绞车传感器安装示意图

绞车传感器一般有4根线和采集接口相连接，分为A探头信号线，B探头信号线，A探头电源线，B探头电源线。由于现在国内外生产的各种录井仪采用了各种不同的信号接口系统（包括分线式、总线式、无线式等），所以传感器接入的方法也不尽相同。

绞车传感器安装好后，观察计算机显示的游车或者大钩运动方向是否与实际方向一致。如果不一致可以通过硬件和软件调整：

①利用倒相开关反相。

②在绞车传感器和录井仪信号接口处把A、B探头的信号线对调。

③利用录井仪软件中的反相功能直接设置。

（2）校验

使用标准转速仪对绞车传感器进行校准，传感器连续转动不小于20r/min，输出脉冲数的示值误差应小于0.5%。

在录井参数采集软件中输入钻机参数，大钩初始位置时的各项相关数据对深度系统进行校准，单根误差不大于0.2m。

（3）调试

①将传感器信号线连接到信号接口面板相应位置；

②打开信号接口面板供电电源；

③启动采集单元或采集计算机；

④进入采集系统窗口；

⑤正反两个方向转动传感器转子，观察大钩方向变化和脉冲计数情况，如正常则说明传感器完好。

（4）拆卸

①确认钻机及绞车处于停止状态，并有专人在监控；

②卸下滚筒轴端部的护罩；

③拧下导气龙头，卸下绞车传感器；

④将导气龙头接回滚筒轴端部并紧固；

⑤装上护罩。

（5）保养

①定时对传感器外部进行清洁，如果有锈蚀要及时除锈刷漆；

②传感器中和轮盘衔接的轴承要经常注黄油，保持轴承的灵活旋转。

2. 海洋钻井平台深度测量系统

（1）潮差传感器

1）安装

把传感器的钢丝绳连接到隔水管的张紧器上或者连接到导向绳的张紧器上，如图3-1-2所示。要注意保持传感器和张紧器之间的钢丝绳的垂直。

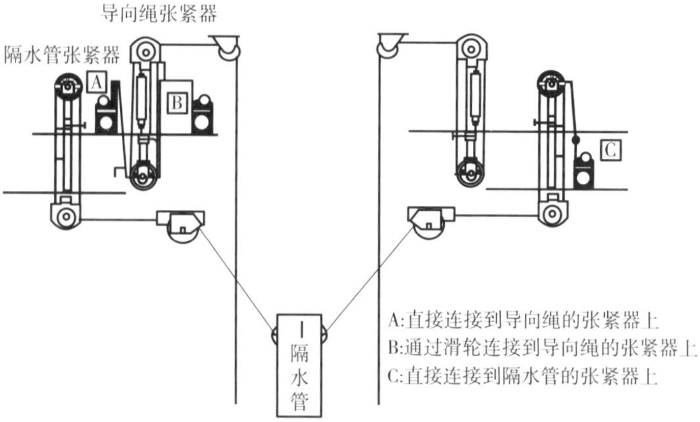

图 3-1-2　潮差传感器安装示意图

潮差传感器和采集接口连接方法可参考绞车传感器。大钩位置传感器和升沉补偿传感器配合使用的方法，要从传感器的安装、维修的难易度及传感器所处的环境几个方面分析。

2）校验

把潮差传感器接入接口。观察光电编码轮的轮子转动一圈时计算机显示值是否正确，如果不正确适当调整一下比例系数。

3）拆卸

a. 把传感器从固定装置上卸下；

b. 将传感器清洁保养然后装箱；

c. 注意在吊装过程中要将传感器和吊钩固定好，以免在起吊过程中产生意外。在起吊过程中尽量避免传感器碰撞。

4）保养

a. 定时对传感器外部进行清洁，如果有锈蚀要及时除锈刷漆；

b. 传感器中和轮盘衔接的轴承要经常注黄油，保持轴承的灵活旋转；

c. 传感器上的钢丝绳容易锈蚀，要经常给钢丝绳外面涂抹一些黄油，防止钢丝绳生锈，如果钢丝绳锈蚀严重要及时更换；

d. 传感器上的气动马达使用时要经常加润滑油，保持马达旋转正常。

（2）游车补偿传感器

1）安装

游车补偿传感器安装在游车的补偿器系统上。注意传感器和另一端连接点之间的钢丝绳一定要保持垂直，如图 3-1-3 所示。

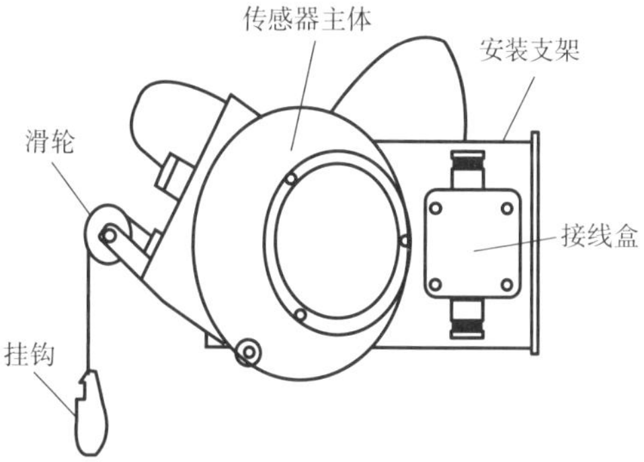

图 3-1-3　游车补偿传感器安装示意图

传感器信号线要沿着水龙带走线，绑扎牢固，防止磨损、挤压。

游车补偿传感器的接线方法和绞车传感器一样，一般有 4 根线和录井仪的采集接口相连接，通常分为 A 探头信号线，B 探头信号线，A 探头电源线，B 探头电源线。由于现在国内外生产的各种录井仪采用了各种不同的信号接口系统（包括分线式、总线式、无线式等），所以传感器接入的方法和地点也不尽相同。各厂家生产的各种传感器的线缆使用的色标也不相同。所以接入传感器到信号接口系统时要根据具体的录井仪的信号接口类型和传感器的具体线缆的色标来进行连接。

2）校验

把游车补偿传感器接入录井仪接口。拉住挂钩抽动传感器上的钢丝绳使传感器中的轮子转动，转一圈看看计算机上显示变化是否为 0.5m。如果不正确调整一下比例系数。

3）拆卸

a. 在录井房中先切断传感器的电源，然后断开传感器的信号电缆；

b. 把传感器从游车上的固定装置上卸下；

c. 清洁保养然后装箱。

4）保养

a. 定时对传感器外部进行清洁，如果有锈蚀要及时除锈刷漆；

b. 传感器中和轮盘衔接的轴承要经常注黄油，保持轴承的灵活旋转；

c. 传感器上的钢丝绳容易锈蚀，要经常给钢丝绳外面涂抹一些黄油，防止钢丝绳生锈，如果钢丝绳锈蚀严重要及时更换。

3. 泵冲 / 转盘转速传感器

（1）安装

传感器安装在不影响钻井日常设备维护、无强烈振动、不易碰触的地方。

1）泵冲传感器

安装在钻井液泵头拉杆处，将传感器固定卡子卡在合适的位置，调整传感器的固定螺母，使传感器感应端面与被测端面接近平行，调整传感器的感应端面与拉杆感应面的位置，使两者之间的感应距离在最大感应距离以内，其泵速比为 1∶1。

注意：将传感器感应端面对准泵头拉杆两端的任意一端，不可对准泵头拉杆的中间位置，否则会测出双倍的泵冲数。

泵冲传感器也可安装在皮带轮处，由钻井队在皮带轮上焊接一块金属片，其端面位置应与传感器端面平行，调整传感器的固定螺母，使金属片与传感器端面之间的感应距离在最大感应距离以内，其泵速比可通过实测计算得到。

2）泵冲 / 转盘转速传感器

安装在转盘主动轴的适当部位或气囊离合器的转轴处。在转盘主动轴或气囊离合器的转轴上焊接一块金属片，将传感器固定在合适的位置，传感器端面位置应与金属片平行，调整传感器的固定螺母，使金属片与传感器端面之间的感应距离在最大感应距离以内。

一般泵冲传感器和转盘转速传感器为两线制，两根线和录井仪的采集接口相连接，分为信号输出线和传感器电源线。

（2）校验

使用标准转速仪对泵冲 / 转盘转速传感器进行校准，其准确度误差不大于 0.5%。泵冲 / 转盘转速传感器转速仪校验，如图 3-1-4 所示。

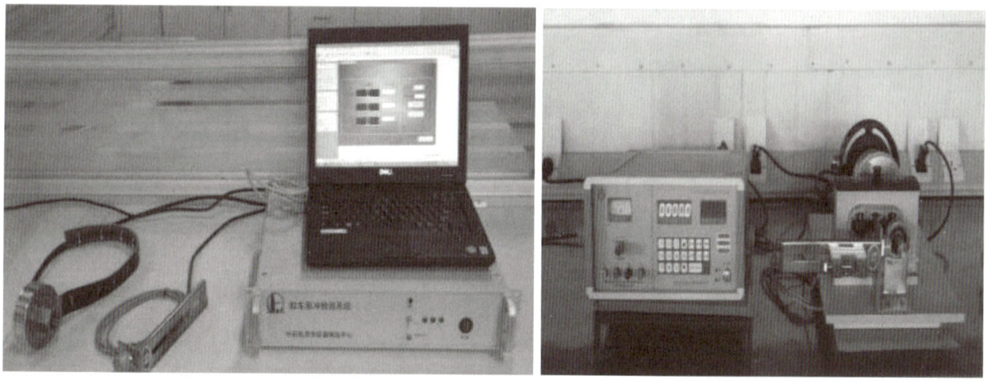

图 3-1-4　泵冲 / 转盘转速传感器转速仪检验

（3）调试

①连接传感器供电电源；

②使传感器探头与转速仪的探测物体临近，从低速转动开始观察，检查有无脉冲丢失；

③使转速仪高速旋转，检查泵冲传感器的分辨率。

（4）拆卸

确认设备停转，卸下泵冲 / 转盘转速传感器，拆卸时应有专人监护。

（5）保养

定期对传感器进行清洁，尤其是传感器感应面。

4. 压力传感器

（1）安装

选择安装场所时周围有足够的空间，以便于维护调校。

①立管压力传感器（简称泵压传感器）直接安装在钻台立管管汇上，或通过三通接在立管压力表处，如图 3-1-5 所示。传感器安装前与钻井工程人员取得联系，确保立管内无压力。

②套压传感器安装在节流管汇上，套压表附近有一备用接口，还可通过三通接头接在套压表处，如图 3-1-5 所示。传感器安装前与钻井工程人员取得联系，确保套压管汇无压力。

③大钩负荷传感器安装在井架死绳固定器处的液压转换器预留传感器接口上，如图 3-1-6 所示。传感器安装前确认大钩处于空载状态，将大钩负荷传感器总成的快速接头与井架死绳固定器传感器的快速接头对接，检查油路密封情况。

压力传感器为两线制电流型传感器，一般有 2 根线和录井仪的采集接口相连接，一般分为信号输出线和传感器电源线两种。

（2）校验

压力传感器使用压力校验台进行校验，如图 3-1-7 所示。把传感器与校验设备连接好，对传感器逐级加压至满量程，其准确度误差应小于或等于满量程的 2.5%。

（3）调试

①将压力传感器固定在活塞压力计上，不能有渗漏油现象；

②供电电源（信号线）与测试仪表连接好，打开电源；

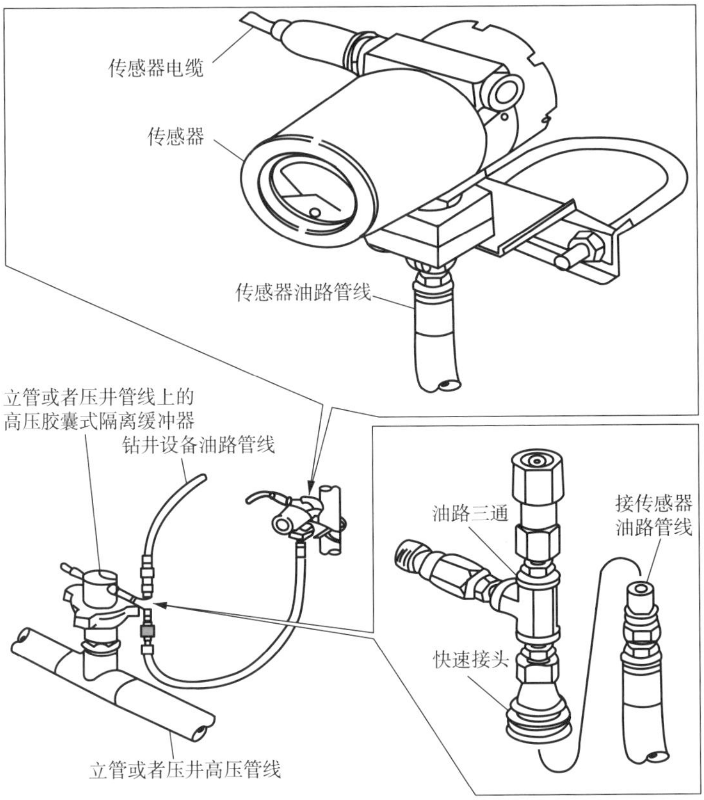

图 3-1-5　立管压力传感器及套压传感器安装示意图

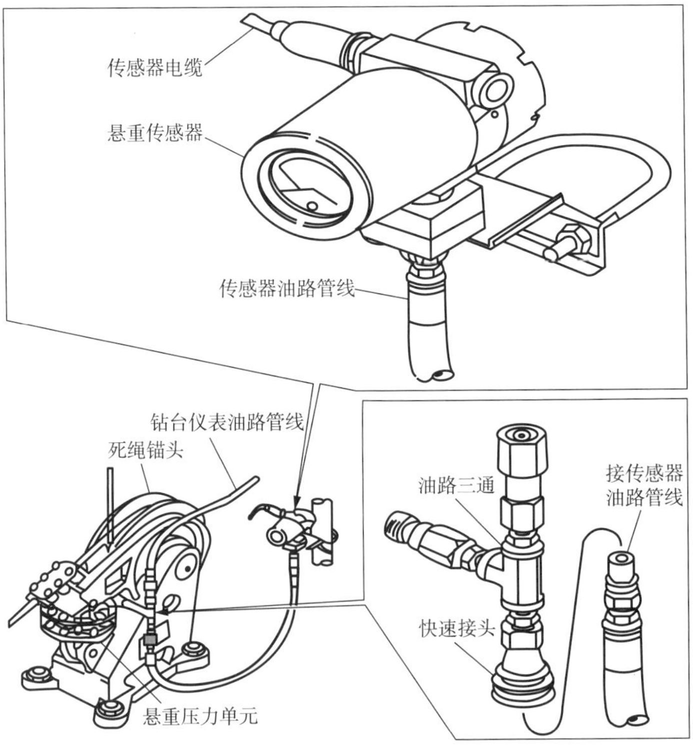

图 3-1-6　大钩负荷传感器安装示意图

③对压力传感器施压，由小到大匀速加压反复1~2 次；

④对不同的传感器施加不同的压力，在仪表上将显示出一组输出信号的电流值；

⑤按测量范围和所输出的不同电压下的电流值，绘制出刻度曲线，观察其线性特征，如基本呈直线，则此压力传感器可用。

（4）拆卸

①在大钩空载时，卸下悬重传感器，在管汇无压力下，卸下泵压、套压传感器；

②卸下传感器后，在传感器安装位置装上专用堵头。

图 3–1–7　压力传感器校验台

（5）保养

① 定期检查快速接头是否渗漏；

② 对传感器进行清洁、检查。

5. 出口流量传感器

（1）安装

安装在高架槽或者高架管内，尽量安装在靠近井口的位置，挡板活动方向与钻井液流向一致，如图 3–1–8 所示。

选择好焊接传感器固定框架的位置。将传感器周围的固定螺栓和橡胶垫拆下，可以取下固定框架，根据固定框架的尺寸，在钻井液出口管上割出一个与固定框架尺寸一致的槽口，再把固定框架的四边与割口焊接在一起，将传感器放入钻井液管内，垫好橡胶垫，上紧固定螺栓。也可用固定框架固定在钻井液出口处的钻井液槽内。挡板的浸入深度以不被沉砂阻滞为宜，且在安装后，应确保挡板可在管内空间自由摆动，不与管线内壁相碰。否则影响传感器输出信号的正确性。

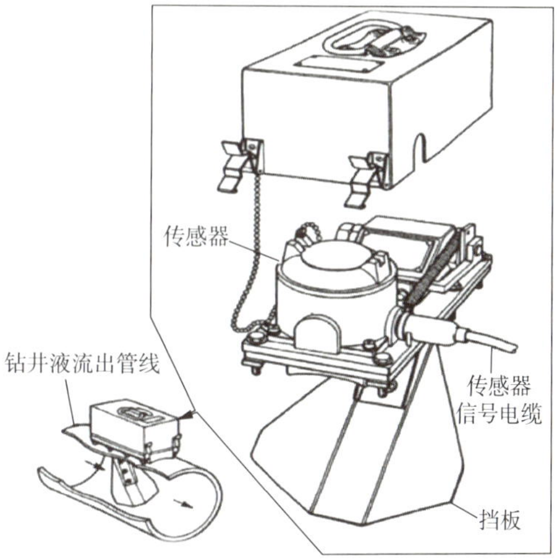

图 3–1–8　出口流量传感器接头及安装示意图

传感器上备有两种加重块，可根据现场不同的情况选用，可单独用一块，也可两块叠用。当钻井液流速很大，传感器摇臂冲到极限位置时，可以适当增加配重。钻井液流速较小时，可以适当减小配重。

钻井液出口流量传感器为两线制电流型传感器，一般有 2 根线和录井仪的采集接口相连接，分别为信号输出线和传感器电源线。

（2）校验

缓慢移动传感器挡板至不同角度对传感器进行校验，其准确度误差不大于 5.0%。

（3）拆卸

松掉紧固螺栓，拆下传感器及信号电缆。

（4）保养

①定期检查传感器，如挡板有卡滞现象，应拆开上部钢罩，检查内部机械部件，排除机械传动部分的故障后，在活动部分加注润滑油；

②传感器上的活动部件黏结滤饼时，应及时清洗，以保证传感器可靠工作；

③传感器上的活动部件应经常加油润滑，使之活动灵活；

④检查、清洁传感器，更换损坏部件，收入传感器箱中备用。

6. 温度传感器

（1）安装（见图 3–1–9）

温度传感器可检测钻井液入口和出口温度。

①出口温度传感器安装在架空槽的钻井液出口处或缓冲罐内，安装处无强烈振动。

②入口温度传感器安装在入口钻井液池内，安装深度为钻井液液面波动时，探头不会露出液面，同时无沉砂影响，传感器探头不得接触池壁。

温度传感器为两线制电流型传感器，一般有 2 根线和录井仪的采集接口相连接，分别为信号输出线和传感器电源线。

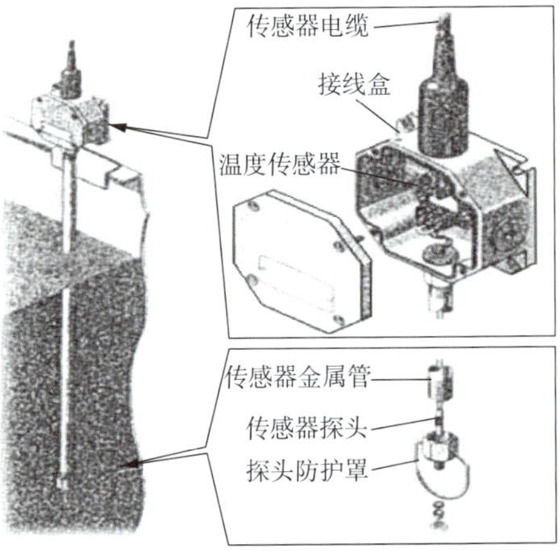

图 3–1–9　温度传感器安装示意图

（2）校验

①使用温度计测量大气温度和钻井液温度对传感器进行校验，其准确度误差应在 ±1.0% 之间。

②使用恒温槽进行校验，如图 3–1–10 所示，其准确度应满足标准要求。

（3）拆卸

松掉紧固螺栓，拆下传感器及信号电缆。

（4）保养

①定期检查传感器位置是否变动，是否有沉砂掩埋或其他附着物。

②传感器要及时清理保持清洁，以保证传感器测量准确、反应灵敏。

7. 密度传感器

（1）安装（见图 3–1–11）

①出口密度传感器安装在架空槽的钻井液出口处或缓冲罐内，安装处无强烈振动。

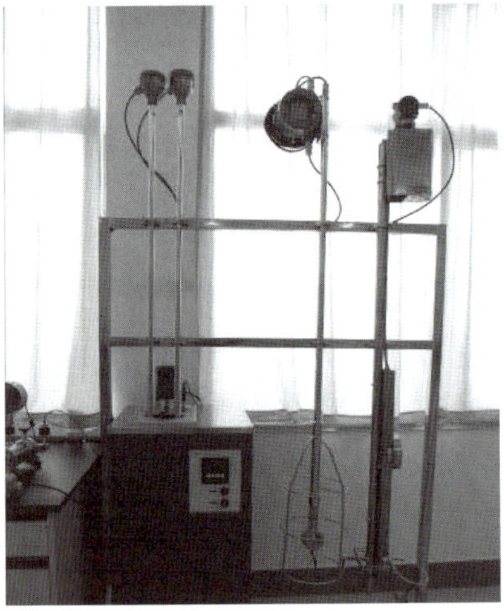

图 3–1–10　恒温槽校验

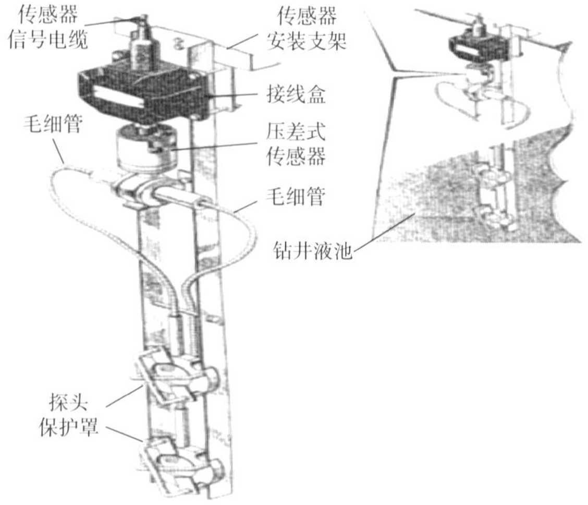

图 3-1-11　密度传感器安装示意图

②入口密度传感器安装在入口钻井液池内，传感器安装深度须保证当钻井液液面波动时，上、下法兰必须全部浸入钻井液中，同时无沉砂影响。

③传感器保持垂直，不得倾斜，否则会影响测量的准确性。

④传感器的感应法兰应背向钻井液流动剧烈方向以保证传感器测量的准确性。

密度传感器为两线制电流型传感器，一般有 2 根线和录井仪的采集接口相连接，分别为信号输出线和传感器电源线。

（2）校验

①使用压力检测仪和法兰盘对传感器进行校验，其准确度误差不大于 0.01g/cm^3。

②使用标准压力泵进行校验，如图 3-1-12 所示，把传感器与校验设备连接好，对传感器逐级加压至满量程。其准确度应满足标准要求。

图 3-1-12　标准压力泵校验

（3）调试

电容式差压密度传感器的调校：

a. 准备工作：

（a）工具和校准设备：0~36V 可调标准电源、密度校验仪、法兰盘、气管线、准确度等级 0.05 以上的数字多用表；

（b）配制不同密度的 NaCl 标准溶液。

b. 检查传感器外观。

c. 校准方法：

（a）将加压法兰盘固定在传感器下感应膜片上。

（b）将密度传感器校准仪的出气嘴与法兰盘进气嘴用气管线连接好，确保密封不漏气。

（c）正确连接传感器的供电电源线（也是信号输出线）与密度校准仪、数字多用表。

（d）密度传感器垂直放置，调节密度校准仪的压力值。

（e）做好相应记录，将实际测量值与理论值进行比较，误差不超过 1%，若误差大于此值，则需进行量程和零位调校。

（f）量程和零位调校：密度校准仪压力表压力为零时，传感器输出读数为 4.00mA，否则调节传感器零位电位器；密度校准仪压力表压力为 7.2kPa 时，传感器输出读数应为 20.00mA，否则调节传感器量程电位器，使其接近该值。

（g）反复上下调整多次，直至零位和量程同时满足指标要求为止。

（4）拆卸

松掉紧固螺栓，拆下传感器及信号电缆。

（5）保养

①定期检查传感器位置是否变动，是否有沉砂掩埋或其他附着物。

②要及时清理传感器保持清洁，保证传感器测量准确、反应灵敏。

8. 电导率传感器

（1）安装（见图 3–1–13）

①出口电导率传感器安装在架空槽的钻井液出口处或缓冲罐上，安装处无强烈振动。

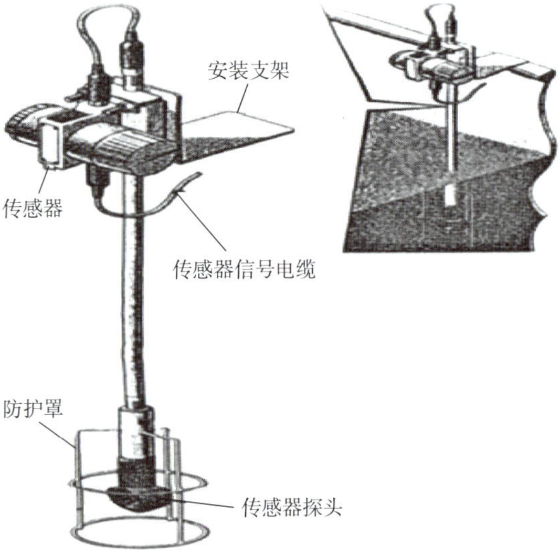

图 3–1–13　电导率传感器结构及安装示意图

②入口电导率传感器安装在入口钻井液池内，安装深度为钻井液液面波动时，探头不会露出液面，同时无沉砂影响，传感器探头不得接触池壁，与罐壁最少相距 5cm，不得有外物覆盖。

电导率传感器为两线制电流型传感器，一般有 2 根线和录井仪的采集接口相连接，一般分为信号输出线和传感器电源线。

（2）校验

①用一根导线穿过电导率传感器的内孔，导线两端接电阻箱，如图 3–1–14 所示。

②根据传感器说明书，使用电阻箱提供零位和满刻度电阻值，调节传感器零点和满量程输出。

③其准确度误差应小于或等于满量程2.5%。

（3）拆卸

松掉紧固螺栓，拆下传感器及信号电缆。

（4）保养

①定期检查传感器位置是否变动，是否有沉砂掩埋或其他附着物。

②要及时清理传感器保持清洁，保证传感器测量准确、反应灵敏。

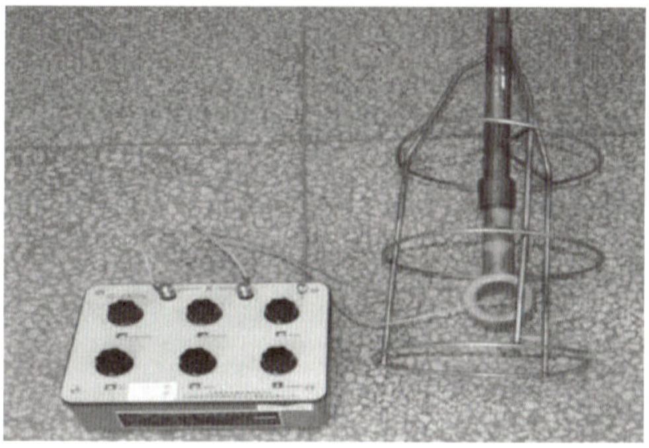

图 3-1-14　电阻箱校验

9. 超声波液位传感器

（1）安装（见图 3-1-15）

①分别选择在参加循环的钻井液罐预留的传感器安装位置固定安装支架。

②安装中，要保持传感器探头面与最高液位距离至少大于盲点。

③超声波液位传感器探头发出的超声波应垂直于液面，并且无障碍物。

超声波液位传感器为两线制电流型传感器，一般有2根线和录井仪的采集接口相连接，分别为信号输出线和传感器电源线。

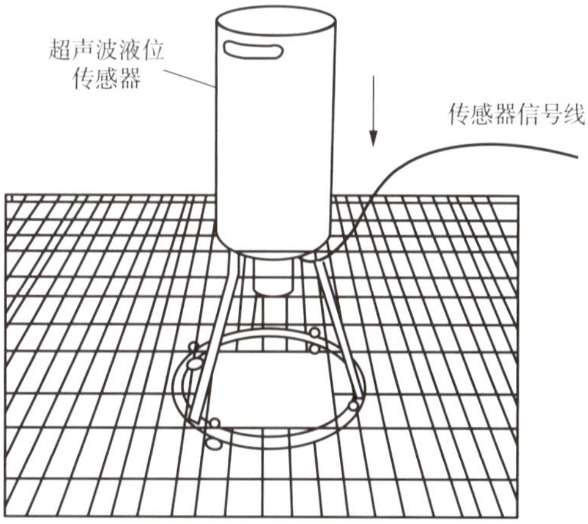

图 3-1-15　超声波液位传感器安装示意图

（2）校验

传感器水平放置在检测面上，感应面应与指示挡板面保持平行，移动挡板面和感应面，改变二者之间的距离，对传感器进行校验，其准确度误差应小于或等于满量程2.5%，如图 3-1-16 所示。

图 3-1-16　滑台和钢卷尺校验

（3）拆卸

松掉紧固螺栓，拆下传感器及信号电缆。

（4）保养

定期检查传感器，及时清理传感器，保持传感器清洁，保证传感器测量准确、反应灵敏。

10. 浮球池体积传感器

（1）安装

①分别选择在参加循环的钻井液罐预留的传感器安装位置固定安装支架；

②先将浮球套住不锈钢直管，再在不锈钢直管的底部固定好防脱卡环；

③使不锈钢直管保持同地面垂直，固定在安装支架上，浮球上下活动灵活。

浮球池体积传感器为两线制电流型传感器，一般有2根线和录井仪的采集接口相连接，分别为信号输出线和传感器电源线。

（2）校验

将传感器垂直放置，从底部向上缓慢移动浮球，对传感器进行校验，其准确度误差应小于或等于满量程 2.5%。

（3）拆卸

松掉紧固螺栓，拆下传感器及信号电缆。

（4）保养

①传感器的液位测量管内装有玻璃封装的微型干簧开关，在安装使用中要轻拿轻放，严禁摔打和敲击传感器。

②检查、清洁池体积传感器，防止滤饼影响浮球升降，保证传感器可靠准确运行。

11. 硫化氢传感器

（1）安装

①硫化氢传感器通常安装在井口、钻井液出口、钻台面、罐面等硫化氢气体容易出现的地方。

②安装时探头朝下，传感器探头应安装防溅装置。

硫化氢传感器常见的有两线制和三线制两种。

（2）校验

使用标定罐和硫化氢标准气样对传感器进行校验，如图 3-1-17 所示，其误差应在 ± 10.0% 之间。

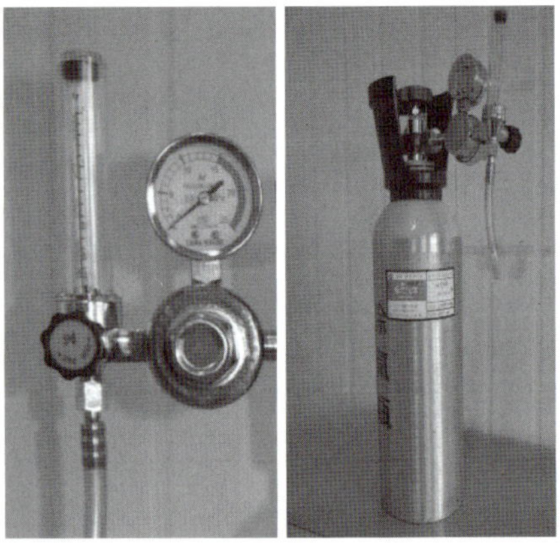

图 3-1-17　硫化氢传感器标定罐

（3）拆卸

拆下传感器及信号电缆，给传感器探头盖上防护帽。

（4）保养

①检查、清洁传感器，避免探头进水，保证传感器正常工作。

②探头的防雨罩要定期清理，否则会使灵敏度下降。

12. 电扭矩传感器

（1）安装（见图 3-1-18）

①安装在驱动转盘的电动机动力电缆上；

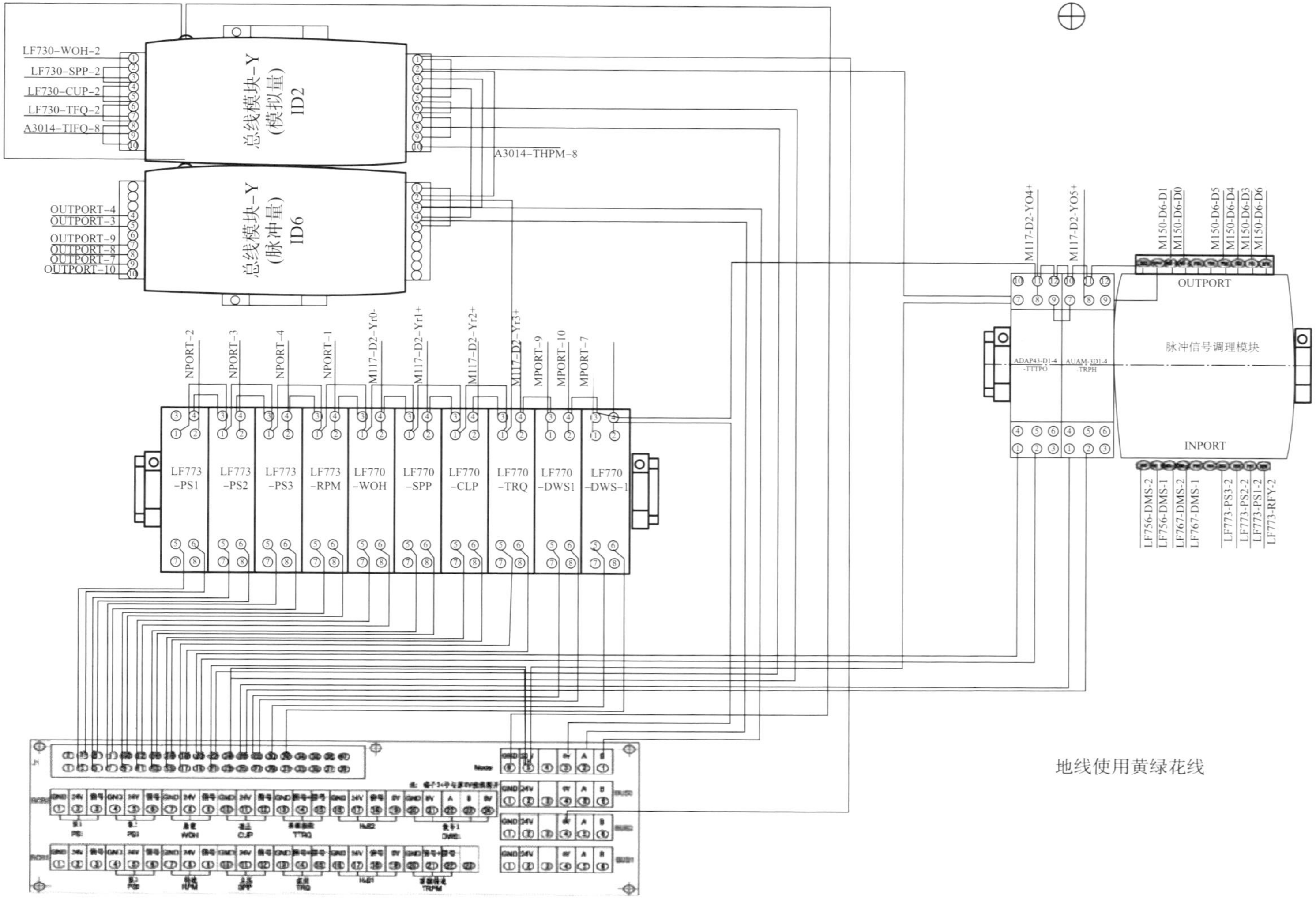

图 3-1-25 钻台防爆接线箱内部布线图

2. 钻井液出口防爆接线箱

箱体内封装一个总线模拟量模块（ID1），箱体安装在池出口附近，采集 7 号池体积、6 号池体积、出口电导、出口温度、出口密度、H_2S4、H_2S3、出口流量等参数。钻井液出口防爆箱总线模拟量模块（ID1）接线图如图 3-1-26 所示。

图 3-1-26　钻井液出口防爆箱模拟量模块接线图

钻井液出口防爆箱内布线，如图 3-1-27 所示。

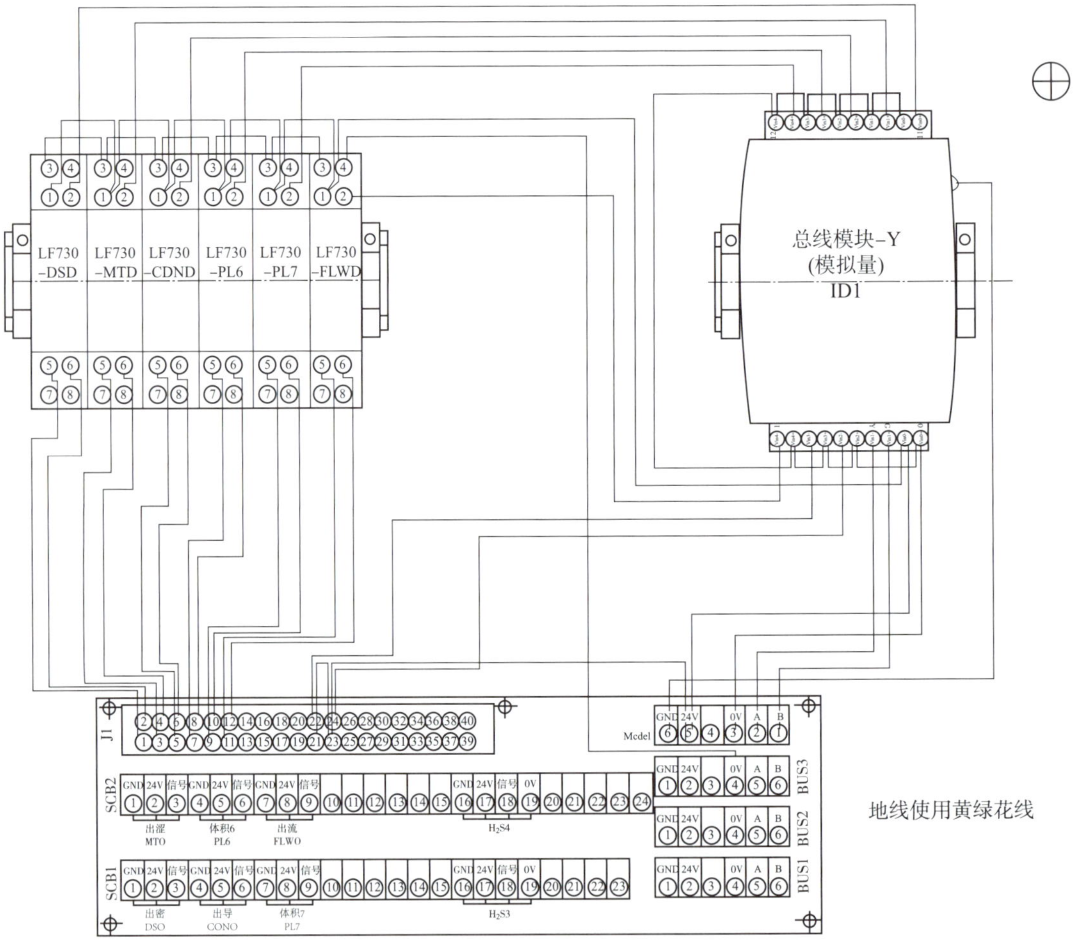

地线使用黄绿花线

图 3-1-27　钻井液出口防爆箱内部布线图

3. 钻井液入口防爆接线箱

箱体内封装一个总线模拟量模块（ID3），箱体安装在钻井液池入口附近，分别接 1 号池体积、入口电导、入口温度、入口密度、5 号池体积、4 号池体积、3 号池体积、2 号池体积等参数。钻井液入口防爆箱总线模拟量模块（ID3）接线，如图 3-1-28 所示。

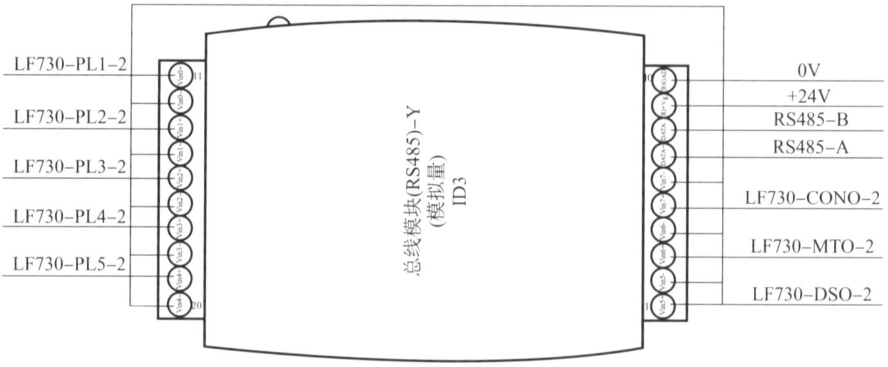

图 3-1-28　钻井液入口防爆箱模拟量模块接线图

钻井液入口防爆箱内部布线如图 3-1-29 所示。

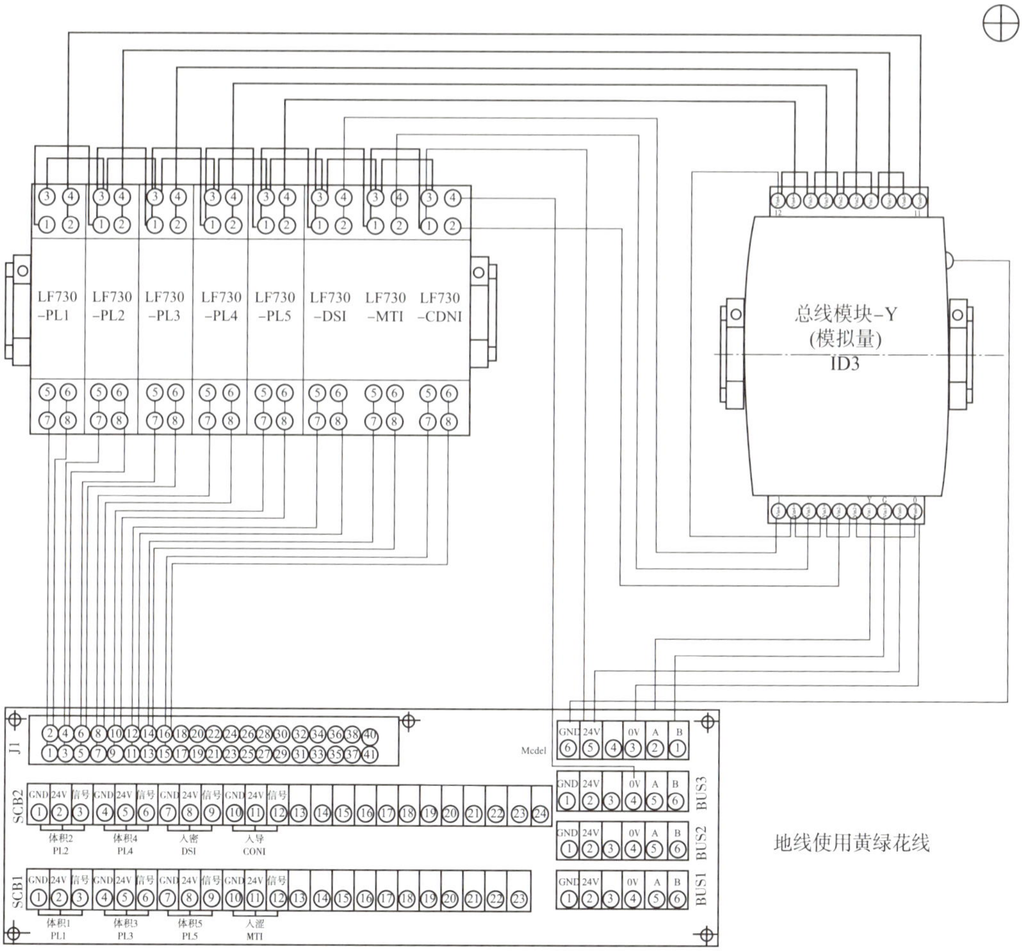

图 3-1-29　钻井液入口防爆箱内部布线图

4. 扩展防爆接线箱

箱体内封装两个总线模块，箱体安装在钻井液池附近，分别是总线模拟量模块（ID4）和总线脉冲量模块（ID7）。分别采集体积 8~ 体积 10、H_2S6、H_2S7、H_2S8 等模拟量参数，以及泵冲 3~ 泵冲 6 等脉冲量参数。箱体内还装有脉冲信号调理模块，对脉冲量信号进行采集、滤波、倍频等处理。扩展防爆箱总线模拟量模块（ID4）的接线如图 3-1-30 所示。

图 3-1-30　扩展防爆接线箱模拟量模块接线图

扩展防爆接线箱总线脉冲量模块（ID7）的接线如图 3-1-31 所示。

图 3-1-31　扩展防爆接线箱脉冲量模块接线图

扩展防爆接线箱脉冲信号调理模块接线如图 3-1-32 所示。

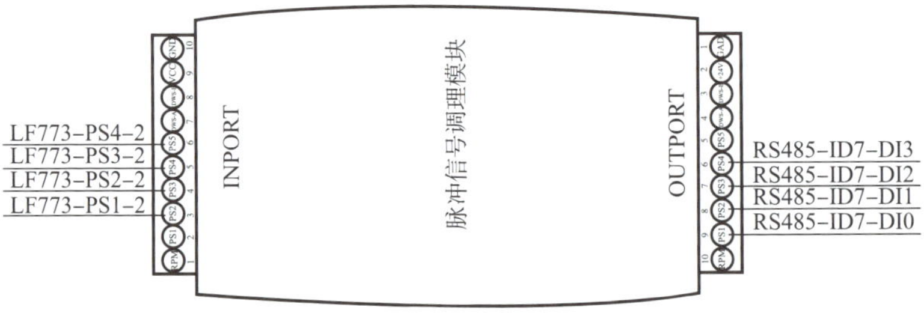

图 3-1-32　扩展防爆接线箱脉冲信号调理模块接线图

扩展防爆接线箱内部布线如图 3-1-33 所示。

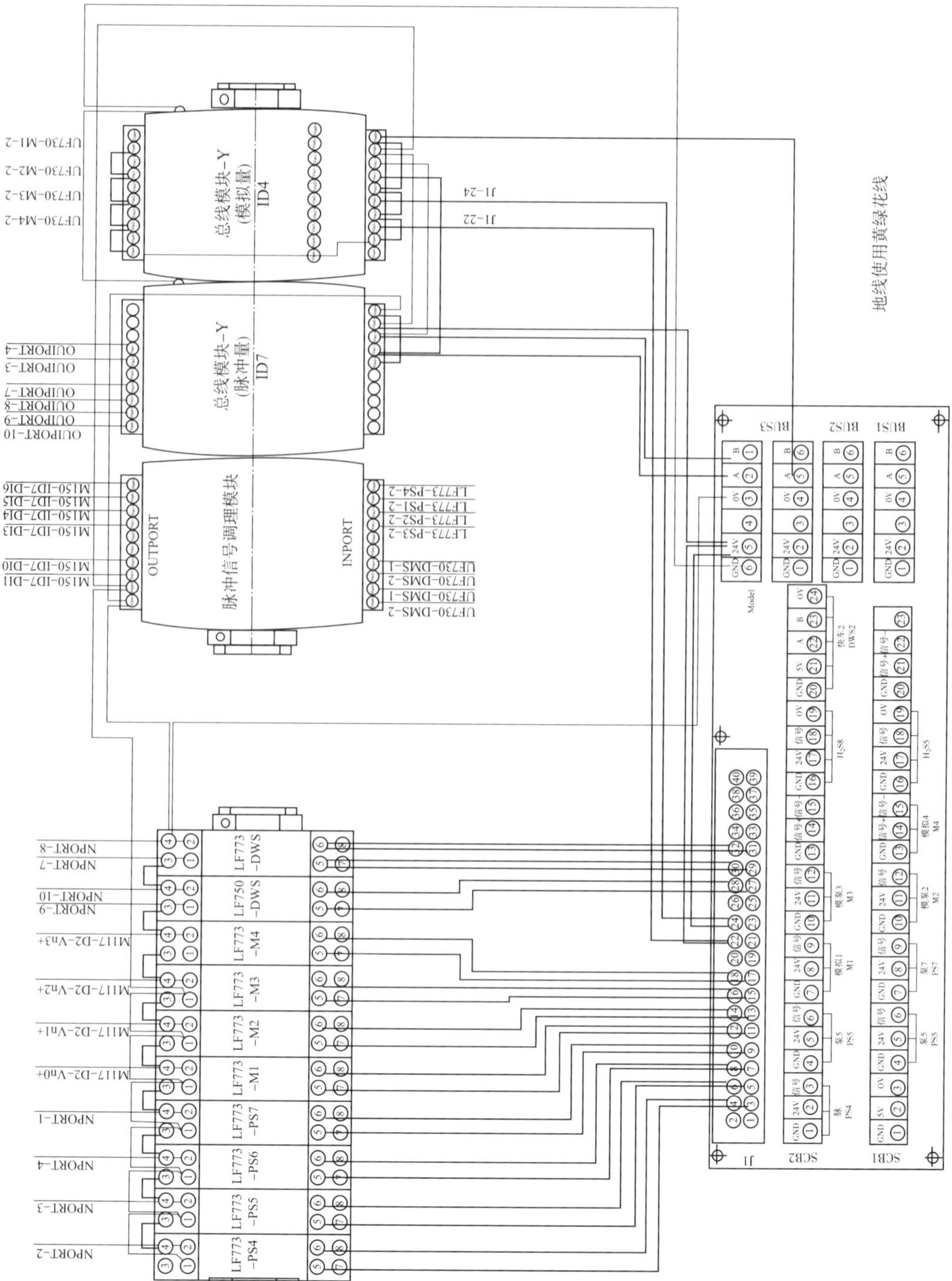

图 3-1-33 扩展防爆接线箱内部布线图

5. 室内接线箱

箱体内封装一个总线模拟量模块（ID5）和一个 RS485 转 RS232 模块，采集 H_2S5、CO_2 等模拟量信号，并且留有多个未定义扩展口。实现 RS485 信号转换为 RS232 信号并传输给采集计算机。

总线模拟量模块（ID5）的接线，如图 3-1-34 所示；室内接线箱内部布线，如图 3-1-35 所示。

图 3-1-34　室内接线箱模拟量模块接线图

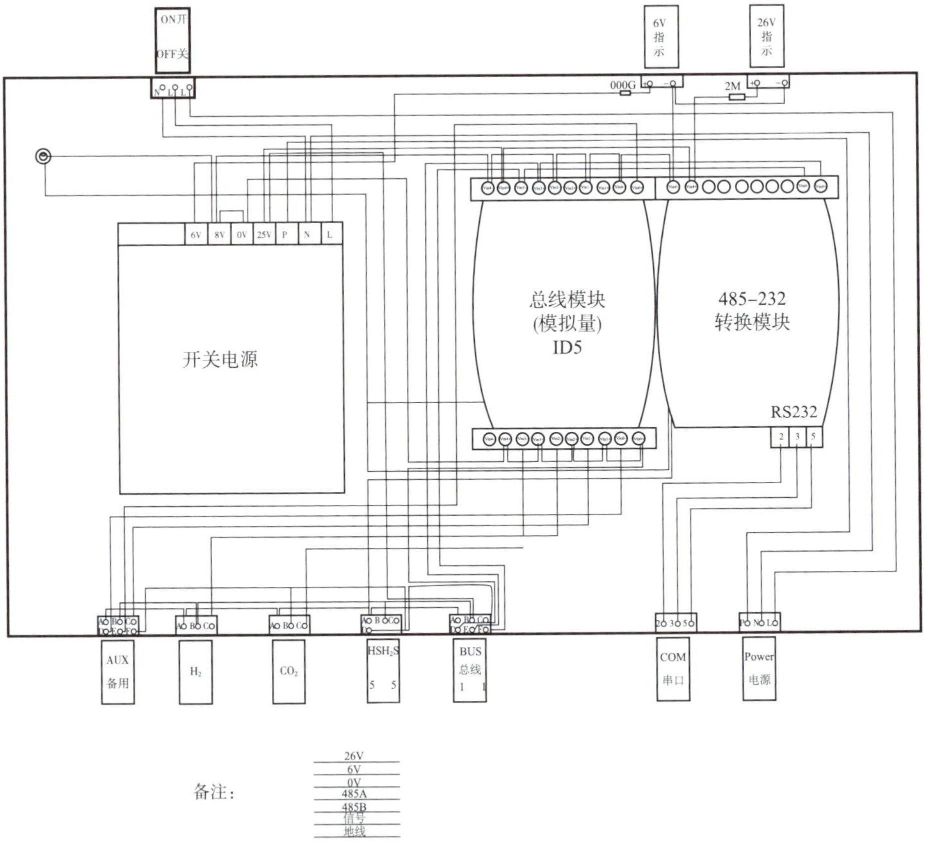

图 3-1-35　室内连接箱布线图

（四）注意事项

①作业前进行 JSA（作业安全分析），确认存在的风险及管控、削减措施得到执行后方可进行作业，并进行合理的作业分工，对工作任务和安全技术措施进行交底，落实指挥人

和安全监护人。

②安装调试传感器，需切断动力、气源、电源时，应与钻井队沟通、联动。

③所有传感器的安装应尽量避开雨、雪、雾、大风等恶劣天气。

④作业人员应穿戴劳保用品，室外作业必须戴安全帽系好帽带，攀爬井架必须使用安全带。安全带系挂在牢固构件上，高挂低用。

⑤随身携带的工具要装好、系牢，上下传递物品应用绳子或人工传递，禁止上下抛掷。

⑥做好安装过程安全监护，发现违章，及时制止和纠正。

⑦搬运传感器时，应集中注意力，搞好协作，防止所搬（抬）传感器脱手摔坏、伤人。

⑧钻台、井口的安、拆装禁止交叉作业，作业前要先检查是否有高空落物风险，及时排除。

⑨安装传感器过程中，如需进行焊割作业，应请钻井队配合作业。

⑩安装绞车传感器、转盘转速传感器、扭矩传感器、悬重传感器时，应与当班司钻协调好，并应有专人监护，分别在滚筒、转盘静止和坐卡状态下安装。

⑪安装泵冲传感器时，应在钻井泵静止状态下安装，并安排专人在钻井平台监护，防止意外开泵造成人身伤害。

⑫收集泵压、冲数时，作业人员应与钻井泵皮带轮转动部位保持安全距离，避开安全阀泄压方向。

⑬安装脱气器、流量传感器时，应确认架空槽观察走道及护栏完好，注意作业场所的孔洞，防止绊倒、跌落。脱气器电源电缆单根金属线截面积应大于 $1mm^2$，线路（380V）接头应错开并确保密封、绝缘良好。

⑭安装立管压力传感器时，应在管内无压力、无钻井液情况下安装。

⑮在罐区安装进、出口温度，进、出口密度，进、出口电导传感器及体积传感器，注意防滑。

⑯在含硫油气井，固定式硫化氢检测仪应安装在井口、振动筛、钻井液罐等部位。硫化氢室外报警器和警报灯的架设高度必须超出录井房顶 0.3m 以上。

⑰传感器信号线、动力电缆线分开集束架设，架设间距≥0.30m，架设高度≥2.5m。

⑱传感器应固定牢靠、布线整齐，铺设的线缆不得妨碍井场工作人员正常作业，布线前应检查线缆有无损伤，及时更换损伤线缆。

⑲固定传感器信号线、电源线及牵引钢丝绳时，应先固定井架一端，再固定仪器房顶一端。在井架端固定时，作业人员应系安全带；在仪器房顶端固定时，作业人员应使用紧绳器。

⑳布线时，不能用线缆当绑绳，线缆不能打死结。

㉑布线时应走线槽，无线槽时按钻井队布线要求进行布线，线缆架设安全、可靠，不易被砸碰、损坏。

㉒所有室外电缆均用密封线盒或防水接头连接，并用绝缘材料包扎，在钻井液循环系统中不得安装不防爆的电器。

㉓接线箱可直接安装到钻机的梁架上或挂在钻台及钻井液罐旁的栏杆上，安装位置要求振动小，不妨碍钻井作业，不易碰挂；确认接线箱的位置不处在用水较频繁的区域，避

免暴露在外的金属部分的锈蚀以及密封部分失效造成接线箱内部的线路腐蚀。

㉔在恶劣气候条件下施工，要做好脱气器管线防冻，信号线、电源线防风措施。

㉕现场安装作业完成并经复核无误后，开机试运转，进行系统检查、调校和标定，确保各项技术指标符合规程要求，确认仪器设备全部工作正常后，方可投入录井技术服务。

（五）拆卸注意事项

①严格遵守设备操作规程，避免因操作不当对传感器进行损坏。

②设备拆卸应按工作流程分级断电，并在开关上悬挂安全警示标志，应严格按照设备操作规程作业，避免因操作不当造成设备损坏。

③拆卸设备严格按照操作规程操作，使用榔头、扳手、撬杠等工具时，辅助人员应站在侧方位，防止工具脱手飞出造成砸、碰伤。

④绞车传感器拆下后，及时恢复滚筒导气龙头。

⑤立压、套压传感器拆下后，及时封堵通孔。

⑥清除拆下的传感器的油垢和泥饼，必要时涂防锈剂。

⑦清洗电导传感器、温度传感器、密度传感器时，不得使用尖锐的东西清除附着在传感器探头上的泥饼，只能使用湿毛巾清洗。

⑧合理摆放、固定传感器，确保储存和运输安全。

⑨废弃物的处理符合环保要求，清理作业现场，做到“工完、料尽、场地清”。

第二节　传感器故障及排除

一　绞车传感器

绞车传感器在使用过程中，故障具体表现为井深面板指示灯不闪烁、井深不跟踪、井深误差较大等现象。根据操作经验，可以首先从供电方面进行检测。

（一）供电检查

绞车传感器在使用过程中，一般工作电压为5V，连接传感器后，用万用表测量传感器的1号脚与3号脚应接近5V。如果变化较大，可以判断传感器内部可能有短接故障。现场可以根据实际情况判断是否有进水的可能性，同时将传感器拆卸下来进行维修；或清除积水；或更换探头及电路板，再进一步判断故障点。

（二）传感器输出信号不正常

在绞车传感器随滚筒轴转动过程中，井深面板两个指示灯应该交替闪烁。传感器两个脉冲信号输出端输出高、低电平，高电平约为4.3V，低电平小于0.5V（新传感器的技术指标，旧传感器的输出电平可能要低一些，但高电平最小不能低于3.6V）。

传感器输出信号不正常可以从以下几个方面检查：

首先检查与传感器相连的加长电缆线是否短路或断路。可以先用万用表在传感器输出端测量供电电压（1 号脚与 3 号脚之间）以及传感器的信号输出电压（2 号脚与 3 号脚之间；4 号脚与 3 号脚之间），然后在仪器房内部测量绞车传感器的供电电压及信号输出电压，二者的测量值应相同或比较接近。否则可以判断加长电缆线有故障，现场可根据实际情况判断是短路、断路还是接触不良导致信号衰减过大。另外也可以将加长电缆线从测量电路中断开，一端将四芯线的头短接，另一端用万用表电阻挡测量加长电缆线四根线之间的电阻，线与线之间的电阻应该相同或接近。否则可根据实际测量电阻的情况判断加长电缆线是短路、断路还是接触不良。此时应更换加长电缆线，然后进一步判断是否有其他故障点。或者用其他型号传感器直接接在仪器房内部，确定故障是否在加长电缆线上。

其次检查传感器的输出电压。在绞车传感器随滚筒轴转动过程中，断开 2 号脚、4 号脚与电缆线的连接，电缆线的 1 号脚、3 号脚仍连接着，用万用表测量传感器的信号输出电压（2 号脚与 3 号脚，4 号脚与 3 号脚之间）应分别有 4.3V 和 0.5V 电压变化。否则可以判断传感器输出脉冲信号出现了故障，并可依据实际测量的结果判断传感器是两路脉冲信号出现了故障，还是一路脉冲信号出现了故障，即传感器的感应探头出现了故障。此时可以将传感器密封盖拆卸开，观察判断传感器探头内部是否被油污、灰尘等污染了，并对传感器进行保养，然后进一步测试传感器的故障点，在确定传感器故障后，将传感器更换。另外，由于传感器随滚动轴转动的速度不一定适合测量（速度太快，万用表反应速度慢，无法准确测量，速度太慢，浪费时间），此时将传感器拆卸下来，人工转动传感器进行检测，可以得到较好的测量效果。

（三）井深测量不准、误差较大

传感器的技术性能指标不好会引起井深测量不准、误差较大等现象。此时将传感器从滚筒轴上拆卸下来，人工转动传感器，观察绞车面板指示灯的闪烁变化情况（绞车面板指示灯应该交替闪烁）。同时记录绞车传感器转动圈数和绞车面板（计算机）采集记录的脉冲数，将二者进行比较。按照绞车传感器每转动一圈，绞车面板（计算机）采集记录 48 个脉冲数的比例计算。一般情况下正、反转动绞车传感器各 20 圈，绞车面板（计算机）采集记录的脉冲数均为 960 个，误差不大于 20 个脉冲。如果误差较大，则说明传感器技术性能指标较差，可考虑更换传感器。

（四）转动过程中有轧动声或转轴卡滞

一般情况下，在绞车传感器安装前，应该检查绞车传感器的机械故障。转动，视为传感器有机械故障。此时应拆卸开传感器的密封盖，检查 12 转齿是否变形，是否与探头间发生摩擦；检查轴承是否有破损故障。及时保养排除传感器的机械故障，避免损坏传感器的探头及电路。

二 密度传感器

密度传感器在使用过程中，常见的故障具体表现为密度测量无信号、密度值测量不准、密度测量值大幅度漂移。根据操作经验，可以首先从供电方面进行检测。

（一）供电检查

①密度传感器在使用过程中，一般的工作电压为 24V。连接传感器后，用万用表测量传感器的 2 号脚与 3 号脚应接近 24V。如果变化较大，可以判断传感器内部可能有短接故障。

②进一步将传感器从电缆线上拆卸下来，测量前后工作电压，进行比较，判断故障点。

③同时将传感器拆卸下来进行检查或维修：现场可以根据实际情况判断是否有进水的可能性，变送器内部的电路板是否有明显的烧坏点。

（二）传感器输出信号不正常

在密度传感器随钻测量钻井液密度过程中，输出信号应该在 4~20mA 变化。如果信号不正常，可以从以下几个方面检查：

①检查与传感器相连的加长电缆线是否短路或断路。可以先用万用表在传感器输出端测量供电电压（2 号脚与 3 号脚之间）和传感器的输出电流（将万用表串联在测量电路中），然后在仪器房内部测量传感器的供电电压及输出电流，二者的测量值应相同或比较接近。否则可以判断加长电缆线有故障，现场可根据实际情况判断是短路、断路还是接触不良导致信号衰减过大。

②将加长电缆线从测量电路中断开，一端将二芯线的头短接，另一端用万用表电阻挡测量加长电缆线二根线之间的电阻，电阻值应该很小（大约在 0.5Ω）。否则可根据实际测量电阻的情况判断加长电缆线是短路、断路还是接触不良。此时应更换加长电缆线，然后进一步判断是否有其他故障点。

③用其他输出信号为 4~20mA 的传感器直接接在加长电缆线上，确定故障是否在加长电缆线上。

④当测量系统出现故障时，可以用万用表测量传感器的输出信号是否在 4~20mA，若小于 4mA（最小不小于 2.78mA）或大于 20mA，则可以判断传感器出现故障，应更换传感器。

⑤根据传感器所设定的测量范围（一般的测量范围为 0.96~2.76g/mL）与输出实际的电流信号（4~20mA）的对应关系，结合实际钻井液密度的值计算传感器理论输出的电流值，与实际测量的电流值比较，判断传感器的测量位置是否合适（如传感器的探头被沉砂埋没，传感器的探头露出液面）及传感器的零位与放大倍数是否调校准确。此时应根据现场的实际情况逐一地进行排除。

三 压力传感器

（一）无信号输出

①首先测量电缆线是否短路或断路，其次测量传感器的工作电压是否符合要求。一般工作电压为 24V 或 15V，连接传感器后工作电压变化很小。如降低幅度很大，则说明传感器内部电路或测量系统中可能有短接故障。

②在现场使用过程中，可以将万用表串联到传感器的测量电路中，测量传感器的输出电流一般应接近 4mA（0MPa 时）。用液压泵或手压泵给传感器加压力，测量传感器的输出

电流是否发生变化（大于 4mA）。正常情况下，6MPa 的压力传感器变化幅度较大，20MPa 的压力传感器变化幅度较小。如果没有变化或变化幅度不大，则说明传感器可能出现了故障。同时检测计算机或采集面板所采集的电压值的变化，进一步判断传感器是否有故障。

③检查传感器的连接接头是否畅通，液压油是否流动无阻。传感器及传压系统内部是否缺少液压油。

（二）注意事项

给传感器加压时，不要超过传感器的测量范围（6~40MPa）。一般情况下，传感器经过检验后，技术指标符合录井要求，加压时保证输出电流不要超过 20mA。

四 泵冲（转速）传感器

在使用过程中，故障主要表现为传感器无输出信号。根据操作经验，可以从以下几个方面进行检测。

（一）供电检查

泵冲 / 转盘转速传感器在使用过程中，一般的工作电压为 8V 或 24V，可以先用万用表测量供电电压，然后在仪器房内部测量泵冲传感器的供电电压，二者的测量值相同或比较接近。否则可以判断加长电缆线有故障，现场可根据实际情况判断是短路、断路还是接触不良导致信号衰减过大。连接传感器后，再用万用表测量传感器的 1 号脚与 3 号脚的电压，应接近 8V 或 24V。如果变化较大，可以判断传感器内部可能有短接故障。现场可以根据实际情况判断是否有进水的可能性，同时将传感器拆卸下来，打开传感器的密封盖，再进一步判断故障点。

（二）传感器输出信号检查

传感器在工作中，无信号输出时，首先要观察传感器上的指示灯是否有相应的闪烁。如果指示灯常灭或常亮，应检查加长电缆线是否短路或断路。

方法如下：

将加长电缆线从测量电路中断开，一端将二芯线的头短接，另一端用万用表电阻挡测量加长电缆线两根线之间的电阻，线与线之间的电阻应该很小（小于 1Ω），如图 3-2-1 所示。否则可根据实际测量电阻的情况判断加长电缆线是断路还是接触不良。此时应更换加长电缆线，然后进一步判断是否有其他故障点。或者将传感器拆卸下来直接接在仪器房内部，用金属物体靠近传感器的端面，指示灯应有亮的动作，远离时有灭的动作。否则可以判断传感器损坏。确定故障是否在加长电缆线上。

如果传感器良好，应调整传感器与探头之间的距离，直到传感器工作状态良好。

在其他地方测试传感器时，或在仪器房内部不接泵冲通道的情况下，可按照图 3-2-1 的连接方式连接测试传感器。

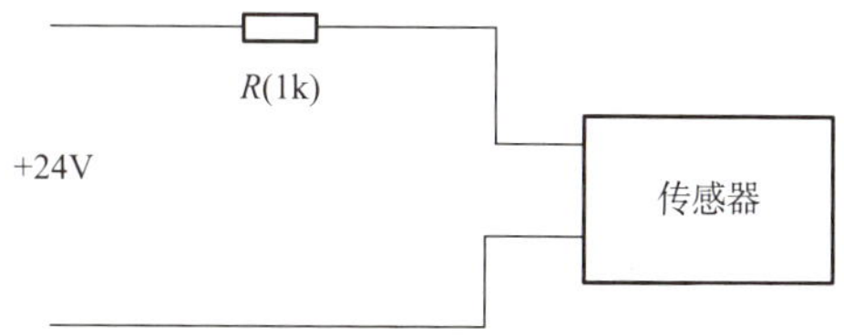

图 3-2-1 传感器输出信号检查

因为稳压电源输出的电压为稳定的 24V（8V），若直接将传感器连接到电源上，传感器工作正常，但传感器两端的电压为稳电压。因此必须在电路中串联一个 1kΩ 的电阻作为分压电阻，当金属物体（探头）远离时，可用万用表测量传感器两端输出低电平，指示灯灭。当金属物体（探头）靠近时，可用万用表测量传感器两端输出高电平，指示灯亮。

五 流量传感器

（一）电压测量

测量传感器的工作电压是否符合要求：一般工作电压为 24V 或 5V，连接传感器后工作电压变化很小。如降低幅度很大，则说明传感器内部电路或测量系统中可能有短接故障。

（二）电流测量

将万用表串联到传感器的测量电路中，测量传感器的输出电流一般应接近 4mA（靶子在低位时），人工移动靶手到高位，测量传感器的输出电流一般应接近 20mA。否则应对传感器进行调节，调节无效说明传感器有故障。同时检测计算机或采集面板所采集的电压值的变化，进一步判断传感器是否有故障。

对于电阻型的流量传感器，可以用万用表测量传感器的输出电阻变化范围，应该在 0~5kΩ。否则应对传感器进行调节，调节无效说明传感器有故障。

（三）机械故障

检查传感器的机械转动部分，观察是否有挡板卡死、挡板转动不灵活、传感器内部弹性元件失效等故障。

六 电导率传感器

（一）电压测量

测量传感器的工作电压是否符合要求：一般工作电压为 24V，连接传感器后工作电压变化很小。如降低幅度很大，则说明传感器内部电路或测量系统中可能有短接故障。

（二）电流测量

将万用表串联到传感器的测量电路中，测量传感器的输出电流一般应接近 4mA（传感器的检测探头暴露在空气中），用导线在传感器的检测探头上连接环绕电阻，当电阻值为 3.1Ω 时，传感器输出电流 20mA。

在现场如果没有合适电阻可以将导线直接短接，此时的输出电流应大于 20mA。如果输出电流不变化或变化幅度小，则说明传感器有故障。如调节不当，应该重新调试、检查传感器的性能指标。在传感器的内部电路上有 W_2 和 W_3 两个电位器，分别用于调节幅度和零位。W_1 电位器是用来调节温度补偿的，即将传感器补偿为 25℃情况下的电导率值。

七 温度传感器

温度传感器在使用过程中，故障主要表现为：传感器无信号输出、输出信号漂移较大或者输出信号不变。根据现场及传感器检测中的经验，可以从以下几个方面进行检测。

（一）常规检查

①打开传感器的接线盒，用万用表测量传感器铂丝的输出电阻值，待万用表显示稳定后，读取测量电阻值 R_0，然后在当时的温度环境下，根据温度 t 与电阻值的关系：$R_t=R_0(1+0.385t)$（其中 R_0 取 100Ω），计算在温度 t℃时，铂丝的输出理论电阻值 R_t，将测量电阻值 R 与传感器的理论电阻值 R_t 相比较，二者应该接近，否则可以判定传感器有故障。

②对电流型温度传感器，在完成①的前提下，要进行如下检查：

a. 供电检查。温度传感器在使用过程中，一般的工作电压为 24V，可以先用万用表测量传感器端是否有工作电压，若没有 24V 工作电压，则要测量仪器房内部温度传感器的供电电压，同时二者的测量值相同或比较接近，否则可以判断加长电缆线有故障，此时可以将加长电缆线从测量电路中断开，一端将二芯线的头短接，另一端用万用表电阻挡测量加长电缆线两根线之间的电阻，线与线之间的电阻应该很小（小于 1Ω）。

现场可根据实际测量电阻的情况判断是短路、断路还是接触不良导致信号衰减过大，也可以根据实际情况观察是否有进水或其他污染物的可能，也可以更换加长电缆线后再进一步判断故障点。连接传感器后，再用万用表测量传感器的“+”和“–”之间的电压，应接近 24V。如果变化较大，可以判断传感器内部电路可能有短接故障。如前述方法还不能检查出故障，可将传感器拆卸下来，打开传感器的密封盖，再进一步分析判断。也可以更换传感器再做判断。

b. 传感器输出信号检查。将万用表串联到传感器的测量电路中，测量传感器的输出电流 I，然后在当时的温度环境下，根据温度与电流值的关系：$I_t=I_0+0.16t$（I_0 取 4mA），计算在温度 t℃时，传感器的输出理论电流值 I_t，将测量电流值 I 与传感器的理论电流值 I_t 相比较，二者应该接近，否则在铂丝电阻输出准确的前提下，可以判定传感器的变送器有故障。

（二）故障检查

①温度参数无信号输出。出现此故障时，第一，将出口与入口温度参数对换（其中一路参数工作正常），判断温度信号处理板是否有故障；第二，要检查传感器铂丝的输出电阻，根据当时的温度环境判断铂丝的电阻值是否正常；第三，判断传感器的变送器是否工作正常（对电流型传感器）；第四，对电阻型传感器可以在仪器房内用万用表测量传感器的输出电阻，对电流型传感器可以在仪器房内用万用表测量传感器的输出电流，来判断连接测量线路是否短路、断路或者接触不良。

②温度参数输出信号漂移较大。出现此故障时，首先，要检查温度测量线路中各接线点是否接触良好，接线松动、连接点表面处理不干净、接线盒内有污物、连接点接触不良等现象都可能造成输出信号漂移。检查方法是用万用表逐级测量，查找信号不稳的接点（对电阻型传感器测量电阻，电流型传感器测量工作电压）。其次，测量传感器的铂丝电阻值是否稳定，在一定的温度环境下，铂丝电阻值应该逐渐增大或减小。最后，对电流型传感器要测量变送器的工作是否稳定，测量工作电压是否稳定。

③温度参数输出信号不变。出现此类故障的主要原因是传感器损坏或测量线路有故障，因此在检查过程中，首先是检查传感器，检查传感器在一定的温度环境下输出的电阻（电流）值是否和理论值相符，改变温度环境测量传感器输出的电阻（电流）值是否产生相应

的变化；对电阻型传感器常常是铂丝电阻值不变，对电流型传感器除铂丝电阻值不变外，还可能存在变送器故障的可能。其次是检查测量线路是否有短路、断路或者接触不良故障。

④传感器在使用过程中，还有传感器测量值与实际温度相差较大、传感器输出阻值随温度变化性能良好等现象，这种现象说明传感器的技术指标有偏差，但传感器性能良好。对电阻型传感器纠正方法是：在传感器标定时，改变传感器工作曲线，用实际的温度与对应的信号进行标定。对电流型传感器还可以通过变送器上零位和满度的调节来纠正。

八 体积传感器

（一）电压测量

测量传感器的工作电压是否符合要求：一般工作电压为 24V，连接传感器后工作电压变化很小，如降低幅度很大，则说明传感器内部电路或测量系统中可能有短接故障。

（二）电流测量

将万用表串联到传感器测量电路中，测量传感器的输出电流约为 4mA（杆式体积传感器的浮筒在最低位或超声波型体积传感器测量最大距离时），改变杆式体积传感器的浮筒位置或改变超声波型体积传感器测量距离，输出电流应发生相应的变化（杆式体积传感器的浮筒位置在最高位，或超声波型体积传感器测量最小距离时，传感器的输出电流应为 20mA），其变化的规律因传感器的型号及传感器的设置不同而各异。如果传感器的输出电流不能在 4~20mA 变化，则说明传感器有故障，应该检查传感器的性能。

对于电阻型体积传感器，一般万用表测量传感器的输出电阻，应在 0~470Ω 变化。否则说明传感器有故障，应该重新调节传感器的浮筒位置与电位器阻值一致。

九 H_2S 传感器

（一）电压测量

测量传感器的工作电压是否符合要求：一般工作电压为 24V，连接传感器后工作电压变化很小。如降低幅度很大，则说明传感器内部电路或测量系统中可能有短接故障。

（二）电流测量

对于输出 4~20mA 电流信号的 H_2S 传感器，将万用表串联到传感器测量电路中，测量传感器的输出电流约为 4mA（无 H_2S 气体时）。在保证无气体输入时，如果输出电流变化较大，则说明传感器有故障，性能不稳。

注意：目前所使用的有些国产的 H_2S 传感器对 H_2 较为敏感。所以在现场录井过程中必须借助其他手段将 H_2S 与 H_2 区别开。

第三节　设备标定

一　色谱标定

（一）标定条件

①仪器在一口井首次使用或连续录井六个月。

②维修、更换了色谱柱或鉴定器和放大器。

③在录井过程中进行色谱注样检查时，每个气测参数至少注样三次，其采集值与实际值有明显误差。

④仪器连续停机 30 天。

（二）标定要求

①仪器标定时应使用有效的、已知浓度的标准样气。每个气测参数至少标定五个点，每个点的相对误差应小于 10%。

②样气浓度要求见表 3-3-1。必要时，可根据仪器的技术要求适当增加或减少样气浓度点。

③仪器标定应按烃组分、全烃和非烃的顺序由低浓度向高浓度依次进行，其操作应一次连续完成。

④进样时，应待前一次进样显示完毕，色谱分析软件的全烃和组分曲线走直线时，再进行下一次进样。

⑤每个进样浓度点不应少于两次，且重复性应小于 3%。

⑥若进样浓度增加而记录仪的毫伏值无明显变化时，应提前结束标定。

⑦在色谱分析计算机屏幕或气测参数监控界面显示完全各曲线后，将井号、录井队队号、操作人姓名、刻度时间、样气标准浓度等标识内容进行保存。

表 3-3-1　标定样气浓度

项目	第 1 点	第 2 点	第 3 点	第 4 点	第 5 点
全烃	最小检测浓度	0.02%	1%	10%	100%
C_1	最小检测浓度	0.01%	1%	10%	100%
C_2	最小检测浓度	0.01%	0.1%	1%	10%
C_3	最小检测浓度	0.01%	0.1%	1%	10%
i-C_4	最小检测浓度	0.01%	0.1%	1%	2.5%
n-C_4	最小检测浓度	0.01%	0.1%	1%	2.5%
i-C_5	最小检测浓度	0.01%	0.1%	1%	2.5%
n-C_5	最小检测浓度	0.01%	0.1%	1%	2.5%
CO_2	0.2%	1%	10%	50%	100%

（三）标定界面

全烃标定界面如图 3-1-1 所示，组分标定界面如图 3-3-2 所示。

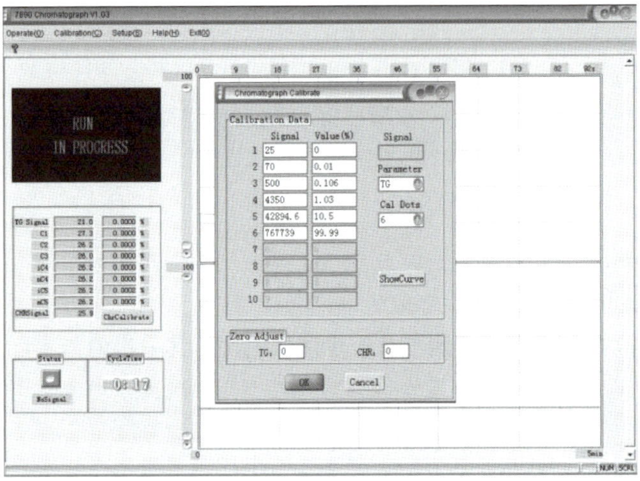

图 3-3-1　全烃标定界面

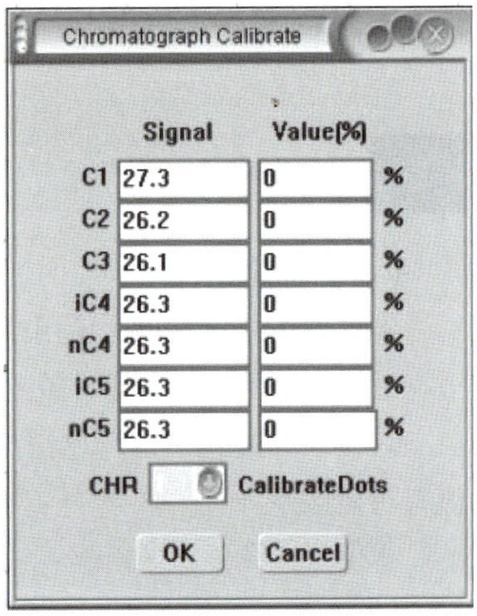

图 3-3-2　组分标定界面

二　工程参数标定

工程参数标定以防爆接线定义的工程参数传输地址为依据，根据不同的配置和选择按照标准执行，参数标定界面如图 3-3-3 所示。

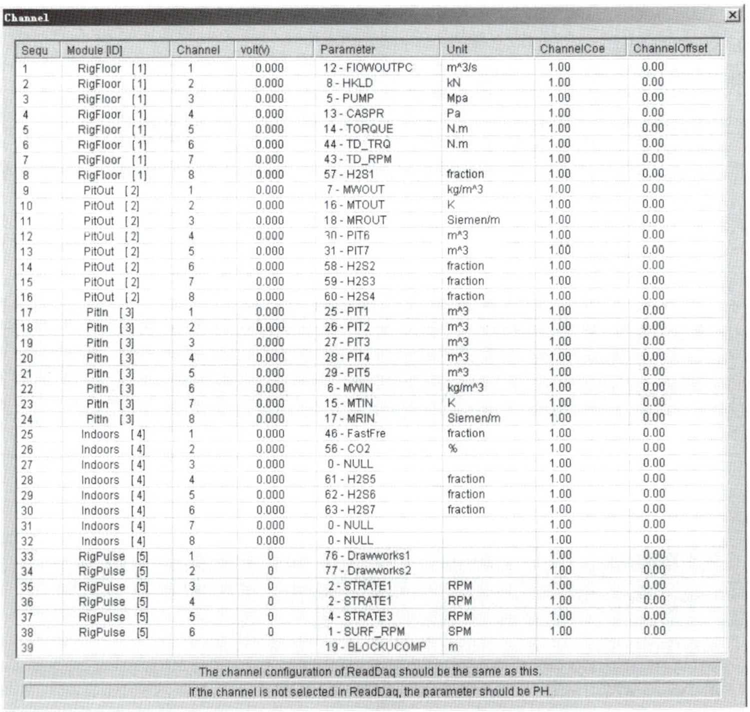

Channel

Sequ	Module [ID]	Channel	volt(V)	Parameter	Unit	ChannelCoe	ChannelOffset
1	RigFloor [1]	1	0.000	12 - FlOWOUTPC	m^3/s	1.00	0.00
2	RigFloor [1]	2	0.000	8 - HKLD	kN	1.00	0.00
3	RigFloor [1]	3	0.000	5 - PUMP	Mpa	1.00	0.00
4	RigFloor [1]	4	0.000	13 - CASPR	Pa	1.00	0.00
5	RigFloor [1]	5	0.000	14 - TORQUE	N.m	1.00	0.00
6	RigFloor [1]	6	0.000	44 - TD_TRQ	N.m	1.00	0.00
7	RigFloor [1]	7	0.000	43 - TD_RPM		1.00	0.00
8	RigFloor [1]	8	0.000	57 - H2S1	fraction	1.00	0.00
9	PitOut [2]	1	0.000	7 - MWOUT	kg/m^3	1.00	0.00
10	PitOut [2]	2	0.000	16 - MTOUT	K	1.00	0.00
11	PitOut [2]	3	0.000	18 - MROUT	Siemen/m	1.00	0.00
12	PitOut [2]	4	0.000	30 - PIT6	m^3	1.00	0.00
13	PitOut [2]	5	0.000	31 - PIT7	m^3	1.00	0.00
14	PitOut [2]	6	0.000	58 - H2S2	fraction	1.00	0.00
15	PitOut [2]	7	0.000	59 - H2S3	fraction	1.00	0.00
16	PitOut [2]	8	0.000	60 - H2S4	fraction	1.00	0.00
17	PitIn [3]	1	0.000	25 - PIT1	m^3	1.00	0.00
18	PitIn [3]	2	0.000	26 - PIT2	m^3	1.00	0.00
19	PitIn [3]	3	0.000	27 - PIT3	m^3	1.00	0.00
20	PitIn [3]	4	0.000	28 - PIT4	m^3	1.00	0.00
21	PitIn [3]	5	0.000	29 - PIT5	m^3	1.00	0.00
22	PitIn [3]	6	0.000	6 - MWIN	kg/m^3	1.00	0.00
23	PitIn [3]	7	0.000	15 - MTIN	K	1.00	0.00
24	PitIn [3]	8	0.000	17 - MRIN	Siemen/m	1.00	0.00
25	Indoors [4]	1	0.000	46 - FastFre	fraction	1.00	0.00
26	Indoors [4]	2	0.000	56 - CO2	%	1.00	0.00
27	Indoors [4]	3	0.000	0 - NULL		1.00	0.00
28	Indoors [4]	4	0.000	61 - H2S5	fraction	1.00	0.00
29	Indoors [4]	5	0.000	62 - H2S6	fraction	1.00	0.00
30	Indoors [4]	6	0.000	63 - H2S7	fraction	1.00	0.00
31	Indoors [4]	7	0.000	0 - NULL		1.00	0.00
32	Indoors [4]	8	0.000	0 - NULL		1.00	0.00
33	RigPulse [5]	1	0	76 - Drawworks1		1.00	0.00
34	RigPulse [5]	2	0	77 - Drawworks2		1.00	0.00
35	RigPulse [5]	3	0	2 - STRATE1	RPM	1.00	0.00
36	RigPulse [5]	4	0	2 - STRATE1	RPM	1.00	0.00
37	RigPulse [5]	5	0	4 - STRATE3	RPM	1.00	0.00
38	RigPulse [5]	6	0	1 - SURF_RPM	SPM	1.00	0.00
39				19 - BLOCKUCOMP	m		

The channel configuration of ReadDaq should be the same as this.

If the channel is not selected in ReadDaq, the parameter should be PH.

图 3-3-3　工程参数标定界面

第四节　现场作业安全事项

一　录井施工

（一）危险源及风险

①录井作业过程的危险源分布在井口、井架、钻井平台、钻机、转盘、架空槽、钻井液罐、钻井泵、录井设备、电气线路等部位，其主要危害存在于设备搬迁、传感器安装（拆卸）、坐岗监测、分析作业、设备维护、巡回检查和相关方进行放射性测井、甩钻具施工过程，以及发生井涌、井喷、H_2S 泄漏应急响应过程。

②主要作业风险为起重伤害、物体打击、机械伤害、高处坠落、化学灼伤、灼烫、触电、火灾、中毒（窒息）等。

（二）现场作业安全操作

1. 编制施工措施

在编制施工措施时，应制定相应的安全技术措施和应急预案。

2. 安全培训

录井队人员应进行相应的安全培训，并取得合格证件。

3. 必备条件

投入录井技术服务前，录井队队长应确认钻井队提供的作业条件符合现场安装、调校和标定等作业完成及安全要求，确认安全防护器材、设施配备齐全，且性能完好。

4. 确认电气安全

①仪器房、野营房入户线配置绝缘护套。

②配电盘电源总闸、分闸后安装漏电保护器，闸刀保险丝符合规定，漏电保护器与电力负荷相适应。

③室外配电盘应有防雨措施。

④移动式、手持式电动工具，必须使用动力电缆，严格执行“一机一闸一保护”。严禁使用胶质双绞线（花线）、麻皮线、护套线，严禁“一闸两用”或“一闸多用”。

⑤所有线头均应绝缘包扎，连线接头处应错开并绝缘包扎。

⑥所有应接地设施、设备均按要求良好接地。

5. 标定

样品气瓶压力表应保持完好、灵敏，在仪器标定时，样品气瓶不得与腐蚀性化学药品混合存放，放置位置不得堵塞逃生窗及逃生通道。取样完毕后应及时关闭样品气瓶角阀。不定期检查样品气瓶角阀的密封性，防止意外泄漏。使用 H_2S 标准气样标定仪器时，须使用 H_2S 标定罐。

6. 提取钻井液样品

①在钻井液槽提取钻井液样品时，应戴乳胶手套，使用取样工具提取钻井液样品。

②禁止直接将手浸入钻井液中取样，防止高温钻井液灼烫及腐蚀皮肤。

7. 全脱分析

①分析前对加热瓶抽真空时，严格控制在 –0.09~–0.1MPa。

②加热瓶为烧瓶时，应进行外观缺陷检查，防止抽真空时发生意外破碎。

③使用不锈钢加热瓶进行样品加热时，应戴手套并使用专用工具取放加热瓶，禁止用手直接取放。

④使用烧瓶进行样品加热时，应轻取轻放，避免动作过大，防止烧瓶破裂伤人。取下烧瓶清洗时，应戴手套并在瓶体降温后清洗，防止瓶体过热灼烫伤害。

8. 配置、加注氢气发生器碱液

①用氢氧化钾（钠）固体配制碱液时，作业人员禁止用手直接接触碱液，应戴乳胶手套，在烧杯中配制。

②配制过程应一次性完成。配制过程中因故中断操作，须交代其他人员看管或配制，防止误服造成伤害。

③配制碱液，按照“用多少配多少”的原则进行，多配制的或暂时不用的碱液应用玻璃容器盛装并加贴安全标签。

④加注碱液时，应采用烧杯、注射器或漏斗加注，禁止采取软管口吸引流方式加注。

9. 更换空压机气路干燥剂

①空压机气路干燥筒在使用过程中，必须固定。

②更换干燥剂时，先停空压机，对空压机储气罐卸压后，再进行干燥剂更换操作。

③更换干燥剂后，要拧紧干燥筒两端旋盖，防止使用过程中气路压力过高冲掉旋盖伤人。

10. 更换空压机机油

更换掉的废弃机油应集中回收倒入井队废机油容器内，禁止随意倒弃。

11. 更换脱气器气路干燥剂

①更换干燥剂（固体氯化钙）时，应戴防护手套，防止干燥的氯化钙洒落在皮肤上造成灼伤。

②更换掉的废弃氯化钙，应回收集中处理，禁止随地倒弃。

12. 更换脱气器

①作业人员应穿戴劳保用品。

②更换脱气器时，应先关闭脱气器电源，并设专人看护，再进行脱气器更换及连线。连线时，电源线（380V）接头应错开并用防水胶布密封包扎，确保绝缘良好。

③更换过程中，没有更换人员的指令，任何人不得合闸送电。

13. 巡回检查

①巡检人员应穿戴好劳保用品，须戴安全帽并系好帽带。

②按规定时间、规定路线进行巡回检查，发现问题及时处理并报告。

14. 丈量钻具

丈量钻具时应在钻具排放固定完好后，穿越井场时观察周围环境，按安全路线行走。了解井场施工情况，避免交叉作业，禁止站立在滚动钻具上作业，确认牢固后再丈量，安排专人监护。丈量时要注意脚下，防止滑倒摔伤。应与钻台大门坡道保持安全距离，密切关注钻井动态，防止钻台接钻具导致的碰伤。

15. 岩屑取样清洗

①捞取岩屑时，注意周围环境，严禁从管具上直接跨越，上下罐区梯子时注意脚下，扶好栏杆，作业场所有未遮盖的孔洞或存在安全隐患时绕道而过、缓慢从旁边通过，并通知属地进行处理。

②穿戴好劳动保护用品，防止钻井液伤害，溅到皮肤和眼睛的钻井液及时清洗。

③佩戴便携式硫化氢检测仪，发现异常及时预报。

④废液倒在指定位置，以免造成环境污染。

⑤设置取样工作台，安装好护栏、梯子、扶手、照明设施，凉砂台铺设涂光膜，防止岩屑掉落污染土壤。

⑥岩屑装袋后，多余的岩屑按照岩屑处理要求进行处理。

16. 碳酸岩分析

①取用5%盐酸进行碳酸岩分析时，须用吸管加注。吸取、加注过程应小心谨慎，防止溶液滴漏腐蚀衣服、皮肤、设备。

②盐酸溅到皮肤或眼睛立即用大量清水冲洗。

③分析反应结束后，应首先将反应罐压力彻底释放，再将反应残液倒入指定残液瓶内，禁止随意倒弃。

17. 荧光滴照、岩屑鉴定

①荧光灯总功率不大于25W，外壳有效接地，佩戴橡胶防护手套，尽量避免紫外线直接照射皮肤。

②在使用氯仿进行滴照和系列对比时，佩戴专用的防护用品，规范操作，避免沾染眼球和皮肤。

③在使用过程中产生的废液和污染的土壤要彻底清理，并统一收集，按规定处理，以免污染环境。

18. 岩屑烘烤

①对烤箱进行接地，安装漏电保护器、严禁湿手接触，以免造成人员触电伤害。

②翻烤岩屑时戴好手套，用铁钩进行翻烤，防止高温造成人员烫伤。

③腐蚀性及易燃易爆物品不得在烘样箱内烘烤。

④油基、空气和天然气介质钻井，录井现场应做好防火、防爆工作。

19. 丈量方入（根入）

丈量方入（根入）时，须正确穿戴劳保用品，确认已关停转盘，待转盘停稳后再丈量，作业人员严禁站在钻盘面上操作。

20. 罐区观察

在钻井液槽、振动筛前观察时须正确穿戴劳保用品，保持安全距离，防止钻井液伤害，作业时观察环境是否安全。

21. 测量迟到时间

测量迟到时间时人员须正确穿戴劳保用品，戴胶皮手套，与钻具保持安全距离，待钻具停稳后方可操作。

22. 录井设备设施维护保养安全措施

①维护保养仪器设备前操作人员必须穿戴齐全劳保用品，工具、备件、材料准备齐全。

②观察周边，清理传感器周围的有碍物体，确保作业区域安全。

③拆卸、搬运、更换设备或配件时，按规范小心操作，避免造成设备损坏或人身伤害。

④清洗过程中按要求使用柔软抹布或棉球等，严禁使用尖硬器具，以免对设备造成损坏。

⑤连接电缆线和插件时，做好密封防水工作。

⑥维护保养绞车传感器时要与钻台操作人员取得联系，在滚筒轴静止状态下才能施工。

⑦维护保养大钩负荷传感器要在坐卡瓦状态或轻载状态下进行。

⑧维护保养转盘转速传感器、泵冲传感器要在转盘、钻井液泵静止状态下进行，不能使用尖锐物体清洁感应面，不使金属屑或带有金属屑的油污污染感应面，以免因磁短路而造成传感器误动作。

⑨烤箱要在断电之后进行维护保养，保持烤箱电路系统处通风槽的畅通以避免水蒸气凝结导致电路系统的短路。

⑩维护保养钻井液罐上传感器及方井、出口槽处固定式硫化氢检测仪时防止踏空。

⑪维护保养电扭矩、转盘转速传感器时要有专人陪同看护。

⑫固定式硫化氢检测仪进样检查时，操作人员必须佩戴好正压式空气呼吸器且站在上风口处。

⑬套压、立压传感器如需取下维护保养必须泄压之后才能拆下。

23. 相关方配合作业

相关方作业时，录井人员应对其过程进行监控，及时为钻井提供异常预告。

①放射性测井。录井队队长收到测井方放射性测井通报后，应及时组织现场员工撤离出非安全控制区（非安全控制区为放射源同位素半径 15m 范围内）。

②下套管作业。套管排放整齐，丈量时防止套管碰撞、挤压或滚落伤人，核对钻具时应远离钻台大门坡道 15m 之外，钻台大门坡道正前方不准站人。

③甩钻具作业。在钻井队甩钻具作业时，录井人员不得进入警戒区内，不得在钻具滑行方向滞留。钻井方用推土机将钻具向录井房一侧堆放时，录井队队长应提前进行协调，确保钻具距录井值班房和仪器房 1.5m 以外，防止钻具滚落碰坏房体。进出地质值班房、仪器房时，应注意钻具摆放固定情况，防止钻具滚落造成伤害。

④配合固井作业。正确穿戴劳保用品，远离高压区，注意车辆安全。

⑤其他特殊作业。欠平衡钻井、中途测试、泡油解卡、爆炸松扣、倒套铣等特殊作业时，应严格遵守施工主体单位的安全规定和应急措施要求。

二 井控管理

①录井负有井控、溢流监测及钻井队开展井控安全工作的监督职能，负有溢流发现、监测责任，现场井控和 H_2S 防护工作应服从责任主体单位管理，发生溢流、井喷、H_2S 泄

漏等应急事件，启动应急预案按规定程序汇报、响应，并听从责任主体单位的统一指挥。

②依据地质风险预告、提示本井全井段地层压力和油气水显示，提示工程风险和复杂情况。在可能含 H_2S 区域或新探区录井时，应对含 H_2S 层位、埋深等进行预告、提示。

③三高气井宜选用正压式防爆录井仪。一般油气井推荐选用常规录井仪，录井仪应水平安装在距井口≥30m 面对井场右前方，便于观察井场施工动态的安全地带；正压防爆式录井仪的进气端口宜安装在井口上风方向≥75m 安全地带，室内应安装硫化氢、温度、烟雾等检测报警仪。

④应按标准要求安装固定式气体检测及声光报警系统，配备便携式气体检测仪、正压式空气呼吸器，并定期进行检测、鉴定、检查，确保性能完好，处于备用状态。

⑤按要求规范安装各类传感器，认真调试、标定，定期进行标定、校验，并做好记录。

⑥钻开高含 H_2S 油气层前 50m 启动正压防爆系统，维持录井仪室内压力高出大气压力 50~150Pa。

三　地质预报

①开钻前（或录井队到达现场后），根据地质设计及收集的邻井实钻资料，向钻井队进行地质设计交底和作业风险告知、提示。

②钻开油气层前，加强地质分析及时向钻井队提出钻井地质、钻遇油气预告等。

③钻开油气层后，每次起下钻均应进行后效录井，测量油气上窜速度等，并向钻井队提供测量数据或结果。

④钻遇目的层或疑似风险层位前，要制定针对性的风险管控措施，提醒当班人员要警觉可能发生的危险。

⑤正常钻进期间，录井人员要运用录井仪监测的钻时、*dc* 指数、sigma 指数、泥（页）岩密度等参数进行随钻地层压力预测，发现异常压力层，及时预报。

⑥实施压井、关井作业时，应收集记录关井时间、关井压力、压井方法、压井材料与数量、钻井液性能变化、井口压力变化等原始资料和作业情况。

四　坐岗监测

①录井人员应连续监测录井参数的变化情况。发现异常应立即按规定向当班司钻报告，并截取异常参数的发生时间、录井曲线等原始数据资料，填写异常报告单。

②开发井从钻开油气层前 100m，探井从安装防喷器到完井，录井值班人员应 24 小时坐岗，至少每 15min 记录一次，特殊情况应提高监测频率，并认真填写坐岗记录，严禁坐岗人员擅离岗位。

③钻井队在起下钻、检修设备、电测、下套管等非钻进过程中，录井队应坚持坐岗观察连续监测钻井液池液面，每隔 15min 记录一次，遇异常情况应提高观察频率。

④坐岗人员发现溢流或疑似溢流、井漏、H_2S 显示等异常情况时，应立即报告司钻

（或当班操作人）采取必要的措施，并录取井控相关资料，提交书面异常报告。

⑤钻开含 H_2S 油气层后应连续监测 H_2S 浓度。捞取岩屑、液面监测应携带便携式硫化氢检测仪。

⑥起下钻应检测循环后效及油气上窜速度，确定安全作业时间。

⑦发现显示活跃的油气水层后，要及时按规定向当班司钻和现场监督通报。

⑧发生溢流、井涌、井喷，在保证自身安全的前提下，收集、保全各类地质资料，坚持槽面观察，并记录相关情况。

思考题

1. 如何安装绞车传感器？
2. 如何安装套压传感器？
3. 绞车传感器输出信号不正常应从哪个几方面检查？
4. 压力传感器无信号输出如何检查？
5. 如何测量靶式流量传感器的电流？
6. 如何测量电导率传感器的电流？
7. 配置、加注氢气发生器碱液的安全注意事项有哪些？
8. “三高井”对录井仪摆放有何要求？

扫一扫
获取更多资源

第四章

地质录井

在钻井过程中，录井人员按照一定的取样间距和上返时间，连续收集和观察岩屑，并恢复地下地质剖面。通过岩屑录井可获得地下地层构造、生储盖组合关系、储层物性、含油气情况等第一性资料，为查明探区含油气情况提供依据。

岩心资料是极为宝贵的实物资料，通过岩心资料可以解释、校正具有多解性的物探资料、测井资料等。岩心资料对了解岩石“四性”关系、研究沉积相、储量计算、制定或调整开发方案等都有着不可替代的作用。

第一节　岩屑录井

一　岩屑迟到时间的测定

岩屑录井要获取具有代表性的岩屑，关键是做到“两准”：一是井深准，二是岩屑迟到时间准。井深准必须管理好钻具；迟到时间准，则必须按一定间距测准岩屑迟到时间。岩屑迟到时间是指岩屑从井底返至井口取样位置所需的时间，岩屑迟到时间准确与否，直接影响岩屑的代表性和真实性。常用的测定岩屑迟到时间的方法有两种。

（一）理论计算法

理论计算公式为：

$$T=\frac{V}{Q}=\frac{\pi(D^2-d^2)}{4Q}\times H \qquad (4\text{–}1\text{–}1)$$

式中　T——岩屑迟到时间，min；

V——井内环形空间容积，m^3；

Q——钻井液泵排量，m^3/min；

D——钻杆外径，m；

d——钻杆内径，m；

H——井深，m。

上述公式假设井眼是一个以钻头为直径的圆筒，而实际井径常大于理论井径，在计算时也未考虑岩屑在钻井液上返过程中的下沉，所以，理论计算的迟到时间与实测迟到时间往往存在差异。因此，在实际工作中，仅用它作为参考，或只在1000m以内的浅井中使用。

（二）实测法

实测法是现场中最常用的方法，也是比较准确的方法。其方法是：选用与岩屑大小、密度相近似的物质作指示剂，如染色的岩屑、红砖块、瓷块等，在接单根时，把它们从井口投入钻杆内。指示剂从井口随钻井液沿钻具水眼到井底，又从井底随钻井液沿钻杆外的环形空间返到井口振动筛处，记下开泵时间和发现第一片指示剂的时间，两者之间时间差即为循环周时间。指示剂从井口随钻井液到达井底的时间叫下行时间，从井底上返至振动筛处的时间叫上行时间，所求的迟到时间就是指示剂的上行时间。即：

$$T = T_{循环} - T_{下行} \quad (4\text{-}1\text{-}2)$$

因为钻杆、钻铤内径是规则的（如果用内径不同的混合柱时，要分段计算）。所以，下行时间 $T_{下行}$ 可以通过式（4–1–3）算出：

$$T_{下行} = (V_1+V_2)/Q \quad (4\text{-}1\text{-}3)$$

式中 V_1——钻杆内容积，L；

V_2——钻铤内容积，L；

Q——泵排量，L/s。

使用实测法，要求在钻达录井井段前 50m 左右实测岩屑迟到时间，进入录井井段后，每钻进一定录井井段，必须实测成功一次迟到时间，以提高岩屑捞取的准确性。

在实际工作中还常常应用特殊岩性法来校正迟到时间，利用大段单一岩性中的特殊岩性（如大段砂岩中的泥岩，大段泥岩中的砂岩，大段泥岩中的灰岩、白云岩等），在钻时上表现出特高或特低值，记录钻遇时间和返出时间，二者之差即为真实的岩屑迟到时间，用这个时间校正正在使用的迟到时间，可以保证取准岩屑资料。

二 氯离子滴定实验

钻进过程中如钻遇盐水层，特别是高压盐水层时，氯离子含量的变化很快，其含量突然剧增至数万乃至十几万 μg/g，并迅速破坏钻井液性能，常引起井下事故或井喷。因此，对氯离子含量的测定是很有现实意义的。氯离子含量测定的原理、方法及注意事项分述如下。

（一）测定原理

以铬酸钾溶液（K_2CrO_3）作指示剂，用硝酸银溶液（$AgNO_3$）滴定氯离子（Cl^-），因氯化物是强酸生成的盐，首先和 $AgNO_3$ 作用生成 AgCl 白色沉淀。当氯离子（Cl^-）和银离子（Ag^+）全部化合后，过量的 Ag^+ 即与铬酸根（CrO_4^-）反应生成微红色沉淀，指示滴定终点。

（二）使用试剂

① 5% 铬酸钾溶液（5g 铬酸钾溶于 95mL 蒸馏水中）。

②稀硝酸溶液（HNO_3）。

③ 0.02mo1/L、0.1mo1/L 硝酸银溶液。

④ pH 试纸。

⑤硼砂溶液或小苏打溶液。

⑥双氧水（H_2O_2）。

（三）操作步骤

取钻井液滤液 1mL，置入三角烧杯中，加蒸馏水 20mL，调节混合液的 pH 值至 7 左右，加入 5% 铬酸钾溶液 2~3 滴，使溶液显淡黄色，以硝酸银溶液（盐水层用 0.1mo1/L、一般地层用 0.02mo1/L）缓慢滴定，至滤液出现微红色为止。记下硝酸银溶液的消耗量，则滤液中的氯离子含量可由式（4–1–4）求出：

$$c_{Cl^-}=\frac{CV\dfrac{M_{Cl}}{1000}}{Q}\times10^6 \quad (4\text{–}1\text{–}4)$$

式中 C——硝酸银溶液浓度；mol/L；

V——硝酸银溶液用量，mL；

M_{Cl}——氯的原子量（为 35.45，取 35.5）；

Q——滤液体积，mL；

c_{Cl^-}——滤液中氯离子浓度（mg/L 或 μg/g）。

滤液体积取 1mL 时，式（4–1–4）可简化为：

$$c_{Cl^-}=CV35.5\times10^3\ (\text{mg/L 或 μg/g}) \quad (4\text{–}1\text{–}5)$$

（四）注意事项

①滴定前必须使滤液的 pH 值保持在 7 左右；若 pH 值＞ 7，用稀硝酸溶液调整，若 pH 值＜ 7，用硼砂溶液或小苏打溶液调整。

②加入铬酸钾指示剂的量应适当，若过多，会使滴定终点提前，则计算结果偏低；若过少，会使滴定终点推后，则计算结果偏高。

③滴定不宜在强光下进行，以免 $AgNO_3$ 分解造成终点不准。

④当滤液呈褐色时，应先用双氧水使之褪色，否则在滴定时妨碍滴定终点的观察。

⑤滴定前应将硝酸银溶液摇均匀，然后再滴定。

⑥全井使用试剂必须统一，以免造成不必要的误差。

三 油、气上窜速度的计算

当油气层压力大于钻井液液柱压力，在负压差作用下，油、气进入井眼钻井液并向上流动，这就是油、气上窜现象。在单位时间内油、气上窜的距离称油气上窜速度。

油气上窜速度是衡量井下油、气活跃程度的标志。油、气上窜速度越快，油、气层能量越大；反之，则越小。所以，在现场工作中准确地计算油、气上窜速度，有重要参考价值。

通常在钻过高压油、气层后，当起钻后再下钻循环钻井液时，要对油、气侵作观察、记录，并计算油、气上窜速度。计算方法有以下两种。

（一）迟到时间法

$$V=\frac{H-\left[\dfrac{h}{t}(T_1-T_2)\right]}{T_0} \quad (4\text{–}1\text{–}6)$$

式中 V——油、气上窜速度，m/h；

H——油、气层深度，m；

h——循环钻井液时钻头所在井深，m；

t——钻头所在井深的迟到时间，min；

T_1——见到油、气显示的时刻，h:min；

T_2——下钻至井深 h 时的开泵时刻，h:min；

T_0——井内钻井液静止时间（指起钻时停泵到下钻至井深 h 时的开泵时间），h。

迟到时间法比较接近实际情况，是现场常用的方法。

（二）容积法

$$V=\frac{H-\left[\frac{Q}{V_c}(T_1-T_2)\right]}{T_0} \tag{4-1-7}$$

式中 Q——钻井液泵排量，L/min；

V_c——井眼环形空间每米理论容积，L/m；

其余符号同前。

下钻过程中，多次替钻井液时适用于用容积法计算上窜速度，但误差较大，实际计算时，常用每米井眼容积代替井眼每米理论容积。

在钻遇高压水层时，也可以用上述两个公式计算上窜速度。

四 岩屑取样及整理

岩屑返出地面后，录井人员根据设计的捞样间距在振动筛前捞取岩屑。岩屑捞取后要进行洗样、晒（或烤）样、描述、装袋、入库等工作。

（一）岩屑捞取

1. 取样时间

取样时间 = 钻达时间 + 岩屑迟到时间

岩屑的捞取必须严格按照迟到时间连续进行，以确保岩屑的真实性、准确性。

2. 取样间距

取样间距的大小，应根据对探区地质情况的了解程度和本井的任务而定。取样间距在地质设计中，一般都有明确的规定。

3. 取样位置

在一般情况下，岩屑是按取样时间在振动筛前连续捞取的，砂样盆放在振动筛前，岩屑沿振动筛筛布斜面落入盆内。

4. 取样方法

岩屑捞取过程中，除了捞取时间的准确外，还要做到捞取岩屑纯净，分量足，有代表性，有连续性。在取样时间未到时，若砂样盆已经装满，此时，不能将上面的岩屑除掉，而应垂直切去盆内岩屑的一半，将留下的另一半岩屑拌匀，若盆内岩屑再次接满，同样按上述方法处理，以保证岩屑捞取的连续性。岩屑捞取数量按现行规定，一般无挑样任务时，岩屑每包不少于 500g，有挑样任务时，岩屑每包不少于 1000g。

（二）岩屑清洗

捞取出的岩屑应缓缓放水清洗，并进行充分搅动，水满时应慢慢倾倒，要防止悬浮细砂和较轻的物质（沥青块、油砂块、碳质页岩、油页岩等）被冲掉，直至清洗出岩屑本色，清洗时要注意观察盆面有无油气显示。

（三）岩屑晾晒

捞出的岩屑清洗干净后，要按深度顺序在砂样台上晾晒，在雨季或冬季需要烘烤时，要控制好烘箱温度，含油岩屑严禁烘烤。

（四）岩屑包装整理

岩屑晾晒干后，有挑样任务的分装两袋，一袋供挑样用，一袋用来描述及保存，每袋应不少于 500g。装岩屑时，要把同时写好井号、井深、编号的标签放入袋内。

将袋装岩屑按照井深顺序从左到右、从上到下依次排列于岩屑盒中，并在盒外标明井号、盒号、井段和包数。用于挑样的岩屑要分袋，挑样完毕后不必保存；供描述用的岩屑，描述完后，要按原顺序放好，并妥善保管，一口井完毕后作为原始资料入库保存。

五 岩屑描述

现场捞取的岩屑，由于受多种因素的影响，每包岩屑并不是单一的岩性，而是十分混杂的。这就要求进行岩屑描述工作，将地下每一深度的真实岩屑找出来，给予比较确切的定名，才能真实地恢复和再现地下地质剖面。因此，岩屑描述是录井工作中一项重要的工作。

（一）判別真假岩屑

1. 真岩屑

在钻井中，钻头刚刚从某一深度的岩层破碎下来的岩屑，叫真岩屑。真岩屑具有下列特点：

①色调比较新鲜；

②个体较小，一般碎块直径 2~5mm，依钻头类型而异，极疏松砂岩的岩屑多呈散沙状；

③碎块棱角较分明；

④如果钻井液携带岩屑的性能特别好，迟到时间又短，在岩屑能即时上返到地面的情况下，较大块的、带棱角的、色调新鲜的岩屑也是真岩屑；

⑤高钻时、致密坚硬的岩类，其岩屑往往较小，棱角特别分明，多呈碎片或碎块状；

⑥成岩性好的泥质岩多呈扁平碎片状，页岩呈薄片状。疏松砂岩及成岩性差的泥质岩屑棱角不分明，多呈豆粒状。具有造浆性的泥质岩等多呈泥团状。

2. 假岩屑

指真岩屑上返过程中混入的掉块及不能按迟到时间及时返到地面而滞后的岩屑，叫假岩屑。假岩屑一般有下列特点：

①色调欠新鲜，比较而言，显得模糊陈旧，表现出岩屑在井内停滞时间过长的特征；

②碎块过大或过小，毫无钻头切削特征，形态失常；

③棱角欠分明，有的呈浑圆状；

④形成时间不长的掉块，往往棱角明显，块体较大；

⑤岩性并非松软，而破碎较细，毫无棱角，呈小米粒状岩屑，是在井内经过长时间上下往复冲刷研磨成的老岩屑。

（二）描述前准备

1. 材料准备

包括稀盐酸、放大镜、双目实体显微镜、试管、荧光灯、有机溶液（氯仿或四氯化碳）、镊子、小刀及描述记录等。

2. 资料收集

包括钻时、蹩跳钻情况、取样间距、气测数据、槽面或盆面油气显示情况、钻遇油气显示的层位、岩性、井段等。

（三）描述方法

1. 仔细认真、专人负责

描述前应仔细认真观察分析每包岩屑。一口井的岩屑由专人描述，如果中途需换人，二人应共同描述一段岩屑，达到统一认识、统一标准。

2. 大段摊开、宏观细找

岩屑描述要及时，应在岩屑未装袋前，在岩屑晾晒台上进行描述。若岩屑已装袋，描述时应将岩屑大段摊开（不少于 10 包岩屑），系统观察分层。描述前必须检查岩屑顺序以确保准确。宏观细找是指把摊开的岩屑大致看一遍，观察岩屑颜色、成分的变化情况，找出新成分出现的位置，尤其含量较少的新成分和呈散粒状的岩性更需仔细寻找。

3. 远看颜色、近察岩性

远看颜色，易于对比，区分颜色变化的界线。近察岩性是指对薄层、松散岩层及含油岩屑、特殊岩性需要逐包仔细查找、落实并把含油岩屑、特殊岩性及本层定名岩性挑出，分包成小包，以备细描和挑样。

4. 干湿结合、挑分岩性

描述颜色时，以晒干后的岩屑颜色为准，但岩屑湿润时，颜色变化、层理、特殊现象和一些微细结构比较清晰、容易观察区分。挑分岩性是指分别挑出每包岩屑中的不同岩性，进行对比，帮助判断分层。

5. 参考钻时、分层定名

钻时变化虽然反映了地层的可钻性，但因钻时受钻压、钻头类型、钻头新旧程度、钻井液泵排量、转速等因素影响，所以不能以钻时变化为分层的唯一根据，应该根据岩屑新成分的出现和百分含量的变化，参考钻时，使用上追顶界、下查底界的方法进行分层定名。

6. 湿照、干照荧光

岩屑湿照是系统逐包普照，在荧光灯下观察是否有荧光显示。岩屑干照是岩屑细描前的系统荧光检查。

7. 含油岩性、重点描述

对百分含量较少或呈散粒状的储集层及用肉眼不易发现、区分油气显示的储集层，必须认真观察，仔细寻找，并做含油气的各项试验，不漏掉油气显示层。

8. 特殊岩性、必须鉴定

不能漏掉厚度 0.5m 以上的特殊岩性，并详细描述。特殊岩性以镜下鉴定的定名为准。

（四）分层原则

①岩性相同而颜色不同或颜色相同而岩性不同，厚度大于 0.5m 的岩层，均需分层

描述。

②根据新成分的出现和不同岩性百分含量的变化进行分层。

③同一包内出现两种或两种以上新成分岩屑，是薄层或条带的显示，应参考钻时进行分层。除定名岩性外，其他新成分的岩屑也应详细描述。

④见到少量含油显示的岩屑，甚至仅有一颗或数颗，必须分层并详细描述。

⑤特殊岩性、标准层、标志层在岩屑中含量较少或厚度不足 0.5m 时，必须单独分层描述。

（五）定名原则

要概括和综合岩石基本特征，包括颜色、含油级别、特殊含有物、特殊矿物、结构、构造化石、岩性。

（六）岩屑描述内容

1. 分层深度

岩屑分层深度以钻具井深为准。连续录井描述第一层时，在分层深度栏写出该层顶界深度和底界深度，以后只写各层底界深度。

2. 岩性定名

同岩心各种岩性定名要求。碎屑岩岩屑含油级别中不使用饱含油级，套用含油、油浸、油斑、油迹、荧光五级定名。

3. 描述内容

包括颜色、矿物成分、结构、构造、化石及含有物、物理性质及化学性质、含油程度等，可按岩心描述中各类岩性描述内容参照执行。

4. 岩性复查

中途测井或完井测井后，发现岩石电性不符合处需及时复查岩屑。复查前需进行剖面校正，找出测井深度与钻具井深的误差，在相应深度的前后复查岩屑，寻找与电性相符的岩性并在描述中复查结果栏进行更正。若复查结果与原描述相同时，应注明已复查，表示原描述无误。

（七）岩屑描述时应注意的事项

描述岩屑时应注意下列问题：

①岩屑描述应及时，必须跟上钻头，以便随时掌握地层情况，作出准确地质预告，使钻井工作有预见性。

②描述要抓住重点，定名准确，文字简练，条理分明，各种岩石的分类、命名原则必须统一，描述中所采用的岩谱、色谱、术语等也应统一。

③对岩屑中出现的少量油砂，要根据具体情况对待，若第一次出现可参考别的资料定层，若前面已出现过则应慎重对待，既不能盲目定层，也不能草率否定，必须综合分析再做结论。如果综合分析后，仍不能做结论，可将所见到的油砂及含油情况记录在岩屑描述记录纸上，供综合解释参考。

对不易识别的油砂，应做四氯化碳试验，或用荧光灯照射。在新探区的第一批探井，应对所有岩屑进行荧光普查，以免漏掉油、气层。

④要认真鉴别混油钻井液中的假油砂和地面油污染而成的假油砂，要对这种假油砂的

形成追根溯源，查明原因，证据确凿之后才能将其否定。

⑤对油、气显示层、标准层、标志层、特殊岩性层进行描述时，要挑出实物样品，供综合解释和讨论试油层位时参考。另外，还应将少量样品用纸包好，待描述完后，仍放在岩屑袋中，供挑样和复查岩屑时参考。

六 岩屑录井草图的编绘

岩屑录井草图就是将岩屑描述的内容（如岩性，油、气显示，化石，构造，含有物等）、钻时资料等，按井深顺序用统一规定的符号，绘制下来。岩屑录井草图有两种，一种为碎屑岩岩屑录井草图，一种为碳酸盐岩岩屑录井草图。下面着重介绍碎屑岩岩屑录井草图的编绘方法。

编制碎屑岩岩屑录井草图的步骤如下：

①按标准绘制图框。

②填写数据：将所有与岩屑有关的数据填写在相应的位置上，数据必须与原始记录相一致。

③深度比例尺为 1：500，深度记号每 10m 标一次，逢 100m 标全井深。

④绘制钻时曲线，若有气测录井则还应绘制气测曲线。

⑤颜色、岩性按井深用规定的图例、符号逐层绘制。

⑥化石及含有物、油气显示用图例绘在相应的地层的中部。化石及含有物分别用“1”“2”“3”数字代表“少量”“较多”“富集”。

⑦有钻井取心时，应将取心数据对应取心井段绘在相应的栏上。

⑧有地化录井时，将地化录井的数据画在相应的深度上。

⑨完钻后，将测井曲线（一般为自然电位曲线或自然伽马曲线和电阻率曲线）投在岩屑草图上，以便于复查岩性。

⑩岩屑含油情况除按规定图例表示外，若有突出特征时，应在“备注”栏内描述。钻进中的槽面显示和有关的工程情况也应简略写出，或用符号表示。

七 岩屑录井的影响因素

影响因素是指影响岩屑代表性的因素。与钻井取心比较起来，岩屑录井虽然既经济，又简便，同样能达到了解井下地层剖面及含油、气情况的目的，但是，由于种种影响因素的存在，使岩屑的代表性（准确性）在不同程度上受到一定影响，以致影响到岩屑录井的质量。

影响岩屑代表性的因素如下。

（一）钻头类型和岩石性质的影响

由于钻头类型及新旧程度有差异，所破碎的岩屑形态、密度也有差异，所以上返速度也就不同。如片状岩屑受钻井液冲力及浮力的面积大、较轻、上返速度快；粒状及块状岩屑与钻井液接触面积小、较重、上返速度较慢。由于岩屑上返速度的不同，直接影响到岩屑迟到时间的准确性，进而影响了岩屑深度的正确性和代表性。

（二）钻井液性能的影响

钻井液是钻井的血液，它起着巩固井壁、携带岩屑、冷却钻头等作用。在钻进过程中钻井液性能的好坏，将直接影响钻井工程能否正常施工，也影响录井质量。如采用低密度、低黏度钻井液或用清水快速钻进时，井壁垮塌严重，岩屑特别混杂，使砂样失去真实性。若钻井液性能好、稳定，则井壁不易垮塌、悬浮能力强，岩屑代表性强。

在处理钻井液过程中，若性能变化很大，特别是当钻井液切力变小时，岩屑就会特别混杂。在正常钻进中，未处理钻井液时，钻井液在井筒环形空间中一般形成三带：靠近钻具的一带是正常钻井液循环带，携带并运送岩屑，靠近井壁的地方形成泥饼带，二者之间为处于停滞状态的胶状钻井液带，而其中混杂有各种岩性的岩屑。当钻井液性能未发生变化时，胶状钻井液带对正常钻井液循环带的影响较小，所以在钻井液循环带里岩屑混杂情况较轻。处理时，钻井液性能突然变化，切力变小，破坏了三带的平衡状态，停滞的胶状钻井液带中混杂的各种岩屑进入正常钻井液循环带里，与所钻深度的岩屑一同返出地面，造成岩屑特别混杂。只有当新的平衡形成以后，这种混杂现象才会停止。

（三）钻井参数的影响

钻井参数对岩屑准确性的影响也是很明显的，当排量大时，钻井液流速快，岩屑能及时上返；如果排量小，钻压较大，转速较高，钻出的岩屑较多，又不能及时上返，岩屑混杂现象将更加严重。尤其是当单泵、双泵频繁倒换时，钻井液排量及流速也会频繁变化，最容易产生这种现象。

（四）井眼大小的影响

钻井参数不变，若井眼不规则，钻井液上返速度也就不一致。在大井眼处，上返慢，携带岩屑能力差，甚至在“大肚子”处出现涡流使岩屑不能及时返出地面，造成岩屑混杂，而在小井眼处，钻井液流速快，携带岩屑上返及时。由于井眼的不规则，钻井液流速不同，岩屑上返时快时慢，直接影响迟到时间的准确性，并造成岩屑的混杂。

（五）下钻、划眼的影响

在下钻或划眼过程中，都可能把上部地层的岩屑带至井底，与新岩屑混杂在一起返至地面，致使真假难分。这种情况在刚下钻到底后的前几包岩屑中最容易见到。

（六）人为因素的影响

司钻操作时加压不均匀，或者打打停停都可能使岩屑大小不一，上下混杂，给识别真假岩屑带来困难。

八　岩屑录井草图的应用

岩屑录井草图主要应用于下列方面。

（一）提供研究资料

岩屑录井资料是录井工作中最直接地了解地下岩性、含油性的第一性资料。通过岩屑录井，可以掌握井下地层岩性特征，建立井区地层岩性柱状剖面；可以及时发现油气层；

通过对暗色泥岩进行生油指标分析，以便了解其区域的生烃能力。

（二）进行地层对比

把岩屑录井草图与邻井进行对比，及时了解本井岩性特征、岩性组合、钻遇层位、正钻层位，还可检查和验证本井地质预告的符合程度，以便及时校正地质预告，进一步推断油、气、水层可能出现的深度，指导下一步钻井施工。

（三）为测井解释提供地质依据

岩屑录井草图是测井解释的重要地质依据，对探井来说，综合利用岩屑录井草图，可大大提高测井解释的精度。在砂泥岩剖面中，特殊岩性含油往往不能在电性特征上有明显反映，仅凭电性特征解释油、气层较困难，此时岩屑录井草图的重要性就更加突出。

（四）配合钻井工程的进行

在处理工程事故的过程中，如卡钻、倒扣、泡油等项工作中，经常应用岩屑录井草图，以便分析事故发生的原因，制定有效的处理措施。在进行中途测试、完井作业过程中也要参考岩屑录井草图。

（五）岩屑录井草图是编绘完井录井图的基础

完井录井图中的综合解释剖面图就是以岩屑录井草图为基础绘制的。岩屑录井草图的质量直接影响着综合解释剖面图的质量。岩屑录井草图的质量高，综合解释剖面图的精度也就高；相反，岩屑录井草图质量低，不仅使综合解释剖面图质量降低，而且将会大大增加解释过程中的工作量。

岩屑录井是录井工作中最基础的工作，除岩心录井外，常规录井中其他录井工作都是配合岩屑录井的。岩屑录井是目前钻进过程中了解地下地质情况及油、气显示的主要手段，而其他录井工作则进一步补充说明岩屑录井的可靠性和准确性。包括岩屑录井在内的各种录井资料的综合，又是进行地质综合研究的基础。

第二节　岩心录井

岩心录井就是在钻井过程中用一种取心工具，将井下岩石取上来（这种岩石就叫岩心）并对其进行分析化验，综合研究而取得各项资料的方法。岩心是研究岩石岩性、物性、电性、含油性等最可靠的第一性资料。通过对岩心的观察描述，对于认识地下地质构造，地层岩性，沉积特征，含油、气情况以及油、气的分布规律等都有相当重要的意义。

一　取心原则和取心层位的确定

（一）取心原则

虽然岩心录井是取得油层物性，油层含油、气、水情况，油田开发效果等宝贵资料的重要方法，但由于钻井取心成本高、速度慢，在勘探开发过程中，只能根据地质任务要求，适当安排取心。

①新区第一批探井应采用点面结合、上下结合的原则将取心任务集中到少数井上，或者用分井、分段取心的方法，以较少的投资，获取探区比较系统的取心资料。或者按照见油、气显示取心的原则，利用少数井取心资料获得全区地层、构造、含油性、储油物性、岩电关系等资料。

②针对地质任务的要求，安排专项取心。如开发阶段，要检查注水效果，部署注水检查井取心；为求得油层原始饱和度采用油基钻井液和密闭钻井液取心；为了解断层、接触关系、标准层、地质界面而布置专项任务取心。

③其他地质目的取心：如完钻时的井底取心、潜山界面取心、油水过渡带取心等。

（二）取心层位的确定

为了加快油气田的勘探开发步伐，在已确定的取心井中不是全井都取心，而常常是分段取心，因此，要合理选择取心层位。一般以下情况应当进行取心：

①储集层的孔隙度、渗透率、含油饱和度、有效厚度不清楚的层位。

②地层岩性、电性关系不明，影响测井解释精度的层位。

③地层对比变化较大或不清楚的区域，应对标准层进行取心。

④当地层层位不清时，需要取心证实。

⑤研究生油岩特征的层位，应对生油岩进行取心。

⑥需要检查开发效果及注水效果的层位。

⑦有特殊目的需要取心的层位。

二　取心工具和取心方式

取心工具主要由取心钻头、岩心筒、岩心爪、回压凡尔、扶正器等组成。

钻井取心方式根据钻井液的不同，可分为水基钻井液取心和油基钻井液取心两大类。

（一）水基钻井液取心

具有成本低、工作条件好的优点，是目前广泛采用的一种取心方法。但其最大缺陷是钻井液对岩心的冲刷作用大，浸入环带深，所取岩心不能完全满足地质的要求。

（二）油基钻井液取心

多数在开发准备阶段采用。其最大的优点是保护岩心不受钻井液冲刷，能取得接近油层地下原始状态下的油、水饱和度资料，为油田储量计算和开发方案的编制提供准确的参数。但其工作条件极差，对人体危害大，污染环境，且成本高。为克服油基钻井液取心的缺点，又研究出了一种替代方法——密闭液取心法。这种方法仍采用水基钻井液，但由于取心工具的改进和内筒中装有密闭液，岩心受密闭液保护，免受钻井液的冲刷和侵入，能达到近似油基钻井液取心的目的。

在实际工作中采用哪种取心方式，应根据油、气田在勘探开发中的不同阶段所需完成的地质任务来确定。如在勘探阶段，为了解岩性和含油性情况，可采用水基钻井液取心，在开发阶段，为了取得开发所需的资料数据，可采用油基钻井液或密闭取心。

三 取心前准备工作

①取心前应收集好邻井、邻区的地层、构造、含油气情况及地层压力资料，若在已投入开发的油田内取心，则应收集邻井采油、注水、压力资料。在综合分析各项资料后，根据地质设计的要求，作好取心井目的层地质预告图。

②丈量取心工具和专用接头，确保钻具、井深准确无误。分段取心时，取心钻具与普通钻具的替换，或连续取心时倒换使用的岩心筒长度，都应分别做好记录。要准确计算到底方入，并记录清楚，为判断真假岩心提供依据。

③取心工作中要明确分工，确保岩心录井工作质量。一般分工是：地质工程师负责具体组织和安排，对关键环节进行把关；地质大班负责岩心描述和绘图；采集工负责岩心出筒、丈量、整理，采样和保管等工作；录井工负责钻具管理、记录钻时，计算并丈量到底方入、割心方入，收集有关地质、工程资料、数据。岩心出筒时，各岗位人员要通力配合。

④在钻达预定取心层位前，应根据邻井实钻资料及时对比本井实钻剖面，抓住岩性标准层或标志层、电性标准层或标志层，卡准取心层位。若该井无岩性标准层或标志层、地层变化较大，则必须进行对比测井。对比测井后，根据测井对比结果，决定取心层位。

⑤检查各种工具、器材是否齐全：如岩心盒、标签、挡板、水桶、帽子、刮刀、劈刀、榔头、塑料筒、玻璃纸、牛皮纸、石蜡、油漆、放大镜、钢卷尺、熔蜡锅等。

四 取心过程中应注意的事项

（一）准确丈量方入

取心钻进中只有量准到底方入和割心方入，才能准确计算岩心进尺和合理选择割心层位。实际工作中，常见到底方入与实际井深不符，主要原因是井底沉砂太多，井内有落物，井内有余心使钻具不能到底，或者钻具计算有误差等。遇到这种情况，应及时查明原因，方可开始取心钻进。

丈量割心方入时，指重表悬重与取心钻进时悬重应该一致，这样计算出的取心进尺与实际取心进尺才相符，否则就会出现差错。

（二）合理选择割心层位

合理选择割心层位是提高岩心收获率的主要措施之一。如割心位置选择不当，常使疏松油砂岩心的上部受到钻井液冲刷而损耗，下部岩心抓不牢而脱落。理想的割心层位是“穿鞋戴帽”，顶部和底部均有一段较致密的地层（如泥岩、泥质砂岩等）以保护岩心顶部不受钻井液冲刷损耗，底部可以卡住岩心不致脱落。

现场钻遇理想割心层位的机会不多，当充分利用内岩心筒的长度仍不能钻穿油层时，应结合钻时，在钻时较大部位割心；若钻时无变化，则采取干钻割心的办法。

（三）取全取准取心钻进工作中的各项地质资料

在进行取心钻进时，应齐全准确地收集好各项地质资料，以配合岩心录井工作的进行。

钻时和岩屑资料可供选择割心位置参考。在岩心收获率低时，岩屑资料还是判断岩性的依据。

在油、气层取心时，应及时收集气测资料及观察槽面油、气、水显示，并做好记录，供综合解释时参考。必要时，还应取样分析。

（四）取心钻进不能随意上提下放钻具

当上提后再下放时，易使活动接头卡死或失灵，把已取的岩心折断、损耗，降低岩心收获率。取心时还应根据岩心筒的长度掌握好取心进尺，以免因岩心进不去岩心筒而把大于岩心筒长度的岩心磨掉。

五 岩心出筒、丈量和整理

（一）岩心出筒及清洗

①岩心筒起出井口后，要防止岩心滑落。

②岩心出筒前应丈量岩心内筒的顶底空，顶空是岩心筒内上部无岩心的空间距离，底空是岩心筒内下部（包括钻头）无岩心的空间距离。

③岩心出筒：岩心出筒的关键在于保证岩心的完整和上下顺序不乱。岩心出筒的方法有多种，现场常用手压泵出心法、钻机或电葫芦提升出心法和水泥车出心法等。用上述出心法出筒时，岩心筒内的胶皮塞长度应等于或大于岩心筒内径的 1.5 倍，胶皮塞直径应等于内筒内径。用水泥车、手压泵出心时，必须使用本井取心钻进时所用的钻井液，严禁用清水或其他液体顶心。接心要特别注意顺序，先出筒的为下部岩心，后出筒的为上部岩心，应依次排列在出心台，不能错乱顺序。岩心全部出完要进行清洗；但对含油岩心要特别小心，不能用水冲洗，只能用刮刀刮去岩心表面的泥饼，并观察其渗油、冒气情况，做好记录。油基钻井液取出的岩心，用无水柴油清洗。密闭取心的岩心，用三角刮刀刮净或用棉纱擦净即可。严禁储集层岩心与外界水接触。

④冬季出心，一旦发生岩心冻结在岩心筒内，只许用蒸汽加热处理，严禁用明火烧烤。

⑤岩心出筒时，必须有地质人员严守筒口，负责接心，保证岩心顺序不乱。

（二）岩心丈量

①判断真假岩心：假岩心松软，像泥饼，手指可插入，剖开后成分混杂，与上下岩心不连续，多出现在岩心顶部，可能为井壁掉块或余心碎块与泥饼混在一起进入岩心筒而形成的。假岩心不能计算长度。另外，凡超出该筒岩心收获率的岩心要特别注意，只有查明井深后，才能确定是否为上筒余心的套心。

②岩心丈量：岩心清洗干净后，对好岩心碴口，磨光面和破碎岩心要堆放合理，用红铅笔或白漆自上而下画一条丈量线，箭头指向钻头的方向，标出半米和整米记号。岩心由顶到底用尺子一次性丈量，长度精确到厘米。

③岩心收获率计算：岩心收获率 = 实取心长度（m）÷ 取心进尺（m）×100%。

每取心一筒均应计算一次收获率，当一口井取心完毕，应计算出全井岩心收获率（平均收获率）。

总岩心收获率 = 累计岩心长（m）÷ 累计取心进尺（m）×100%

计算结果取小数点后两位。

（三）岩心整理

①将丈量好的岩心，按井深顺序自上而下，从左到右依次装入岩心盒内，放岩心时，如有斜口面、磨损面、冲刷面和层面都要对好，排列整齐。若岩心是疏松散砂，或是破碎状，可用塑料袋或塑料筒装好，放在相应位置。

②每筒岩心都应做好 0.5m、1m 长度记号，便于进行岩心描述，以免分层厚度出现累计误差。岩心盒内的岩心应进行编号。岩心编号可用代分数表示。如 $4\frac{8}{15}$ 表示这块岩心是第四次取心，本次取心共分 15 块，本块是其中第 8 块。

编号方法是在岩心柱面上涂一小块长方形白漆，待白漆干后，用墨笔将岩心编号，写在长方形白漆上。岩心编号的密度一般以 20~30cm 为宜，在本筒范围内，按自然断块自上而下逐块涂漆编号，或用卡片填写后贴在该块岩心之上。这一方法对破碎和易碎的岩心尤为适用。

③盒内两次取心接触处用挡板隔开，挡板两面分别贴上标签，标签上注明上下两次取心的筒次、井段、进尺、岩心长度、收获率和块数，便于区分检查。岩心盒外进行涂漆编号。

在岩心整理过程中，应对岩心的出油、出气及其他含油、气情况进行观察，在出油、出气的地方用彩色铅笔加以圈定，并做文字记录。对大段碳酸盐岩地层的岩心，还应及时做含油、含气试验。试验的具体方法详见岩心描述。

整理工作完成以后，对于用作分析含油饱和度的油砂应及时采样、封蜡，以免油、气逸散。对于保存完整的、有意义的化石或构造特征应妥善加以保护，以免弄碎或丢失。

六 岩心描述

（一）岩心描述前的准备工作

在描述岩心之前应做好下列准备工作：

①收集取心层位、次数、井段、进尺、岩心长度、收获率、岩心出筒时的油气显示情况等资料和数据。

②准备浓度为 5% 或 10% 的稀盐酸、放大镜、双目实体显微镜、试管、荧光灯、荧光对比系列、氯仿或四氯化碳、镊子、滤纸、小刀、2m 的钢卷尺、榔头、劈岩心机、铅笔、描述记录及做含水试验所用的器材。

③将岩心抬到光线充足的地方，检查岩心排放的顺序是否正确，如有放错位置的岩心，要查明原因，放回正确位置，并进行岩心长度的复核丈量，以免造成描述失误。

④检查岩心编号、长度记号应齐全完好，岩心卡片内容填写应齐全准确，发现问题要查明原因，及时整改。

⑤沿岩心同一轴线并尽量垂直层面，将岩心对半劈开，岩心编号或长度记号被损坏时，应立即补好。

（二）岩心描述的分层原则

①一般长度大于或等于 10cm，颜色、岩性、结构、构造、含油情况等有变化者均需分层描述。

②在岩心磨光面或岩心的顶、底部或油浸级别以上的含油岩性、特殊岩性、标准层、标志层即使厚度小于 10cm 也要进行分段描述（作图时可扩大到 10cm）。

（三）碎屑岩定名和描述内容

岩心描述时，首先应当仔细观察岩心，在此基础上给予恰当定名。然后，分别详细描述颜色、成分（碎屑成分和胶结物）、胶结类型、结构构造、含油情况、接触关系，化石及含有物等。对有意义的地质现象应绘素描图或照相。

1. 定名

采用的定名原则：颜色——突出特征（含油情况、胶结物成分、粒级、化石等）——岩石本名，如浅灰色油斑细砂岩、浅灰色灰质砂岩、灰色含螺中砂岩。定名时，一般都将含油级别放在颜色之后，以突出含油情况，然后依次排列化石和粒度。

定名时还应注意下列几种情况：

①当岩石中砾石、灰质、白云质含量在 5%~25%时，定名时可用“含”字表示，含量在 25%~50%时，定名时用“质”或“状”字表示。如浅灰色含白云质粉砂岩、灰色灰质砂岩、灰白色砾状砂岩等。

②若岩石粒级不均一，可用含量大于 50%的粒级定名，其余粒级，可在描述中加以说明。除粉细砂岩外，不定复合粒级。如可定浅灰色粉细砂岩，不能定浅灰色中粗砂岩。

③当同一段岩心中出现两种岩性时，都要在定名中体现出来。主要岩性在前，次要岩性在后。如浅灰绿色砂质泥岩及浅灰色粉砂岩。但对已做条带或薄夹层处理的岩性，不必在定名中表现出来。

应该强调指出的是，在定名时一定要统一定名原则，否则就失去了对比的基础。

2. 颜色

颜色是沉积岩最醒目的特征，它既反映了矿物成分的特征，又反映了当时的沉积环境。因此，对颜色的观察描述不仅有助于岩石鉴定，而且可以推断沉积环境。描述颜色时，应按统一色谱的标准，以干燥新鲜面的颜色为准。岩石的颜色是多种多样的，描述时常遇到以下几种情况：

单色：指岩石颜色均一，为单一色调，如灰色细砂岩。为表示同一颜色色调的差别，可用深浅来形容，如深灰色泥岩、浅灰色细砂岩。

单色组合（也称复合色）：由两种色调构成，描述时，次要颜色在前，主要颜色在后，如灰白色粉砂岩，以白色为主，灰色次之。单色组合也有色调深浅之分，如浅灰绿色细砂岩、深灰绿色细砂岩。

杂色组合：由三种或三种以上颜色组成，且所占比例相近，即为杂色组合，如杂色砾岩。

3. 含油、气、水情况

岩心的含油、气、水情况是岩心描述的重点内容之一，描述时既要进行详细观察，做好文字记录，还应做一些小型试验，以帮助判断地层的含油、气丰富程度。

（1）含油产状

是指油在岩心纵向、横向上的分布状况。观察含油产状时，将含油岩心劈开，在未被钻井液侵入的新鲜面上，观察岩心含油情况与岩石结构、胶结程度、层理、颗粒分选程度的关系。描述时，可用斑点状、斑块状、条带状、不均匀块状、沿微细层理面均匀充满等词语分别描绘不同的含油产状。

（2）含油饱满程度

分三种情况描述。

含油饱满：颗粒孔隙全部被原油充满，达到饱和状态。岩心呈棕褐色或黑褐色（视原油颜色不同而不同），新鲜面上油汪汪的。出筒时原油外渗，染手，油脂感强。

含油较饱满：颗粒孔隙被原油均匀充填，但未达到饱和状态，颜色稍浅，新鲜面上原油均匀分布，没有外渗现象，捻碎后可染手，油脂感较强。

不饱满：颗粒孔隙的一部分或不同程度被原油充填，远未达到饱和状态，颜色更浅，呈浅棕褐色或浅棕色，新鲜面上发干或有含水迹象，油脂感弱。

（3）含油级别

砂岩含油级别主要根据含油产状、含油饱满程度、含油面积等综合考虑确定。胜利油田分为以下六个含油级别：

饱含油。含油面积大于或等于 95%，含油饱满，分布均匀，孔隙充满原油并外渗，颗粒表面被原油糊满，局部少见不含油斑块和条带，棕褐色或黑褐色，基本不见岩石本色，疏松～松散，油脂感强，极易染手，油味浓，具原油芳香味，滴水不渗呈圆珠状。

富含油：含油面积在 75%~95%，含油较饱满，分布较均匀，有封闭的不含油斑块或条带，棕褐色、棕黄色，疏松，油脂感较强，手捻后易染手，油味较浓，具原油芳香味，滴水不渗呈圆珠状。

油浸：含油面积在 40%~75%，含油不饱满，分布较均匀，黄灰～棕黄色，不含油部分见岩石本色，油脂感弱，可染手，有水渍感，原油芳香味淡，含油部分滴水呈馒头状。

油斑：含油面积在 5%~40%，含油不饱满、不均匀，呈斑块状、条带状或星点状。颜色以岩石本色为主，无油脂感，不染手，原油味很淡，含油部分滴水呈馒头状。

油迹：含油面积小于 5%，含油极不均匀，肉眼可见含油显示，呈零星斑点状或薄层条带状分布，基本呈岩石本色，无油脂感，不染手，略有原油味，含油部分滴水缓渗。

荧光：肉眼看不见含油部分，荧光系列对比在六级或六级以上，颜色为岩石本色。

（4）含油、气、水实验及观察

①四氯化碳（CCl_4）试验：将岩样捣碎，放入干净试管内加入约两倍的四氯化碳或氯仿，摇匀浸泡 10min，若溶液变为淡黄、棕黄或棕褐、黄褐等色时，证明岩心含油，若溶液未变色，可将溶液倾倒在洁白干净的滤纸上，待挥发后用荧光灯照射观察滤纸上的颜色产状并做好记录。

②丙酮试验：将岩样粉碎，放入试管内，加两倍于岩样体积的丙酮，摇匀后，再加入与丙酮体积等量的蒸馏水。如含油，则溶液变混浊；若无油，则仍保持透明。

③含气试验：在地下，岩层的孔隙、裂缝空间常被液体或气体充填。岩心取出地面后，由于压力逐渐降低，岩心里的气体就要外逸。试验方法是对刚出筒的岩心，立即冲去岩心表面的钻井液，并把岩心放入预先准备的一盆清水中进行观察，看看有无气泡冒出。若有气泡，应记录冒出气泡的部位、强弱、声响程度、气味、数量及延续时间等内容，供油、气层综合解释时参考。

④含油砂岩的含水程度观察：观察含油岩心劈开面的含水程度，对判断含油岩心是油层、水层或油、水同层有一定实际意义。

观察时应将岩心劈开，看新鲜面上含油部分颜色是否发灰（含水时呈灰色），有水外渗否，然后进行滴水试验。

滴水试验常是用滴管把水滴在含油岩心的新鲜面上，观察水的渗入速度和停止渗入后所呈现的形状。通常根据渗入速度和形状可分为五级：

一级：滴水立即渗入；

二级：10min 内渗入，水滴呈薄膜状；

三级：10min 内水滴呈凸透镜状，浸润角 <60°；

四级：10min 内水滴呈球状，浸润角 60°~90°；

五级：10min 内水滴呈圆珠状或半珠状，浸润角 >90°。

油和水几乎是互不溶解的，因此，可以根据滴水试验的结果，大致确定含油砂岩中的含水程度。含水多时为一、二级，含油多时为四、五级。在油、水过渡带取心或检查井取心时，可根据滴水试验定性地了解油、水分布规律及水洗油程度。

⑤含油砂岩被钻井液水浸程度的观察：在用水基钻井液取心时，含油岩心被浸泡在钻井液之中。钻井液侵入岩心柱形成了侵入环。侵入环的深度和颜色变化反映了岩层的胶结程度和亲水性能，也反映了岩层本来的含水程度，所以也叫“含油岩心水洗程度”。对于疏松、分选好的砂岩，钻井液可以侵入很深，即侵入环很厚，有时甚至将岩心柱内大部分原油排出岩心，只剩下岩心柱中心含油。在岩性相同的条件下，含水多的砂岩，亲水性能好，因而侵入环厚；含油多、含水少的砂岩，侵入环较薄。根据对钻井液侵入程度的观察、分析，可以帮助判断油层、油水同层及含油水层。

⑥含水级别：含水砂岩的含水级别一般可分以下二级。

含水：岩心具明显水湿感，新鲜面有渗水现象，久置仍具有潮湿感，滴水呈薄膜状，或立即渗入，多伴有硫化氢味（地层水中含硫化氢）。

弱含水：微具水湿感，稍放后水湿感消失，水滴呈薄膜状（渗或微渗）。

4. 矿物成分

在现场工作中，用肉眼或借助放大镜、实体双目显微镜可见的矿物成分均应描述，如石英、长石、暗色矿物、岩块、砾石等，描述时主要矿物以“为主”表示；其余矿物含量在 20%~30%时，用“次之”表示；含量在 5%~10%时，用“少量”表示；含量小于 5%时，用“微含”表示；当含量不能估计百分比时，用“少见”或“偶见”表示。

5. 结构

结构描述的内容包括粒度、磨圆度、球度、分选程度、胶结物的成分、胶结程度等内容。

①粒度：根据颗粒直径分为砾、粗砂、中砂、细砂、粉砂、黏土六级。

砾：颗粒直径大于 2mm；

粗砂：颗粒直径 0.5~2mm；

中砂：颗粒直径 0.25~0.5mm；

细砂：颗粒直径 0.125~0.25mm；

粉砂：颗粒直径 0.031~0.125mm；

黏土：颗粒直径小于 0.031mm。

②磨圆度：指碎屑颗粒原始棱角被磨圆的程度，分为圆状、半圆状、次棱角状、棱角状四个级别。

③球度：根据碎屑颗粒三个轴的长度比例，分为圆球状、椭球状、扁球状、长扁球状四种形状。

④分选程度：分为好、中等、差三级。

分选好——主要粒级颗粒含量大于 75%；

分选中等——主要粒级颗粒含量为 50%~75%；

分选差——颗粒含量均小于 50%。

⑤胶结物的成分：常见的有泥质、高岭土质、灰质、白云质、石膏质、凝灰质、硅质、铁质等。

⑥胶结程度：一般分为三级——松散、疏松、致密。介于两级之间而近于某级时，可在某级之前加“较”表示，如胶结较疏松。

6. 构造

构造描述的内容应包括层理、层面特征、颗粒排列、地层倾角及其他特征（如擦痕、裂纹、裂缝、错动等）。其中以层理的描述最为重要。

（1）层理描述

层理除着重描述其形态、类型及其显现原因和清晰程度外，还应描述组成层理的颜色、成分、厚度。对不同类型的层理、描述重点也有所区别。

①水平层理：应描述显示层理的矿物颜色和成分、粒度变化、层的厚度、界面清晰程度、连续性、界面上是否有生物碎片、云母片、黄铁矿等及其分布情况。

②波状层理：应描述显示层理的矿物颜色和成分、界面清晰程度、波长、波高及对称性、连续性、粒度变化等内容。

③斜层理：应描述显示层理的矿物颜色和成分、界面清晰程度、粒度变化、顶角、底角、形态（直线或曲线）。

④交错层理：应描述显示层理的矿物颜色和成分、层厚度、连续性、倾角、交角、形态。

⑤压扁层理和透镜状层理：应描述显示层理的矿物颜色、成分、厚度、形态、对称性等。

⑥递变层理：描述粒度变化情况、厚度等。

描述层理时应注意两个问题：

第一，在岩心柱上若能看出是斜层理时，劈岩心一定要注意方向性，否则将岩心劈开后会把斜层理误认为水平层理，交错层理误认为斜层理，而造成描述上的错误。

第二，含油较好的岩心，必须在岩心劈开后立即对层理特征进行观察、描述，否则层理很快会被油污染而无法辨认、描述。

（2）层面特征描述

层面特征主要是指波痕、泥裂、雨痕、冰雹痕、晶体印痕、生物活动痕、冲刷面和侵蚀下切痕迹。对层面特征的描述可以帮助判断岩石的生成环境，判断地层的顶底。

①波痕：

包括风成波痕和水成波痕。描述时应将波痕的形状、大小、波高、波长、波痕指数、对称性详细记录下来，以判断波痕的形成条件，进而推断岩层形成时的沉积环境。由于岩心柱较小，观察波痕时，有时只能见到波痕的一部分，见不到完整的波痕。

②雨痕：

多为椭圆或圆形，凹穴边缘耸起，略高于层面。

③冰雹痕：

较大且深，形态不规则，应描述凹穴形状、大小、深度及分布情况。

④晶体印痕：

应描述形状、大小、充填或交代物质的性质等。

⑤生物活动痕：

应描述数量、大小、分布状况、充填物的成分、与层面的关系等内容。

⑥冲刷面和侵蚀下切痕迹：

描述时应注意观察其形态、侵蚀深度，尤其要注意观察冲刷面或侵蚀面上下的岩性、构造、化石、含有物特征以及上覆沉积物中有无下伏沉积物碎块等，据此判断沉积环境，有无沉积间断。

（3）颗粒排列情况的描述

主要指砾石的排列情况。对砾石的描述主要注意砾石排列有无方向性，其最大偏平面的倾向是否一致，倾角多少，以及倾向与斜层理的关系等。这些资料是判断砾石形成时沉积环境的重要依据。

砂粒的排列主要应观察颗粒排列与成分的关系，与层理的关系，以及颗粒排列是否带韵律性特征等。

（4）对地层倾角的描述

岩心倾角的大小反映了构造的形态。在岩心中，对清晰完整的层面都应测量其倾角，并将测量结果记录下来。

此外，在描述裂缝、小错动时，应记录数量、产状，有无充填物及充填物性质等特征。

对揉皱构造、搅混构造、虫孔构造、斑点和斑块构造等都应详加描述。

7. 接触关系

描述时应仔细观察上下岩层颜色、成分、结构、构造的变化及上下岩层有无明显的接触界线、接触面等，综合判断两岩层的接触关系，分为渐变接触、突变接触（角度不整合、平行不整合）、断层接触、侵蚀接触等。

渐变接触：不同岩性逐渐过渡，无明显界线。

突变接触：不同岩性分界明显，见到风化面时，应描述产状及特征。

断层接触：在岩心中见到断层接触时，应描述产状、上下盘的岩性、伴生物（断层泥、角砾）、擦痕、断层倾角等。

侵蚀接触：一般侵蚀面上有下伏岩层的碎块或砾石的沉积，上下岩层接触面起伏不平。应描述侵蚀面的形态、侵蚀深度、砾石成分及形态、分布状况等。

对岩心见到的断层面、风化面、水流痕迹等地质现象应详细描述它们的特征及产状。

8. 化石

对化石的描述包括：化石的颜色、成分、大小、形态、数量、产状、保存情况等。

颜色：与描述岩石一样，按各地统一色谱描述。

成分：动物化石的硬壳部分是否为灰质或被其他物质（如硅质、方解石、白云质，黄铁矿）所交代。

大小：介形虫和蚌壳的长轴、短轴的长度，塔螺的高度，体螺环的直径，平卷螺的直径等。

形态：化石的外形、纹饰特征、清晰程度。

数量：化石数量的多少可用“少量”“较多”“富集”等词描述。“少量”表示数量稀少，不易发现；“较多”表示分布普遍，容易找到；“富集”表示数量极多，甚至成堆出现。描述时“少量”“较多”“富集”可分别用“+”“++”“+++”表示。对大化石可直接用数字表示，当量多不易指出数量时，可用“较多”或“富集”表示。

产状：指化石的分布是顺层面分布、自身成层分布，或是杂乱分布，化石的排列有无一定方向，化石分布与岩性的关系等。

保存情况：指化石保存的完整程度，可按完整、较完整、破碎进行描述。

9. 含有物

含有物指地层中所含的结核、团块、孤砾、条带、矿脉、斑晶及特殊矿物等。描述时应注意其名称、颜色、数量、大小、分布特征以及它们和层理的关系等。

10. 物理性质

应描述硬度、断口、光泽、味、风化程度、可塑性、燃烧程度、透明度等内容。

11. 化学性质

主要指岩石遇稀盐酸的反应情况。现场常用浓度为5%~10%的盐酸溶液对岩心进行实验，观察并记录反应情况。反应强度可分为四级：

强烈：加盐酸后立即反应，反应强烈、迅速冒泡（冒泡量多），并伴有吱吱响声，用“+++”符号表示。

中等：加盐酸后立即反应，虽连续冒泡，但不强烈，响声也较小，用“++”符号表示。

弱：加盐酸后缓慢起泡，冒泡数量少，且微弱，用“+”符号表示。

无反应：加盐酸后不冒泡，无反应。用“-”符号表示。

12. 素描图

岩心中的重要地质现象，或用文字无法说明的地质现象，如层理的形态特征，砾石或化石的排列情况，上下岩层间的接触关系，裂缝的分布特点，含油产状等都应当绘素描图予以说明。每幅素描图应注明图名、比例尺、所在岩心柱的位置（用距顶的尺寸表示）和图幅相对于岩心柱的方向。

（四）黏土岩定名和描述内容

黏土岩主要有高岭土黏土岩、蒙脱石黏土岩、伊利石黏土岩、海泡石黏土岩、泥岩、页岩等几种类型。

1. 黏土岩定名

包括颜色、含油级别、特殊矿物、特殊含有物、非黏土矿物和黏土矿物。

2. 黏土岩的描述内容

包括颜色、黏土矿物成分及非黏土矿物的含量变化和分布情况、遇盐酸反应情况、物理性质、化学性质、结构、构造、含有物及化石、含油情况、接触关系等。

①颜色：按标准色谱确定，同时描述岩石颜色的变化及分布等情况。

②黏土矿物成分及非黏土矿物的成分、含量、变化等情况。并描述遇盐酸的反应情况。有机质含量较多时，应详细描述。

③物理性质：包括黏土岩的软硬程度、可塑性、断口、吸水膨胀性、可燃程度、燃烧气味、裂缝等。

软硬程度：分为软（指甲可刻动）、硬（小刀可划动）、坚硬（小刀刻不动）三级。二者之间时，可用“较”字形容，如较软、较硬。

④化学性质：同碎屑岩描述。

⑤结构：黏土岩结构按颗粒的相对含量可分为黏土结构、含粉砂（砂）黏土结构、粉砂（砂）质黏土结构；按黏土矿物的结晶程度及晶体形态可分为非晶质结构、隐晶质结构、显晶质结构；黏土岩的结构还包括鲕粒及豆粒结构、内碎屑结构、残余结构等几种。

⑥构造：包括层理、干裂、雨痕、晶体、印痕、生物活动痕迹、水底滑动、搅混构造等。

层理的描述：黏土岩多在静水或水流较微弱的环境下沉积而成，故以水平层理为主，且常具韵律性。其描述方法与碎屑岩水平层理的描述相同。

层面特征的描述：黏土岩层面特征指泥裂、雨痕、晶体印痕等。这些特征是判断沉积环境的重要标志。

泥裂：描述时要注意裂缝的张开程度、裂缝的连通情况，以及裂缝中充填物的性质，同时，还应注意上覆岩层的岩性特征。

雨痕：描述时要注意雨痕的大小、分布特点以及上覆岩层的岩性特征。

晶体印痕：描述时要注意印痕的大小、分布特点，以及上覆岩层的岩性特征。

此外，黏土岩中还可见结核、团块构造、斑点构造、假角砾构造等，都应详细描述。

⑦含油情况：黏土岩一般是层面或裂缝中具有含油显示，含油级别为油浸（含油面积大于25%）、油斑（含油面积小于25%到肉眼可见到的含油显示）两级，达不到饱含油程度和富含油级，并且油斑与油迹的划分界线不易掌握，荧光级显示作用意义不大，故仅采用油浸、油斑两个含油级别。应描述含油显示的颜色、产状等。

⑧含有物及化石：同碎屑岩描述。

⑨接触关系：同碎屑岩描述。

（五）碳酸盐岩定名和描述内容

1. 碳酸盐岩定名

包括岩石的颜色、含油级别、主要结构组分、构造、岩石名称。

2. 碳酸盐岩的描述内容

应特别注意裂缝、溶洞的分布状态、开启程度、连通情况和含油气产状等。描述内容包括颜色、结构组分、化学性质、构造、化石及含有物、含油程度、接触关系等内容。

①颜色：按标准色谱确定，还应描述颜色的变化和分布状况。

②结构组分：碳酸盐岩主要由颗粒、泥、胶结物、晶粒、生物格架五种结构组分组成。

颗粒：包括内碎屑、鲕粒、生物颗粒、球粒、藻粒等。描述前把岩石新鲜面用浓度5%或10%的稀盐酸浸蚀2min，再用水洗净，在放大镜下观察，描述其数量、大小、分布状况。

泥：描述其含量及分布状况。

胶结物：应描述胶结物成分、胶结类型，如晶簇状胶结、粒状嵌晶胶结、连晶胶结。

晶粒：描述晶粒形状、大小等内容。

生物格架：描述数量、大小、形态、排列及分布状况。

③化学性质：同碎屑岩描述。

④构造：包括层理、鸟眼构造、虫孔、缝合线、缝、洞等。应描述各构造的形态、分布状况等。

层理：同碎屑岩描述。

鸟眼构造：描述形状、大小、分布状况、充填程度、充填物成分等。

虫孔构造：描述形态、孔径、延伸情况、数量、与层面的关系、充填程度、充填物成分等内容。

缝合线：描述数量、形态、凹凸幅度、延伸方向、与层面关系等。

间隙缝：描述数量、大小、形态、开启程度、充填物质成分等。

缝、洞：裂缝宽度大于2mm称为大缝；宽度为1~2mm称为中缝；宽度小于1mm称为小缝。洞包括溶洞和晶洞，孔径大于10mm称为大洞；孔径5~10mm称为中洞；孔径2~5mm称为小洞；孔径小于2mm称为溶孔、针孔。孔洞被张开缝所串通，称为缝连洞；裂缝有两次充填，称为缝中缝；被充填的宽裂缝中的晶洞，称为缝中洞；不同期次的裂缝相互穿插，称为切割缝；未被充填或未全部充填的裂缝，称为张开缝；全部被充填的裂缝，称为充填缝。

应描述缝洞的类型、数量、长度、宽度（洞为直径）、形态、充填情况、充填物成分、缝洞关系、分布状况及以层为单位统计缝洞的密度、连通程度、开启程度。

裂缝密度 = 裂缝条数 / 岩心长度（条 / 米）

孔洞密度 = 孔洞个数 / 岩心长度（个 / 米）

裂缝开启程度 = 张开缝条数 / 裂缝总数 ×100%

孔洞连通程度 = 连通孔洞数 / 孔洞总数 ×100%

⑤含油情况：包括岩心含油的颜色、产状、原油性质及钻遇该层时的钻时变化、槽面显示，洗岩心时的盆面显示、气测值的变化情况、钻井液性能变化情况等。碳酸盐岩含油级别的划分见表4–2–1。

表 4-2-1　碳酸盐岩含油级别的划分

级别	含油缝洞占岩石总缝洞比重 /%	含油产状	颜色	油脂感	气味	滴水试验
富含油	≥50	裂缝、孔洞发育，原油浸染明显，含油均匀，有外渗现象	油染部分呈棕褐或棕黄色，其他部分呈岩石本色	较强，可染手	原油芳香味较浓	油染部分不渗，呈圆珠状
油斑	<50	肉眼可见，含油不均匀，呈斑块状或斑点状	油染部分呈浅棕色或浅棕黄色，其他部分呈岩石本色	较弱	原油芳香味淡	沿裂缝孔隙缓渗
荧光	肉眼看不见	荧光系列对比在六级以上（含六级）	岩石本色			

碳酸盐岩岩心在出筒静置 8h 后，必须复查含油情况。描述时，对用肉眼未发现油气显示的岩心，必须用荧光灯，进行干照、滴照、系列对比。确定含油级别及产状，各项试验结果必须记录在描述中。岩心越破碎，越应仔细观察并做试验，证实是否有油气显示。

⑥化石及含有物：同碎屑岩描述。

⑦接触关系：同碎屑岩描述。

（六）可燃有机岩定名和描述内容

可燃有机岩主要指煤、沥青、油页岩等几种类型。

①可燃有机岩定名：包括颜色、岩性等。

②可燃有机岩的描述内容：

煤：主要描述颜色、纯度、光泽、硬度、脆性、断口、裂隙、燃烧时气味、燃烧程度、含有物及化石的数量及分布状况等。

油页岩、碳质页岩、沥青质页岩：描述颜色、岩石成分、页理发育情况、层面构造、含有物及化石情况、硬度、可燃情况及气味等内容。

（七）蒸发岩定名和描述内容

蒸发岩包括石膏岩、硬石膏岩、岩盐、钾镁岩盐、芒硝－钙芒硝岩、硼酸岩盐等几种类型。

①蒸发岩定名：包括颜色、岩性。定名时以含量大于 50% 的矿物命名，如石膏岩。含量小于 50% 时，参加其他岩石定名。

②蒸发岩描述内容：包括颜色、成分、构造、硬度、脆性、含有物及化石等内容。

（八）岩浆岩定名和描述内容

岩浆岩主要有安山岩、玄武岩、花岗岩、橄榄岩、辉长岩、闪长岩、流纹岩等。

1. 岩浆岩定名

根据颜色、含油级别、结构、构造、矿物成分综合命名。岩浆岩必须选样进行镜下鉴定，以鉴定后的定名为准。

2. 岩浆岩描述内容

包括颜色、矿物成分、结构、构造、特殊含有物、含油情况等内容。

①颜色：应描述岩石颜色的变化及所含矿物颜色的变化、分布状况。

②矿物成分：描述用肉眼或借助放大镜观察到的各种矿物及含量变化。

③结构：包括全晶质结构、半晶质结构、玻璃质结构、等粒结构、不等粒结构、文象结构、蠕虫结构等，应描述结构名称、组成某些结构的矿物成分等内容。

④构造：包括块状构造、带状构造、斑杂构造、晶洞构造、晶滕构造、气孔和杏仁构造、流纹构造、原生片麻构造等。应描述组成某些构造的成分、颜色及晶洞、气孔的形状、直径、充填物成分等。

⑤含油情况：描述含油颜色、产状等情况，含油级别的划分与碳酸盐岩相同。

（九）火山碎屑岩定名和描述内容

火山碎屑岩包括集块岩、火山角砾岩、凝灰岩等几种类型。

1. 火山碎屑岩定名

首先根据物质来源和生成方式划分出火山碎屑岩类型，再根据碎屑物质相对含量和固结成岩方式，划分岩类；其次根据碎屑粒度和粒级组分的种属，划分基本种属；最后以碎屑物态、成分、构造作为形容词，进行定名，即颜色、含油级别、结构、岩性，例如灰色油斑凝灰岩。火山碎屑岩必须选样进行镜下鉴定。

2. 火山碎屑岩描述内容

包括颜色、成分、结构、构造、化石及含有物、含油情况等内容。

①颜色：火山碎屑岩颜色主要取决于物质成分和次生变化。常见的颜色有浅红、紫红、绿、浅黄、灰绿、灰、深灰等色。

②成分：火山碎屑物质按组成及结晶状况分为岩屑、晶屑、玻屑。应描述其物质成分。

③结构：包括集块结构（集块含量大于50%）、火山角砾结构（火山角砾含量大于75%）、凝灰结构（火山灰含量大于75%）、沉凝灰结构等。凝灰质含量小于50%时，参加其他岩性定名，如凝灰质砂岩、凝灰质泥岩等；含量小于10%时，不参加定名。另外还需描述磨圆度、分选情况等，同碎屑岩描述。

④构造：包括层理、斑杂、平行、假流纹、气孔、杏仁等构造。同碎屑岩描述。

⑤含油情况：同碎屑岩描述。

⑥化石及含有物：同碎屑岩描述。

（十）变质岩定名和描述内容

变质岩常见的主要有片麻岩、片岩、千枚岩、大理岩等几种类型。

1. 变质岩定名

根据原岩、主要变质矿物、结构、构造的特征进行分类定名。包括颜色、含油级别、变质矿物、构造、岩石基本类型。变质岩应选样进行镜下鉴定。

2. 变质岩描述内容

包括颜色、矿物成分、结构、构造、含有物、含油情况等。

①颜色：应描述颜色的变化和分布情况。

②矿物成分：变质岩的矿物成分十分复杂，既有和岩浆岩、沉积岩共有的矿物类型，又有自身独具的矿物类型，如一些变质矿物。变质岩中不含副长石（霞石、石榴石）、鳞石英、透长石等矿物。

③结构：主要有变余结构、变晶结构、交代结构、碎裂及变形结构。

④构造：主要有变余构造（包括变余流纹、变余气孔－杏仁、变余枕状、变余条带）、变成构造（包括斑点构造、板状构造、千枚状构造、片状构造、片麻状构造）、混合构造（网脉状构造、角砾状构造、眼球状构造、条带状构造、肠状构造、阴影状构造）。

⑤含油情况：同碳酸盐岩描述。

⑥含有物：同碎屑岩描述。

七 岩心采样和岩心保管

（一）岩心采样

1. 采样要求

油浸以上的油砂每米取 10 块，油斑及以下砂岩和含水砂岩每米取 3 块。

碳酸盐岩类：一般岩性每米取 1~2 块，油气显示段及缝洞发育段每米取 5 块。

样品长度一般 8 ~10cm，松散岩心取 300g。

2. 注意事项

采样前首先要检查岩心顺序，核对岩心长度。

采样时应将岩心依次对好，沿同一轴面劈开，用同一侧岩心取样，另一侧保存。

用作含油饱和度的样品，必须在出筒后 2h 内采样并封蜡。

水砂每米采一块样品，并填写标签，用纸包好。

样品必须统一编号，从第一筒岩心到最后一筒岩心按顺序排列，不能一筒岩心编一次号。

岩心样品分析项目，由地质任务书或使用单位确定。

采样完毕，应一式三份（两份上交，一份自存）填写送样清单，并随样品送分析化验单位。

（二）岩心保管

将岩心装箱后，应按先后顺序存放在岩心房内，严防日晒、雨淋、倒乱、人为损坏、丢失。每取一个井段的岩心后应及时要求管理单位验收，验收合格后，将岩心送岩心库统一保管。

入库时要求填写详细的入库清单：包括井号、取心井段、取心次数、心长、进尺、收获率、地层层位、岩心箱数等。

八 岩心录井草图的编绘

为了便于及时分析对比及指导下一步的取心工作，应将岩心录井中获得的各项数据和原始资料（如岩性，油、气显示，化石，构造，含有物及取心收获率等），用统一规定的符号，绘制在岩心录井草图上。岩心录井草图有两种，一种为碎屑岩岩心录井草图，另一种为碳酸盐岩岩心录井草图。

九 岩心录井在油气田勘探开发中的作用

岩心录井资料是最直观地反映地下岩层特征的第一性资料。通过对岩心的分析、研究可以解决以下问题：

①获得岩性、岩相特征，进而分析沉积环境。

②获得古生物特征，确定地层时代，进行地层对比。

③确定储集层的储油物性及有效厚度。

④确定储集层的“四性”（岩性、物性、电性、含油性）关系。

⑤取得生油层特征及生油指标。

⑥了解地层倾角、接触关系、裂缝、溶洞和断层发育情况。

⑦检查开发效果，获取开发过程中所必需的资料。

十 岩心录井安全操作事项

①岩心出筒时，岩心与地面距离不应大于 0.2m。使用岩心夹持工具，作业人员正面应避开岩心内筒出口。不得用手捧接岩心，严禁将手置于岩心下部，应使用榔头将岩心拨到安全地带再捡取岩心。

②抬岩心时应正确佩戴安全帽等劳动保护用品，严禁倒退抬岩心，抬岩心时两人力量要均衡，注意脚底平稳，防止踏空摔倒、摔伤、扭伤。

③洗岩心操作时应佩戴胶皮手套，防止岩心滑落。

④岩心装箱过程中，应佩戴劳保手套小心轻放，其他人的手部应远离岩心箱，防止岩心滑落或岩心碰撞、挤伤、砸伤手指。

⑤钻台岩心出筒，岩心从钻台运往地面时，应捆绑牢固，缓慢下放。

⑥岩心封蜡应在下风口方向且远离井口 30m 以外，禁止使用烤箱加热石蜡。

十一 现场危险化学试剂管理

①明确专人管理，并建立危险化学试剂台账，确保存放种类和数量账物相符，使用记录准确，流向明确清楚。

②根据施工设计，合理编制计划材料清单，控制数量尽量做到零库存，临时备用取出量应大于 1 个班次使用量，使用时佩戴防护手套和口罩。

③基层队接收化学药品时，要求“双人领取、双人签字”，应对照计划材料清单，核对实物数量、安全标签、生产日期和安全技术说明书等，无误后方可入库，如有不符，及时向相关管理人员汇报。

④现场危险化学试剂储存执行“双人双锁、双人保管”。易燃易爆和有毒有害危险化学试剂须隔离存放，储存库房（箱）须存有相应的危险化学试剂安全技术说明书。

⑤至少每月自查 1 次，每井结束后进行一次全面盘点，账物相符。

⑥施工结束后向基层单位提交剩余危险化学试剂实物及台账。井间交接危险化学试剂，实物和台账有序衔接。

⑦施工停待的基层队，项目部和基层队就实物和台账进行核实，确认危险化学试剂妥善保存、安全受控，再次启用时，确认实物和台账相符。

⑧过期或失效的危险化学试剂，应上报项目部统一回收，移送有资质的单位处理，并做好交接记录工作。

十二 化学试剂使用注意事项

（一）铬酸钾

危险源：铬酸钾是一种黄色晶体。危害来源为氯离子滴定分析。对眼、皮肤和黏膜具腐蚀性，可造成严重灼伤。

防范措施：配制时戴橡胶手套，在室外通风的空旷地带进行，对于配制的试剂应密封好，防止挥发和扩散。不直接接触，不与有机物、还原剂、易燃物接触。不慎倒出时，用砂土、干燥石灰或苏打灰混合。使用后废弃物排放到指定地点。

现场应急处置：包括皮肤接触、眼睛接触和吸入。接触到皮肤应立即脱去被污染的衣着，用大量流动清水冲洗。接触眼睛应立即提起眼睑，用大量流动清水或生理盐水彻底冲洗。吸入后应迅速脱离现场至空气新鲜处，保持呼吸道通畅。

（二）三氯甲烷

危险源：三氯甲烷是一种无色透明重质液体，极易挥发，有特殊气味。危害来源为常规荧光分析。对中枢神经系统具有麻醉作用，吸入或经皮肤吸收引起急性中毒，可致皮炎、湿疹。

防范措施：配制和使用时戴橡胶手套，使用时应在通风良好的室外进行，减少接触时间，工作场所安装抽风设备。每班对药剂进行检查，重点检查是否存在密封不严、泄漏现象，发现问题立即处置。对于配制的试剂应密封好，防止挥发和扩散，配制、使用后用大量清水清洗手。

现场应急处置：包括皮肤接触、眼睛接触和吸入。皮肤接触应立即脱去污染的衣着，用大量流动清水冲洗至少 15min。眼睛接触应立即提起眼睑，用大量流动清水或生理盐水彻底冲洗至少 15min。吸入应迅速脱离现场至空气新鲜处，保持呼吸道通畅。

（三）氢氧化钠

危险源：氢氧化钠是一种白色不透明固体，易潮解。危害来源为用于电解。有强烈刺激和腐蚀性。粉尘刺激眼和呼吸道，腐蚀鼻中隔；皮肤和眼直接接触可引起灼伤；误服可造成消化道灼伤，黏膜糜烂、出血和休克。对水体可造成污染。

防范措施：配制和使用时戴橡胶耐酸碱手套，在通风的室外空旷地带进行，对于配制的试剂应密封好，防止挥发和扩散。不慎倒出时，用清洁的铲子收集于干燥洁净有盖的容器中，也可以用大量水冲洗，稀释后再排放到指定地点。

现场应急处置：包括皮肤接触、眼睛接触和吸入。皮肤接触应立即脱去污染的衣着，用大量流动清水冲洗至少 15min。眼睛接触应立即提起眼睑，用大量流动清水或生理盐水彻底冲洗至少 15min。吸入应迅速脱离现场至空气新鲜处，保持呼吸道通畅。

（四）无水乙醇

危险源：无水乙醇是一种无色液体，危害来源为薄片制作过程的使用。对中枢神经系统为抑制剂，对鼻、眼、黏膜有刺激症状。

防范措施：配制和使用时戴橡胶手套，在通风的室外空旷地带进行，对于配制的试剂应密封好，防止挥发和扩散。使用场所应配备洗眼器。不直接接触；不慎倒出时，可以用大量水冲洗，稀释后再排放到指定地点。

现场应急处置：包括皮肤接触、眼睛接触。皮肤接触应脱去污染的衣着，用流动清水冲洗。眼睛接触应提起眼睑，用流动清水或生理盐水冲洗。

（五）硝酸银

危险源：硝酸银是一种无色透明的斜方结晶或白色的结晶体。危害来源为进行氯离子滴定分析。其蒸气有刺激作用，皮肤接触引起灼伤。

防范措施：配制时戴橡胶手套，在室外通风的空旷地带进行，对于配制的试剂应密封好，防止挥发和扩散，使用场所应配备洗眼器。不直接接触；不与有机物、还原剂、易燃物、金属粉末接触；不慎倒出时，用清洁的铲子收集于干燥洁净有盖的容器中，也可用大量水冲洗，稀释后再排放到指定地点。

现场应急处置：包括皮肤接触、眼睛接触和吸入。皮肤接触应脱去污染的衣着，用肥皂水和清水彻底冲洗皮肤。眼睛接触应提起眼睑，用流动清水或生理盐水冲洗。吸入应迅速脱离现场至空气新鲜处，保持呼吸道通畅。

（六）盐酸

危险源：盐酸是一种无色或微黄色发烟液体，有刺鼻酸味。危害来源为对岩屑鉴定和岩屑碳酸盐含量分析使用时。盐酸具强的刺激性，眼和皮肤接触可致灼伤。

防范措施：配制和使用时戴橡胶耐酸碱手套，在通风的室外空旷地带进行，对于配制的试剂应密封好，防止挥发和扩散。使用场所应配备洗眼器。不直接接触；不慎倒出时，用砂土、干燥石灰或苏打灰混合，也可以用大量水冲洗，稀释后再排放到指定地点。

现场应急处置：包括皮肤接触、眼睛接触和吸入。皮肤接触应立即脱去污染的衣着，用大量流动清水冲洗至少 15min。眼睛接触应立即提起眼睑，用大量流动清水或生理盐水彻底冲洗至少 15min。吸入应迅速脱离现场至空气新鲜处，保持呼吸道通畅。

思考题

1. 岩屑录井理论计算迟到时间的参数要求有哪些？
2. 岩屑录井的影响因素有什么？
3. 岩心录井取心层位的确定原则是什么？
4. 如何识别真假岩屑？
5. 岩屑取样有哪些基本要求？
6. 简述实测法测量迟到时间。

扫一扫
获取更多资源

7. 简述岩屑描述的基本方法。
8. 含油岩心滴水试验的基本特征是什么?
9. 岩屑清洗的基本要求是什么?
10. 岩心描述的注意事项有哪些?
11. 岩屑晾晒的基本要求是什么?

第五章

气测录井

气测录井属随钻天然气地面测量技术，主要是通过对钻井液中天然气的组成成分和含量进行测量分析，判断地层流体性质，间接对储层评价。气测录井技术所研究的对象是地层流体，充分了解石油、天然气的成分、性质，天然气在钻井液中的存在形式，脱气器气体分离等基础理论，才能更好地分析钻井液中天然气含量及其与油气藏的关系。

第一节　气测录井方法

一　常见气体分析方法

根据测量的方法原理不同，可分为光化学分析法、电化学分析法、色谱分析法、其他分析法等四类。

光化学分析法：光化学分析法包括吸收光谱法、发射光谱法两类，它是基于物质对光的选择性吸收或被测物质能激发和生成一定波长的光谱线来进行定性、定量分析的。它包括比色法、分光光度法、原子发射光谱法。

电化学分析法：基于物质的电化学性质，产生的物理量与浓度的关系来测定被测物质的含量。包括电位分析法、电导分析法、库仑分析法和极谱分析法等。

色谱分析法：基于物质在两相中分配系数不同而将混合物分离，然后用各种检测器测定各组分含量的分析方法。

目前应用最广的有气相色谱分析法（流动相为气体，固定相为固体或液体）、高效液相色谱法、薄层层析法和纸色谱。

光化学、电化学、色谱分析法等三种方法是目前最常见的分析方法。由于仪器分析技术发展迅速，目前发展出较多的其他仪器分析法，如差热分析法、质谱分析法、放射分析法、核磁共振波谱法、X- 射线荧光分析法等。

二　色谱法

色谱法亦称色层法或层析法，是一种物理分离分析方法。色谱法是俄国植物学家茨维特在 1906 年首先提出的。他把植物色素的石油醚抽提液倒入一根装有碳酸钙吸附剂的竖直的玻璃管内，再加入纯石油醚，任其自由流下，结果发现在玻璃管内有不同颜色的色谱带（溶液中不同的色素分离）。当时将这种方法称作色谱，而这根玻璃管称为色谱柱。随着科学技术的发展，这种分离方法不但可分离有色物质，还可以分离无色物质。此后人们将这种方法称作色谱法。而将色谱技术应用于分析化学领域，就称其为色谱分析法。色谱分析法如图 5-1-1 所示。

色谱分析法是以混合物各组分在互不相溶的两相（固定相和流动相）中吸附能力、分配系数或其他亲和作用性能的差异作为分离依据的。当混合物中各组分随流动相移动时，在流动相和固定相之间进行反复多次的分布，这样，就使吸附能力（或分配系数）不同的各组分，在移动速度上产生了差别，从而得到分离。

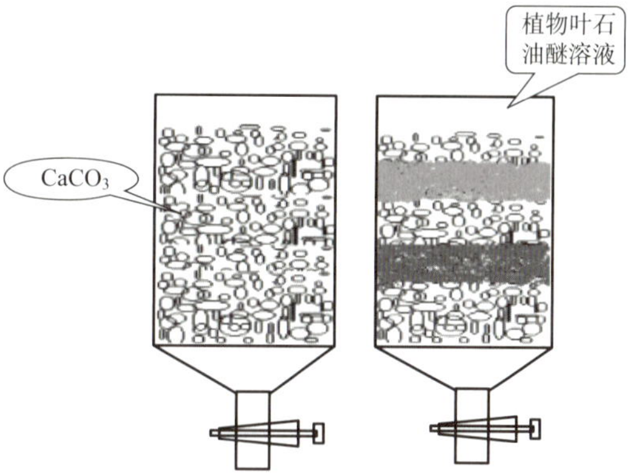

图 5-1-1　色谱分析法示意图

（一）色谱法分类

1. 按分离原理分类

①吸附色谱：根据固定相对各组分吸附性能的差异进行分离。随所用流动相不同，又可分为气 - 固吸附色谱和液 - 固吸附色谱两类。

②分配色谱：根据各组分在固定相与流动相间分配系数的差异进行分离。随所用流动相不同，又可分为气 - 固分配色谱和液 - 液分配色谱两类。

③其他：如离子交换色谱、凝胶色谱、热色谱等。

2. 按使用技术分类

①柱色谱：固定相装在金属或玻璃色谱柱内或涂在柱壁上。如气相色谱和液相色谱。

②纸色谱：用滤纸上的水分子作固定相。

③薄层色谱：以涂在玻璃板或塑料板上的吸附剂作固定相。

目前应用较为广泛的是气相色谱法、液相色谱法。

（二）气相色谱分析

1. 气相色谱法

在色谱法分析中有二相，即流动相和固定相。若按流动相和固定相物质相态的不同分类，色谱法可分为气相色谱法和液相色谱法两种。流动相是气体的，则称为气相色谱法。流动相是液体的，则称为液相色谱法。气相色谱法按固定相物质状态不同可分为气固色谱法和气液色谱法。若按方法的物理、化学原理分类，则又可分为吸附色谱和分配色谱。气测录井中使用的是气相色谱法，而且是气固吸附色谱法。

色谱法的实质是利用不同物质在不同两相中具有不同的分配系数（或溶解度），当两相做相对运动时，这些物质在两相中的分配反复进行多次，这样使得那些分配系数只有微小差异的组分产生较大的分离效果，从而使不同组分得到完全分离。

图 5-1-2 是气相色谱流程简图。整个流程主要由气体流动系统、色谱柱、检测器和记录仪组成。由流程可见，气相色谱的关键部件是色谱柱和检测器。混合组分能否完全分离取决于色谱柱，分离后的组分能否得到准确检测

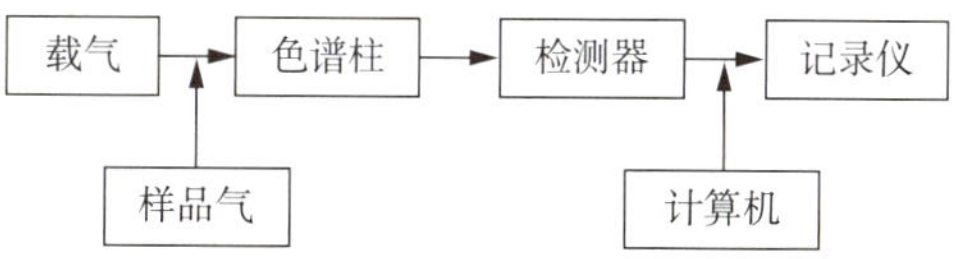

图 5-1-2　气相色谱流程简图

取决于检测器。

下面以 A 和 B 两种混合气的吸附分离过程为例（见图 5-1-3），说明吸附色谱的原理。

由 A、B 二组分组成的被分离混合物在进样口汽化为气体后，由载气（流动相）携带进入色谱柱（内装固定相）。刚进柱时，组分 A 和 B 是一条混合谱带（t_1）。随着载气持续在柱中通过，由于二组分吸附能力或分配系数的差异，致使二者的移动速度不同，逐渐分离为谱带 A、A+B、B（t_2）。经过多次吸附或分配，谱带 A 和 B 分离得渐渐清晰（t_3）。当组分进入检测器时，将得到如 t_4 和 t_5 的响应信号。

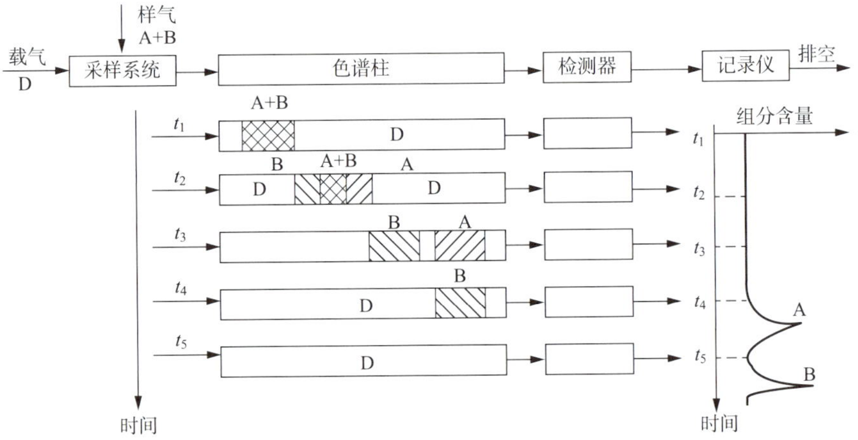

图 5-1-3　气相色谱分离简图

2. 色谱图及常用术语

图 5-1-4 给出了色谱谱线示意图，相关术语如下：

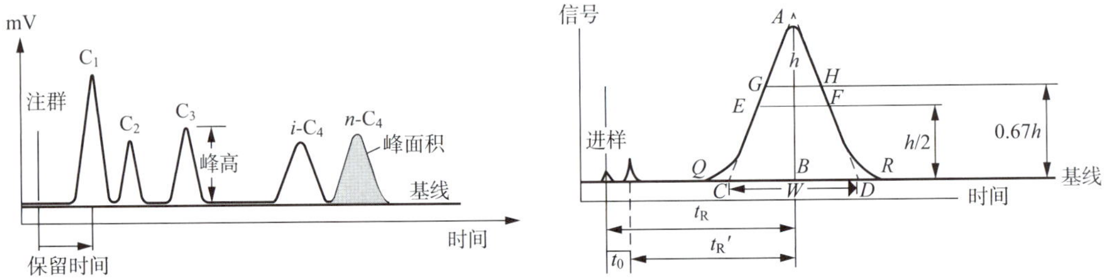

图 5-1-4　气相色谱谱线示意图

流动相、固定相——在应用色谱分离混合物时可流动的气体或液体称为流动相，将不流动的固体或液体称为固定相。

色谱图——色谱分析中检测器响应信号随时间的变化曲线。

色谱峰——组分从色谱柱流出进入检测器后，检测器的响应信号随时间变化所产生的峰形曲线称为色谱峰。

基线——在通过检测器的载气中不带有任何使检测器产生响应信号的溶质时，记录仪记录的检测器响应信号是一条水平直线。

峰底——连接峰起点与终点之间的直线。

峰高——h，色谱峰最高点与基线之间的垂直距离称为峰高，AB 高度。

峰宽——在色谱峰的拐点处作切线，与基线相交的两点之间的距离为峰宽，即 CD 长度。

半峰宽——$1/2W$，在峰高的中点作平行于峰底的直线，此直线与峰两侧相交点之间的距离。

峰面积——峰与峰底之间的面积。

基线漂移——基线随时间的缓慢变化。

基线噪声——由于各种因素引起的基线波动。

拖尾峰——后沿较前沿平缓的不对称峰。

前伸峰——前沿较后沿平缓的不对称峰。

假（鬼）峰——并非由样品本身产生的色谱峰。

保留时间——t_R，从进样开始到某一组分出峰顶点时所需要的时间，称为该组分的保留时间。

保留体积——v_R，保留时间乘以载气的校正流速为保留体积，故一组分的保留体积就是它的保留时间 t_R（s）与载气流速 FC（mL/s）的乘积。

$$v_R = t_R \times FC \tag{5-1-1}$$

死时间——t_0，自进样开始到惰性物质（不被固定相吸附或溶解的物质）进入色谱柱至出现色谱峰最高点所需的时间。

死体积——V_0，自进样开始到惰性物质（不被固定相吸附或溶解的物质）进入色谱柱至出现色谱峰最高点时所通过的载气体积称为死体积。死体积 V_0（mL）为死时间（t_0）与载气流速 FC（mL/s）的乘积。

$$V_0 = t_0 \times FC \tag{5-1-2}$$

分离度——R，表示相邻两个色谱峰分离程度的优劣。

分配系数——K，在一定温度和压力下，组分在流动相和固定相间达到平衡时的浓度比。

$$K = C_l / C_g \tag{5-1-3}$$

分配比——也叫容量比、容量因子，是指在一定温度和压力下，气－液相间达到平衡时，组分分配在液相和气相中的质量比。

气体检测仪的满度——在仪器正常运行下，注入样气浓度为气体检测仪的测量高限的样气，通过其检测器所产生的响应信号。通常用信号曲线的峰高或峰面积作为定量的依据，其数值的大小将影响气体检测仪工作曲线的斜率 K。

3. 气相色谱理论基础

（1）塔板理论

塔板理论是将色谱柱假想为一个蒸馏塔，塔内存在许多块塔板。各组分在每块塔板的液相和气相间进行分配。经多次分配平衡后，分配系数小的组分，先离开蒸馏塔。分配系数大的组分，后离开蒸馏塔。

当色谱柱长为 L，每达成一次分配平衡所需要的“柱长”为 H（塔板高度）时，所得理论塔板数为 n，即：

$$n = \frac{L}{H} \tag{5-1-4}$$

由式（5–1–4）可知，当色谱柱长 L 固定时，每次分配平衡所需要的理论塔板高度 H 越小，则柱内理论塔板数 n 越多，柱效率越高。

在实验中测出某组分在色谱柱上的保留值和半峰宽后，可按式（5–1–4）算出在此柱上该组分的理论塔板数。

在实际应用中，常常出现计算出的 n 虽然很大，但色谱柱的分离效能却不高的现象，这是由于未将死时间 t_0 扣除之故，即理论塔板数未能真实反映色谱柱的分离效能。

（2）速率理论

塔板理论虽阐述了保留值及塔板高度的概念，却未能反映决定塔板高度的条件。当然，更无法指出降低塔板高度的途径。

一支色谱柱 H 值的大小，不仅取决于各组分在柱中的分配过程，还取决于同一组分的不同分子在柱中迁移速度的差异所引起的色谱峰扩展程度。

4. 气相色谱仪组成

气相色谱仪分为气路系统、进样系统、色谱柱、检测器和记录仪等部分。不同型号的仪器，其气路、进样和记录器有所不同，如图 5–1–5 所示。气相色谱仪气体流程如图 5–1–6 所示。

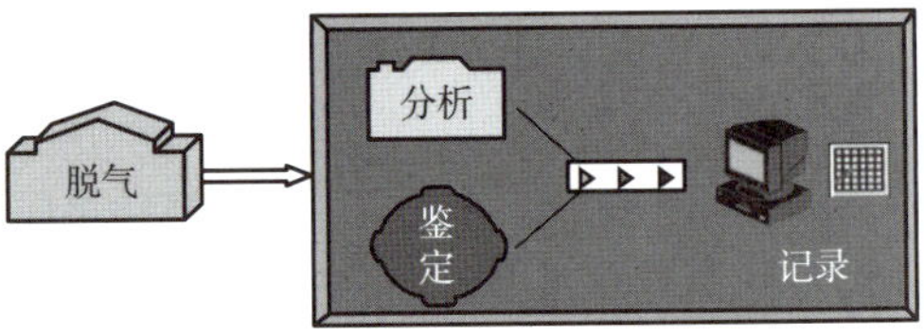

图 5–1–5　气相色谱仪组成示意图

（1）气源系统

气体分析系统使用的气体主要有样品气、标准气、空气和氢气 4 种，这些气体都要有稳定的提供源。样品气来源于脱气器对钻井液脱出的气体，标准气来源于钢瓶气，空气来源于空压机，氢气来源于氢气发生器。

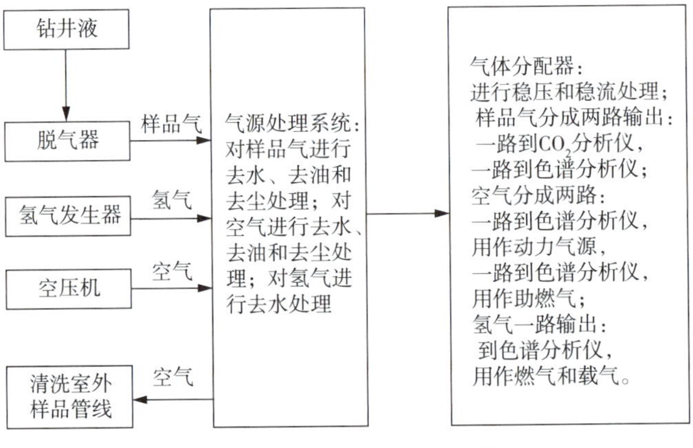

图 5–1–6　气相色谱仪气体流程图

1）脱气原理

把含在钻井液里的气体分离出来，叫作钻井液脱气。为现场气测录井设计制作的脱气器种类繁多。其脱气原理基本上有三种：

a. 机械破碎钻井液，使钻井液中的气泡易于破开，自然释气；

b. 增加钻井液温度，制造溶解气乃至吸附气解吸的良好条件；

c. 降低钻井液压力，便于气体解吸，并使气体逸出。

2）脱气器类型

a. 浮子式脱气器：

浮子式脱气器的结构如图 5–1–7（a）所示。主要由脱气室、浮子筒和出气孔三个部分所组成。

脱气室前部有 3~4 个进气孔，中部有一个排气孔，为了防止钻井液灌入进气孔内，安置了一个挡板，阻止钻井液从进气孔进入。脱气室内，装有几排相互错开的垂直栅板。工作原理如图 5–1–7（b）所示。

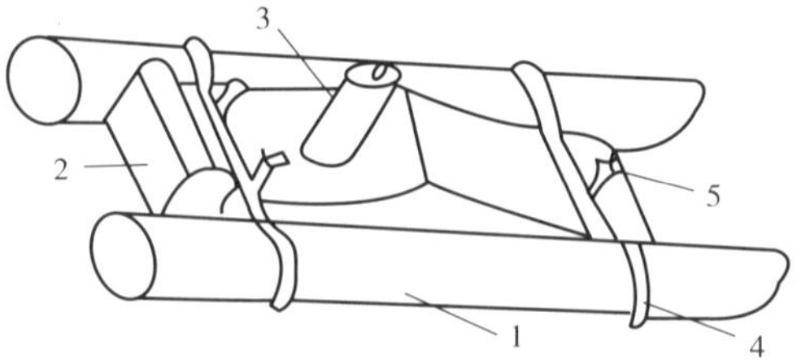

(a)浮子式脱气器结构

1—浮子筒；2—脱气室；3—出气孔；4—托架；5—调节螺丝

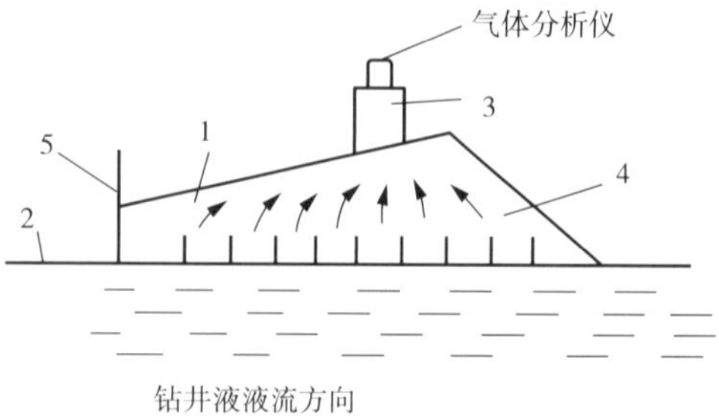

(b)脱气室脱气示意

1—脱气室外壳；2—钻井液；3—排气孔；4—栅板；5—挡板

图 5–1–7　浮子式脱气器

钻井液流动时，钻井液受到栅板的阻拦而飞溅，增大了钻井液液面的破碎面积和钻井液在脱气室内的停留时间，由此从钻井液中逸散出来的天然气量就会增多。钻井液中的一部分天然气被脱气器脱出来，集中在脱气室内。脱气室的排气孔，通过一根管线进入样品泵，之后进入气体分析仪进行分析。

浮子式脱气器具有浮在钻井液槽面的优点，它能连续脱气，且结构简单、使用方便，但脱气效率较低，且受钻井液黏度影响较大，对稠钻井液脱气较为困难。

b. 电动脱气器：

这种脱气器的脱气程度比浮子式脱气器高 10 倍以上，它的依附形式有两种：一种是浮子式，浮在钻井液槽面，这种脱气器目前已不常见；另一种是固定式，固定在钻井液槽壁上，这种目前应用较广。电动脱气器的结构如图 5–1–8 所示。

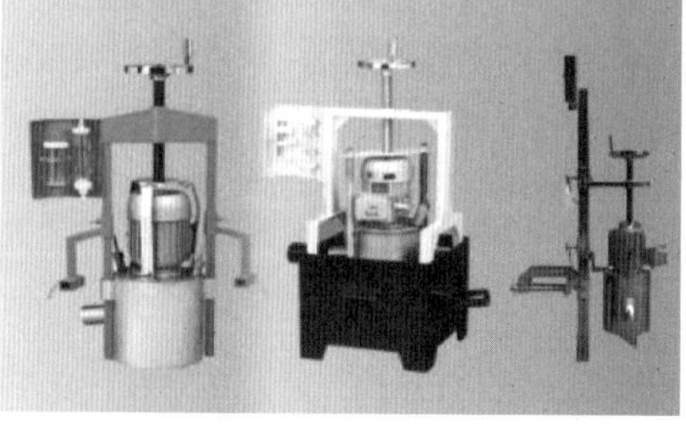

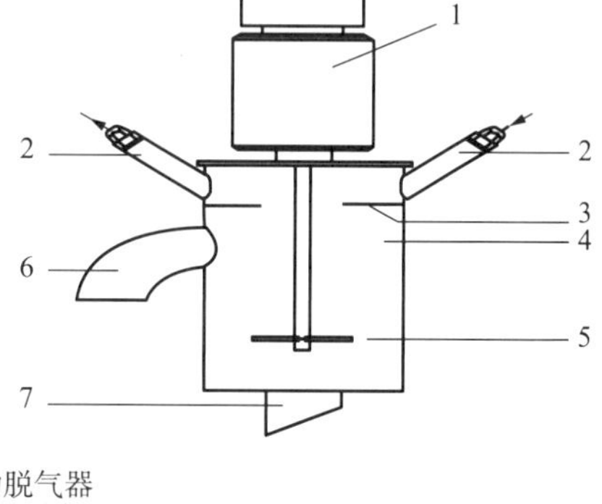

图 5–1–8　电动脱气器

1—电机；2—进、出气孔；3—挡圈；4—混合室；5—搅拌棒；6—钻井液出口；7—钻井液入口电动脱气器的脱气原理是由一个电机带着一个搅拌棒在一个圆筒内快速旋转。搅拌棒在拨动钻井液旋转时产生漩涡，由于离心力的作用及圆筒壁的限制，钻井液呈旋涡式沿圆筒壁快速上升，当遇到挡圈后，将钻井液碰碎成细滴状。此时钻井液液面急速扩大，其中携带的天然气大量析出，并与空气混合，然后从出气口进入气体分析器，或经沉淀瓶把水沉淀出来再进入气体分析器。脱气后的钻井液由钻井液排出管排出。

操作注意事项：

（a）将电动脱气器固定在过浆槽、缓冲罐或振动筛三通槽的一侧液面平稳处，不得安装在钻井液回流漩涡处。电动脱气器的出浆方向要与钻井液流动方向一致。

（b）按现场需要将集气筒或支座旋转安装，即可方便地改变整套设备的安装方向，随时清除脱气器旁的沉砂。

（c）利用升降机构调整集气筒浸入液面的深度，防止吊空和浸入太深，保持排出口液体量约相当于排出管径的 1/3~1/2 为宜。

（d）脱气器搅拌轴正反转通常均可正常工作，连接电源时，可不考虑电机的旋转方向。若脱气器搅拌轴为丝扣连接，须考虑电机旋转方向，以防搅拌棒在高速旋转的电机带动下脱落。

（e）采取适当措施处理好防爆电机电源引出线的防水问题，确保在雨中长期工作也有可靠的绝缘性能。

（f）检查防堵器单流阀的密封性，在筒内浮球上浮顶住单流阀时，单流阀不允许泄漏，定期检查并清洗集气筒的外部与进出气嘴内部聚集的干泥块。

（g）给干燥筒加无水氯化钙，连接砂芯过滤球及样气管线后，开样品泵进行系统检漏，确保脱气与输气系统密封良好。

（h）在脱气器的活动、调节、紧固、螺旋等摩擦部位，加注润滑油脂，使其转动灵活，防止锈蚀。

（i）做好防爆电机缺相、短路、接地保护，确保长期可靠工作。

（j）高寒地区冬季施工要做好防冻工作。防堵器、干燥筒装置和样气管线要使用加热带及保温材料等进行保温处理。

c. 热真空蒸馏脱气器：

（a）主要原理：

钻井液的脱气效率直接影响到气样分析的精度和资料分析的准确度，普通的浮子式或电动脱气器，在油气比小、钻速低、钻井液稠等情况下不易发现油、气层，而采用热真空蒸馏脱气器则可有很好的效果，热真空蒸馏脱气器的主要原理是采用加热搅拌和降压的方式将呈游离、溶解、吸附于钻井液中的气体全部分离出来，所以热真空蒸馏脱气器是对普通脱气器的有效补充。

（b）组成及作用：

热真空蒸馏脱气器一般由储气管、球形瓶、真空表、加热搅拌器、真空泵、钻井液瓶、盐水瓶及过渡瓶等组成。下面说明各组成部分的作用。

储气管——用以计量和保存由钻井液中分离出来的气体。

真空表——测量真空压力。

阀 A、阀 B、阀 C——控制气路与液体走向。

加热搅拌器——用于加热搅拌钻井液，提高脱气效率。

圆底玻璃瓶（钻井液瓶）——用于存储钻井液及加热钻井液的容器。

真空泵——用于抽真空。

热真空蒸馏脱气器组成如图 5–1–9 所示。

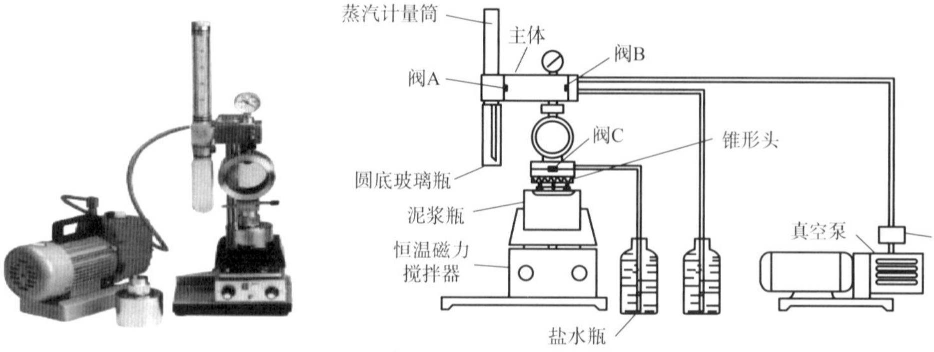

图 5–1–9　热真空蒸馏脱气器工作原理图

（c）使用操作：

Ⅰ. 连接：

ⅰ. 储存钻井液。用钻井液瓶到钻井液出口槽灌满新鲜钻井液，按照钻井液密度选择磁棒放入钻井液瓶（密度大的钻井液放入大的磁棒，密度小的钻井液放入小的磁棒），盖上密封盖，旋上接头。

ⅱ. 将阀 B 拨向“泵”位（主体与真空泵相通），阀 A 拨向“集气”（储气筒与主体相通），阀 C 拨向“钻井液瓶”（主体与钻井液瓶相通）。

ⅲ. 连接管线。将盐水瓶、主体、真空泵等用管线按图连接好（用三根塑料管将主体后面标有“真空泵”的接头与真空泵上储油瓶上的接头连接，将标有“盐水瓶”的两个接头分别插在两只灌满饱和盐水的盐水瓶内。其中连接阀 A 的盐水瓶中的盐水将反复使用，而连接阀 C 的盐水瓶中的盐水将一次性使用。

ⅳ. 准备抽真空。逆时针方向旋转锥形头，使刺针不能露出锥形头端部，再在锥形头上均匀涂上硅脂（增加锥形头与钻井液瓶的密封性），将钻井液瓶套入锥形头，用手轻轻往上托（注意向上压紧，使钻井液瓶不致掉下来，此步目的是使钻井液瓶与锥形头保持密封状态）。

Ⅱ. 抽真空：

ⅰ. 启动真空泵抽气，使压力稳定在 –0.09MPa 以下，此时，主体、储气筒处于真空状态。

ⅱ. 将阀 A 拨向“关闭”。

ⅲ. 将阀 B 拨向“关闭”，关闭真空泵，将标有接真空泵接头的塑料管拔下（防止储油罐返出油）。

Ⅲ. 脱气准备：

将阀 A 缓慢拨向“盐水”，使储气筒与盐水瓶接通，当盐水进入圆底玻璃瓶 2~3cm 后，迅速将阀 A 拨向“关闭”。

Ⅳ. 脱气：

ⅰ. 顺时针旋转锥形头向上到底，使锥形头刺破钻井液密封盖。然后将加热搅拌器放入托盘上（托盘在最低位置），放入钻井液瓶底部，松开主体支架上部的锁紧螺母，调整高度，使钻井液瓶底接近加热搅拌器，并拧紧锁紧螺母，再通过底盘下的扳手（手柄）调整加热搅拌器上的托盘高度，使钻井液瓶底坐在加热搅拌器上。

ⅱ. 启动加热搅拌器，将搅拌旋钮、温控旋钮旋到一定位置，加热搅拌钻井液，气体不断从钻井液中逸出，当压力达到 –0.07MPa 时，将阀 A 拨向“储气”，使储气筒与主体、钻井液瓶连通，继续加热蒸馏脱气，直至当压力逐渐升到 –0.06MPa 时，关闭加热器。

Ⅴ. 收集气体：

ⅰ. 将阀 C 拨向“盐水”，将盐水瓶与主体相通，观察窗中液面迅速上升，饱和盐水将气体压至储气筒内，当液面上升接近观察窗顶部时，迅速将阀 C 拨向“钻井液瓶”。

ⅱ. 将阀 A 拨向“盐水”，使储气筒与盐水瓶相通，饱和盐水将气体压至计量筒内，使圆底玻璃瓶和计量筒的水位上升，至压力平衡后，此时计量筒顶部空间即为脱出来的气体。

Ⅵ. 取样：

用注射器从计量筒顶部抽取气体，然后注入色谱分析仪即可进行分析。若计量筒内气体的量不够分析，可用注射器注入一定量的空气与样品气混合后，作为分析用气，待分析后折算。

Ⅶ. 清洗：

ⅰ. 旋开计量筒的顶盖或用注射针刺入计量筒的顶部，放掉多余气体，并使储气筒的盐水返回盐水瓶。

ⅱ. 把阀 A 拨向“集气”，把阀 C 拨向“盐水”，使主体与盐水瓶相通，将观察窗中的水排到废水槽。旋开观察窗盖，清洗。

ⅲ. 旋开计量筒、圆底玻璃瓶并清洗。

ⅳ. 移开加热器，并用专用工具卸下钻井液瓶，清洗。

ⅴ. 旋紧计量筒顶盖，在密封处涂少量硅酯，安装计量筒、圆底玻璃瓶，调换钻井液瓶，适量补充盐水瓶中的饱和盐水，准备分析下一个钻井液样。阀位见表 5–1–1，操作指南见表 5–1–2。

表 5–1–1 阀位表（主体正面）

阀名	阀位	状态说明
阀 A	集气（上位）	储气筒与主体相通
	关闭（中位）	关闭主体、储气筒和盐水瓶的通路
	盐水（下位）	储气筒与盐水瓶相通
阀 B	泵（上位）	主体与储油罐及真空泵相通
	关闭（下位）	关闭主体与储油罐真空泵的通路
阀 C	钻井液瓶（右位）	主体与钻井液瓶相通
	盐水（左位）	主体与盐水瓶相通

表 5-1-2　操作指南一览表

序号	功能说明	操作	操作说明
第一步	连接	阀 A 置于“集气”、阀 B 置于“真空”、阀 C 置于“钻井液瓶”	
		连接各管线	
		将钻井液瓶套入锥形头	
第二步	抽真空	开真空泵	抽真空
		先将阀 A 拨至“关闭”，再将阀 B 拨至“关闭”	当真空表压力低于 –0.09MPa 时
		关闭真空泵	完成进水管空气抽排
第三步	脱气准备	缓慢拨动阀 A 到通“盐水”	吸盐水
		迅速将阀 A 拨动到“关闭”	当盐水进入圆底玻璃瓶 2~3cm 时
第四步	脱气	旋转锥形头	刺破钻井液密封盖
		开加热器	加热搅拌钻井液
		拨动阀 A 到“集气”	当真空表压力上升到 –0.07MPa 时
		关闭加热器	当真空表压力继续上升到 –0.06MPa 时
第五步	集气	拨动阀 C 到“盐水”	收集气体
		快速将阀 C 拨动到“钻井液瓶”	当观察窗中液面接近顶部时
		拨动阀 A 到“盐水”	收集气体
第六步	取样	用注射器从计量筒抽取样品气	当吸盐水至平衡后，计量筒中液面不再上升时
第七步	清洗	旋开计量筒的顶盖	
		拨动阀 C 到“盐水”	排出废水
		旋开观察窗盖	用水清洗

（2）空压机

空压机为 FID 检测器提供助燃气，为 TCD 检测器提供载气，还为旋转阀或拉杆阀提供驱动的动力气。空压机最小气压不得小于 0.3MPa，结构如图 5–1–10 所示。

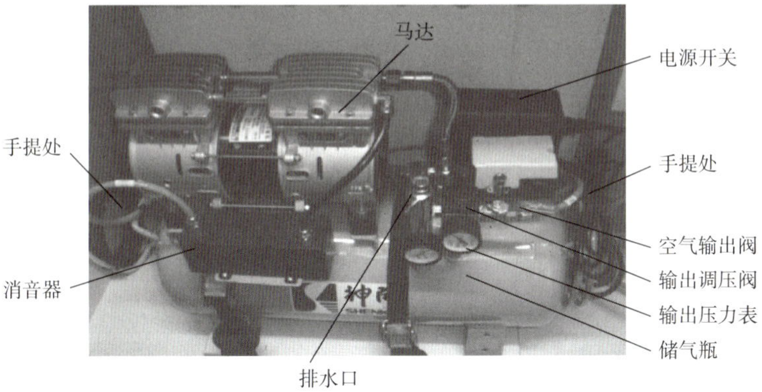

图 5–1–10　空压机

操作注意事项：

①干燥洁净的空气源是气相色谱仪长期稳定工作的重要条件之一，认真做好空气的干燥净化工作，可以延长仪器的使用寿命，杜绝气路堵塞故障的发生，保证仪器的测量精度。

②检查并及时更换净化筒中的变色硅胶。变色硅胶需筛去碎末和粉尘后使用，确保输出空气干燥洁净。

③有气液分离器的，每班次检查并放净气液分离器中的积液。

④每天检查并排放储气瓶中的积液。

⑤使用有油的低噪声空气压缩机时，应定期检查并向压缩机加注润滑油，使油面保持在上、下液面线之间，防止油量过少烧坏空气压缩机。

⑥注意观察空气压缩机启停压力及启停间隔时间，发现异常及时处理。

⑦长时间不使用压缩机，应定期作保养性开机。

⑧空气压缩机搬迁前必须泄放压力。

（3）氢气发生器

氢气发生器是录井仪的必配装置。仪器使用的氢气是由氢气发生器产生的，氢气发生器结构如图 5–1–11 所示。

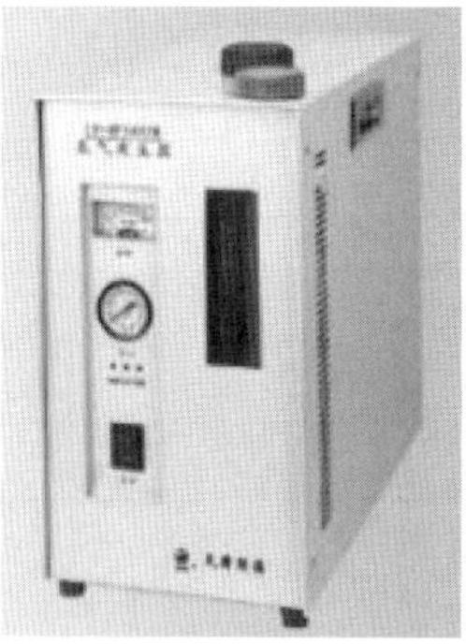

图 5–1–11　氢气发生器

操作注意事项：

①干燥洁净的氢气源是气相色谱仪长期稳定工作的重要条件之一，认真做好氢气的干燥净化工作，可以延长色谱仪的使用寿命，保证仪器的测量精度。

②更换硅胶或插拔管线后，应及时使用肥皂液做气密性检查，杜绝管路及净化筒氢气漏气的发生，延长氢气发生器的使用寿命。

③仪器正常时，产氢量在 200mL/min 以下、电流 10A 左右；若发现电流大于 15A 或流量大于 200mL/min，应及时检查是否漏气。使用肥皂液做气密性检查，逐步排查、解决存在的问题。

④净化筒硅胶变色 1/3~1/2 时，应及时更换，变色硅胶需筛去碎末和粉尘后使用，确保输出氢气洁净干燥。

⑤电解液需每日或隔日向储液瓶加注蒸馏水，使液面始终保持在高、低刻度线之间，连续使用 6 个月后必须更换新电解液。

⑥当发现电解液混浊并有杂质时，必须更换新电解液。

⑦使用的蒸馏水要用 pH 试纸进行检测，防止含酸蒸馏水加入，造成氢气发生器损坏。

⑧定期（断电后）打开氢气发生器机箱，对电路板除尘，电解池底座及上部内外筒清洁；输出截止阀做清洁保养。

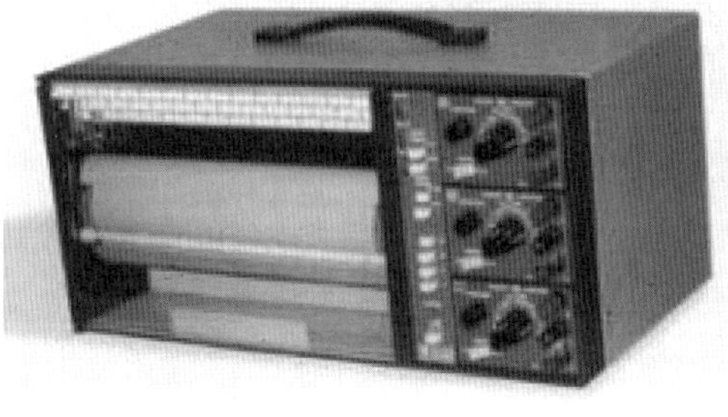

图 5–1–12　谱线记录仪

⑨氢气发生器搬迁前必须泄放压力并排尽电解液。

（4）谱线记录仪

谱线记录仪：包括 3056 记录仪或智能化多道记录仪等，如图 5–1–12 所示，记录色谱组分、全烃和非烃组分谱图，以及深度等其他参数曲线。

①记录仪停用时，为防止笔尖干燥，一定要盖好笔罩。

②每 3 个月拆开机盖除尘并向仪器转动轴承加润滑油。

③记录仪长时间不使用时，为防止记录纸失去折痕弯成弓形，要将记录纸取出保存。

（5）标准气

具有规定浓度烃类气体的钢瓶气，用于标定的检验色谱仪，一般有单一气样和混合气样两种。单一气样一般是指只含一种组分的纯样，C_1 到 n-C_5 都有单一气样，可以用单一气样配置不同浓度的该组分的气样，用于标定该相应组分。混合气样是指含有各种组分的标准气样，气样中各种组分浓度并不相等，一般情况下，混合气样中除 C_1 外，其他组分的浓度比较接近，混合气样一般用来检测色谱，也可以用来标定色谱，但各组分浓度的比例不可以调整。

（6）气体净化系统

色谱分析仪和 CO_2 分析仪对使用的气体都有技术要求，比如用作载气的氢气需要纯度高于 99.99%，这是因为气体中的杂质会使检测器的噪声增大，还可能对色谱柱性能有影响。助燃气体如果不纯，更会增大噪声，缩小检测器的线性范围，严重的会污染检测器。因此在实际工作中要在气源与仪器之间连接气体净化装置。

①样品气中的杂质主要是水蒸气、油和粉尘，故对脱出的样品气先用气液分离器对气体进行分离，然后用油水分离器和过滤器再次进行处理，最后用干燥剂进行处理。录井常用样品气净化装置有电子冷凝器、油气过滤器和氯化钙干燥剂等。

样品气是由抽气泵从脱气器抽过来的气体，往往湿度大，有钻井液杂质，必须经过干燥和净化处理。在抽气泵的前端装有干燥净化器，干燥净化器分为两级净化。第一级净化是在有机玻璃管内装无水氯化钙和干净的脱脂棉；第二级净化是采用专用净化器，内装滤芯。样品气被干燥净化处理后经抽气泵进入色谱相应的分析机箱，在机箱内样品气分为多路。样品气流程如图 5-1-13 所示。

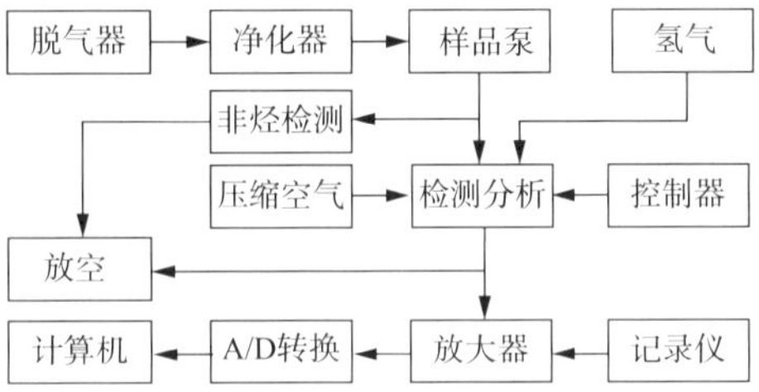

图 5-1-13　样品气气路流程图

第一路样品气放空。放空是为了加快样品气的流速，减少管线延迟时间。管线延时的大小可通过调节样品气放空量来调节。

第二路是全烃样品气。经稳压阀，通过针形阀或气阻控制流量后到全烃氢火焰鉴定器进行分析。样品气流量对分析结果有很大影响，全烃样品气的分析是连续进行的。

第三路为烃组分样品气。经电磁阀或隔断阀控制隔断，到十通旋转阀。在十通旋转阀驱动器与气缸的切换下，样品气进入定量管或放空。电磁阀和注样口是为了人工针管注样而设计的。烃组分气路工作原理如图 5-1-14 所示。

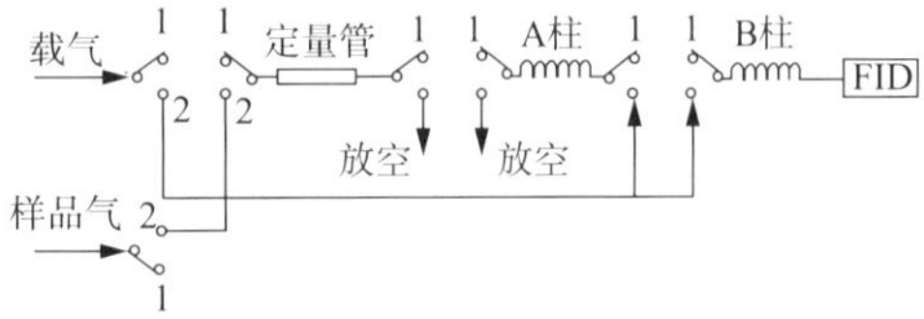

图 5-1-14　烃组分气路示意图

图 5-1-14 中的状态 1，载气将定量管中的样品气吹入预分离色谱柱 A 和主分离色谱柱 B 进行分离，在全周期时间的 10%~50%（3~15s），C_1~C_5 的轻组分从预分离色谱柱 A 初步预分离后进入主分离色谱柱 B，而 C_5 以后的重组分仍存在于预分离色谱柱 A 中；此时切换为状态 2，载气通过主分离色谱柱 B 将

C_1~C_5 的轻组分再次分离吹入 FID 分析出峰，将 C_5 以后的重组分在预分离色谱柱 A 中以反方向吹出至放空。同时样品气进入定量管，为下次分析做准备。

其气路流程是：

a. 反吹周期（图中分析状态相对于预分离色谱柱的反吹）：

样品气—隔断阀—注样阀—旋转阀 2 孔—旋转阀 3 孔—烃组分定量管—旋转阀 10 孔—旋转阀 1 孔—放空。

b. 分析周期（图中进样状态相对于预分离色谱柱的进样）：

样品气—隔断阀—注样阀—旋转阀 2 孔—旋转阀 1 孔—放空。

第四路为非烃组分样品气。样品气在气体分配面板分流后，进入非烃组分分析测控单元。其气路流程是：

样品气—隔断阀或注样阀—非烃组分检测池—转子流量计—放空。

② 空压机产生的空气气源除空压机自身净化装置处理后，还需对其进行二次处理，对空气气源处理主要用油气过滤器和变色硅胶干燥剂，变色硅胶可根据颜色变化来判断是否失效，当硅胶筒内硅胶整体 1/3 颜色变红时，就需要进行更换。

空压机本身带有稳压阀，空压机出口处装有油水分离器和用变色硅胶做的干燥器以滤除空气中的机油和水汽。空气经干燥过滤后分为三路：

第一路动力气。空气从空气压缩机出来，经气体分配面板干燥过滤后接到烃组分切换的电磁阀入口，作为十通旋转阀驱动气缸切换的动力气。

第二路助燃空气。干燥过滤后的空气分别接到全烃分析测控单元和烃组分分析测控单元，经稳压稳流后接到各自的 FID，作为 FID 的助燃空气。

第三路吹扫气。干燥过滤后的空气进入样品气管线吹扫装置，经稳压后作为对样品气管线内冷凝水与杂质的吹扫气体。

③ 氢气净化要求很高，目前使用的氢气发生器都自配气体净化器，需要定期更换填料，一般在氢气发生器输出端再增加一级过滤，采用分子筛式硅胶，或者一半分子筛一半硅胶。

氢气发生器本身带有稳压装置和干燥剂。净化后的氢气分为两路：

第一路进入全烃分析测控单元。经稳压阀稳压和气阻，作为燃气进入全烃 FID。

第二路进入组分分析测控单元。经稳压阀、电磁阀和气阻，作为载气分两路接入十通旋转阀的 9 孔和 6 孔。通过十通旋转阀的切换依次将同一样品气送入烃组分鉴定器进行分析。因载气流量的大小对分析结果影响很大，故两路载气均加有稳压阀。调整稳压阀和针形阀使这两路载气的流量达到需要的流量并保持一致，且不受外界条件的改变而改变。通过稳压阀后的压力表和色谱曲线、压力传感器等，可以观察两路载气流量是否变化。气路流程为：

a. 反吹状态（图中分析状态相对于预分离色谱柱的反吹）：

电磁阀（长短周期）：

稳压阀—气阻（烃组分载气 A）—旋转阀 9 孔—旋转阀 8 孔—预分离色谱柱 A—旋转阀 4 孔—旋转阀 5 孔—针形阀—放空；

稳压阀—气阻（烃组分载气 B）—旋转阀 6 孔—旋转阀 7 孔—主分离色谱柱 B—烃组分

FID 分析。

b. 分析状态（图中进样状态相对于预分离色谱柱的进样）：

电磁阀（长短周期）：

稳压阀—气阻（烃组分载气 A）—旋转阀 9 孔—旋转阀 10 孔—烃组分定量管—旋转阀 3 孔—旋转阀 4 孔—预分离色谱柱 A—旋转阀 8 孔—旋转阀 7 孔—主分离色谱柱 B—烃组分 FID 分析；

稳压阀—气阻（烃组分载气 B）—旋转阀 6 孔—旋转阀 5 孔—针形阀—放空。

（7）气体分配单元

气体分配单元是气源系统的一个重要部分，它主要用于对气体分路、稳压和流量调节，它的好坏直接影响分析结果。

作为仪器的气路预处理单元，主要是为气体分析单元提供各种分析用气，它的部件主要有：稳压阀、针形阀、稳流阀、气阻、进样阀和样品泵等。

它的主要功能为：

①对空气和样品气进行净化处理。

②对空气、氢气和样品气进行稳压处理。

③通过泵抽取样气。

④将处理后的空气、氢气和样品气输出到分析单元。

气体常见分配流程如图 5-1-15 所示。

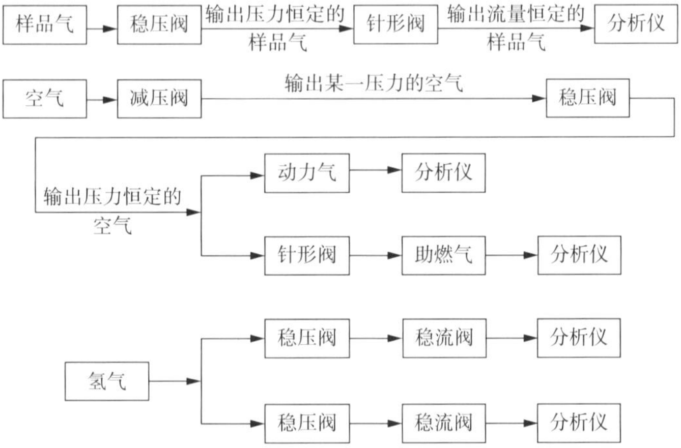

图 5-1-15　气体分配流程图

录井仪气体测量系统进样有自动进样和手动进样两种，自动进样包括泵进样、球胆进样和钢瓶进样。手动进样主要采用针筒进样，进样方式转换时，需操作转换开关。

泵进样是指送给系统的样品气通过样品泵输入，正常录井时，采用样品泵进样方式。流程如图 5-1-16 所示。

图 5-1-16　泵进样流程图

球胆进样是指样品气来自球胆，通过泵输入分析仪中，这种进样方式是泵进样方式的一种，主要是标定曲线或校验时使用，本质上与泵进样是一样的。流程如图 5–1–17 所示。

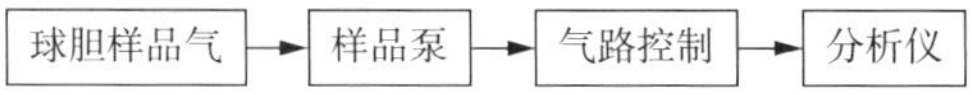

图 5–1–17　球胆进样流程图

钢瓶进样方式一般用于标定曲线或校验时，气体测量系统设计有钢瓶气接口，进样时，操纵进样方式转换开关，打开钢瓶开关，标准气样自动进入分析系统中，实现标定或校验功能。钢瓶进样方式的进样流程如图 5–1–18 所示。

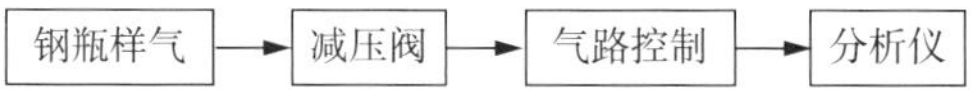

图 5–1–18　钢瓶进样流程图

手动进样是指样品气通过人工注入仪器中，目前录井仪普遍采用注射器进样的手动进样方式。

（8）分析测控单元

分析测控单元是快速色谱仪进行分析的核心设备，一般包括组分分析单元、全烃分析单元、非烃（CO_2）分析单元和采集处理控制软件，如图 5–1–19 所示。

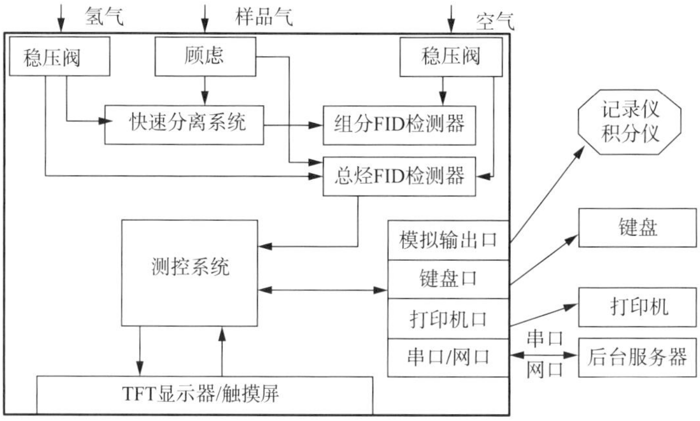

图 5–1–19　分析测控流程图

1）组分分析单元

组分分析单元是对样品气中的烃类进行检测，它的检测成分为甲烷（CH_4）、乙烷（C_2H_6）、丙烷（C_3H_8）、异丁烷（i–C_4H_{10}）、正丁烷（n–C_4H_{10}）、戊烷（C_5H_{12}）。

它是通过预分离色谱柱处理，到主分离色谱柱对样品气成分进行分离，再经过 FID 燃烧，经放大器放大信号，送到计算机和记录仪。

a. 工作原理：

样品气经过色谱柱分离到鉴定器燃烧产生离子流，经氢火焰离子化检测器（FID）收集输送到放大器放大，产生电压信号，经采集后输出到计算机，由软件处理计算出浓度。

烃组分测量方式是周期分析，分析周期内能检测 C_1、C_2、C_3、i–C_4、n–C_4、i–C_5、n–C_5 七种烃组分，一般采用双柱，即预分离色谱柱和主分离色谱柱。

预分离色谱柱的作用是把样品气中的 C_1~C_5 成分分离出来，送到色谱柱，其余成分留在柱内，通过反吹载气吹样，到主分离色谱柱的只有 C_1~C_5 成分，主分离色谱柱不会被污染，主分离色谱柱用来分离 C_1~C_5 成分。烃组分测量原理如图 5–1–20 所示。

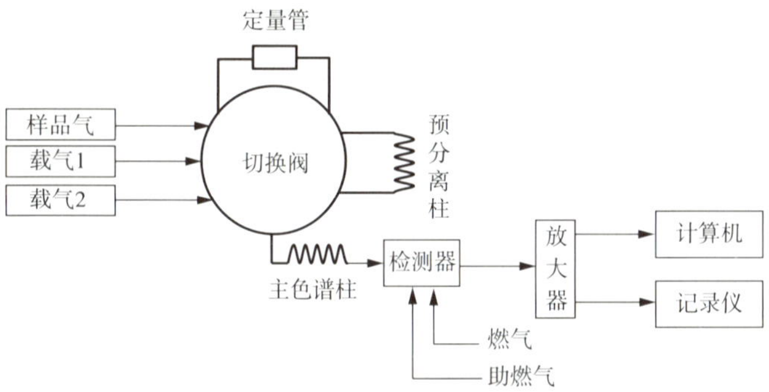

图 5–1–20　烃组分测量原理图

图 5–1–21 是一种典型的 C_1~n–C_5 完全分离各组分的谱图。

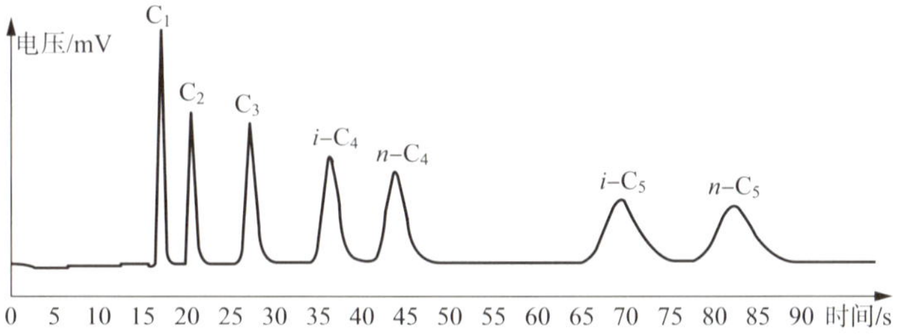

图 5–1–21　烃组分分析谱图

b. 气路系统：

色谱分析仪气路系统主要由管线、接头、稳压阀、针形阀、进样阀、气阻等组成。气体参数的控制由这部分实现，气体参数主要有分析载气、反吹载气、助燃气、燃气、样品气。表 5–1–3 为色谱分析仪组分分析气体参数。

表 5–1–3　组分分析气体参数

样品气	C_1~n–C_5	压力：0.2~0.5kg/cm^2，流量：定量管确定
载气	氢气	压力：2.0~4.0kg/cm^2，流量：30~60mL/min
反吹气	氢气	压力：2.0~4.0kg/cm^2，流量：80~100mL/min
燃气	氢气	压力：1.0kg/cm^2，流量：0~30mL/min
助燃气	空气	压力：1.0kg/cm^2，流量：300~600mL/min
切换动力气	空气	压力取决于动力部件

（a）稳压阀：

稳压阀是载气流路中重要的控制部件，采用合金膜片结构，主要由外壳、阀座、调节手柄、调节弹簧、膜片、阀杆等组成，其作用是稳定气体压力。气相色谱仪里常用波纹管双腔式稳压阀，其结构如图 5–1–22 所示。

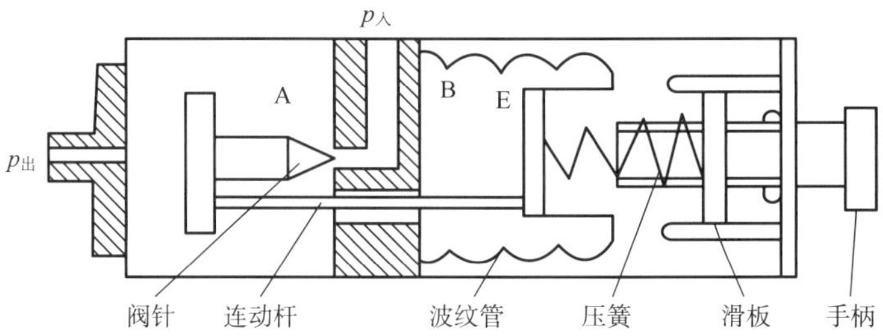

图 5-1-22　稳压阀结构图

如图 5-1-22 所示，输入气体必须经过阀针与阀门之间空隙才能进入 A 腔和出口连通，又通过连动杆与阀座孔之间的空隙连通 B 腔，故三处压强相等。阀针由三根连动杆等分地固定在弹性元件——波纹管的端面 E 上。

当顺时针方向转动手柄到很松时，此时压簧不受压缩，阀针依靠波纹管弹力紧紧吻合在阀门上，此时稳压阀处于关的状态。当手柄逆时针方向转动时，由于手柄的螺纹作用，使滑板向左移动，此时压簧受到压缩，其弹力作用在波纹管的端面 E 上（方向向左）。当压簧的弹力大于方向向右的波纹管的弹力时，端面 E 向左移动，同时带动阀针向左移，阀针与阀座之间产生间隙，输入气体通过间隙进入 A 腔与 B 腔。此时作用于波纹管端面的有三种力：波纹管的弹力 F_r，气体对端面的压力 p_BS（S 为端面面积），这两种力的方向向右，还有压簧对端面的弹力 F_s（方向向左）。这三种力平衡时，$p_BS+F_r=F_s$，输出压力为定值。输出气体压力由于某种原因升高，B 腔气体也随之上升，使 $p_BS+F_r>F_s$，波纹管向右伸长，阀针也向右移动，使阀针与阀座之间的间隙减小 ，于是进入 A 腔的气体流量减小，这样输出压力被迫下降，直至达到新的平衡。这样就达到了气体压力稳定的效果。

使用稳压阀应注意：输入压力应小于 6kg/cm^2；输入压力与输出压力必须保持一定的压差，应大于 0.5kg/cm^2。

（b）稳流阀：

稳流阀的功能是稳定气体流量。色谱柱的阻力一定时，只要柱前压力稳定，流量是稳定的，所以一些简易色谱仪上只用稳压阀。仪器做程序升温操作时，由于柱的阻力随着温度上升而增大，如果只有柱前稳压，就会造成柱后流量变化，使仪器基线发生漂移，为此必须加稳流阀。稳流阀的结构如图 5-1-23 所示。

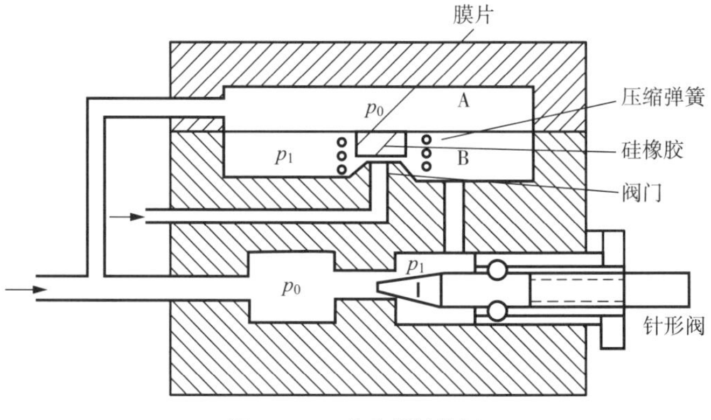

图 5-1-23　稳流阀结构图

稳流阀系膜片反馈式。阀体为金属结构，阀的腔体中间用薄膜分隔成两个上下互不通气的气室。当稳定的气体从输入端进入阀后，分成两个气路，一路进入上气室 A，另一路通过针形阀进入气室 B。此时上气室 A 的压力等于输入压力 p_0，下气室的压力为 p_1，且 $p_0>p_1$。作用在膜片上的力，还有弹簧的弹力 F。若膜片的面积为 S，膜片处于平衡状态时，$p_0S=p_1S$，温度升高，柱的阻力增加时，气体流量下降，引起 p_1 上升。结果使 $p_1S+F>p_0S$，膜片向上移动，减小了阀门的阻力，这样就阻止了流量下降。在使用程序升温时会发现这样的情况：当温度升高时，柱前压力会上升；温度降低时，柱前压力会降低。

（c）针形阀：

针形阀安装在空气流路中，用以调节空气的流量，结构如图 5-1-24 所示。阀针前端有一段斜度，在阀门内移动时，可增减阀针与阀门之间的空隙，气体的流量也随之增减。所以针形阀实际上是一个可变的气阻，气阻的大小取决于阀针与阀门之间间隙的大小，调节精度与阀杆螺距有关。针形阀输出的气体流量不仅与阀杆和阀门的相对位置有关，而且还取决于输入气体的压力和阀后气路的气阻，为了使针形阀输出的气体流量稳定，要求输入气体的压力和阀后气路的阻力稳定。

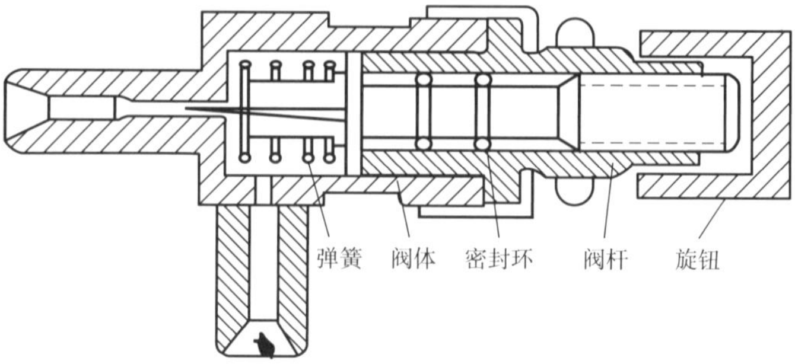

图 5-1-24　针形阀结构图

针形阀不工作时，应使阀打开，防止密封环长期黏附在阀门上而与阀针脱开，并防止弹簧长期受压而失效。

（d）十通旋转阀：

由十通旋转阀本体、阀芯、阀芯端紧固件、开槽联轴节、隔离支座、夹环等部分组成，如图 5-1-25 所示。

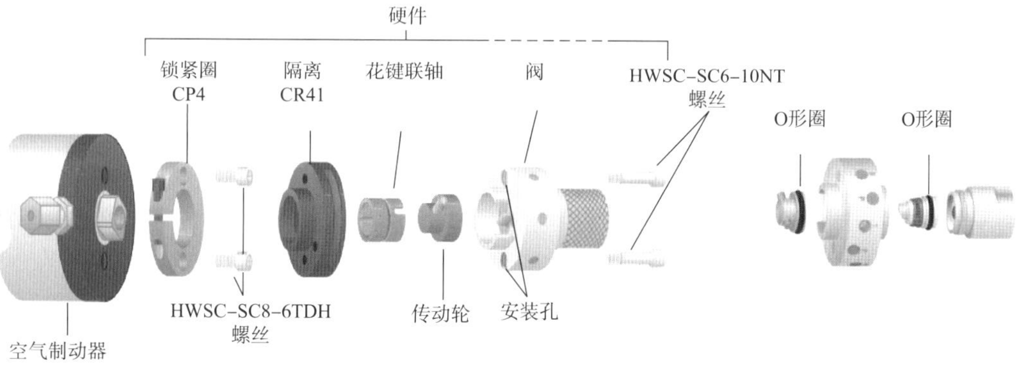

图 5-1-25　十通旋转阀结构图

旋转阀芯上分布有 5 个均匀等长的小凹槽，供载气和样品气通过。阀芯严禁在水里浸泡，严禁用酒精清洗，要用清洁的棉纱对小凹槽及周围平面部分擦拭干净，然后用排笔刷将凹槽内的杂物清理干净，观察转子有无划痕。

十通旋转阀用于烃组分分析时气路切换，旋转阀工作时有两个状态，即“开”和“关”，分别对应分析周期中进样和分析两个状态，如图 5-1-26 所示。

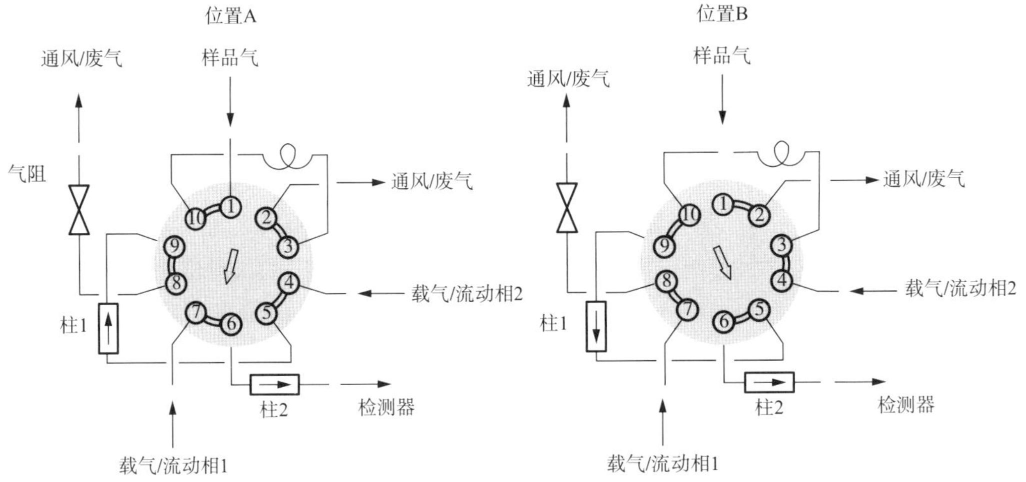

图 5-1-26　旋转阀两种状态气路流程图

(e) 旋转阀驱动气缸：

驱动气缸由气缸主体缸筒、上下缸盖、上下轴承、限位垫片、大垫片、轴承上下垫片（区分薄厚）、驱动活塞中心轴、上下活塞盖、滑套、滑环、滚珠、密封圈（共计 6 种型号 12 个）和动力气连接接头等组成，如图 5-1-27 所示。

(f) 气阻：

气阻的功能有点类似针阀，只是气阻不可调，在一定的气体压力下，流过气路中的气阻的流量也将保持一定。在色谱气路中，在一定的气体压力下，通常用一固定阻值的气阻代替针阀，以简化和稳定气路。

(g) 转子流量计：

转子流量计指示柱前压力下的气体流量，它由玻璃锥形管和转子组成，其结构如图 5-1-28 所示。

当气流通过流量计时，转子便上升到一定高度，此时转子所对应的刻度，即为流量计的流量指示。

(h) 样品泵：

样品泵的主要作用是输送样品气，并向气路分配器提供一定的样品气压，保证分配器中样品气稳压阀和稳流阀的正常工作。

(i) 电磁阀：

电磁阀是用来控制流体的自动化基础元件，属于执行器；并不限于液压和气动，在色谱仪中起到长短周期切换、十通旋转阀驱动气缸进行工作、前面板注样切换和点火时助燃空气切换等作用。

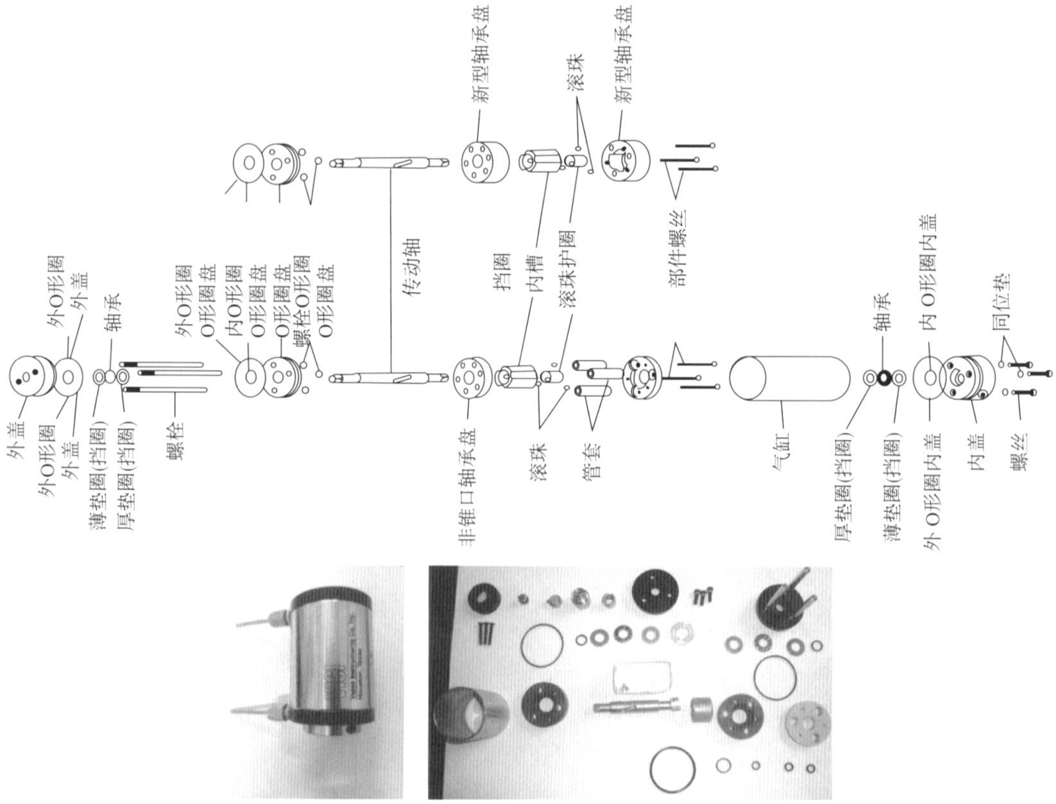

图 5-1-27　旋转阀驱动气缸结构图

结构：

电磁阀是由电磁线圈、动铁芯、静铁芯、复位弹簧、阀体、阀芯、密封件、接线盒等组成的。其中阀体部分又由滑芯、滑套、弹簧底座等组成，其实物如图 5-1-29 所示。

电磁线圈被直接安装在阀体上，空心的电磁线圈，套在不导磁材料做成的密封筒上，筒内部为动铁芯带动阀芯，构成一个简洁、紧凑的组合结构。

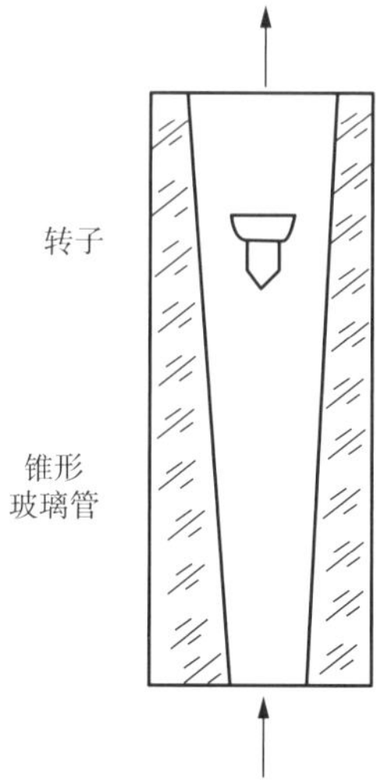

图 5-1-28　转子流量计结构图

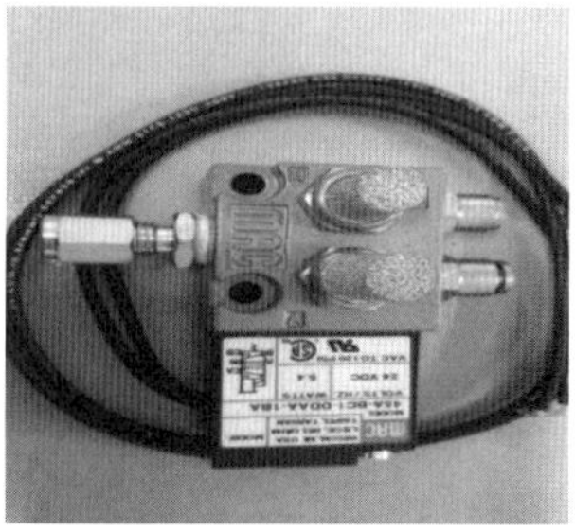

图 5-1-29　电磁阀

电磁阀主要是由电磁线圈通电产生电磁吸力，吸引动铁芯动作带动阀芯运动到相应位置，因阀体设计要求不同而会作出相应通断的控制逻辑，线圈通电或断电时，磁芯的运转将导致流体通过阀体或被切断，以达到改变流体方向的目的。电磁阀断电后，由复位弹簧产生复位拉力，使阀芯复位。电磁阀原理结构如图 5–1–30 所示。

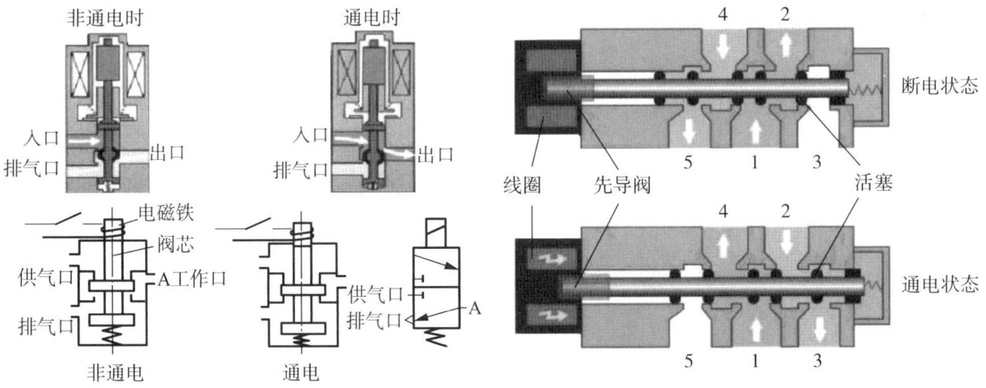

图 5–1–30　电磁阀原理结构图（图中数字 1~5 代表开合流程）

以二位三通为例，介绍其工作原理及动作状态。在线圈未通电时，入口气体被黑色的芯堵着，出口与排气口相通，当线圈通电时，黑色芯向下移动，堵住了出口与排气口，入口与出口相通，气体介质从出口流出，实现开关的目的。

2）柱箱系统：

如图 5–1–31 所示，柱箱系统主要包括色谱柱箱加热体、外罩、十通旋转阀、十通旋转阀驱动气缸、主分离色谱柱、预分离色谱柱、定量管等，色谱柱紧密缠绕在柱箱加热体上，十通旋转阀安装在柱箱上方或下方，形成一个完整的独立部件，柱箱系统主要关注色谱类型和控温参数。

a. 色谱柱：

如图 5–1–32 所示，仪器配置的色谱柱有两根，一根是主分离色谱柱，另一根是预分离色谱柱，预分离色谱柱用于把样品气中的 C_1~C_5 成分分离出来，送到主分离色谱柱，其余成分留在柱内，并由反吹载气及时反吹掉；色谱分析柱用于分离 C_1~C_5 成分。

图 5–1–31　柱箱系统

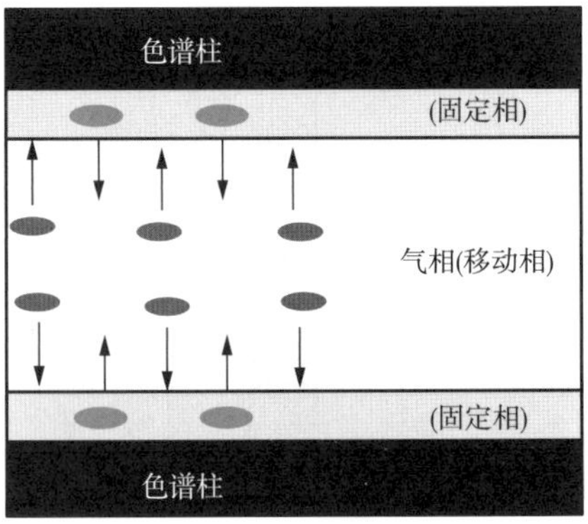

图 5–1–32　色谱柱内部结构图

色谱柱中装有固定相，样品在色谱柱中进行各组分的分离，各组分的分离关键在于选择合适的固定相。

用于仪器中的色谱分析柱按分离方式划分，色谱柱可分为填充柱和毛细管柱，但毛细管柱容易污染，在录井行业中使用得越来越少，目前主要是使用填充柱类型分析柱。

（a）填充柱：如图 5-1-33 所示，填充柱由不锈钢、铜、玻璃或聚四氟乙烯制成。可根据样品有无腐蚀性、反应性及对柱温的要求，选用适当材料制作的色谱柱。色谱柱有 U 形、W 形、螺旋形数种，内径 2~4mm，柱长 1~4m。

（b）毛细管柱：如图 5-1-34 所示，毛细管柱多由不锈钢拉制成螺旋形，柱内径 0.1~0.5mm，柱长 30~300m。增加柱长有利于提高分离效能，但延长了分析时间；加大柱内径可以增大进样量，缩短分析时间，但会降低分离效能。因此，要根据具体情况选择合适的色谱柱。

评价色谱柱好坏的主要指标有分离度、分离时间和稳定性。分离度越高和分离时间越短，说明该柱性能越好，影响分离度和分离时间的主要参数有载气流量和柱温。载气流量大和柱温高，分离时间快（分析周期短），但分离度差；载气流量小和柱温低，分离时间慢（分析周期长），但分离度好。设计载气和柱温参数要根据具体仪器来设定。

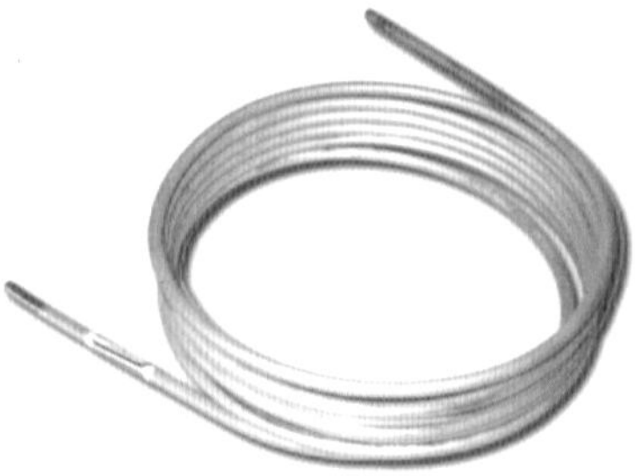

图 5-1-33　填充柱

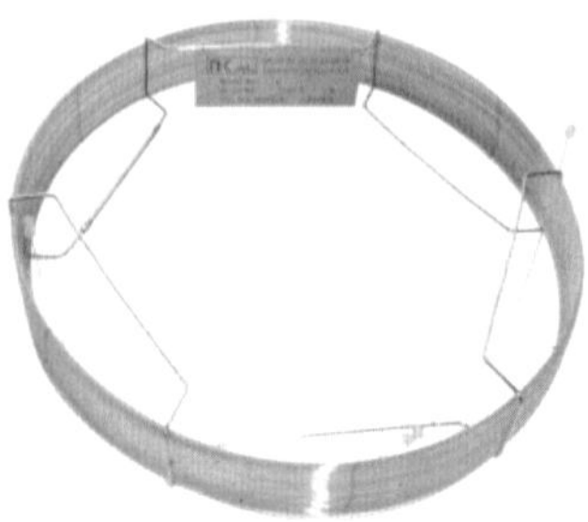

图 5-1-34　毛细管柱

b. 定量管：

定量管是针对样品气进入色谱柱前定量取样的一段管线，与样品气的压力、流量和温度有一定的关系，一般仪器使用的定量管为 50μL 或 100μL 的容量（不同型号色谱柱使用的不同），定量管如图 5-1-35 所示。

c. 柱箱和控温参数：

色谱柱工作温度远高于室温，并且必须恒温，仪器都有调节温度控制的柱箱，不同的仪器，柱箱和控温参数是有区别的，但设计思路是体积不能太大，加温速度要快、恒温效果要好，并且对色谱柱的安装和拆卸要方便，录井行业色谱柱柱温一般为 70~80℃，不能超过色谱柱的最高耐温。

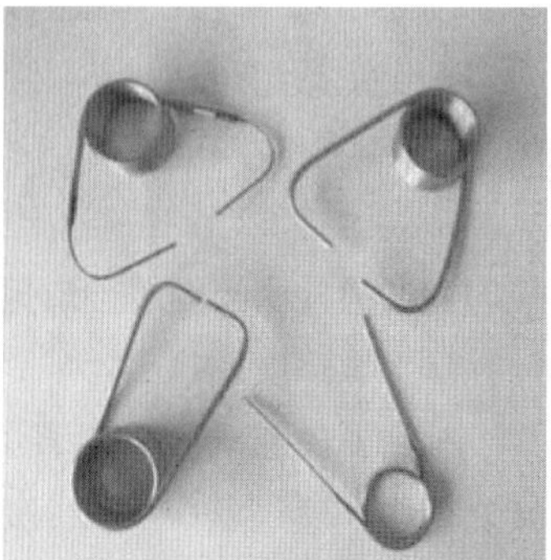

图 5-1-35　定量管

d. 柱箱系统参数：

柱箱系统参数比较多，但对于使用者只需关注以下几个参数：柱温、载气流量、反吹和分析载气流量（视不同型号仪器，设置参数不同）。

柱温温度：70~80℃ ± 0.5℃；

载气流量：30~50mL/min（填充柱）；

反吹载气流量：80~100mL/min（填充柱）。

3）检测器

检测器也是气相色谱的关键部件之一，是一种测量载气中各分离组分及其浓度变化的装置，它把气体组分及其浓度变化以不同的方式变换成易于测量的电信号。

a. 分类：

根据对信号记录方式的不同，检测器大致分为积分型和微分型两类。

积分型检测器测量各组分累积总量，所得色谱图为一系列台阶。在定量分析时，每一阶高就代表相应组分的含量，缺点是灵敏度低和显示不出保留数据，故不常使用。

微分型检测器具有测量载气中各组分及其浓度瞬间变化的功能。所得色谱图为一系列色谱峰。如果载气流过检测器时信号是恒定的（基线值），那么当载气中某一组分出现时，则信号随其浓度或质量变大而增高直至最大值（峰高）。然后随浓度或质量减少，信号逐渐降低，直至回到原来的基线值。微分型检测器具有灵敏度高、能测出微量组分，并可同时得到各组分的峰面积及其保留数据的特点而常被采用。

按检测器响应信号与溶质浓度或溶质质量成比例的不同，可将检测器分为浓度型和质量型两种。浓度型检测器有热导、电子捕获、气体密度、截面积、超声检测器等。

浓度型检测器是测量载气中组分浓度瞬间的变化的，在一定流速范围内，其响应信号取决于载气中组分浓度而与载气流速无关。

质量型检测器有氢火焰、火焰光度、氩离子化、氦离子化等类型。质量型检测器测量的是载气中组分进入检测器的速度变化。其响应值（峰高）取决于单位时间组分进入检测器的质量。

检测器的测量方法有两种，即峰高法和峰面积法。峰高法具有色谱峰高、对应信号好，直观、准确 、快速、简便等特点而被广泛应用。

随着仪器的改进，分析周期的缩短，色谱峰出峰较快，峰宽变窄，换算出的峰面积误差可能会较大。

b. 性能指标：

（a）灵敏度：

一定量的组分通过检测器时，所给出的信号大小叫作该检测器对该组分的灵敏度。灵敏度亦称响应值或应答值，是衡量检测器质量的重要指标。

浓度型检测器的响应信号与载气中组分的浓度成正比，质量型检测器的响应信号与单位时间通过检测器的组分质量成正比。

（b）敏感度：

检测器的灵敏度只能表示检测器对某组分产生信号的大小。但灵敏度大时基线波动也随之增大（所谓基线波动是指纯载气通过检测器时给出信号的不稳定程度，以 N 表示，如图 5-1-36 所示），因此仅用灵敏度 S 还不能很好地衡量检测器的质量，必须引入敏感度 M 这一概念。

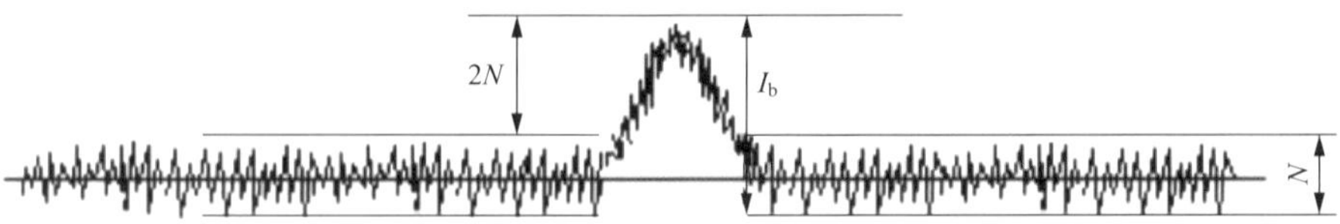

图 5-1-36　检测器敏感度图

敏感度 M 是指单位体积或单位时间内，使检测器出现能检测信号的最小物质量，也叫检测器的最小检出量。通常，信号要等于基线波动的二倍（2N）时才能检出，故敏感度 M 为：

$$M=I_b/S \tag{5-1-5}$$

需要注意的是，检测器的敏感度与色谱分析的最小检出量不同，前者是衡量检测器性能的指标，仅与检测器有关，后者除与检测器性能有关外，还受柱效率及操作条件的影响。

标准要求：全烃不大于 0.001%，烃组分不大于 0.001%，二氧化碳不大于 0.002%。

（c）线性度和线性范围：

检测器的线性度定义：检测器响应值的对数值与试样量对数值之间成比例的状况。

检测器的线性范围定义：检测器在线性工作时，被测物质的最大浓度（或质量）与最低浓度（或质量）之比，或叫最大允许进样浓度（量）与最小检测浓度（量）之比。

（d）分离度：

气体检测仪的分离度（R_s）是指样气中的各组分在载气携带下通过色谱柱分离后，在检测器中所产生的不同响应信号的曲线分离度。反映色谱柱将两相邻组分分开的能力，它等于相邻两组分色谱峰保留时间之差与两组分色谱峰峰宽总和之半的比值。色谱柱的柱长与柱效、组分保留时间和分离度的比较如图 5-1-37 所示。

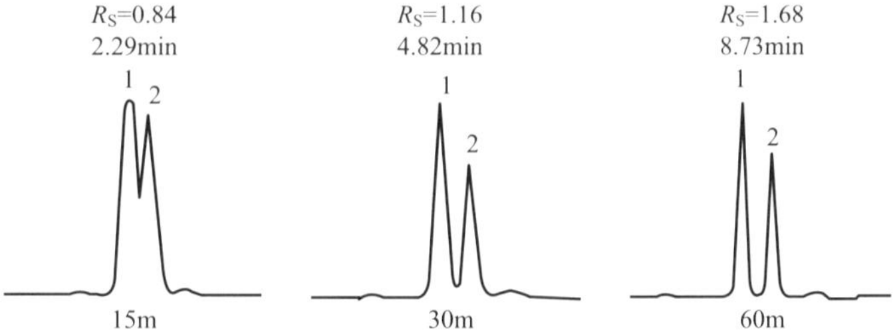

图 5-1-37　柱长与柱效、组分保留时间和分离度的比较图

分离度要求：

Ⅰ. 气体检测仪的分离度要求各组分在分析周期内要分析完毕；

Ⅱ. 甲烷（C_1）与乙烷（C_2）之间的分离度要足以区分；

Ⅲ. 标准要求：

色谱分离度（甲烷 1%、乙烷 1%）：大于或等于 0.85；

色谱分离度（甲烷 10%、乙烷 0.1%）：不小于 1.0。

欲将难分离物质对应的二组分进行分离，首先是两峰之间的距离要大，即两组分保留时间有足够的差值，其次峰形要陡。

c. 氢火焰离子化检测器：

氢火焰离子化检测器（简称 FID），它对大多数有机化合物有很高的灵敏度，比一般热导池的灵敏度高两个数量级，所以适宜测定有机物，是目前最常用检测器之一。但是它对无机物不产生信号，同时检测时样品被破坏。

（a）氢火焰离子化检测器结构及工作原理：

氢火焰离子化检测器结构简单，由不锈钢制成。包括气体入口、火焰喷嘴、高压极化极、收集极和点火极（灯丝）等部分。氢火焰离子化检测器的结构和原理如图 5-1-38 所示。

（a）氢火焰离子化检测器结构图

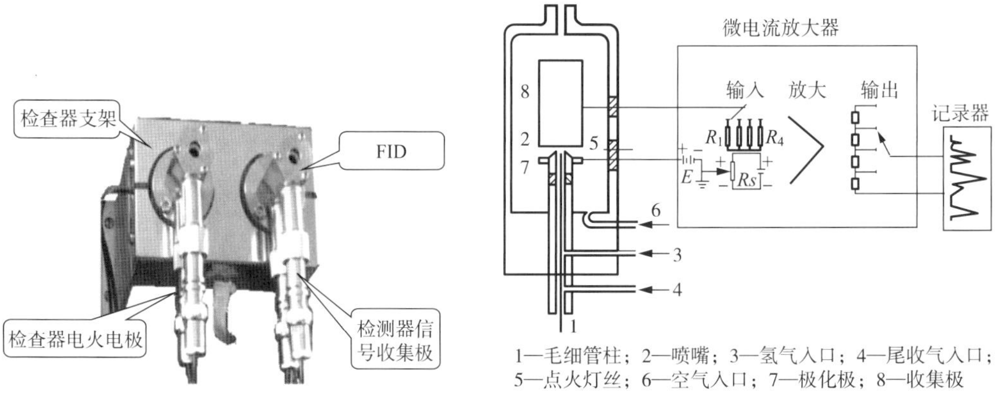

（b）氢火焰离子化检测器原理图

图 5-1-38　氢火焰离子化检测器结构和原理图

被测组分由载气携带从色谱柱流出，与氢气混合一起进入离子室，由毛细管喷嘴喷出。氢气在空气的助燃下（事先用点火极点燃火焰）进行燃烧，温度能达 2000℃左右，在火焰的激发下，被测有机组分电离为正离子和电子。离子室内有收集极和极化极，电极加有 150~300V 直流电压，这个电压称极化电压。电离出来正离子奔向收集极（负极），电子奔向极化极（正极），产生了微电流，由测量微电流装置 A 指示出。微电流大小与被测组分有定量关系。

氢火焰的电离效率很低，大约每 50 万个碳原子中有一个碳原子被电离，因此产生的电流很微弱，不能直接进入记录器，须经微电流放大器放大后，再送入记录器上记录其色谱峰。

（b）氢火焰离子化检测器机理：

氢火焰离子化机理在早期认为是热至电离，即含碳有机物在火焰高温作用下，会产生少量的碳正离子（C_4^+）和电子而产生信号。

目前研究结果认为火焰电离是化学电离，即有机物在火焰中产生自由基反应而被电离，氢火焰示意如图 5-1-39 所示。

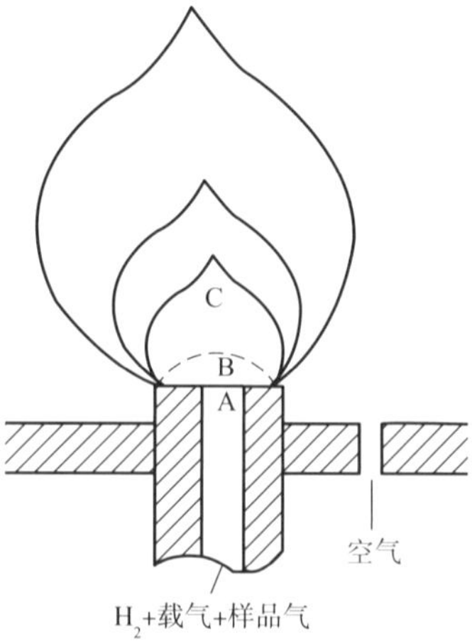

图 5-1-39　氢火焰示意图

图中 A 为预热区，B 为点燃区，C 为裂解区，有机物在此区产生自由基 CH·，至 D 层与外层扩散来的氧产生氧化反应生成正离子 CHO^+ 及电子。现以苯为例来说明电离反应过程：

$$\text{C 层：}\quad C_6H_6 \xleftrightarrow{\text{裂解}} 6CH\bullet \tag{5-1-6}$$

$$\text{D 层：}\quad 6CH\bullet + 3O_2 = 6CHO^+ + 6e^- \tag{5-1-7}$$

正离子与水蒸气碰撞：$6CHO^+ + 6H_2O = 6CO + 6H_3O^+$　　（5-1-8）

化学电离产生的正离子 CHO^+、H_3O^+ 和电子在电场作用下，分别为收集极和极化极捕获而产生微电流，经微电流放大器放大后，送记录器记录而获得色谱图。

（c）氢火焰检测器的操作条件：

试验表明：

Ⅰ. 用氮气作载气比用其他气体（如 H_2、He、Ar）作载气的灵敏度要高。

Ⅱ. 在一定范围内增大空气和氢气流量可提高灵敏度。但 H_2 流量过大反而会降低灵敏度，空气流量过大会增加噪声，一般可参考如下流量比：

氮气：氢气：空气 =1：1：10，例如 40：40：400（mL/min）

Ⅲ. 极化电压低于 50V 时，正负离子收集不完全；高于 300V 时，将引起噪声增大和不稳定，一般选择极化电压为 150~300V。

Ⅳ. 收集极与喷嘴之间的距离为 5~7mm 时，往往可获得较高灵敏度。

Ⅴ. 保持离子室和收集极表面清洁，可以经常用无水酒精等有机溶剂清洗离子室。

Ⅵ. 测定高相对分子质量物质时，适当提高检测室温度也有利于提高灵敏度。

（d）FID 相关参数：

Ⅰ. 燃气：

参与燃烧的氢气，如果是以氢气为载气的仪器，燃气由两部分组成：燃气和载气，两者之和一般为 30~60mL/min。

Ⅱ. 助燃气：

助燃气用于助燃，其值一般为 300~600mL/min。

注意：FID 的灵敏度与燃气和助燃气的比例有直接关系，因此要注意优化。

一般为，燃气：助燃气 =1：（8~12），理论上，1：10 最好，如燃气为 40 mL/min，则助燃气为 400 mL/min。

Ⅲ. 极化电压：

要提高检测器的灵敏度就要提高电极对已形成正、负离子的收集频率，因此要尽快把正负离子流分开，避免它们复合。在两极间加以适当的电压，促使离子流分开并收集，一般极电压值为 150~250VDC，不同型号仪器都有其规定值。

Ⅳ. 灵敏度：

是检测器中有样品通过时产生的信号。采用每秒有 1g 样品通过检测器时，能给出的 A 的数值来表示其应答值，以 S_t 表示。

（e）组分 FID 工作条件：

组分检测器为 2 孔或 3 孔结构；

助燃气流量为 400~500mL/min；

喷嘴处载气（燃气）流量为 40~50mL/min；

助燃气与燃气流量之比要求在 8~12。

（9）电气测控系统

仪器电气测控系统包括母板、计算机系统、电源部分、微电流放大器、极化电压模块、电源模块、温控系统、信号控制和数据采集部分等。不同型号仪器电器部件不一样，但它的基本功能是一样的。

①电源部分分交流和直流。交流输出有 220VAC 和 2VAC（因仪器不同而不同），220VAC 用于柱温箱加热、泵电源和电源模块电源，2VAC 用于点火。直流输出主要用于嵌入式计算机、放大器模块、极化电压模块和电磁阀控制等，常用的直流电源电压有 +24V、±12V 和 +5V 等。

②母版（载板）。主要为计算机系统、电源部分、微电流放大器、极化电压模块、电源模块、温控系统、信号控制和数据采集部分提供支撑和连接。

③计算机系统。由计算机系统（工业型低功耗 PC104 等）、硬盘、液晶显示屏、键盘和鼠标等组成，为一套完整的低功耗工控计算机，是整个分析测控单元的控制核心系统，安装有测控分析系统软件，主要完成数据的采集、处理和实时输出界面显示，以及对仪器的参数设定、控制等功能。

④传感器板。板上有多个流量传感器，分别为：组分样气、总烃样气、总烃 H_2、载气 A、载气 B、总烃空气和组分空气等气体流量的测量。

⑤极化电压模块。它提供总烃和烃组分鉴定器极化电压；电压输出值范围：

150~300VDC，仪器标准使用值为 220VDC（视不同型号的仪器而定）。

⑥微电流放大器。它是把鉴定器处的测量电流信号转变为电压值并实现放大的部件。输出有 2 路——高增益和低增益，两路信号同时输出。

⑦ DA 数据信号处理器。把 PC 机上总烃和烃组分浓度信号通过 DA 转换为电压模拟信号，输出到记录仪。

⑧信号采集板。用于 FID 信号的采集和控制，并与 PC 机进行通信，其主要功能有：

a. 烃组分（全烃）信号测量；

b.H_2 压力值（载气和燃气）测量；

c. 助燃气压力值测量；

d. 柱温测量；

e. 烃组分（全烃）点火控制；

f. 烃组分分析控制；

g. 烃组分（全烃）点火指示；

h. 样品气压力值测量。

（10）色谱分析软件系统

一般情况下，录井色谱分析系统，包括全烃和组分数据的采集与分析，为介绍方便，这里将全烃和组分的采集和分析放在一起介绍。色谱分析软件系统主要功能是与采集卡通信、数据分析、数据管理、标定、系统配置管理、分析模式设定等。

1）与采集卡通信功能

色谱分析软件，一般通过串口与采集卡通信，主要完成以下功能：

a. 读取组分 FID 和全烃 FID 信号数据；

b. 向采集卡发送控制命令，如分析切换、点火、开关样品泵、注样切换等；

c. 读取色谱仪状态参数，如鉴定器的点火状态；

d. 读取恒温箱的温度值等。

2）数据分析

读取组分 FID 数据后，软件首先要对数据进行实时判峰处理，计算出各个峰的面积或峰高以及保留时间，根据不同组分的保留时间窗判断出各组分的所属组分，再根据标定数据计算出各组分和浓度。对全烃数据，根据采集值和全烃的标定数据，计算出全烃浓度。

3）数据管理

这里的数据管理功能是指数据的保存和输出。计算后的组分和全烃的浓度数据可根据用户的需要保存到计算机，以备以后查询。数据的输出功能是指将组分和全烃的浓度数据实时地输出到录井计算机，以便录井系统能实时地显示气测数据，色谱仪分析系统一般采用国际通用协议 Wits 格式输出数据，以保证数据的通用性。

4）标定

标定就是确定全烃和组分体积浓度与对应的电压信号的关系，没有标定数据，色谱仪就无法计算出全烃和组分的气体浓度。提供标定功能也是色谱仪软件系统的最基本的功能之一。标定数据一般包括组分 C_1 到 n-C_5 以及全烃，如果色谱仪还对气体的压力、流量进行监测，这些参数也应具有标定数据。

5）界面显示

界面显示功能是指色谱分析软件的机机交互界面，显示界面主要包括以下内容：

a. 全烃及组分实时曲线绘制；

b. 全烃、组分分析结果显示；

c. 控制面板，如点火、开泵、注样及运行模式选择；

d. 系统设置数据，包括硬件通信设置（如串口号、IP 地址、端口号等）界面及分析方法的参数设置界面。

6）分析模式的切换

分析模式是指色谱仪工作的模式，一般有连续分析、手动分析、停止分析三种模式。连续分析模式一般用于正常录井的情况，分析周期连续不停。手动分析一般用于标定或注样检查的场合，手动控制分析过程，每次只分析一个周期。停止分析模式一般用于短暂停机的情况，停止分析模式下，色谱仪处于最安全的状态且不进行任何动作，可以节省辅助气的用量。

（11）全烃分析检测单元

色谱仪对石油天然气的全部烃类的检测，可以测定由各类钻井液脱气器从流动或取样采集的钻井液中所脱出的烃类气体总的含量，即为全烃分析。

在正常钻进循环录井作业中，钻井液脱气器从连续流动的钻井液中搅拌或升温脱出的气体，经由气体管线，在抽吸压力的作用下输送到检测仪内予以连续或定时分析，再通过鉴定器转换成电信号，输出给记录仪和计算机处理系统，得出钻井液中含有的烃类含量浓度。

利用迟到时间与井深的关系和所测得的全烃气体含量，确定所钻地层油气显示情况，为划分油气显示层段、开发决策提供依据。

1）全烃检测原理

全烃检测，样品气中各组分不需要分离，不需要色谱柱，样品气在鉴定器燃烧产生离子流，经氢火焰离子化检测器（FID）收集输送到放大器放大，产生电压信号，采集后输出到计算机，经软件处理计算出浓度。天然气总烃含量是采用连续分析方式进行的，它的检测原理如图 5-1-40 所示。

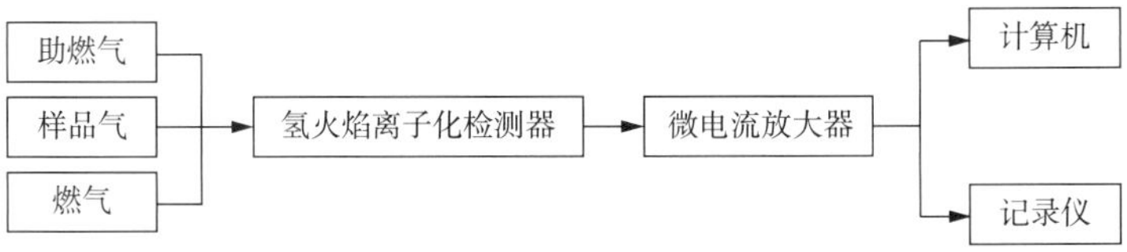

图 5-1-40　全烃检测原理图

2）气路系统

全烃分析单元的气路系统主要由管线、接头、稳压阀、针形阀和气阻等组成，有些色谱仪是将全烃分析和组分分析一起设计的，部分气路二者可以共享。气体参数主要有助燃气、燃气、样品气。表 5-1-4 为全烃分析气体参数一般技术指标。

表 5-1-4　全烃分析气体参数

样品气	烷烃类气体	压力：0.2~0.5kg/cm^2，流量：5~20mL/min
燃气	氢气	压力：1.0kg/cm^2，流量：30~60mL/min
助燃气	空气	压力：1.0kg/cm^2，流量：300~600mL/min

3）检测系统

全烃检测使用的检测器也是氢火焰离子化检测器（FID），检测器结构为 3 孔结构，相关的参数为：

燃气流量：一般为 30~60mL/min；

助燃气流量：一般为 400~500mL/min；

极化电压：一般为 150~250VDC。

4）电气测控系统

全烃与组分的电气测控系统基本一致，包括电源部分、微电流放大器、极化电压模块、电源模块、信号控制和数据采集部分等，一般情况下，如果全烃和组分的检测是在同一个抽屉内，二者的电气系统大部分是共用的。

与全烃相关信号采集卡功能有：

a. 全烃信号测量；

b. 总烃燃气压力值测量；

c. 助燃气压力值测量；

d. 全烃点火指示；

e. 全烃点火控制；

f. 全烃氢火焰点火指示；

g. 样品气压力值测量。

5）色谱全烃分析软件系统

全烃分析软件系统是指在“组分分析单元”介绍的“色谱分析软件系统”中与全烃分析相关的内容，可以参考相应内容。一般情况下，录井色谱仪中全烃与组分分析软件系统是做在一起的，但如果全烃分析单元要单独工作的话，全烃分析软件系统也可以自成一体。

（12）非烃分析单元

在气测录井中，除了测量全烃和烃组分外，通常还测量非烃成分，主要有二氧化碳（CO_2）、氢气（H_2）和氦气（He）。目前录井作业中，如果甲方没有特殊要求，录井队只提供 CO_2 测量参数。

1）非烃测量原理

目前录井仪测量非烃原理主要采用热导和红外两种测量原理。用热导法可测量 CO_2、H_2 和 He 三个参数。用红外测量一般只测量 CO_2 一个参数。早期录井仪一般采用热导法测量非烃参数（H_2 和 CO_2），近年来，录井仪一般采用红外测量原理来检测非烃参数（CO_2）。

a. 热导测量原理：

热导测量方法是气相色谱法测量的一种，它是将色谱柱分离后的载气各组分及其浓度的变化以热的方式变换成易测量的电信号。

众所周知，热量从物体的一部分传到另一部分，或从一个物体传到和它接触的另一物体，这种传热方式称为热传导，标志物体热传导能力的物理量是热导系数，热导系数越大，表示该物体导热性能越好，习惯上，人为地将空气的热导系数定为 1。

热导池检测器是基于气体成分的变化引起热导系数变化这一物理特性来设计的。载气中组分的变化，引起热敏电阻上温度的变化，温度的变化再引起电阻的变化，根据电阻值变化大小间接测定组分含量。

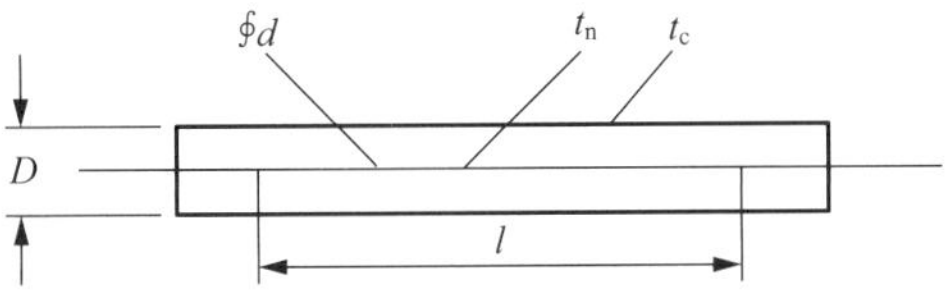

图 5-1-41　热丝的热导散热图

在热传导过程中，不同的固体，其热传导速率不同；同样，不同气体其热传导速率也不同。在热力学中用导热系数的大小来表示此性质。如图 5-1-41 所示，有一热丝直径为 d，封装在内径为 D 的管中，管内充有热导系数为 λ 的气体，热丝的温度为 t_n，管壁的温度为 t_c。

实验证明，只要热丝的引线足够细，热丝的温度与管壁的温度相差不是很大，管的直径较小时，热丝的热导散失主要因素是管中气体热传导。若将色谱柱分离后的带有大量载气的组分引入上述管中，则组分浓度的变化必然会引起气体热导系数的变化，从而改变了热丝的散热条件，最后导致热丝电阻的变化。利用这种原理构成的检测器称为热导池检测器（简称 TCD）。

热导池检测器是应用最早的检测器，它结构简单，灵敏度适宜，稳定性较好，而且对所有物质都能产生信号，是目前应用较广的一种通用检测器。

热导池由池体和热敏元件构成，有双臂热导池和四臂热导池两种，如图 5-1-42 所示。

热导池块体用不锈钢或铜制成，双臂热导池具有两个大小、形状完全对称的孔道，孔径为 3~4mm，每一孔道中装有一根热敏钨丝，其形状、电阻值基本相同，钨丝可采用 25W 或 40W 灯泡钨丝，为了克服高温钨丝易氧化的问题，可将钨丝镀金。铂丝的温度系数更大，但不能加工成像钨丝那样的螺旋状，单丝阻值又太小，灵敏度不够，所以应用反不如钨丝。目前使用铼钨丝，其具有较高的抗氧化能力，机械强度也好，是一种很好的热敏电阻丝。

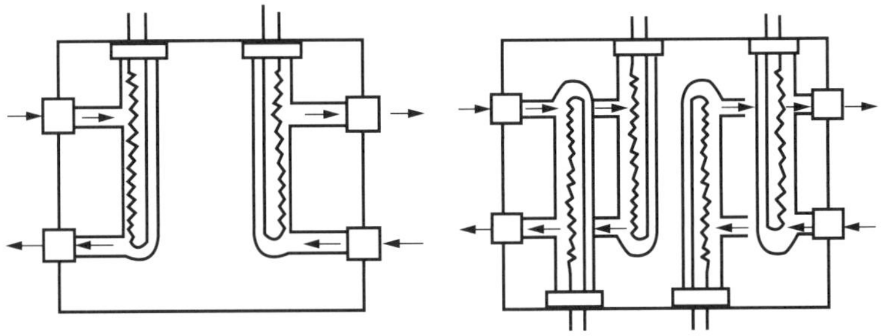

(a)双臂热导池　　(b)四臂热导池

图 5-1-42　热导池结构图

四臂热导池具有四根相同的金属钨丝，灵敏度比双臂热导池约高一倍，所以目前大多采用四臂热导池。

热导池中，热敏元件电阻值的变化，可通过惠斯顿电桥来测量，如热导池为双臂式检测器，其测量电桥线路如图 5-1-43 所示。

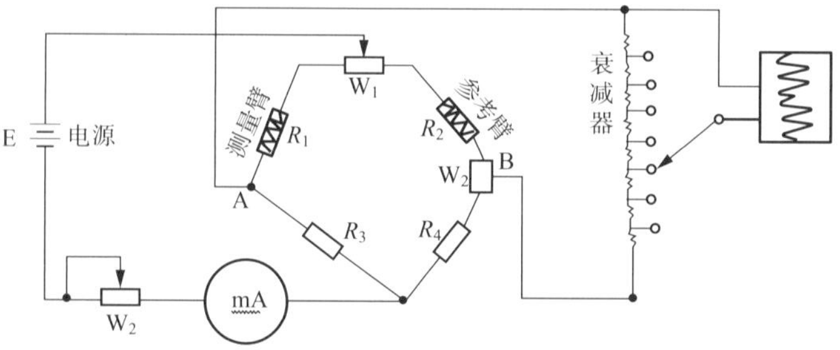

图 5-1-43　双臂热导池测量电桥线路图

图 5-1-43 中 R_1 为热导池测量臂，R_2 为参考臂，R_3 与 R_4 为锰铜线绕电阻，W_1 与 W_2 为粗细零调电位器，W_3 为桥电流调节电位器，E 为直流稳压电源，且 $R_1=R_2$，$R_3=R_4$。

当载气以恒定的速度通过检测器的参考池和测量池时，被恒电流加热的钨丝 R_1 和 R_2，被载气所带走和通过载气传导给池体积的热量也是一定的，因此，R_1 与 R_2 上的温度也相等，所以 R_1 仍等于 R_2，又 $R_3=R_4$，$R_1R_4=R_2R_3$，电桥处于平衡状态，A、B 两端电位 $E_{AB}=0$，记录器无信号输入。

当样品气注入后，通过色谱柱分离，某组分被载气带入测量池时，因组分的导热系数 λ 不等于载气的导热系数，则钨丝 R_1 上的温度将改变。若组分的导热系数 λ 小于载气的导热系数，则钨丝 R_1 上的温度将升高，电阻 R_1 增大，产生一个 ΔR_1 的变化，因 R_2 未变，所以（ΔR_1+R_1）$R_4 \neq R_2R_3$，$E_{AB}=0$，电桥有一信号电压输给记录器，并获得一色谱峰，这就是电桥线路的工作原理。

如果检测器为四臂热导池，且 $R_1=R_2=R_3=R_4$，都为热敏钨丝，则 R_1 与 R_4 共为参考臂，R_2 与 R_3 共为测量臂，当有一样品组分进入测量池时，则（ΔR_2+R_2）（ΔR_3+R_3）$\neq R_1R_4$，有一更大信号输入记录器，获得更高的色谱峰，所以灵敏度比双臂热导池约高一倍。

热导池使用长久，钨丝可能断丝，则需进行更换，更换时注意 R_1 与 R_4 在同一参考池中，R_2 与 R_3 在同一测量池中，如果接线发生错误或安装时钨丝触及池体，则无信号输出。

b. 红外测量原理：

红外测量原理是基于气体的吸收光谱随物质的不同而存在差异的机理进行检测的，如图 5-1-44 所示。由于各种物质的分子本身都固有一个特定的振动和转动频率，只有在红外光谱的频率与分子本身的特定频率相一致时，这种分子才能吸收红外光谱辐射能。所以各种气体并不是对红外光谱范围内所有波长的辐射能都具有吸收能力，而是有选择性的，即不同的分子混合物只能吸收某一波长范围或某几个波长范围的红外辐射能。

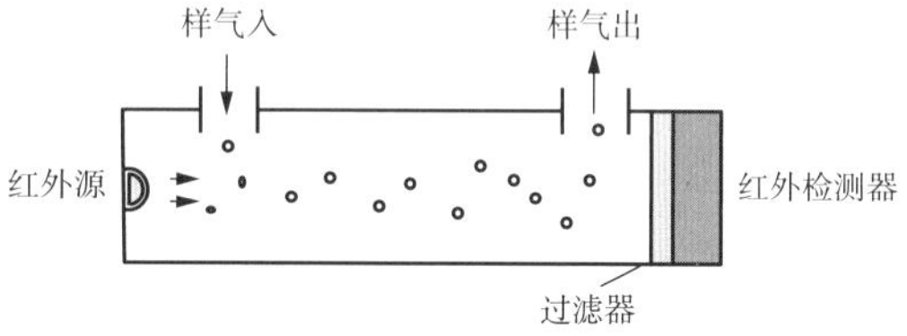

图 5-1-44　红外测量原理图

气体的特征吸收频率是由气体分子种类决定的。当红外辐射通过被测气体时，其分子吸收光能量，吸收能量的多少与气体的浓度有关，其吸收关系遵循朗伯 – 贝尔（Lamber –

Beer）定律：

$$I(\lambda)=I_0(\lambda)\exp[-\sigma(\lambda)Lc] \tag{5-1-9}$$

式中　$I_0(\lambda)$——光源发出的初始光强；

$I(\lambda)$——经过 L 距离传输后的光强；

$\sigma(\lambda)$——气体的吸收截面；

c——气体的浓度。

然而，在实际测量过程中，光在传输过程中除被被测气体分子吸收外，还会受到尘埃、水蒸气等的散射和吸收而衰减，如果直接用 $I(\lambda)$ 的测量值进行数据处理就会带来较大的测量误差，因此还需进行相关的数据处理。CO_2 对红外线的吸收光谱图如图 5-1-45 所示。

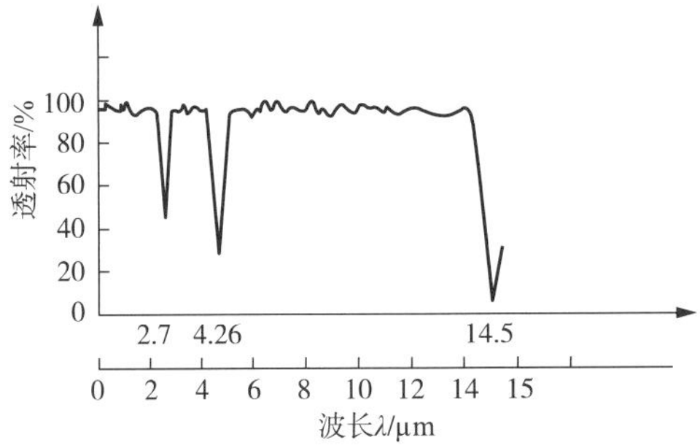

图 5-1-45　CO_2 吸收光谱图

由图 5-1-45 可以看出，二氧化碳对于波长为 2.7μm、4.26μm 和 14.5μm 红外光吸收相当强烈，并且吸收谱相当的宽，即存在吸收带。根据实验分析，只有 4.26μm 吸收带不受大气中其他成分影响，因此可以利用这个吸收带来判别大气中的 CO_2 的含量。

红外原理 CO_2 检测框图如图 5-1-46 所示；红外原理 CO_2 检测仪如图 5-1-47 所示。

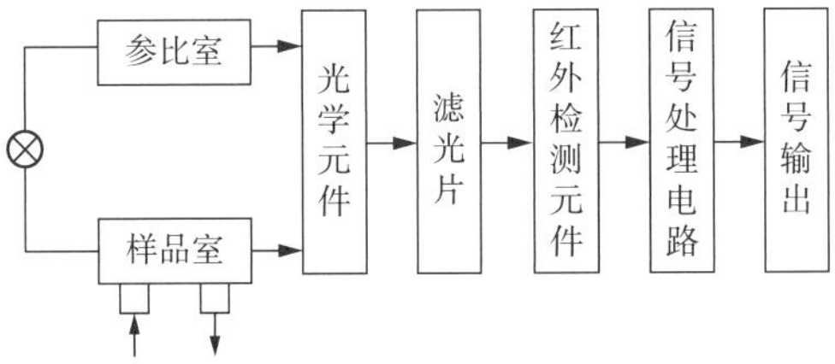

图 5-1-46　红外原理 CO_2 检测示意图

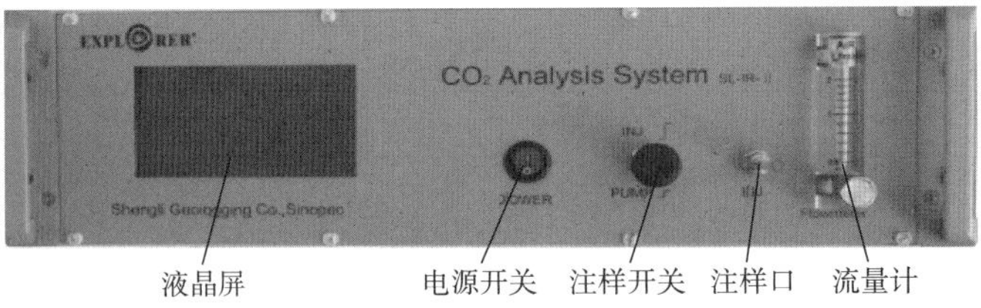

图 5-1-47　红外原理 CO_2 检测仪

2）红外非烃检测仪

a. 技术指标：

测量成分：CO_2；

测量范围：0~100%；

分辨率：0.1%；

相对误差：±2%F.S.；

零点漂移：±2.5%F.S.；

重复误差：重复性误差为相对标准偏差，不超过 2%。

b. 操作使用：

按下仪器电源开关即开机，屏幕显示欢迎界面。持续几秒后，屏幕显示主操作界面。仪器即进入测量状态，预热 10min 后，进入稳定工作状态，在正常测量期间仪器不需要任何辅助操作。

仪器必须在待机状态（正常测量状态）下方可关机。关机前应保持仪器处于待机状态 1~3min，通入空气以保证仪器测量腔内无残留待测气体，避免因残留的气体或粉尘吸附造成的测量偏差。

c. 设备标定：

红外线二氧化碳分析仪的标定较为简单，在前面板注样口注入配制好的样品气，观察液晶屏显示值和采集软件中采集到的电流信号，将相应的浓度值和电压值输入采集软件中，将不同的浓度值绘制成标定曲线，即为二氧化碳分析仪的标定曲线。

三　气体电化学分析法

在录井现场，其他气体包括有毒有害气体等，常用的有毒有害气体检测设备主要是硫化氢（H_2S）检测传感器和便携式硫化氢检测仪。录井硫化氢气体检测按测量原理可分为两种：MOS（金属固体氧化物半导体）技术和电化学技术。

（一）MOS 技术硫化氢检测

MOS 技术硫化氢检测仪的传感器由两片薄片组成，两片薄片安装在硅衬底上；一片是铂发热片，另一片是对硫化氢气体敏感的感应片。铂发热片具有双重功能：第一是它产生的热量能提高反应速度，缩短响应时间，帮助消除污染物的影响；第二是作为温度补偿，保证测量温度不变，减少温度漂移带来的影响，提高测量的稳定性和可重复性。感应片上有金属氧化物半导体，当探测到硫化氢气体时，硫化氢会与感应片上的氧离子发生反应，使得阻值降低。信号变送单元通过对电阻信号的测量来反映被测硫化氢气体的浓度。其敏感性可从十亿分之一到百分之一。硫化氢检测设备如图 5-1-48 所示。

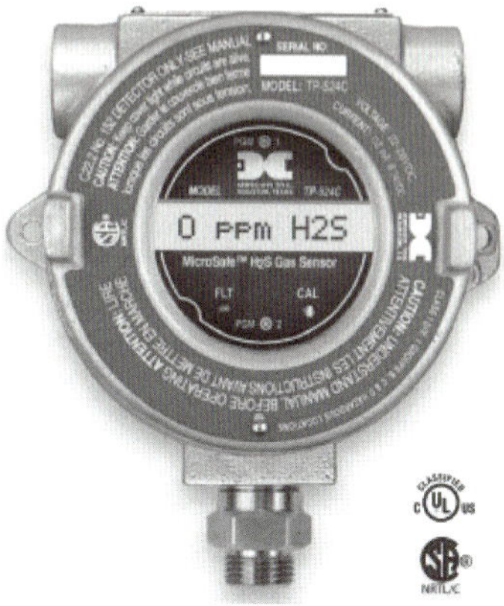

图 5-1-48　硫化氢检测设备

MOS 型的传感器具有很强的抗振性、耐湿性和耐高温性，它与硫化氢气体的反应是可逆的，高浓度的硫化氢气体也不会对传感器造成损伤。

（二）电化学技术硫化氢检测

电化学技术硫化氢检测是根据电化学的工作原理，利用待测气体在电解池中工作电极上的电化学氧化过程，通过电子线路将电解池的工作电极和参比电极恒定在一个适当的电位，在该电位下可以发生待测气体的电化学氧化，由于氧在氧化和还原反应时所产生的法拉第电流很小，可以忽略不计，于是待测气体电化学反应所产生的电流与其浓度成正比并遵循法拉第定律。当探测到硫化氢气体时，在电极上产生一个与气体浓度成正比的电流信号，最后信号变送单元通过对电流信号进行处理来反映出被测硫化氢气体的浓度。

硫化氢传感器使用注意事项：

①按照规范要求定期使用硫化氢气体标样对传感器进行校验检测。

②定期检查传感器探头的防雨罩防止污物堵塞，否则检测灵敏度会降低。

第二节　气测资料解释与应用

气测录井是录井的重要组成部分，是随钻油气发现和评价的重要手段。利用气测录井资料进行随钻油气层评价是每一个录井工作者所必须掌握的技能之一。

近年来，色谱分析技术由常规分析发展到快速分析，改进了气路设计，采用氦气或氢气作载气，使色谱全周期分析时间缩短到 30s 以内。相对于常规色谱分析技术，快速色谱分析技术具有显著特点。

一　快速色谱分析技术的特点

（一）分析时间短，能够进行薄层分析

由于快速色谱仪分析周期短，快速色谱仪采样点密度是常规色谱仪的 8 倍，如果常规色谱仪能分辨出 1m 厚的油层，那么在机械钻速不变的情况下快速色谱仪就能够分辨出 0.125m 厚的油层，对薄层油气层的发现、大套油层中夹层的判断，以及裂缝型油气藏的勘探有着重要意义。快速色谱与常规色谱对比如图 5-2-1 所示。

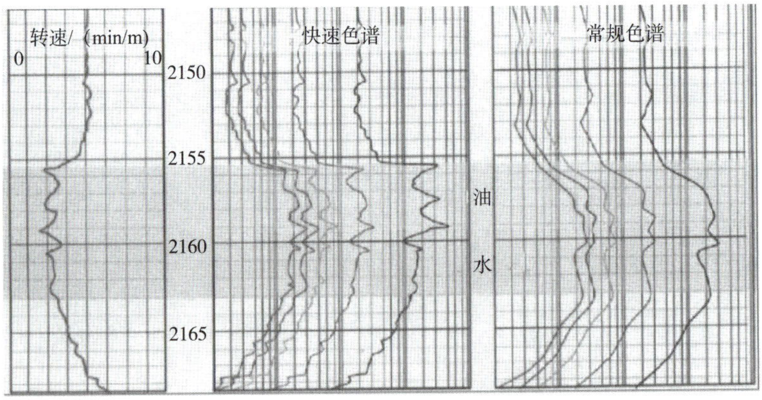

图 5-2-1　快速色谱与常规色谱对比图

（二）水平井地质导向

在不同的储层，其气测值曲线和 W_h（湿度比）、B_h（平衡比）、C_h（特性比）三个比值的曲线各不相同，在目的储层内钻进时，其曲线和数据值应基本保持不变。一旦离开了目的储层，其曲线和数据值就会发生变化，利用这一特征可以进行地质导向。地质导向示意如图 5-2-2 所示。

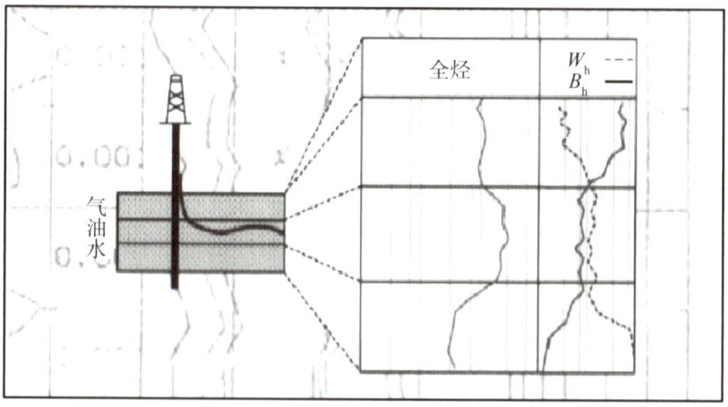

图 5-2-2　地质导向示意图

（三）适用于小井眼快速钻进

为了快速钻进和节约勘探成本，现在不断采用小井眼钻进技术。在快速钻进下，常规色谱无法保证检测精度，而现有的测井仪器由于直径大而无法下入井下，而开发小直径的测井仪器无疑成本巨大，因此快速色谱技术在小井眼快速钻进中意义重大。快速色谱检测裂缝型油气藏示意如图 5-2-3 所示。

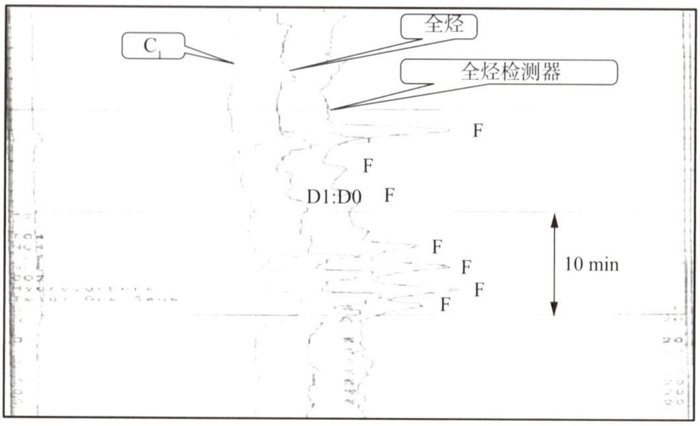

图 5-2-3　快速色谱检测裂缝型油气藏示意图

二　气测录井解释及要求

任何一种气体聚集都力求扩散。由于气体的扩散作用，油气藏上部或周围某一范围内气体浓度增加，而离油气藏远的地方，气体浓度降低到零或为一个微小的数值。

气测资料解释工作的任务是充分利用录井资料进行全面综合的分析判断，详细地指明油气水层所在的井段及厚度，确定异常地层压力层段及压力系数，预报钻井施工中出现的异常或事故，为及时发现和保护油气层、优质高效钻井提供科学依据。

资料解释工作流程：收集相关资料→验收气测录井资料→分析气测资料、分层、选值、计算及现场资料解释→参考相关资料进行气测综合分析及计算机处理→提出解释结论。

（一）划分异常的基本原则

测量参数的变化量或变化趋势符合下列状况（无特殊标准规定）则为异常，必作解释。

①全烃含量大于 0.2%，与围岩基值的比值大于 2 倍的层段为气测异常井段。

②低钻时并且有气测色谱分析资料的井段。

③其他录井方法发现有油气显示的井段。

（二）气测解释井段的分层原则

任一参数检测值异常的井段（点），均为解释井段（点），以全烃含量变化及钻时、岩性进行分层。

1. 砂泥岩地层

对全烃异常显示井段，参照钻时曲线划分解释层的起止深度，对钻时变化不明显的井段，应选择全烃曲线高峰的起止值，尽可能照顾全烃显示幅度。

2. 岩性比较复杂的地层

可根据地质录井资料和测井资料划分解释层的顶底深度。

（三）气测解释流程

①气测资料定性解释以现场录井资料为基础，以气测油、气显示为依据，充分应用全脱气分析资料和随钻气测资料显示确定油气层。

②完钻后根据气测资料、地质录井资料及其他有关资料，提出该井的完井方法和试油意见。在录井现场，具体的解释流程如图 5-2-4 所示。

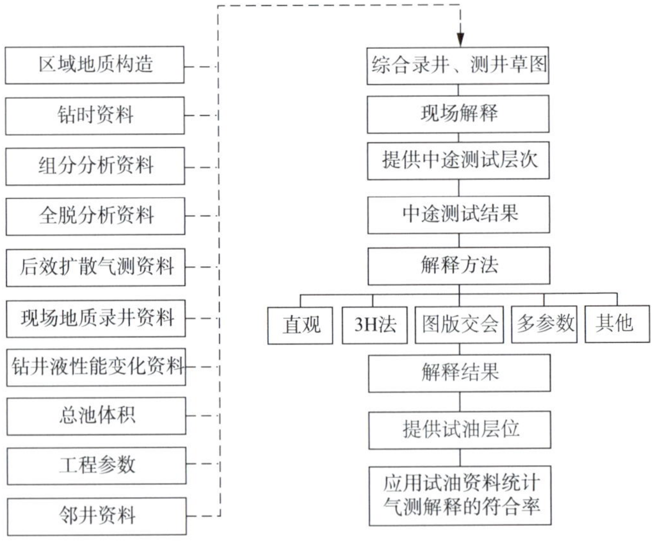

图 5-2-4　气测解释流程图

（1）划分层段

①首先根据钻时曲线划分出具有渗透性地层的厚度。

②然后根据全烃曲线、烃组分分析，划分出储集层的异常井段。

③划分不具备储集层条件而有异常的非储集层异常井段。

（2）读图选取数据

读取原始录井曲线图，选地层信息数据。

（3）初步解释

①图版解释：将读取的数据调入解释图版，进行图版解释评价。

②曲线形态直观判别：应用全烃及组分曲线形态，进行解释评价。

（4）综合解释评价

将图版解释评价结果和曲线形态解释评价结果相结合，综合解释评价。

三 气测录井解释的基本方法

气测录井的理论基础是建立在任何一种气体聚集都力求扩散的基础上。由于气体的扩散作用，在油气藏上部或周围某一范围内发生气体浓度增加的现象，而离油气藏远的地方，气体浓度降低到零或为一个微小的数值。

在地球内部气体的聚集和扩散作用是同时发生的，但是在某一地区不同的地史时期，有时是扩散作用占优势，有时是聚集作用占优势。如果有油气藏存在，说明该区的地史中聚集作用比扩散作用占优势。

相同或相近的地球化学环境，生油母岩会产生具有相似成分的烃，也就是说，同一地区同样性质的油气层产生的异常显示的烃类组分是相似的。如果通过对已经证实的、储层的流体样品进行色谱分析，找出不同性质油、气层烃类组分的规律，那么就可以利用这些规律来对气测资料进行解释，对未知储层所含流体的性质做出评价。

气测录井资料解释以可靠的现场录井资料为基础，以气测录井油气显示为主导，充分利用多种技术分析数据，及时收集、分析油气显示等情况，进行综合解释得出结论。

（一）油、气储集层位置和厚度的确定方法

①根据全烃和钻时确定。在砂质岩层段，对全烃含量值较高井段参照钻时曲线和全烃显示幅度划分油气储集层的起止深度。

②在泥质岩层段，钻时变化不明显时，应依据全烃曲线的高峰起止值划分油气储层的起止深度。

③复杂岩层段，根据地质录井资料和测井资料来归位油气储集层起止深度。

（二）根据烃组成法判断储集层油气性质

1. 常规油气层直观解释要求及方法

常规油气层直观解释要求，应用色谱法分离测定的烃类各组分 C_1、C_2、C_3、i-C_4、n-C_4 等的相对百分含量，根据油气层在本地区的地球化学特征，辅以录井槽面显示情况，视全烃和组分的特征值的相互关系，解释油气水层。

2. 解释依据

在有本地区的解释标准时，以本地区解释标准为依据，无本地区解释标准时，以下面一般显示特征为基本解释依据。

（1）油层

①钻时相对减小（PDC 钻头例外），全烃曲线急剧或显著上升，绝对含量较高，且显示时间大于所钻储层时间；与基值对比系数一般大于 2，含油丰度高时一般为 5~10，少量储层大于 10。

②色谱组分分析各组分均有显示，甲烷相对百分含量在 60%~90%，乙烷、丙烷、异丁烷和正丁烷均明显增高。

③各种烃组分解释图上应显示液态石油的特征。

④岩心或岩屑含油组别在油浸级以上，滴水呈珠状或半珠状，通常分 1~5 级，槽（池）液面观察有油花。

⑤岩心或岩屑荧光照射显示明显，发光产状均匀或较均匀，系列对比级不低于 7 级。

⑥出口钻井液密度下降，温度上升，电阻率增大或电导率降低，黏度相对增大，出口流量相对增大和钻井液总体积增大。

（2）气层

①钻时相对减小（PDC 钻头例外），全烃曲线急剧上升，且显示时间大于所钻储层时间，绝对含量高，与基值对比系数大，含气丰度高时一般大于 10；

②色谱组分分析甲烷相对百分含量在 90% 以上；

③各种烃组分解释图上，应显示天然气特征；

④岩心或岩屑不含油，滴水试验 1~2 级槽（池）面观察气泡较多，取一定量钻井液进行点火试验可见蓝色火苗；

⑤岩心、岩屑荧光照射全面、均匀，或局部呈斑点状、条带状；

⑥出口钻井液密度下降，温度上升，电阻率增大或电导率降低，黏度剧增，出口流量相对增大或减小，钻井液总体积增大。

（3）可能油气层

①钻时相对减小（PDC 钻头例外），气体全量相对增大；

②色谱组分分析各烃组分均有显示；

③各种烃组分解释图上，具有液态石油和天然气的双重特征，但特征不明显；

④岩心或岩屑含油级别为荧光、油斑，滴水多呈半珠形，池面观察无显示，见少量油花或气泡；

⑤岩心或岩屑荧光照射显示较差，发光产状不均匀，多呈星点状，系列对比级 6 级以上；

⑥出口钻井液密度无变化或稍有下降，电阻率或电导率、温度、黏度、出口流量和钻井液总体积无变化或稍有增加。

（4）油水同层

①钻时相对减小（PDC 钻头例外），气体全量相对增大；

②色谱组分分析各烃组分均有显示，甲烷相对百分含量在 50%~90%，重烃组分明显增高；

③各种烃组分解释图上，具有液态石油和水的双重特征，但特征不明显；

④岩心或岩屑含油级别为荧光、油斑，滴水多呈半珠状、扩散状，槽（池）面观察无

显示或见少量油花；

⑤岩心或岩屑荧光照射显示较差，发光产状不均匀，多呈星点状，系列对比级 6 级以上；

⑥出口钻井液密度无变化或稍有下降，电阻率或电导率、温度、黏度、出口流量和钻井液总体积无变化或稍有增加。

（5）水层

①钻时相对减小（PDC 钻头例外），全烃绝对含量极低或无显示，与基值对比系数近于 1，色谱组分分析呈极高的单一甲烷异常显示，无重烃组分或只有极少量乙烷，非烃气体氢气和二氧化碳气体含量明显增高，色谱组分绝对含量极低或无显示；

②在各种烃组分解释图上，显示水的特征，岩心、岩屑无显示或含油级别不高于荧光，滴水呈扩散状，肉眼观察明显含水；

③岩心、岩屑荧光照射无荧光或荧光显示较差，系列对比级低于 6 级；

④出口钻井液密度、黏度相对下降，温度相对升高或无明显变化，电阻率（降低）或电导率（升高）改变明显，出口流量和钻井液总体积相对增大或无变化。

（6）干层

①钻时相对减小（PDC 钻头例外），全烃绝对含量极低或无显示，与基值对比系数近于 1；

②色谱组分分析无显示或呈单一甲烷异常显示，色谱组分绝对含量极低或无显示或重组分相对有一些；

③在各种烃组分解释图上，无液态石油、天然气及水的特征；

④岩心、岩屑无油、气、水显示或只含有少量的沥青及残余油迹，滴水呈扩散状，肉眼观察无明显含水显示；

⑤岩心、岩屑荧光照射无荧光或荧光显示较差，系列对比级低于 6 级；出口钻井液密度、黏度、温度、电阻率或电导率、出口流量和钻井液总体积无变化。

（7）气水同层

全烃显示、烃组分相对含量、岩屑显示等与气层显示基本相同，但气测显示时间小于所钻储层时间，典型气、水同层的气测曲线如图 5-2-5 所示。

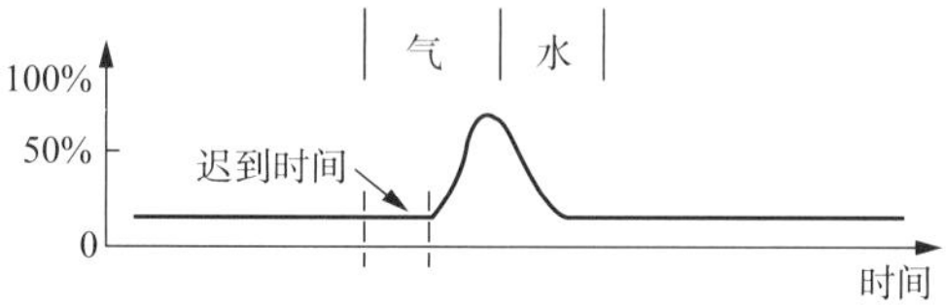

图 5-2-5　典型气、水同层的气测曲线图

（8）含油水层

全烃显示、烃组分相对含量、岩屑显示等低于油、水同层显示，显示时间小于所钻储集层时间，岩屑一般为含油级别较低的油砂。

四 气测录井资料的影响因素

在录井过程中，气测录井资料受到来自地层因素的影响、来自钻井技术条件的影响和录井技术自身条件的影响。在进行气测录井资料油气层纵向连续解释评价时，首先要分析影响录井资料的因素。

（一）地质因素的影响

1. 天然气性质和成分

石油天然气的密度越小，轻烃成分越多，气测显示越好，反之越差。

对于热导池鉴定器，天然气中若含有二氧化碳、氮气、硫化氢、一氧化碳等气体时，由于它们的热导率低于空气，仪器读数为负值，会使气体全量减小；若有大量氢气存在，由于氢气的热导率约是甲烷的五倍，会引起气体全量大幅度增加。

对于氢火焰离子化鉴定器，当地层气成分与标定仪器时的气体组成相差太大时，会产生较大的显示误差。

2. 储层性质

当储层厚度、孔隙度、含气饱和度越大时，钻穿单位体积岩层进入钻井液的油气越多，油气显示越好，反之油气显示越差。

3. 地层压力

若井底为正压差，即钻井液柱压力大于地层压力时，进入钻井液的油气仅是破碎岩层而产生的，因此显示较低。对于高渗透地层，当储层被钻开时，发生钻井液超前渗滤，钻头前方岩层中的一部分油气被挤入地层，因此气显示较低。正压差越大，地层渗透性越好，气显示越低，甚至无显示。若井底为负压差，即钻井液柱压力小于地层压力时，进入钻井液的油气除破碎岩层而产生外，井筒周围地层中的油气在地层压力的推动下，浸入钻井液，形成高的油气显示，且接单根气、起下钻气等后效气显示明显。钻过油气层后，气测曲线不能恢复到原基值，而是保持高显示，从而使气测曲线基值升高。负压差越大，地层渗透性越好，气显示越高，严重时会导致井涌、井喷。

4. 上覆油气层的后效

已钻穿的油气层中的油气，在钻进过程中或钻井液静止期间浸入钻井液，使气显示基值升高或形成假异常，如接单根气、起下钻气等。

（二）钻井条件的影响

1. 钻头直径

当其他钻井条件不变时，钻头直径越大，单位时间内破碎的岩石体积越大，钻井液与地层接触面积越大，因此，气显示越高。

2. 机械钻速

当其他钻井条件不变时，机械钻速越大，单位时间内破碎的岩石体积越大，钻井液与地层接触面积越大，因此，气显示越高。反之，气显示越小。钻井取心时，由于机械钻速小，破碎岩石少，故气测显示低。

3. 钻井液密度

钻井液密度越大，液柱压力越大，井底压差越大，反之，井底压差越小。

4. 钻井液黏度

黏度大的钻井液对天然气的吸附和溶解作用强，故脱气困难，气显示低。黏度越大，气显示越低。

5. 钻井液流量

钻井液流量增加，钻井液在井底时间短，地层流体通过扩散和渗滤方式进入单位体积钻井液中的含量减少，但单位时间通过脱气器的钻井液体积增加，因此对气显示的影响不大。

6. 钻井液添加剂

部分钻井液添加剂，如铁铬盐、磺化沥青等，在一定条件下可以产生烃类气体；钻井液中混入原油或成品油，会使钻井液中石油、天然气含量急剧增大。这些均可造成假异常。

（三）脱气器安装条件及脱气效率的影响

不同类型的脱气器脱气原理和效率不同，因此气显示高低不同。脱气效率越高，气显示越高。脱气器的安装位置及安装条件也直接影响气显示的高低。电动脱气器可直接搅拌破碎循环管路深部的钻井液，但安装高度过高或过低都会降低脱气效率，甚至漏失油气显示。

（四）气测仪性能和工作状况的影响

气测仪的灵敏度、管路密封性好坏及标定是否准确都将对气测显示产生重大影响。因此必须保证仪器性能良好，工作正常。

综合分析影响气测录井资料的主要因素，对分清资料真伪是十分重要的。录井中要根据具体情况，消除影响，取全、取准各项资料。

五 常用气测资料解释方法

钻井液录井中烷烃色谱分析对确定储集层流体性质和生产能力起了重要作用。但直接应用从仪器中分析出来的天然气组分对储集层流体性质和产能进行评价是困难的。

在油气层解释评价过程中，对于某个地区来说，在掌握了大量的油气层试油资料的基础上，运用统计学的方法，寻求该地区油气层的特征，运用不同的算法，对统计数据进行图版交绘，得到油气层解释评价图版，以此作为油气层图版解释评价依据，这种方法叫作图版解释评价油气层方法。常用的气测资料解释方法有皮克斯勒（Pixler）烃比值法、烃类比值三角图版法、烃类比值统计图版解释法。

（一）皮克斯勒（Pixler）烃比值法

该方法是利用色谱分析的烃类组分比值 C_1/C_2、C_1/C_3、C_1/C_4、C_1/C_5 的大小，采用对数比值图版来判断油气层的性质，如图 5-2-6 所示。

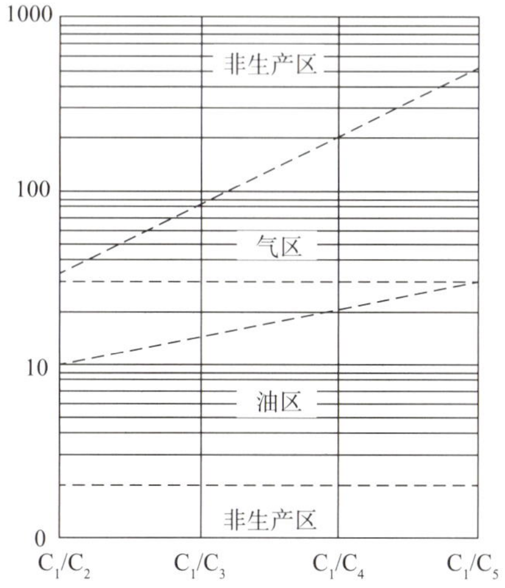

图 5-2-6 气测比值图版

1. 标准图版的制作

制作适合一个地区的标准图版，是气测比值图版解释的基础。根据已知性质的储集层的流体样品的资料，以 C_1/C_2、C_1/C_3、C_1/C_4、C_1/C_5 为横轴制作一个图版，并在气测比值图版上划分区域。

2. 解释方法

标准图版一般分为三个区，其上部、下部为无产能区（非生产区），中部为油区或气区，见表 5-2-1。

表 5-2-1　皮克斯勒烃比值法区带划分值表

烃类组分比值	油区	气区	非生产区
C_1/C_2	2~10	10~35	＜2 及＞35
C_1/C_3	2~10（14）	14~82	＜2 及＞82
C_1/C_4	2~10（21）	21~200	＜2 及＞200

一般地，有如下规律：

①油区：C_1/C_2=2~10；
C_1/C_3=2~14；
C_1/C_4=2~21。

②气区：C_1/C_2=10~35；
C_1/C_3=14~82；
C_1/C_4=21~200。

③无产能区：$C_1/C_2 < 2$ 或 $C_1/C_2 > 35$；
$C_1/C_3 < 2$ 或 $C_1/C_3 > 82$；
$C_1/C_4 < 2$ 或 $C_1/C_4 > 200$。

④被解释地层的烃比值点，尤其是 C_1/C_2 点落在哪一个区带内，该层即为那种流体储层，C_1/C_2 值越低说明流体含气越多或油的密度越低，若 C_1/C_2 值低于 2，则该层为干层。

⑤只有单一组分 C_1 显示的层段是干气层的显示特征，但过高的 C_1 单一组分显示段往往是盐水层。若只有 C_1 则是气区，C_1 很高则为盐水层。

⑥若在油区内 C_1/C_2 比值点较低落在油区底部，或在气区内 C_1/C_2 较高，而 C_1/C_4 比值点落在气区顶部，该层可能为非生产层，则无产能。

⑦如果任一比值（使用混油钻井液是 C_1/C_5 比值除外）低于前一个比值，则该层可能是非生产层，如 $C_1/C_4 < C_1/C_3 < C_1/C_2$ 可能为含油水层。

⑧各烃比值点连线的倾斜方向能指出储集层是产烃还是产水，若曲线斜率为正倾斜（左低右高）是生产层，则有产能；若曲线斜率为负倾斜是含水层，低产液量的储层可能显示为负倾斜（但罕见），则无产能。

将气测取得的色谱组分比值数据在图版上画出曲线，曲线落在哪个区域，储集层则属于什么性质，气体比值图版成果如图 5-2-7 所示。

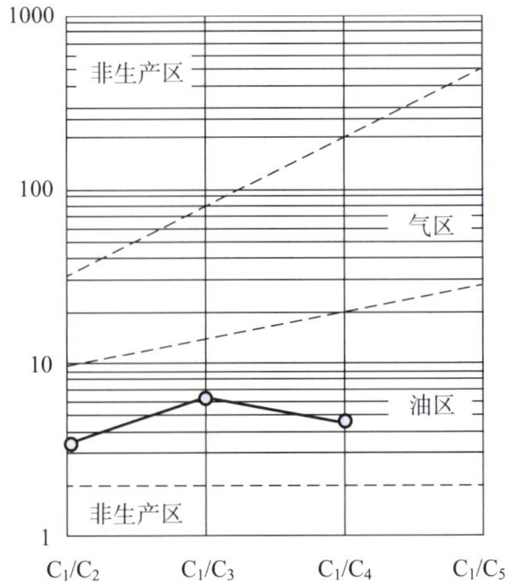

图 5-2-7　气体比值图版成果图

（二）烃类比值三角图版法

烃类比值三角图版法是 20 世纪 60 年代初期建立起来的气体解释方法，该图板由三角形坐标系和三角形内价值区组成。三角形坐标实质上是极坐标，其中极角为 60°，极边为 20 个单位构成的等边三角形。等边三角形 3 个顶点分别为坐标系的零点，三角形基础图版各轴上逆时针分别对应 C_2/TG（$\sum C$）、C_3/TG（$\sum C$）、C_4/TG（$\sum C$）的刻度值，结合烃组分统计分析，将 C_4/TG（$\sum C$）刻度值由 n–C_4/TG（$\sum C$）取代。烃类比值三角图版如图 5–2–8 所示。

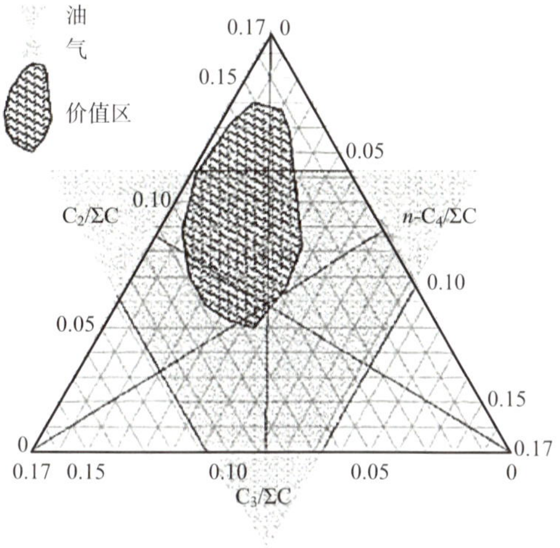

图 5–2–8　烃类比值三角图版

1. 标准图版的制作

这一方法是用减去背景值后的 C_1、C_2、C_3、i–C_4、n–C_4、TG［$TG=C_1+2\times C_2+3\times C_3+4\times(i\text{–}C_4)+4\times(n\text{–}C_4)$］值，计算出 C_2/TG、C_3/TG、n–C_4/TG 三个比值，作出一个三角形烃组分比值图，如图 5–2–9 所示。图 5–2–8 三角形中虚线所圈闭的 S 区域是有油气价值的价值区也称“生产区”，按 C_2/TG 值做一条平行于 C_3/TG 标轴的直线，按 C_3/TG 值做一条平行于 n–C_4/TG 标轴的直线，按 n–C_4/TG 值作一条平行于 C_2/TG 标轴的直线，三线相交构成一个三角形，将此三角形的三个顶点与相应标轴的 0 点连线，得到三条线的交点 M。

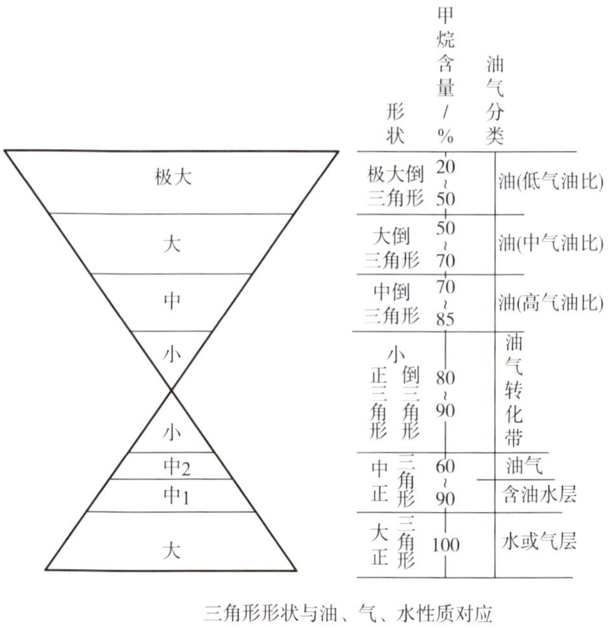

图 5–2–9　烃类比值三角图版划分值图

2. 解释方法

将三角形坐标系的顶点分别与内三角形的顶点对应相连，其连线交于一点 M，此点在三角形解释图版法中称为价值点，由已验证的多个层位的价值点 M 构成价值区，可用于评价油气显示层有无生产能力。解释时，根据三角形顶尖的指向和 *M* 点在解释图中的位置来判断储层内流体的性质，如图 5–2–10 所示。

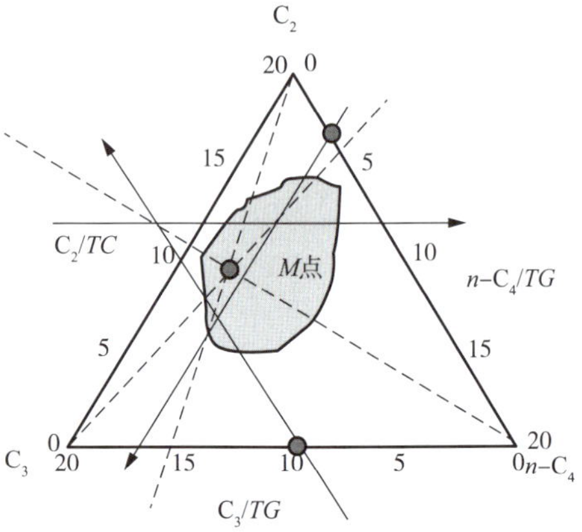

图 5–2–10　烃类比值三角图版

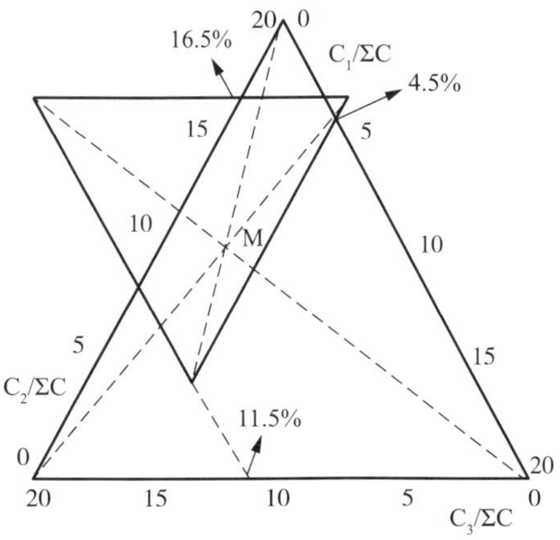

图 5–2–11　烃类比值三角图版成果图

烃类比值三角图版基本解释原则如下：

①若内三角形顶点朝上为正三角形，朝下为倒三角形；内三角形边长与三角形图版的边长比值小于 25% 为小三角形，25%~75% 为中三角形，75%~100% 为大三角形，大于 100% 为极大三角形。正三角形指示气层，倒三角形指示油层。烃类比值三角图版划分值见表 5–2–2。

表 5–2–2　烃类比值三角图版划分值表

分类	三角形形状	甲烷 /%	S 区
油类	中、大、倒（低油气比油层）	60~70	内
油气转化带	小倒（高油气比油层）或小正（湿气层）	70~80	内
油气（气）	中、正	80~90	内
重质油	大、正	90~95	内
干气	大、正（干气层）	90~100	内

②内三角形为大三角形表示气体来自干气层或低油气比储集层，为小三角形表示气体来自湿气层或高油气比油层。

③如图 5–2–10 所示，若 *M* 点落在 S 价值区内，则认为其组分符合正常的地球化学指标，该储集层有生产价值；反之，若 *M* 点落在 S 区以外，则其组分异常，则可能是水层中的溶解气残余烃，无生产能力。

举例：烃类比值三角图版作图方法。

已知：某解释层的组分含量为 $C_2/\Sigma C$=16.5%、$C_3/\Sigma C$=11.5%、*n*–$C_4/\Sigma C$ =4.5%，试作组分三角形图。

作图步骤：

作正三角形（称外三角），各边分别为 $C_2/\Sigma C$、$C_3/\Sigma C$、*n*–$C_4/\Sigma C$ 百分值坐标轴，如图 5–2–11 所示。某解释层的组分含量为 $C_2/\Sigma C$=16.5%、$C_3/\Sigma C$=11.5%、*n*–$C_4/\Sigma C$=4.5%，将

各比值在对应的轴上标出，然后通过轴上的点作各相应坐标轴原点相邻底边的平行线，组成小三角形（称内三角），连接内、外三角形的相对顶角，交于 *M* 点。

（三）烃类比值统计图版解释法

烃类比值统计图版解释法同前面不一样，它处理的数据来自联机录井数据库，一次可处理多个井段的色谱资料，它用于对有意义的储集层的性质和油气演变情况进行分析。

1. 标准图版的制作

如图 5-2-12 所示，烃类比值统计图版的横轴为 1000×（C_3/C_1）、纵轴为 1000×（C_2/C_1），图上用长线标出了储集层油气组成的划分区域。横轴的下面为各划分区域对应的油气组成组分，分别为干气区、凝析油区、油气水混合物区、油区、气区、氧化油或沥青区。划分区域是根据大量已经证实的油气资料而定的。

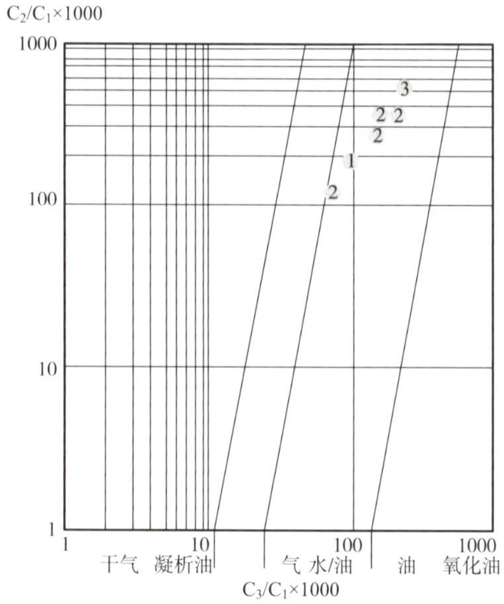

图 5-2-12　烃类比值统计图版

在气测组分中，一旦出现 C_3 即可使用对数图版解释地层含油、气类型。若使用统计图版则作图必须是有意义的气显示层段，每层 C_1、C_2、C_3 门限（这些值对于被研究和处理的气体组分来说是最小的），应根据各层的具体情况设置。

本气测解释方法对数图版与统计图版使用的默认解释规则如下：

干气、天然气—凝析油区间分割线为（11，1）—（44，1000）；

天然气—凝析油、伴生气—石油区间分割线为（22，1）—（88，1000）；

伴生气—石油、向氧化油过渡区间分割线为（120，1）—（480，1000）。

2. 解释方法

将 C_2/C_1 与 C_3/C_1 的比值，分别乘以 1000 后，点绘在对数交汇评价图上，评价图上分别划出四个区代，储层流体的性质自左至右依次为：

A 区：溶解于水中的干气；

B 区：天然气→凝析油；

C 区：伴生气→油；

D 区：向氧化油过渡。

若某井段的点大多数落在某一区域，则说明该井段的油气主要成分为对应的成分。

（四）地层含气量图版解释方法

所谓地层含气量就是在地层条件下，每钻进单位体积岩石所释放出的气体体积。破碎单位体积岩石气体体积量的变化，反映出岩石相对孔隙度的变化和岩石中含气饱和度的变化。

理论基础：假设已知显示段的天然气值与该显示段的岩石破碎体积有直接关系。在钻穿两个完全一致的储集层时，由于钻速、钻井液排量、钻头直径（不考虑无法控制的因素）的不同，其烃显示将有较大的差别，地层含气量图版解释法的关键是对烃显示进行标准化，消除钻时、钻头和钻井液排量等因素的影响，求出地层含气量。因此，对同一井中不同深度含气量的变化进行对比，可判断油、气、水层。

1. 标准图版的制作

地层含气量图版以钻井液含气量为横坐标，地面含气量为左纵坐标作图版，地层含气量由右纵坐标三个参数组成。

①钻井液含气量：是指钻井液中经校正后气体的真实含量，用 G 表示。

$$G = X \times (D / b) \tag{5-2-1}$$

式中 G—— 钻井液含气量；

X—— 各组分浓度之和，$X=C_1+C_2+C_3+C_4$；

D—— 钻井液蒸馏后所收集的气样量（脱气量），mL；

b—— 蒸馏时所用钻井液量，一般取 250mL。

②地面含气量：指破碎单位体积岩石释放出的气体在地面所测量得到的体积，用 $\underline{C}$ 表示。

$$\underline{C} = 0.01 \times G \times \left[Q \times T(\pi / 4) \times d^2 \right] \tag{5-2-2}$$

式中 $\underline{C}$—— 地面含气量；

Q—— 钻井液排量，m^3/min；

T—— 钻时，min/m；

d—— 钻头直径，m；

G—— 钻井液含气量。

③地层含气量：实际意义上指在地层温度、地层压力条件下，每钻进 1m^3 岩石所得到的烃类气体体积，也可以称为地面含气量经气体压缩系数校正后得到的结果，用 C 表示。

$$C = B \times \underline{C} \times 100 \tag{5-2-3}$$

式中 C—— 地层含气量；

$\underline{C}$—— 地面含气量；

B—— 气体压缩系数，一般经验值取 0.004~0.005。

2. 解释方法

①当钻井液含气量在 0~0.02 时为极低值区域，图版上一般为水区；

②当钻井液含气量在 0.02~0.15 时为低值区域，图版上一般为水区和油水过渡带；

③当钻井液含气量在 0.15~2 时为中值区域，图版上一般为油区；

④当钻井液含气量在 2~20 时为高值区域，图版上一般为油气过渡带；

⑤当钻井液含气量在 20~100 时为极高值区域，图版上一般为气区。

地层含气量图版解释如图 5-2-13 所示。

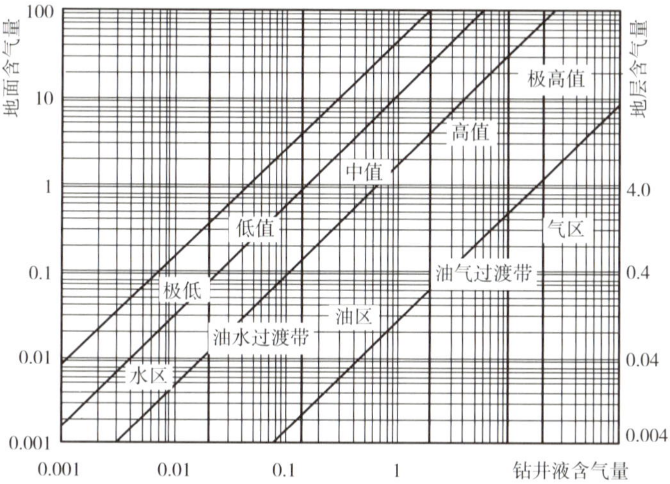

图 5-2-13 地层含气量图版

（五）烃气湿度值法（3H 轻质烷烃比值法）

本法是以皮克斯勒法为基础，它引用了烃湿度值 W_h、烃平衡值（也叫对称值）B_h 和烃特征值 C_h 三个参数，如图 5-2-14 所示。

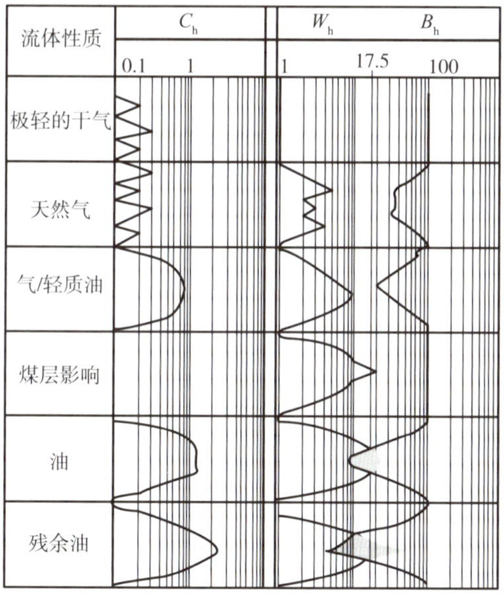

图 5-2-14 3H 轻质烷烃比值法图

1. 烃湿度值（W_h）

烃湿度值是重烃与全烃之比，它的大小是烃密度的近似值，是指示油气基本特征类型的指标。计算公式如下：

$$W_h = \frac{C_2 + C_3 + i\text{-}C_4 + n\text{-}C_4 + C_5}{C_1 + C_2 + C_3 + i\text{-}C_4 + n\text{-}C_4 + C_5} \times 100\% \quad (5\text{-}2\text{-}4)$$

2. 烃平衡值（B_h）

烃平衡值反映气体组分的平衡特征，可以帮助识别煤层效应。因为煤层气含有大量 C_1 和 C_2，故在其分子上设置这两个数，可以把煤气显示和石油显示区别开。

$$B_h = \frac{C_1 + C_2}{C_3 + C_4 + C_5} \quad (5\text{-}2\text{-}5)$$

3. 烃特征值（C_h）

烃特征值是对以上两种比值的补充，解决使用以上两种比值时出现的模糊显示。三种比值参数要组合使用。

$$C_h = \frac{C_4 + C_5}{C_3} \quad (5\text{-}2\text{-}6)$$

式中，C_1~C_5 系各烷烃所测含量，C_4 与 C_5 包括所有的同分异构体。

由表 5–2–3 中可直观地看出烃气湿度值法划分区带示意，其解释规则如下。

表 5-2-3　烃气湿度值法区值划分表

序号	项目参数	W_h	W_h，B_h	W_h，B_h，C_h
1	分区值	$W_h < 0.5$	$W_h < 0.5$，$B_h > 100$	
	解释	该区含有极轻的、非伴生的天然气，但开采价值低	该层仅含有极轻的没有开采价值的干气	
2	分区值	$0.5 < W_h < 17.5$	$0.5 < W_h < 17.5$ $W_h < B_h < 100$	
	解释	该区为有开采价值的天然气且天然气的湿度值随 W_h 值增大	该层含有可采的天然气同时 W_h 的值与 B_h 值二者越接近（W_h 越大 B_h 越小），则表明所含天然气的湿度和密度越大。 可产气层	
3	分区值	$17.5 < W_h < 40$	$0.5 < W_h < 17.5$ $B_h < W_h$	$0.5 < W_h < 17.5$ $B_h < W_h$，$C_h < 0.5$
	解释	该区为有开采价值的油层且油的相对密度随 W_h 的减小而降低	该层含有可开采的凝析气或者该层为低相对密度、高油气比油层	该层含有可采的湿气或凝析气
4	分区值	$W_h > 40$	$17.5 < W_h < 40$ $B_h \leq W_h$	$0.5 < W_h < 17.5$ $B_h < W_h$，$C_h > 0.5$
	解释	该区可能含有低开采价值的重油或残余油	含有可开采价值的石油（两条曲线汇聚的时候，石油相对密度降低）。 可产油层	可产低相对密度或高油气比油
5	分区值		$17.5 < W_h < 40$ $B_h \ll W_h$	
	解释		含有无开采价值的残余油	

①首先由烃的 W_h 为被解释层定性并估计其开采价值。

（a）若 $W_h < 0.5$ 则该层段含有极轻的、非伴生的天然气，但开采价值低。

（b）若 W_h 值在 0.5~17.5，则该层段有有开采价值的天然气，且气体湿度随 W_h 的增大而增大。

（c）若 W_h 值在 17.5~40，则该层为有开采价值的油层，油的相对密度随 W_h 增大而增大。

（d）若 $W_h > 40$，则该层段含有低开采价值的重油或残余油。

②由 B_h 和 W_h 一起做进一步的解释，提高其准确性。

（a）若 $W_h < 0.5$ 且 $B_h > 100$，该层仅含极轻的无开采价值的干气。

（b）若 $0.5 < W_h < 17.5$，$W_h < B_h < 100$，则该层含有可采天然气，同时 W_h 与 B_h 越接近（W_h 越大，B_h 越小），则表明天然气的湿度和密度越大。

（c）若 $0.5 < W_h < 17.5$，且 $W_h > B_h$，则该层含有开采价值的凝析气或者该层为低相对密度、高油气比油层。

（d）若 $17.5 < W_h < 40$，且 $W_h \geqslant B_h$，则该层为可开采价值的油层，同时 W_h 上升，B_h 下降且相差越大，油的密度越大。

（e）若 $17.5 < W_h < 40$，且 $B_h \ll W_h$，则该层为无开采价值的残余油。

③当 W_h 值和 B_h 值表示为气或油时，依第三个比值 C_h 分辨流体是气还是油伴生的气，更细致地为被解释层定性。

（a）若 $0.5 < W_h < 17.5$，$B_h < W_h$ 和 $C_h < 0.5$，该层含有可采的湿气或凝析气。

（b）若 $0.5 < W_h < 17.5$，$B_h < W_h$ 和 $C_h > 0.5$，则该层含有可开采的低相对密度和高油气比的油。

注：只有在 W_h 和 B_h 解释含气时，才能应用 C_h 值做进一步说明。

3H 轻质烷烃比值录井如图 5-2-15 所示。

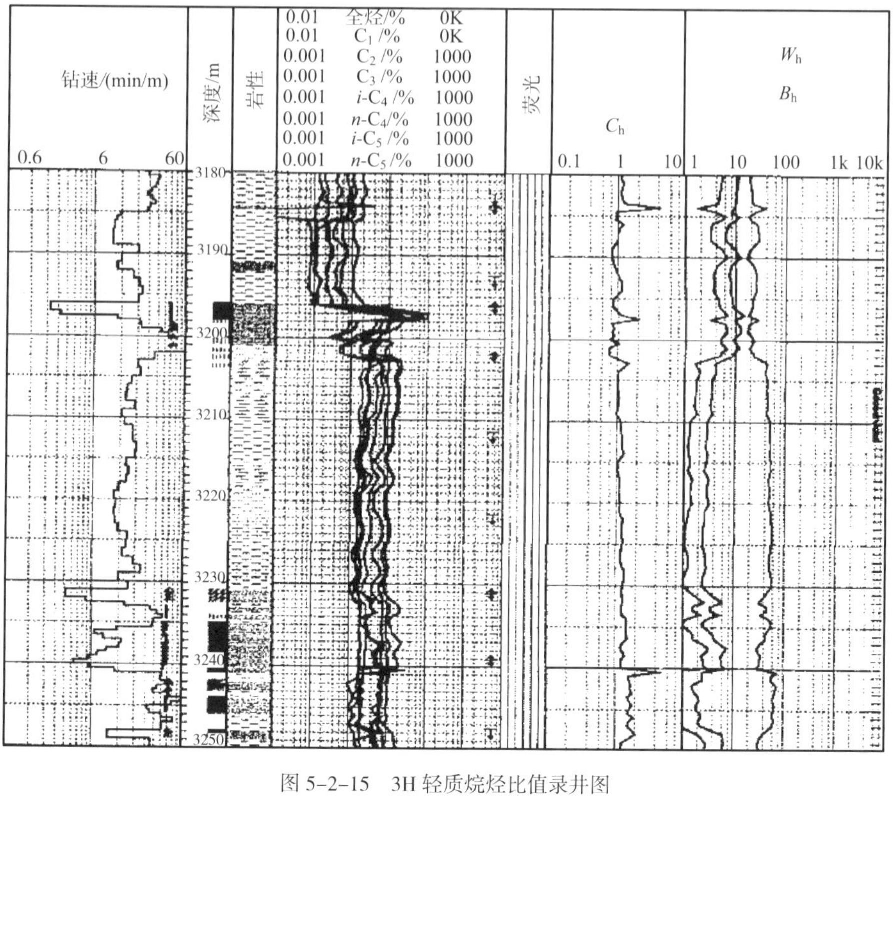

图 5-2-15　3H 轻质烷烃比值录井图

（六）全烃曲线形态法

全烃曲线是所有井筒测量手段中唯一一条实时检测地层烃类气体的连续曲线，它的高低及曲线形态直接反映了油气在纵向上的变化情况，所以通过全烃曲线峰形也可对储层流体性质做出初步判断。

通过对大量资料进行分析，提取出了以下七种类型：饱满形、欠饱满形、单尖峰、波浪形、指状、倒三角形、正三角形。

饱满形、单尖峰、波浪形、指状的一般不含水；欠饱满形、正、倒三角形的以水为主。

1. 饱满形

显示厚度与储层基本等厚。油气充满整个储层，一般解释为油层、油气层，如图 5-2-16 所示。

2. 欠饱满形

显示厚度小于储层厚度。含油不饱满，上油下水，解释为油水同层、含油水层，如图 5-2-17 所示。

3. 单尖峰

曲线快起快落。多出现在碳酸岩、致密砂岩、泥岩，为裂缝型显示。差油层、干层如图 5-2-18 所示。

4. 波浪形

全烃曲线呈波浪形。储层物性不均，含泥质条带。油层、差油层如图 5-2-19 所示。

5. 指状

曲线大起大落，波峰与波谷幅度差较大，类似人的手指，有夹层、差油层，如图 5-2-20 所示。

6. 倒三角形

曲线前沿陡后沿缓，高点在上部。顶部有少量游离气，呈油（气）帽特征，含油水层、含气水层如图 5-2-21 所示。

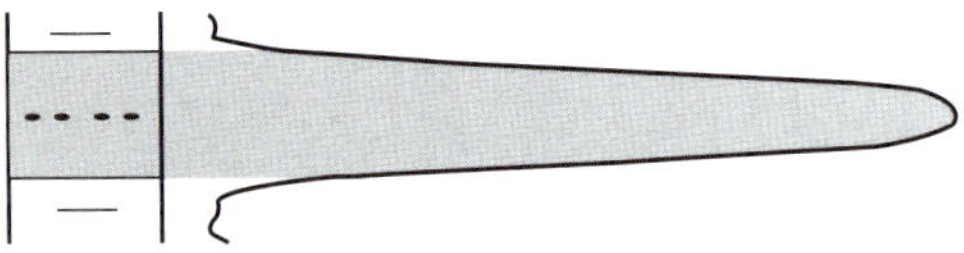

图 5-2-16　全烃曲线饱满形图

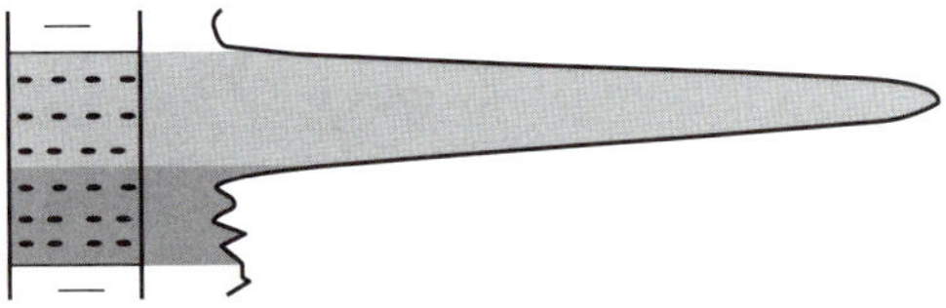

图 5-2-17　全烃曲线欠饱满形图

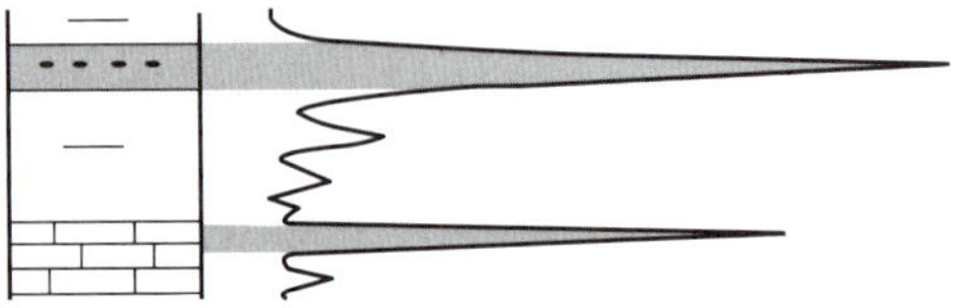

图 5-2-18　全烃曲线单尖峰形图

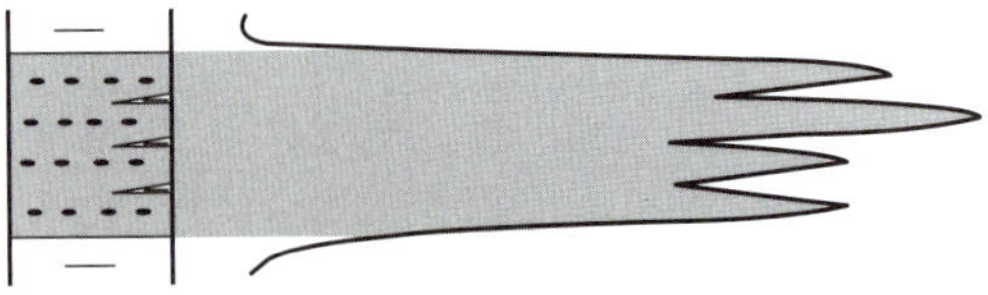

图 5-2-19　全烃曲线波浪形图

7. 正三角形

曲线前沿缓后沿陡，高点在下部，呈正三角形。水中溶解的气欠饱和，顶部无游离气，如图 5-2-22 所示。

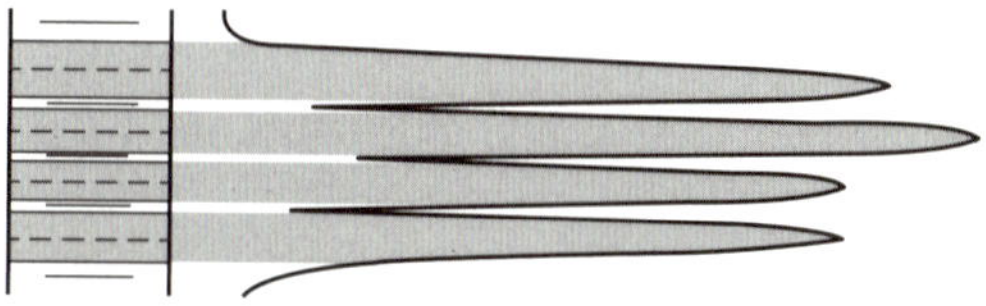

图 5-2-20　全烃曲线指状图

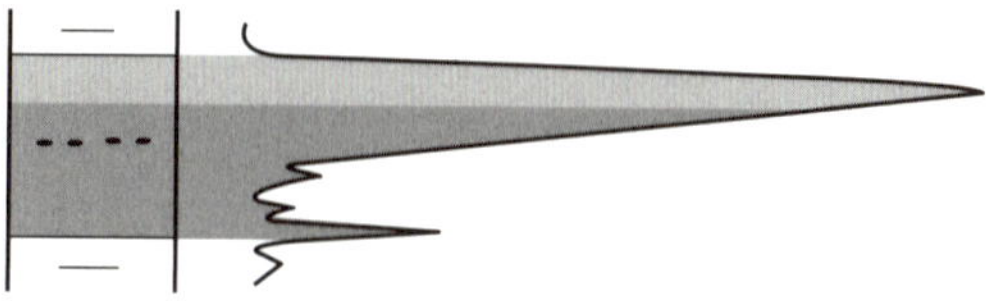

图 5-2-21　全烃曲线倒三角形图

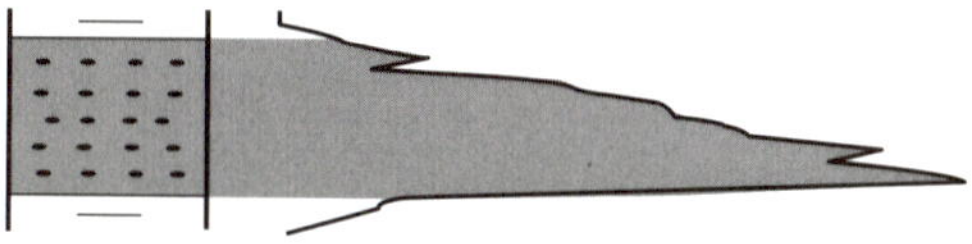

图 5-2-22　全烃曲线正三角形图

（七）轻重烃比值法（C_1/C_2^+）

利用公式 $C_1/C_2^+=C_1/(C_2+C_3+C_4+C_5+C_6)$，式中 $C_2^+=C_2+C_3+C_4+C_5+C_6$，依据表 5-2-4 中所列标准确定储层内的流体性质。

（八）乙烷与丙烷比值法（C_2/C_3）

此种方法是检测异常地层力的辅助依据，这是由于孔隙压力增大，异常压力地层的地温升高导致源物质成熟度增加并促成重质气体大量地或有选择地扩散，从而形成异常压力井段 C_1/C_2、C_2/C_3 值减小，或用 C_2/C_3 值判断地层内的流体性质，其做法是：将 C_2/C_3 值乘以 10 以后，依据表 5-2-5 所列标准确定储层内的流体性质。

表 5-2-4　C_1/C_2^+ 比值法流体性质划分表

C_1/C_2^+	流体性质
＜5	与油有关的天然气
5~10	油层气，凝析气
10~15	凝析气，干气
15~25	干气
＞25	干层

表 5-2-5　C_2/C_3 比值法流体性质划分表

$10\times C_2/C_3$	流体性质
＜20	伴生气至油
20~30	湿气至凝析油
30~40	凝析油至干气
40~50	干气至干层
＞50	干层

（九）同源系数法

这种方法是由 $i\text{-}C_4/n\text{-}C_4$ 或 $i\text{-}C_5/n\text{-}C_5$ 的两个比值来确定油气层的，这两个比值叫作同源系数比值，也叫异构比值。引起异构比值差异的原因：一是生油气母质类型的不同；二是由于异构烷烃总的地球化学特征是随着演化发展朝着正构烷烃减少方向变化的。由此认为：具有相同母质类型和成熟度的油气异构比值应该相同或接近；反之，异构比值不同的油气，其生油母岩类型和成熟度则不同。为此，气测录井解释中也用此方法做定性解释。

其定性解释指标见表 5-2-6。

表 5-2-6　丁烷同源系数比值法定性解释指标表

同源系数比	油层	凝析气层	气层
$i\text{-}C_4/n\text{-}C_4$	＜1.54	1.54~1.82	＞1.82

在实际录井过程中，$n\text{-}C_4$、$i\text{-}C_4$、$n\text{-}C_5$、$i\text{-}C_5$ 均要求大于 0.05%，油气层，特别是气层组分出全较少，而且重组分含量较低甚至没有，在实时录井过程中又受工程、采集、记录

等因素的影响，因此误差较大，在这种情况下，用该方法来寻找两比值与油气水层的关系变得十分困难。统计表明，用该方法来判断储层流体性质，绝大部分都是油层，达不到区分地层流体的目的。

六 油气水层综合解释

钻井的根本目的是找油、找气，要找油、找气就必须取全取准各项地质资料。油、气、水层的综合解释是完井地质资料整理的主要内容之一。通过分析岩心、岩屑等各种录井资料、分析化验资料、测井资料，找出录井信息、测井物理量与储层岩性、物性、含油性之间的相关关系，结合试油成果对地下地层的油气水层进行判断，并对其工业价值或储层流体性质作出定性评价，为选择测试层位提供重要依据，是综合解释的最终目的。

油、气层解释合理，能够反映地下实际情况，就能彻底解放油、气层，把地下的油、气资源开采出来为人类服务；反之，如果解释不合理，就可能“枪毙”油、气层，使地下油、气资源不能开采出来，或者延期开采，以致影响整个油、气田的勘探开发。可见，做好油、气层的综合解释，是一项十分重要的工作。

（一）储集层的划分

以钻时、*dc* 指数、岩性及分析化验资料为主划分储集层。

（二）显示层的划分

根据气体全量（烃）、岩屑及岩心含油显示等资料划分油气显示井段，并根据地层压力变化、钻井液性能变化及地层含气量等资料综合评价油气显示井段。

（三）流体性质的确定

应用气体烃组分比值、岩（心）屑含油气级别及含水性、地球化学录井成果等，结合非烃气录井资料、钻井液参数（密度、温度、电阻率、体积、黏度）的变化和槽面油气显示，应用计算机软件综合评价划分流体性质。常用的油气划分的方法有三角图版法、比值图版法、3H 法等。

（四）油气层计算机解释系统

油气层计算机解释系统是在人工经验及烃类比值图版解释的基础上，研究出来的一种新的气测井油气层参数评价技术，目前在国内外气测录井行业中较为先进。

具有以下四个特点：

①采用多参数，不仅包括烃类比值，也采用烃组分浓度及有关的地质参数，这些参数较全面地反映了油气特征。

②逐一将两种不同流体应用于费歇尔（Fisher）准则，用大量的已知井建立判别模型，求取判别向量。该方法准确地计算了各种参数在两两判别中的权数，大大提高了判别效果。

③以标准化校正公式及分类和比值等方法进行了参数校正，适应性强。

④系统操作简单，解释周期短。

七 气测资料识别

（一）单根峰、停开泵影响峰识别

所谓单根峰、停开泵影响峰一般都出现在钻开油气层之后，工程施工接单根或停开泵经迟到时间之后而出现的一个气测异常。全烃曲线的形态较单一，上升的速度与下降的速度均较快，多为单尖峰，峰低但形态特征较明显；烃组分分析值一般与钻开油气层时的组分结构形态相同，但重烃含量相对较少。

（二）后效第二周影响峰识别

后效第二周假异常一般出现在后效峰之后的一周时间加上钻井液在外循环设备中流动的时间，一周时间是可以通过迟到时间的计算而得到的，关键是钻井液在外循环设备中流动的时间不好确定，通常是取少许可悬浮的物资，从钻井液出口投入，跟随其并观察到达钻井液入口罐的时间，但也存在问题，现场一般将该时间取为 10~20min 即可。

后效第二周假异常的全烃曲线形态跨度较大，上升的速度与下降的速度均较慢，峰值较后效值低许多；烃组分分析多以重烃含量为主，轻烃含量明显减少。

（三）VMS 取样不到位识别

1. 薄层造成的取样不准

很多薄储层（1~2m）、碳酸岩地层裂缝显示等，一般不足 1m，它们表现在全烃曲线上为快起快落的尖峰，高峰持续时间很短，管路延迟时间一般为 2~3min，而全烃出到高峰、变换衰减挡次、进行色谱分析、记录等需要一定的时间，然后拿取样器到高架槽灌取钻井液又要一定时间。多年的现场经验告诉我们，从发现气测异常到灌满钻井液瓶，这段时间少于 5min 则很难保证取到显示高点上，多数情况下是取在了下降段，甚至是基值上。取在下降段尚能反映储层性质，还有参考价值，而取在基值上则与储层性质就相差甚远了，如若引用这样的资料进行解释必然会导致失误。

2. 取样不满造成的 VMS 不准

根据区域现场，不同取样使用不同种类的取样瓶，有些取样瓶瓶口小，灌样缓慢。当钻过好的油气层后，由于地层压力较高，气侵较为厉害，钻井液里浸有大量的气泡。灌取样品时看着瓶内已经满了，但当静置一段时间后会发现钻井液只剩下多半瓶，这是气泡破碎留下的空间，这就是泡沫现象。瓶内留下的空间成为钻井液里游离气析出后的储气室，而游离气主要是 C_1，当作全脱打开瓶盖时，这部分气便散失掉了，从而造成全脱分析中 C_1 含量相对降低。这种情况多发生在气层、轻质油层，低气油比的重质油层出现较少。

（四）识别处理剂对气测录井资料的影响

钻井液在钻井施工中被称为钻井工程的“血液”，因此钻井液的结构、成分、性能的优劣影响着钻井各施工作业的全过程。近年来，钻井液润滑剂在钻井施工中广泛使用，使气测录井受到不同程度的影响，给解释评价油气层带来了一定难度。

处理剂造成气测影响一般表现为：全烃基值增高，然后缓慢下降，持续时间较长。重烃组分占有很高的相对百分比，有时甚至测不到 C_1、C_2，而 C_3~C_5 却有较高的含量。组分反吹峰较高，严重时在反吹时间内反吹峰回落不到零位，基线位置随着分析周期的增加而逐渐抬升。

思考题

1. 色谱法按分离原理不同可分为哪几类?
2. 气相色谱仪由哪几部分组成?
3. 简述热真空蒸馏脱气器的工作原理。
4. 色谱分析仪气路系统主要由哪几部分组成?
5. 简述氢火焰离子化鉴定器（FID）的工作原理。
6. 简述气体电化学分析法检测硫化氢的原理。
7. 快速色谱分析技术在水平井地质导向中的主要作用是什么?
8. 简述皮克斯勒（Pixler）烃比值法解释油气层的方法。
9. 写出 3H 轻质烷烃比值法的计算公式。
10. 如何识别接单根、停开泵影响峰?

扫一扫
获取更多资源

第六章

工程录井

工程录井参数包括实时监测的工程参数、实时计算参数和实时采集的钻井液参数等。其中工程录井实时监测的工程参数有大钩负荷、大钩高度、钻压、立管压力、套管压力、泵速、钻井液池体积、转盘转速、扭矩以及钻井液出口流量等。实时计算参数有钻时、垂直井深、钻头成本、钻头纯钻时间以及钻头纯钻进尺等。实时采集的钻井液参数有进出口密度、进出口温度、进出口电导率等。由以上参数实时衍生出来的地层压力参数主要有当量钻井液密度、*dc* 指数、Sigma 指数、地层孔隙压力、正常净水压力、上覆地层压力、大地构造应力、异常地层压力、地层破裂压力、地层坍塌压力及井眼控制容限等。掌握工程录井内容，理解工程录井方法，是为安全优质高效钻探提供录井技术服务的基础。

第一节　工程录井参数

一　参数类型

（一）固定参数

固定参数主要指地层参数，地层可钻性，地层对钻压、转速、水力参数和钻井液参数的敏感指数，以及地温梯度、地层化学组分对钻井液的适应性等参数。

（二）可调控参数

可调控参数主要指钻进中的机械参数、水力参数、钻井液性能和流变参数三大类参数。

（三）机械参数

机械参数指钻头类型、钻压和转速。

（四）水力参数

指钻井液泵选择、泵压、排量和钻头水眼组合。

（五）钻井液性能和流变参数

钻井液性能和流变参数指钻井液体系、密度、初切力、流变学模式以及流变参数等。

钻井液参数包括密度、漏斗黏度、塑性黏度、动切力、静切力、API 滤失量、HTHP 滤失量、pH 值、碱度、含砂量、固相含量、膨润土含量以及滤液离子浓度等。

二　实时监控项目

钻进中，录井实时采集诸如钻时、钻压、悬重、立管压力、扭矩、转速、钻井液性能等大量参数，并计算出地层孔隙压力梯度、地层破裂压力梯度、上覆岩层压力梯度、地层压力系数、钻井液水马力参数等。同时，利用计算机系统进行实时屏幕输出显示，实现按深度或时间存储的历史数据及曲线回放记录，根据作业公司的施工设计，指导和监督钻井工程按设计施工。施工中，按照工程实时评价流程，如图 6-1-1 所示，发现有异常变化及时判断，分析原因，提供事故预报，使施工方超前及时采取相应措施，减少井下事故的发生，达到节约成本、提高钻井效益的目的。

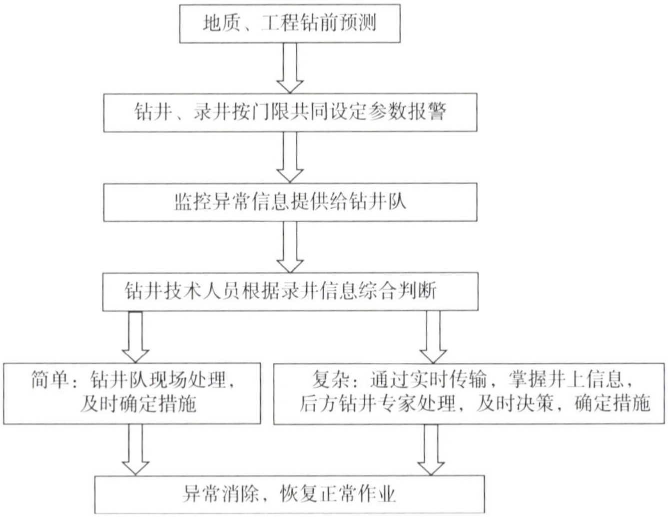

图 6-1-1　钻井工程实时评价流程

快钻时（高钻速）或钻进中放空，钻井液循环池体积增加 / 减少，钻井液出口流量增加 / 减少，钻井液密度的变化以及气体含量情况是钻井过程中的最重要的五项实时监控参数。

（一）五项实时监控参数变化影响因素

五项实时监控参数变化影响因素分析见表 6-1-1。

表 6-1-1　五项实时监控参数变化影响因素

参数变化	影响因素
快钻时（高钻速）或钻进中放空	钻遇低阻抗力地层（较软，孔隙度 / 渗透率增加），存在欠压实（异常压力），进入储层，加压失衡（溜钻、顿钻等）
钻井液循环池体积增加 / 减少	由于地层流体（油、气、水）的侵入（井涌）而增加，由于地面配置胶液（补浆、储备罐倒浆）而增加，由于天气（降雨）因素而增加；由于地层漏失（井漏）而降低，由于地面损耗而降低，由于天气（干燥炎热蒸发）因素而降低。同时，由于其他外界因素而引起钻井液循环池体积增加 / 减少
钻井液出口流量增加 / 减少	由于地层流体的侵入（井涌）而增加；由于地层漏失（井漏）而降低；由于钻井液泵故障而降低。同时，如发生喇叭口外溢会导致出口流量降低，开泵 / 停泵的原因会导致出口流量暂时增加 / 减少
钻井液密度升高 / 降低	由于地面钻井液的性能配置而变化；由于地层流体（油、气、水）的侵入（井涌）而降低；由于水的滤失而增加；由于地层流体污染而变化
气体含量的增加	接单根 / 起下钻气；释放气体；生产气体；重循环气体；污染性气体

（二）钻速的瞬间变化

导致钻速瞬间变化的影响因素见表 6-1-2。

表 6-1-2　钻速瞬间变化及影响因素

描述	影响因素
钻进中放空（快钻时 / 高钻速）	假信号；低阻抗力地层（砂层、盐岩层等）；欠压实储层。
钻时突然变大（低钻速）	信号线路或传感器故障；钻头磨损；泥包钻头；地层变化；井底落物

（三）钻进过程中钻井液池液面监控

1. 池液面增加

钻进过程中钻井液池液面增加影响因素见表 6-1-3。

表 6-1-3　钻进过程中钻井液池液面增加影响因素

描述	影响因素
较慢和正常，0.5~3m^3/h	地面水或钻井液的加入；水或油的低速侵入；气体侵入
波动＜ 1m^3	浮船运动；钻井液搅拌器搅拌导致液面波动
快而小，1~3m^3/h	水或油的侵入；气体侵入（可能先前有气体膨胀的缓慢增加）；机械噪声同频干扰或其他干扰
快速且较大，＞ 20m^3	停泵；钻井液转移；水或油的侵入；气体侵入（先前有快速和正常的增加）

2. 池液面无变化

钻进过程中钻井液池液面无变化影响因素见表 6-1-4。

表 6-1-4　钻进过程中钻井液池液面无变化影响因素

描述	影响因素
无变化	钻进缓慢；与钻速对应量的钻井液同时加入；漂流物的阻塞；池体积传感器没有实时检测到钻井液循环池液面；其他设备故障

3. 池液面下降

钻进过程中钻井液池体积下降影响因素见表 6-1-5。

表 6-1-5　钻进过程中钻井液池体积下降影响因素

描述	影响因素
慢且规则，-0.5~3m^3/h	井眼体积正常增加；除泥器 / 除砂器设备工作；在裸眼井中由于过滤作用而形成漏失
快速下降	钻井液被转移到没有安装池体积传感器的钻井液池；正常循环路线由旁路代替；在地面上的损失（喷射，操纵阀不正确地打开）；在裸眼井中部分或全部漏失到地层中

（四）接单根过程中钻井液池液面监控

1. 池液面瞬间增加

接单根过程中钻井液池液面瞬间增加影响因素见表 6-1-6。

表 6-1-6　接单根过程中钻井液池液面瞬间增加的影响因素

描述	影响因素
瞬间的变化达到 $3m^3/h$	接单根时停泵
恢复钻进以后	钻井液混入或转移；接单根时的抽汲

2. 池液面无变化

接单根过程中钻井液池体积无变化影响因素见表 6–1–7。

表 6-1-7　接单根过程中钻井液池体积无变化影响因素

描述	影响因素
停泵时池体积无变化	设备故障；池体积传感器安装在循环系统外，没有探测到池液面

3. 池液面下降

接单根过程中钻井液池体积下降的影响因素见表 6–1–8。

表 6-1-8　接单根过程中钻井液池体积下降影响因素

描述	影响因素
池体积瞬间下降	接完单根重新开泵
恢复钻进以后	在地面上的损失；由于井底正压差造成的地层漏失

（五）起下钻过程中钻井液池液面监控

1. 池液面瞬间增加

起下钻过程中钻井液池液面瞬间增加的影响因素见表 6–1–9。

表 6-1-9　起下钻过程中钻井液池液面瞬间增加影响因素

描述	影响因素
起钻过程中的增加	钻井液混入或转移；井涌的开始（由于井底正压差或抽汲）
钻具在井眼中运行时引起的增加	替换钻井液的钻具体积；井涌开始

2. 池液面无变化

起下钻过程中钻井液池体积不变影响因素见表 6–1–10。

表 6-1-10　起下钻过程中钻井液池体积不变影响因素

描述	影响因素
起下钻过程中没有体积变化	传感器 / 信号传输故障；地面配浆量和替出 / 替入量相当

3. 池液面下降

起下钻过程中钻井液池体积下降影响因素见表 6–1–11。

表 6-1-11　起下钻过程中钻井液池体积下降影响因素

描述	影响因素
起钻	从循环罐中补充钻具起出造成的容积空间，而没有对循环罐进行及时补浆
钻具在井眼中运行时引起的下降	地面损失；地层中的漏失（钻具下行速度过快造成正压差过大，向地层中渗漏）

（六）全烃 / 组分变化

全烃 / 组分变化的影响因素见表 6–1–12。

表 6-1-12　全烃 / 组分变化影响因素

描述	影响因素
接单根气（在接单根后一个迟到时间内有限的增加，接着是背景气回到正常）	钻具运行中的抽汲作用；抽吸 / 冲击交替作用产生的压力失衡；地层流体侵入集中
起下钻气（经起下钻恢复循环后的一个迟到时间内气体的增加）	钻具运行中的抽汲作用；抽吸 / 冲击交替作用产生的压力失衡；地层流体侵入集中
快钻时后一个迟到时间内的增加（然后回到背景气水平）	由于钻入大孔隙的岩层或破碎岩石体积增加而释放出来的气体
快钻时后一个迟到时间内的增加（然后连续维持高值）	逐渐降低的正压差；从负压差的渗透性岩层中渗出的生产气
无接单根气	钻井液的密度高、黏度大；地层孔隙度 / 渗透率很低；地面脱气器脱气效率低；正压差过大；地层无气体侵入
先缓慢增加然后再降低（与接单根和快钻时无关）	循环气体 / 污染气体；地面除气设备脱气效果不好

（七）钻井液入 / 出口密度瞬间变化

钻井液入 / 出口密度瞬间变化的影响因素见表 6–1–13。

表 6-1-13　钻井液入 / 出口密度瞬间变化影响因素

描述	影响因素
不稳定的入口密度	充气钻井液；钻井液池的大幅度搅动；固相颗粒挤压密度传感器压力盘膜；传感器故障；传感器垂向固定不稳定；钻井液搅拌不均匀，形成密度差
不稳定的出口密度	密度传感器安装位置液面波动大；钻井液中有气泡（空气或其他侵入的气体）；固相颗粒挤压传感器压力盘膜；传感器故障；传感器垂向固定不稳定；传感器上压力盘膜在液面波动下没有完全浸入钻井液
出口密度不连续，与入口密度的变化不一致	固相颗粒挤压传感器压力盘膜；钻井液中有气泡（空气或其他侵入气体）；传感器故障；传感器上压力盘膜在液面波动下没有完全浸入钻井液；缓冲罐内有沉砂冲击回旋
出口密度突然降低	气体侵入；水或油的侵入；接单根或起下钻气体影响；固相颗粒挤压传感器压力盘膜；传感器上压力盘膜在液面波动下没有完全浸入钻井液
出口密度显著增大	地层中水的损失；返出钻井液中岩屑量增加；固相颗粒挤压传感器压力盘膜
入口密度下降	钻井液被稀释（改变钻井液性能或意外因素影响）；倒替钻井液没有及时补充
入口密度增大	加重；加重后搅拌不均匀；固相颗粒挤压传感器压力盘膜

（八）钻井液电导率变化

钻井液电导率变化影响因素见表 6–1–14。

表 6-1-14　钻井液电导率变化影响因素

描述	影响因素
入口电导率下降	钻井液添加剂影响；传感器探头露出液面；传感器探头被异物包裹
出口电导率增加	钻遇盐岩层；盐水侵入；传感器探头被导电性异物缠绕；其他有大量阴阳离子的液体侵入
出口电导率下降	淡水侵入；油 / 气侵入；钻井液中充气；传感器探头被异物包裹
无变化（零或正值）	传感器位于钻井液液面之上或被岩屑填埋；使用油基钻井液；传感器或线路故障
突然变化	传感器感应元件没有始终浸入在钻井液液面以下，时出时没

（九）钻井液入 / 出口温度变化

钻井液入 / 出口温度变化影响因素见表 6-1-15。

表 6-1-15　钻井液入 / 出口温度变化影响因素

描述	影响因素
入 / 出口温度无变化	传感器温度探头露出钻井液液面；钻井液静止时间长；钻井液和环境温差小；传感器或线路故障
入口温度快速递减	地面上添加的流体；开放式钻井液池接受暴雨；补胶液；传感器温度探头露出钻井液液面
出口温度梯度递减	在欠压实的页岩中热导率下降；外界温差影响
出口温度升高	地温梯度升高；钻遇异常高压层

（十）其他参数变化

其他参数变化影响因素见表 6-1-16。

表 6-1-16　其他参数变化影响因素

描述	影响因素
扭矩突然增大	卡钻；井底有落物；钻具上的滤饼黏附；地层岩性发生变化；地面动力机械原因
扭矩逐渐增大	钻头磨损加剧；机械扭矩张紧轮油腔不畅；顶丝扭矩转盘故障；电扭矩信号故障
扭矩突然下降	断钻具；地层变化；钻头严重泥包；机械扭矩张紧轮油腔漏油；顶丝扭矩转盘故障；电扭矩信号故障
泵压下降，下降之后又上升	钻井液密度增加；地层中流体的侵入；传感器高压软管及传感器应变片瞬时压变影响；泵效影响
泵压缓慢下降	钻具刺穿；泵漏；地面管汇渗漏；钻井液密度变化；油轮压力杯渗漏；地层流体侵入；钻井液中气泡影响 / 传感器高压软管气泡影响；传感器故障
泵压突然下降	传感器或线路故障；钻具断裂；掉水眼；地面管汇刺漏；刺泵
泵压突然升高	水眼堵；传感器高压软管憋压；管汇内有异物堵塞
泵压缓慢上升	钻井液黏度升高；加重后的钻井液上返环空；管汇内有异物堵塞；传感器高压软管憋压
上提钻具时超拉	地层垮塌，压差卡钻；提拉钻具速度超限
H_2S 传感器异常报警	传感器故障；测试传感器；地层中 H_2S 气体流入；大气环境中有 H_2S 注：任何情况下的硫化氢报警都必须认为是真实的，直到查明具体原因

（十一）地层岩性等参数变化

地层、岩性等参数变化影响因素见表 6-1-17。

表 6-1-17　地层、岩性等参数变化影响因素

描述	影响因素
岩性变化	正常地层层序；由于硬石膏 / 石盐等的污染
垮塌物	井壁侵蚀；软地层或塑性地层膨胀；异常流体压力产生的负压差
荧光湿照	钻井液添加剂（如柴油）；钻杆丝扣油（铅油）；矿物荧光；原油
荧光干照	沥青或“过路油”；原油
岩屑中的金属物	钻头 / 钻具 / 套管磨损；地面操作影响

第二节　工程异常预报

一　异常预报程序

钻井施工过程期间，最大的安全问题是工程事故，这直接影响着钻井的施工安全和企业的经济效益。录井仪主要应用在随钻录井，能直接检测烃类、非烃类及有毒有害气体、地层压力、钻井液和工程等多项参数，可以连续监控整个钻井施工过程，并且能通过连续检测工程参数对其进行量化分析判断，从而指导安全优化钻井。

工程异常预报程序主要通过钻前预测和随钻实时监测结合运行。

（一）钻前地质预告

钻前地质预告是录井在一口井的开钻前针对钻井设计中提出的钻探目的和地质要求，根据已经掌握的区域地质和邻井资料来核对井别，落实井位、地层分层深度和厚度、断层数据资料是否准确，并进一步判断因断层而可能提前完钻或地层加厚、井斜或井漏等情况，并作出地质预告图。地质预告是指导钻井和取全、取准地质资料的重要措施。

开钻前，录井向各施工方进行地质交底，详细介绍本区的勘探形势和本井的钻探目的及任务，明确本井取资料要求、钻进中可能遇到的问题和可能出现的故障，组织讨论，群策群力制定出优质快速完成钻探任务的各项措施。

（二）钻前地层压力预测

钻前地层压力预测是提高油气勘探钻井命中率和经济效益的必要环节，特别是油气勘探进入地质条件比较复杂的地区，钻前预测更显得重要。通过统计分析得知，大多数高难度钻井都与地下复杂的地层压力有关。因此，如何有效地在钻前预测和评价一构造区域的地层压力或一口井所钻地层的上覆地层压力、地层孔隙压力、破裂压力、坍塌压力等情况，已成为安全、快速、低成本、高效钻探的关键。

所谓预测，就是收集、利用现有的各种钻井、测井、录井、物探、地质等资料，对单井进行压力预测、监测和评价，完善和修正压力估算参数或方法，得出接近真实的结论，以此指导钻井施工工艺、优化钻井液性能，实现安全快速钻井，保护油气层，为钻井勘探和石油开发提供施工建议和参考。

资料收集包括所有钻井区的邻井压力数据、测井数据、区域地质信息等，根据收集到的测井曲线或录井数据结合压力测试数据、钻井液密度数据及钻井异常数据等对本井地层压力梯度进行量化预测，并作出临井的地层压力梯度图，根据已经校正的 d 指数和测井电阻率及声波时差等对地层压力进行分析，得到正钻井的地层压力预测结果曲线图。某井地层压力预测结果曲线图如图 6-2-1 所示。

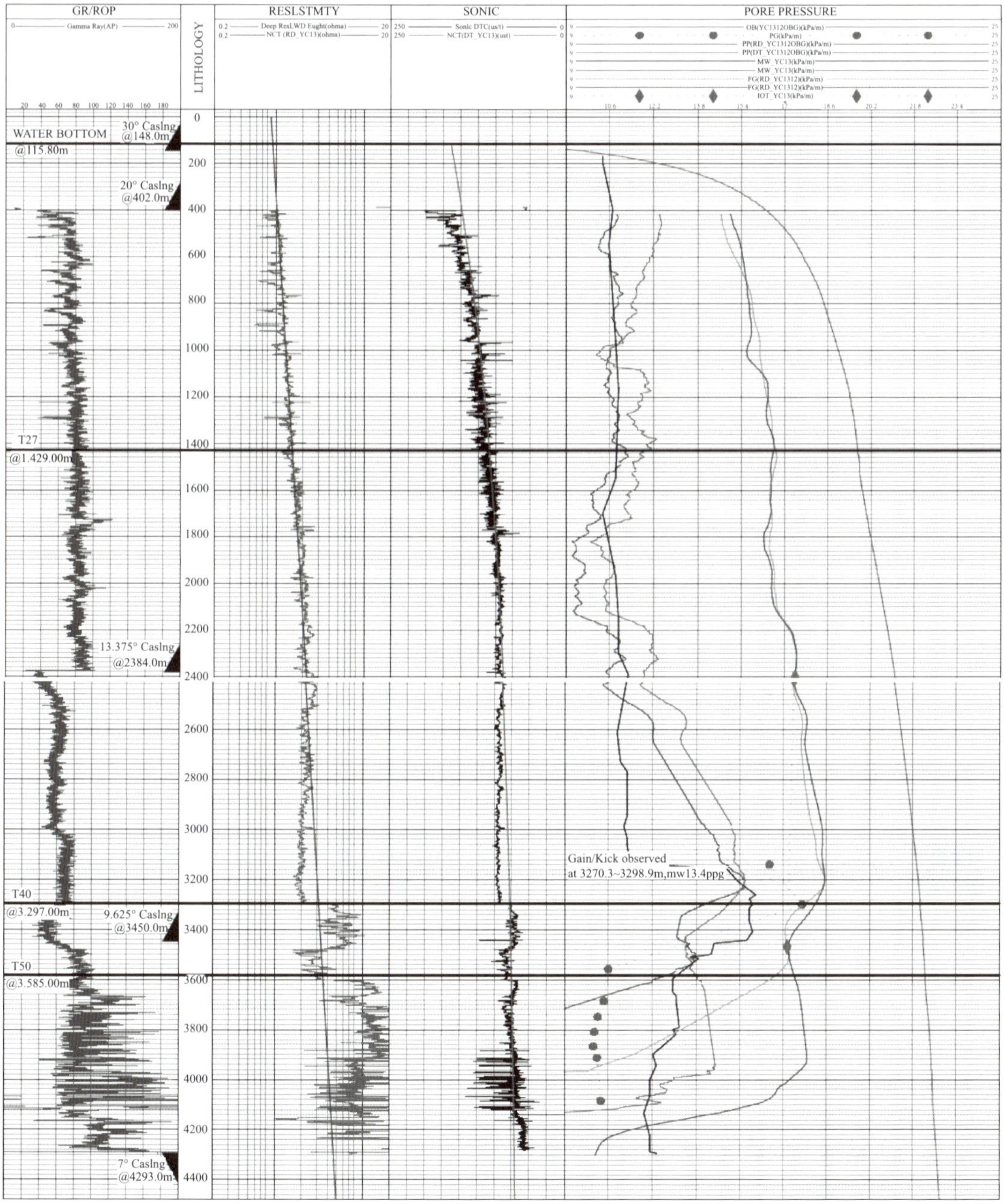

图 6-2-1　某井地层压力预测结果曲线图（彩图见附录）

（三）参数报警门限设定

各种工程异常都对应不同的参数显示特征，所以，要对可能涉及工程异常的参数进行报警门限设定。在设定报警参数门限时，要考虑到不同的钻井状态所对应的参数报警设定门限可能不同，而且报警参数的门限要根据具体情况进行实时更改。报警门限的一般设置（举例）见表 6-2-1。

表 6-2-1　参数报警门限设置

序号	参数	门限	设置状态	备注
1	钻时 /（min/m）	± 30%	钻进	视具体情况调整
2	悬重 /kN	± 50	钻进	
3	钻压 /kN	± 50	钻进	
4	超拉 /kN	± 100	起下钻	
5	立压 /MPa	± 0.5	钻进、循环	
6	扭矩 /klbf	± 100	钻进	顶驱扭矩
	扭矩 /A	± 5		电扭矩
	扭矩 /kN·m	± 20		液压扭矩
7	泵冲 /（Stk/min）	± 5	钻进、循环	
8	出口流量 /%	± 20	钻进、循环	
9	出口温度 /℃	± 3	钻进、循环	
10	出口电导率 /（mS/cm）	3	钻进、循环	
11	出口池体积 /m^3	± 1	钻进、循环	
12	总池体积 /m^3	± 1	钻进、循环	
13	计量池体积 /m^3	± 1	起下钻	
14	全烃 /%	根据基值对比	钻进、循环	视具体情况调整
15	H_2S/（μL/L）	10 阈限值	任何工况	

录井监控到工程参数异常报警，要立即作出判断，判断该异常报警是否属于参数异常，一旦确认属于异常，则按异常预报流程立即通知工程施工方及相关作业方人员。

二　异常预报类别

录井对工程施工进行连续的实时监测，能够对各种可能发生在钻井施工作业中循环系统使用故障、掉水眼、水眼堵塞以及钻头泥包等事故进行直接或间接的反映，使其能够以各指标参数不规律变化的形式反映出来。这也意味着录井所检测到的各类参数异常势必与工程事故之间存在着直接或间接的关系，无论是何种类型的工程异常预报都需要以录井提供的参数指标为依据。

（一）钻具重量系统异常的检测及预报

录井所监测的参数异常变化与工程事故有着直接或间接的关系，这是进行工程异常预报的依据。钻具重量系统异常参数变化见表 6-2-2。

钻具重量系统的异常包括钻具遇阻、遇卡、溜钻、断裂等。反映钻具重量系统异常的参数有大钩负荷、钻压、超拉力和扭矩等。

当起下钻遇阻、遇卡时，大钩负荷增大或减小、超拉力为正或负且数据较大，钻具旋转困难，扭矩增大，开泵立压较高。遇阻、遇卡现象发生在钻头部位的较多，但当其他参数组合不匹配时，钻具的其他部位也会发生阻卡，如压差卡钻等。

溜钻或顿钻时，钻压陡升，大钩负荷陡降，出现快钻时放空假象，扭矩陡升，立压上升。

提升系统异常主要表现为溜钻现象，动力系统异常主要表现为动力系统输出功率异常，引起受动设备工作呈异常波动状态。

通过大钩负荷、钻压、超拉、扭矩等参数指标，对钻具重量系统的异常情况进行判定。工程在发生溜钻与断钻具事故时，大钩负荷这一参数指标会发生大幅度降低，并且这一降低值会始终与钻具重量保持在相对平衡状态。工作人员可以根据立压下降、扭矩摆动幅度增大等提升系统的异常现象提供异常预报。

表 6-2-2　钻具重量系统异常参数变化

事故类型	大钩负荷	钻压	超拉力	立压	泵速	扭矩	流量	钻速	钻进成本
刺钻具				下降					
掉水眼				下降	上升				增大
堵水眼				增大	下降				增大
溜钻	减小	增大	减小			增大			
遇阻	减小		减小						
卡钻	增大		增大						
断钻具	减小		减小	减小	增大	减小	增大		
快钻时	增大		减小			跳变		增大	减小
钻头后期	波动					增大		减小	
井壁垮塌	增大 / 减小		增大 / 减小			增大		减小	
钻具振动									能谱异常

（二）钻井液循环系统异常的检测和预报

工程在循环系统中发生的异常故障主要包括钻井液泵刺漏、地面循环管汇刺漏、钻具刺坏、钻具断落等几种情况。一般来说，产生这种钻井循环系统故障的最直接原因可能是循环系统排量过大、管具质量不好、水泵压力过大以及钻井液含砂量过高，如果不及时对这种循环系统异常状态加以必要的处理，整个循环系统势必会发生更为严重的钻具事故，甚至会导致工程无法继续正常运行，运行周期也会随之延长。在进行循环系统异常检测和预报时，要特别注意泵速和立压这两大指标。

当循环系统处于正常运行状态时，泵速和立压会呈现出正比例关系。循环系统出现异常，当泵速不变，循环系统发生刺漏、堵塞等故障时立（泵）压会呈现出瞬间下降或上升的异常变化状态，进而为工作人员预报循环系统故障提供有力支持。

（三）钻井液参数异常的监测与预报

钻井液参数是认识地层流体活跃状态以及地层压力与井筒内钻井液液柱压力间平衡状态的具体指标，其异常情况的预报与监测直接关系井下安全。钻井液参数的主要异常表现为井漏、溢流、井涌和井喷，通过对钻井液参数异常状态的预报与监测，实现有效避免或减少钻井井下事故的发生。钻井液参数异常变化见表6–2–3。

表6-2-3　钻井液参数异常变化

事故类型	全烃	入/出口密度	H_2、CO_2	入/出口温度	入/出口电导率	总池体积	出口流量
井涌	增大	减小		升高	减小	增大	增大
井漏						减小	减小
盐侵		增大			增大		
油气侵	增大	减小		升高	减小	增大	增大
水侵		减小	增大		增大	增大	增大
地温异常				升高			

1. 井漏的检测和预报

当井筒钻井液液柱压力大于地层压力时，钻井液从井筒漏入地层，形成井漏。井漏的形成原因主要有以下几种：

①钻遇裂缝、孔洞发育的碳酸盐岩地层或高孔隙度的碎屑岩地层，钻井液液柱压力大于地层压力；

②钻井液密度高，井筒内液柱压力大于地层破裂压力，地层被压裂；

③下钻过程中，下钻速度过快，过高的冲击压力破坏了井壁滤饼。

发生井漏后，若不及时采取有效措施进行控制，则可能导致井壁坍塌、卡钻，甚至造成溢流或井喷等事故。所以，录井应连续监测、准确计量钻井液池体积，及时判断井漏的发生。同时，还应掌握区域地层资料和邻井资料，抓住漏前预兆，准确预报井漏。钻进过程中，应根据钻井液总体积和出口流量变化检测和预报井漏。起（下）钻过程中，应认真计量灌入（返出）量与起出（下入）钻具体积，为准确判断井漏提供依据。

2. 井涌的检测和预报

当地层压力大于钻井液液柱压力时，井底处于欠平衡的状态。在负压差作用下，地层流体持续进入井筒并与钻井液一同溢出井口，造成溢流。溢流发生的原因主要包括：

①钻遇异常高压地层，地层压力驱动地层流体进入井筒；

②在井底压力近平衡状态下停止循环，由于循环压力的消失，地层流体进入井筒；

③起钻时未按规定及时灌注钻井液，致使井筒内钻井液液面下降，钻井液液柱压力减少过大，不能平衡地层压力，地层流体在压差作用下进入井筒；

④井漏时没有及时补充钻井液造成井筒液面下降或补充的钻井液密度不足以平衡地层压力时，地层流体进入井筒；

⑤由于长期的岩屑气侵或扩散气侵，循环除气不及时造成钻井液密度下降过大井底出现负压差，导致溢流；

⑥起钻时，特别是钻头出现“泥包”，或使用PDC钻头时，钻具对井筒产生过高的抽吸压力。

早期溢流井涌预报分为钻前异常预报和随钻异常预报。钻前异常预报是通过对区域地质资料、地震资料、邻井资料进行分析后，确定可能发生溢流的层位和井段进行钻前交底；

随钻早期预报是通过随钻地层压力检测，发现下部地层存在异常压力信息，预报可能发生的溢流。

临涌预报是捕捉溢流预兆，在发生溢流前发出预报。如气体检测单根峰增大、气测基值抬升、后效气升高、停泵气显示升高、地层压力检测异常、地温升高、泥岩密度减小、钻井中有蹩跳、快钻时或放空现象，这些情况的出现均有可能是发生井涌的预兆。

上返期预报是在地层流体涌入井筒及在上返过程中，及时发现溢流信息进行的预报。在这段时间出现立压有下降趋势，出口流量增加，总体积增加等明显特征，这些参数的异常变化在地层流体进入井筒的同时就能表现出来。

在井口发现溢流。地层流体溢出井口时，依靠迟到参数发现溢流。这时的参数特征为出口流量增大，气测值上升，电导率增加（水侵）或减小（油气侵）、钻井液密度降低，体积增大等。

地层流体类型不同，地层压力与井筒钻井液液柱的压差幅度就不同，所表现出的预兆是不完全一样的。

进行溢流预报要重视早期预报，重点监测发现临涌期信息，注重上返期预报，立足快速和准确。

3. 盐侵的检测和预报

盐侵是在钻遇含盐膏地层时，由于盐类的水溶性，遇到水基钻井液时这些溶解状态的盐类会污染钻井液，导致钻井液性能改变。同时，含盐膏地层在受到钻井液浸泡时会发生膨胀，已钻开的盐膏层在上覆地层压力的作用下发生塑性流动，造成井筒缩径，甚至导致钻具阻卡乃至卡钻事故的发生。

对钻井液盐侵进行检测和预报所依据的主要参数是钻井液电导率。钻入盐膏层，钻速加快。当出现盐侵时，电导率上升，上升幅度视盐侵程度不同而不同。使用淡水钻井液时岩屑中可见盐垢。上提下放钻具可能出现阻卡、超拉变化。

4. 油气水侵的检测和预报

油气水侵是在地层压力大于钻井液液柱压力的情况下，地层中的油、气、水侵入钻井液的现象。

相对于钻井液而言，油、气、水的密度偏低，发生油、气、水侵会改变钻井液的性能，导致钻井液密度降低，使钻井液液柱压力减小，无法平衡井底压力，而油、气、水侵则进一步加剧。如果不能及时发现油、气、水侵，则会导致地层压力失控，造成溢流甚至井喷等恶性事故。

在油、气、水侵初期，会出现快钻时及钻进放空现象。如果有油、气、水侵发生，录井参数会出现一系列的变化特征，如大钩负荷增大，钻井液密度减小、黏度增大，气测显示异常。油、气侵时，电导率降低。水侵时，电导率增加，变化幅度视地层水的矿化度而异；钻井液池体积增加，出口流量增加。如果地层压力高于钻井液液柱压力，且负压差越大，则油、气、水侵会迅速发生，导致出现严重溢流。

5. 地温异常的检测和预报

正常的地温梯度为3℃/100m，当地温梯度偏离正常地温梯度值时，表现为地温异常。在钻井过程中，反映地温异常的参数是钻井液温度，根据钻井液温度的变化趋势，可以推断地温的变化情况，以判断是否存在欠压实地层。

6. 异常地层压力的检测和预报

地层压力是指作用于地层孔隙流体上的压力。在正常压实条件下，地层压力即为静水压力，而偏离净水压力的地层压力（地层孔隙压力）为异常地层压力，高于净水压力为异常高压，低于净水压力为异常低压，高压比低压更为常见。在钻井过程中，异常高压常常会导致溢流、井喷、井垮、卡钻等事故的发生。

异常地层压力的形成原因是多方面的，可能是某个因素或几个因素综合作用的结果，主要包括 12 个方面的因素：水热压力、黏土成岩作用、压实不平衡、底辟 / 刺穿作用、生烃作用、渗透作用、古压力 / 地层抬升、永冻土、储层构造 / 浮力、浅层气、构造应力及区域再压实作用等。

当地层中存在异常高压时，进行地层压力检测是为了在钻穿异常高压渗透性地层时，及时采用合理的钻井液密度，平衡地层流体压力。如钻井液密度过低，则无法有效控制地层流体压力，导致发生溢流、井喷等事故；如钻井液密度过高，则会降低机械钻速，引起井漏或压差卡钻等事故。

随钻地层压力检测所使用的录井参数有：钻时（钻速）、扭矩、超拉力、*dc* 指数、气体参数、钻井液密度、温度、流量、电导率、井筒溢流观察情况、钻井液体积、泥（页）岩密度、岩屑形状大小等。地层压力检测异常参数变化见表 6–2–4。

表 6-2-4　地层压力检测异常参数变化

参考参数	变化特征	参考参数	变化特征
气测基值	升高	钻井孔隙度	增大
单根峰	升高	出口温度	升高
后效气	升高	泥（页）岩密度	减小
dc 指数	减小	出口电导率	减小
σ 指数	减小	C_2/C_3	减小

（1）*dc* 指数法检测地层压力

dc（校正的地层可钻性）指数法是在考虑了钻头类型和钻头磨损因素的情况下，采用 *d* 指数（可钻性）原理，以压实理论为基础，预测地层压力的方法。*dc* 指数法检测地层压力的计算结果有 dc_s（经过页岩校正的地层可钻性），地层压力系数（P_f），地层孔隙度（φ）和地层破裂压力梯度（P_{fg}）。dc_s 值是计算 P_f，φ，P_{fg} 的基础，也是进行地层压力检测的基础，dc_s 值计算不正确，就不可能得到准确的 P_f，φ，P_{fg} 值。

在盐膏层井段、井底不干净、纠斜吊打、磨进、取心、钻头初始磨合期和使用磨损后期、钻遇裂缝性地层、断层等不整合面、水利参数变化大等情况下，应对计算的 dc_s 值进行纠正。

dc 指数法是建立在纯泥岩地层基础上的，但是实际中很少有理想的纯泥岩地层，地层往往含有砂质、灰质、硅质等，这样就使得 *dc* 指数法检测变得复杂。但只要选择正常压实条件下较为均匀、岩性较为单一的其中一段或几段泥岩地层作参考，就可以得到能较为准确地反映地层正常压实趋势的 dc_s 指数趋势值 dc_n。获取准确的正常趋势线及其方程，是 *dc*

指数法检测地层压力的重要环节，它直接影响着地层压力系数计算的准确程度。条件许可的话，可在压力过渡带上方参考大段正常压实井段的检测数据，建立正常趋势线。

当钻达异常超压层上面的压力过渡带时，钻速加快，dc_s 值明显减小，偏离正常趋势线，预示着已进入欠压实地层，下伏地层可能存在异常超压，此时就须发出异常预报。实践证明，*dc* 指数法是一种有效的地层压力预测方法。

（2）Sigma 法检测地层压力

Sigma 法是基于钻井参数进行异常超压检测的一种方法，可用于随钻检测地层压力，Sigma 值也可以作为一个反映岩石强度的参数来使用。使用 Sigma 法可以克服 *dc* 指数法中所遇到的影响因素，如岩性变化、构造影响、水力参数等，显示出更加连续规则的变化情况，Sigma 法的缺点是未考虑钻头磨损情况。

Sigma 法检测数据的使用原则与 *dc* 指数法相似。在欠压实地层中，因为水被封闭在地层中而形成非正常的孔隙，从而导致较高的地层孔隙度，因而孔隙度的升高也可以指示异常超压的存在。

（3）泥（页）岩密度法检测预报异常高压

在正常压实地层中，泥（页）岩密度是随着深度的增加而增加的。但在欠压实地层中，由于地层含有的水的密度比其他造岩矿物小，从而造成欠压实泥（页）岩的密度小于正常压实的泥（页）岩密度。地层欠压实情况越严重，泥（页）岩密度越小。在泥（页）岩密度与深度曲线图上，欠压实地层的泥（页）岩密度会偏离泥（页）岩密度正常趋势线而减小。

利用泥（页）岩密度检测地层异常高压有三个较大的缺点：

①在欠压实地层中需要有一定的进尺，才能得到该井段泥岩密度变化值；

②样品必须循环到地面才能测量；

③选样和测量精度要求高，受不同操作人员的影响大。

选样和测量的注意事项：

①选样需在振动筛前，避免振动筛振动导致泥（页）岩样品的物性发生变化；

②样品不能冲洗、人为干燥，只能选取纯泥岩样品，样品中如夹含矿物会产生错误的测量结果；

③确认来自井底的有代表性的泥岩岩屑是有一定困难的，取样时原则上挑选颗粒小、呈棱角状的岩屑。掉块通常颗粒较大，且被磨去棱角；

④每一个深度点需多次测量，不合理的数据不予采用。

泥（页）岩密度的应用：测量得到的泥岩密度值按照要求绘制在泥（页）岩密度与深度图上，这些密度数据互相之间的差最大不超过 $0.02g/cm^3$ 。当图上绘有足够多的点后，就可以穿过多点的中间画一条能代表平均泥岩密度的一条直线，这条线即为泥（页）岩密度趋势线，不同地区泥（页）岩密度的趋势线是不同的。泥（页）岩密度趋势线代表某一特定地区的地层压实梯度。泥（页）岩密度的绝对值并不重要，在各井段泥（页）岩密度数据幅度上有差异时，重点考虑趋势线的问题。欠压实泥（页）岩的特征是密度负向偏离正常趋势线。如果发现偏离正常趋势线的现象，就指示有欠压实作用存在，偏离正常趋势线的幅度可以定性地指示欠压实地层压力的大小。

（4）地温梯度法预测异常高压地层

钻井液出口温度值与其他方法配合使用可以为指示异常高压地层的存在提供有价值的信息。

钻井液温度测量的意义：

①异常高压地层常常与异常高的地温梯度相联系；

②异常高压常常可以提前数十至数百米进行预报。

在欠压实地层中，泥岩具有较高的孔隙度和较高的含水量。水的热导性能是大多数造岩矿物的 1/3 ，因此，泥岩的热导率是其含水量的函数，含水量大时热导率低。泥岩的含水量是欠压实程度的函数，进而成为地层压力幅度的函数。因此，从逻辑上讲，温度梯度的变化直接与异常高压地层相联系。

当地球内部的热量向外辐射时，所有深度段的热辐射量是相等的常数，但当某一深度的物质热导性有变化时，就会形成温差。热导性差的物质温度就会增加，直到它向外辐射的热量与它吸收的热量平衡为止，因此在热导率低的欠压实地层上面就会有一个地温梯度升高的深度段。

钻井液出口温度不等于实际地下地层温度，受许多因素干扰：

①除了能反映欠压实泥岩的存在外，钻井液出口温度还能反映地层孔隙度的变化情况。如在钻穿块状泥岩进入砂岩地层时，温度在钻入砂岩前的数米就开始下降，因为温度的测量需要迟到时间，砂层的出现可以通过钻速得到直接指示。

②钻井液处理系统。补充钻井液、倒罐、加冷水等会影响钻井液温度测量值。此时，其他测量参数可用于对变化作出解释。

③循环速度。对于指定长度的裸眼井段，循环速度越慢，钻井液从地层获取的热量越多，温度就越高。

④裸眼段长度。裸眼段越长，钻井液获取的热量越多，温度越高。

⑤接单根。接单根时，钻井液温度发生漂移，重新循环后恢复正常测量。

⑥起下钻。起下钻是进行钻井液温度测量中的一个较重要的问题。在起下钻期间，钻井液罐中及井眼上部的钻井液均会冷却。钻井液重新循环时，冷钻井液被泵入井中重新从地层采热。但由于钻井液的热学性质较差，从钻井液出口温度上升趋于稳定到能反映地层温度的情况之前，需要较长的一段时间。

在使用钻井液出口温度时，上述因素均应考虑到。原始的钻井液出口温度测量记录是一系列曲线段，每一段对应一个钻头的进尺范围；如果钻头使用的时间足够长，就会有较稳定的曲线段，每段曲线的终点温度可以反映地层温度的情况；而未达到温度稳定状态的曲线段在实际应用中价值不大。

7. 钻具振动异常的监测和预报

钻具振动分析是一种录井新技术。在钻井过程中，钻具振动是指由于钻具与井壁、钻头与岩石相互作用使钻具应力变化而产生的复杂振动。钻具振动主要分为三种：

（1）扭转振动

扭转振动在地面的表现是“粘卡 – 释放”现象。由于井下钻具弯曲，偏离中心位置，钻具贴靠井壁产生磨阻而导致“粘卡”现象，使井下钻具转动变慢甚至停止。此时地面转盘

（顶驱）传送给钻柱的能量在钻具中逐渐积累，当积累的能量产生足够大的扭矩，能克服井壁摩擦的束缚时，就会产生“释放”现象。此时钻头和 BHA（井底钻具组合）会高速旋转释放能量，钻头的转速可能是转速的多倍，这种扭转振动会损害钻头和钻柱，扭转振动是导致钻具扭断及造成钻具刺扣的原因之一。

在钻具振动分析软件的界面上，扭转振动的表现特征是：当扭矩达到波峰时，转速显示为波谷；相反，当扭矩达到波谷时，对应的转速达到波峰。而大钩负荷曲线则显示为低振幅振动。

扭转振动作为较典型的钻具振动方式，占全部钻具振动异常情况的 90% 以上，是实时录井过程中需要重点关注的现象。消除扭转振动的措施有提高转速和减小钻压，逐渐提高转速，直到振幅减小，然后恢复原转速。

（2）轴向振动

轴向振动在地面表现为跳钻，钻头在破碎井底岩石的过程中，呈周期性旋转。由于井底岩石不平整，在每一个旋转周期均会发生一定幅度的垂直运动，当这种垂直运动的频率与钻柱的某一固有频率相吻合时，钻头和钻柱就会产生较大幅度的轴向位移，这种位移可能会随时间推移不断增大，直到钻头上提离开井底或改变钻井参数为止。轴向振动会导致钻头下行时与地层碰撞，加速轴承和牙齿的磨损，损坏 MWD（随钻）工具及井下马达。

轴向振动在钻具振动分析界面上的曲线特征是大钩负荷显示高振幅高频率振动，扭矩和转速测量显示低幅振动，减小和消除轴向振动的方法是调整钻压和转速。

（3）偏转

当钻头和 BHA 的任何部分偏离井眼的中心线转动时，就会出现钻头或 BHA 的偏转。当有偏转现象存在时，地表参数的表现是：高平均扭矩值同大钩负荷较大幅度的变化同时发生。偏转的结果会导致钻头磨损加速、井眼扩径、钻速降低。减小和消除偏转的方法是保证钻头正确启动。

钻具振动除了反映钻柱的振动情况外，还能反映所钻地层的情况。地层越硬，钻头破岩时的振动就越明显地反映在钻具的轴向振动上。软地层则抑制振动的发生和传播，在地面上看轴向振动的强弱可以反映井底岩石的硬度级别。

三 异常事件

工程异常预报是通过对录井参数进行系统分析和解释，从而判断钻井施工中出现异常情况的类型，实现对异常情况实时监测和早期预报的技术方法。

在钻井工程施工过程中，工程事故是威胁钻井安全的最大隐患。所以，利用录井技术监测工程参数、钻井液性能、油气显示情况、地层压力检测数据等多项参数，是做好工程异常预报的根本手段，最重要的是为安全、高效钻井提供可靠依据。

录井对各种参数的实时检测是通过安装在钻机不同部位的传感器进行的，所以要对传感器有深入的了解和掌握。

录井传感器按测量参数分类及作用见表 6-2-5。

表 6-2-5 传感器按测量参数分类及作用

类别	参数	用途
钻井液参数	流量	出口流量传感器，直接测量参数。钻井液出口流量变化与入口流量对比，可以监测是否有钻井液漏失和地层流体侵入，及时预报井涌、井漏和井喷
	体积	池体积传感器，直接测量参数。测量钻井液池体积变化，可以监测是否有钻井液漏失和地层流体侵入，及时预报井涌、井漏和井喷
	密度	入/出口密度传感器，直接测量参数。反映钻井液中的同物质含量，可以监测地层流体侵入，及时预报井涌、井漏和井喷，为计算地层压力等提供实时数据，为调整钻井液性能、优化钻井提供方案
	温度	入/出口温度传感器，直接测量参数。钻井液温度的变化可以间接反映地热梯度，是监测异常压力的重要参数，监测是否有钻井液漏失和地层流体侵入，及时预报井涌、井漏和井喷
	电导率	入/出口电导率传感器，直接测量参数。监测钻井液的电导率变化，根据变化趋势监测是否有地层流体侵入，判断侵入钻井液中地层流体的性质
钻井工程参数	钻时	计算参数。每钻进 1m 所需要的时间（min），是衡量岩石可钻性的指标之一，可以判断钻头的使用情况
	钻速	计算参数。每单位时间内的钻头进尺（m/h），是衡量岩石可钻性的指标之一，可以判断钻头的使用情况
	转速	转速传感器，直接测量参数。用以测量转速，为优化钻井、压力检测提供所需的数据
	泵冲	泵冲数传感器，直接测量参数。用以测量钻井液泵每分钟的活塞动作次数，根据输入的单冲泵容积、泵效率等参数计算出入口流量，计算迟到时间及其他派生参数
	悬重	悬重传感器，直接测量参数。通过测量大钩负荷参数变化，可以判断钻井工作状态，计算钻压，提供优化钻井所需的数据，判断卡钻、遇阻、掉钻具等工程事故
	钻压	计算参数，钻头施加在井底上的压力，通过悬重换算求得。用以判断溜钻、顿钻事故
	扭矩	扭矩传感器，直接测量参数。通过测量扭矩参数变化，可以反映钻头使用及工程异常情况（钻头泥包、钻头终结、井塌、钻具扭断等）、地层岩性变化、井身质量等
	立管压力	立压传感器，直接测量参数。通过测量立管压力参数变化，可以监测循环系统的工作状态（开、停泵，循环钻井液），提供水动力学计算，优化钻井实时数据，判断工程事故（刺钻具、蹩泵、水眼堵、掉水眼、掉钻具等）
	套管压力	套压传感器，直接测量参数。通过测量套压参数变化，可以监测井筒内压力变化，为测试计算地层压力梯度和处理工程事故、制定科学方案提供可靠依据
	深度	绞车传感器，绞车滚筒参数转换。用于计算井深、钻时、钻头位置、大钩高度、大钩运行速度和判断大钩运动方向
气体参数	硫化氢	硫化氢传感器，直接测量参数。通过测量 H_2S 气体引起半导体的气敏反应变化，并转化成电信号，测定地层中 H_2S 气体的浓度，为维护设备、人身安全提供第一手资料
	全烃 C_1~C_5	色谱检测仪，用于发现、评价油气层，认识地层流体活跃状态，及时做好井控工作
	CO_2	二氧化碳检测仪，测量钻井液气体中二氧化碳含量，二氧化碳与石油和其他天然气相伴生，来自火山喷发、石灰岩受热变质释放，判断地层流体的生成环境

（一）异常事件分类

异常事件按引发机理及后果可分为以下三类。

1. 地质异常事件

指由地下地质因素引起的异常事件，主要有放空、气侵、油侵、水侵等。

2. 地质－工程异常事件

指由地下地质因素引发的工程异常事件，如：溢流、井涌、井喷、井漏、蹩跳、卡钻等。

3. 工程异常事件

指由工程施工作业不当或钻井工具疲劳磨损及质量问题引发的工程异常事件，有：刺钻具、断钻具、刺泵、掉水眼、水眼堵、掉牙轮、溜钻和顿钻等。

工程异常事件按异常参数类型又可分以下两类：

（1）钻井液参数异常

包括油侵、气侵、淡水侵、盐水侵、溢流、井涌、井漏、井喷、地温异常等。

（2）钻井工程参数异常

包括刺钻具、刺泵、水眼堵、掉水眼、遇阻、卡钻、溜钻、顿钻、断钻具、快钻时、钻头寿命终结、井壁坍塌等。

（二）异常事件判断

异常事件显示的判断标准是发现和识别异常事件的基础。根据对施工过程中不同工程异常事件对应的不同参数的变化特征，进行合理的参数报警门限值设定，达到报警门限，录井仪自动进行相关参数报警，录井人员在异常显示对比分析和综合判断解释的基础上，确定异常事件的类型并尽快发出异常事件预报，为及时发现、处理、有效控制工程异常事件提供依据。

1. 地质异常事件判断

地质异常事件主要涉及钻井液参数，还涉及部分工程参数，包括钻井液的入 / 出口密度、入 / 出口温度、入 / 出口电导率、出口流量和钻井液池体积、立管压力、泵冲数等。钻井液参数的变化直接反映井下地层流体性质及井筒液柱与地层压力的平衡状况。重视钻井液参数异常的预报，可以避免井涌、井喷、井漏等重大事故的发生，及时处理油气侵、水侵，为顺利施工创造条件。

地质异常事件主要参数变化见表 6–2–6。

表 6-2-6　地质异常事件主要参数变化

异常类型	参数特征	潜在的异常事件
放空	钻时急剧减小，钻速急剧增加，无钻压，出口流量减小或增大	井漏、井涌、井喷
油侵	钻时减小；出口流量增大；总池体积增加。气测总烃异常高；烃组分重烃明显异常；钻井液密度减小，黏度升高；电导率减小；地温梯度可能增大；岩屑中有荧光显示	溢流、井涌、井喷
气侵	钻时减小；出口流量增大；钻井液池体积增加。气测总烃异常高，甲烷异常高；接单根和起下钻后效气明显；钻井液密度减小，黏度升高；电导率可能减小；地温梯度可能增大	溢流、井涌、井喷
盐水侵	钻时减小；出口流量增大；钻井液池体积增加，钻井液密度减小，黏度降低；电导率增大；氯离子含量升高；气测异常幅度小或无异常	溢流、井涌、井喷
淡水侵	钻时减小；出口流量增大；钻井液池体积增加；钻井液密度减小，黏度降低；电导率减小；气测异常幅度小或无异常	溢流、井涌、井喷
异常高压地层	钻时大幅度减小；钻速大幅度增加；*dc* 指数减小，偏离正常趋势线；出口流量增大；钻井液池体积增加；扭矩增大。气测值升高，接单根后效气举升明显，起下钻后效气举升明显；钻井液密度减小，黏度增大；地温梯度增大；泥（页）岩密度减小；岩屑形状呈碎片状、多角状和尖锐状	溢流、井涌、井喷

续表

异常类型	参数特征	潜在的异常事件
井涌	瞬间钻时突然减小或伴随放空，瞬间钻速突然增加；平均钻时大幅度减小；立管压力突然大幅度跳跃，或者出现先升高后降低的微变化过程；出口流量起伏跳跃不稳定并迅速增大；钻井液池体积迅速增加；大钩负荷（悬重）增大。气测全烃及组分值大幅度升高；接单根后效气极为明显；钻井液密度减小，黏度升高；电导率增大或者减小；地温梯度可能增大	井喷、井塌、卡钻、埋钻
井漏	瞬间钻时突然减小并伴随放空，瞬间钻速突然增加；平均钻时大幅度减小；立管压力大幅度下降；大钩负荷增大，钻压减小；出口流量突然减小，甚至降为零；总池体积迅速减少	井塌、卡钻、埋钻

2. 工程异常事件判断

录井连续检测和记录钻井参数包括：大钩负荷、钻压、立压、泵冲、转速、扭矩、出口流量、钻时、钻进成本等。

钻井工程异常事件包括钻井液循环系统的刺钻具、刺泵、水眼堵、掉水眼、钻具的遇阻、卡钻、溜钻、断钻具、钻头掉牙轮等。利用录井仪监测各种参数异常变化，可直接或间接预报多种工程异常。

工程异常事件主要参数变化见表 6-2-7；接单根、起下钻及停泵期间异常事件见表 6-2-8。

表 6-2-7　工程异常事件主要参数变化

类型	主要参数变化	岩屑含有物
井漏	钻时瞬时突然减小并伴随放空，平均钻时大幅度减小；立管压力大幅度下降；大钩负荷增大，钻压减小；出口流量突然减小，甚至降为零；总池体积迅速减少	
刺钻具	立管压力下降；泵冲增大；出口流量增大；钻时增大；钻头时间成本增大	
断钻具	立管压力缓慢持续下降，之后突然降低；大钩负荷突然减小；扭矩减小；泵冲数增大；出口流量增大	
刺泵	泵冲正常；立管压力缓慢下降，出口流量减小；钻时增大；钻头时间成本增大	
掉牙轮	扭矩大幅度跳跃并增大；转速剧烈波动，钻时显著增大；钻头时间成本增大	岩屑中可能有金属碎屑
掉水眼	立管压力下降并稳定在某一数值上；泵冲数增大；钻时增大；钻头时间成本增大	
水眼堵	立管压力升高；出口流量减小；泵冲数下降；钻时增大；钻头时间成本增大	
钻头旷动严重、钻头寿命终结	扭矩瞬间出现增大尖峰，并呈加大加密趋势；转速严重跳动；钻时显著增大；钻头时间成本增大	岩屑中可能有金属碎屑
井塌	扭矩增大，钻头无进尺	岩屑量增多，岩屑多呈大块状
溜钻、顿钻	井深突然跳变；大钩负荷突然减小，钻压突然增大；扭矩增大；钻时减小；钻头时间成本减小	
卡钻	大钩负荷增大；扭矩增大；立管压力升高，出口流量减小	
转盘（顶驱）机械故障	扭矩大幅度波动，其他参数正常	

表 6-2-8　接单根、起下钻及停泵期间异常事件

作业种类	参数异常显示	原因分析	可能引发的异常事件
接单根、起钻	总池体积快速增加	①在井底压力近平衡状态下，停泵后，井底压力减小，超压驱动地层流体侵入井眼；②起钻速度快产生的抽吸作用；③起钻时未按规定向井内灌注钻井液；④钻井液密度因地层流体不断侵入而降低，井底回压进一步减小	溢流、井涌、井喷
下钻	总池体积减少	在激动压力的作用下，地层漏失	（排除地面因素）井漏
	总池体积增加	油、气、水侵，钻井液密度减小，钻具的替代作用	溢流、井涌、井喷
停待	总池体积增加	①钻井液密度偏小，井底回压降低；②起钻刮掉井壁滤饼；③地层流体以扩散和渗透的方式侵入井眼，钻井液密度减小，井底回压进一步降低	溢流、井涌、井喷

四　异常预报示例分析

（一）钻具刺漏的监测和预报

钻具刺漏（穿）是指在钻进中，由于钻杆连接处或钻杆与接头的连接处密封不好或钻具本身的材质出现损伤导致钻井液在压力作用下从此薄弱处刺穿的现象。当钻具（或泵）发生刺穿后，钻头水马力会降低，从而影响了钻井液对钻头处岩石的冲击切削破碎能力，同时会影响环空钻井液的流态，不利于岩屑携带，也会破坏井壁。

显示特征：泵冲数上升或不变，入口流量不变，出口排量、泵冲数稳定或略见上升，泵压先缓慢（或小幅）下降，继而泵压大幅度下降，流量增大，有时甚至可以看到返出的岩屑与所钻地层岩性特征不符。钻具刺坏严重者可能导致钻具刺断，引起井下掉钻具事故。掉水眼的特征与钻具刺坏基本相似，录井中应注意区别。

钻具刺漏是钻井中较为常见的现象，发生钻具刺漏的原因是多方面的，主要是由于所用钻具较为陈旧或使用及搬运不当，钻井液的酸碱性对钻具产生腐蚀以及钻进时泵压过高，这些都可能引起钻具刺漏。钻具的扭转振动造成钻具旋转速度时快时慢，当钻具突然加速旋转时，扭矩可能突然增加。轴向拉力也会降低密封能力，上紧扭矩过小、过低的螺纹过盈量也导致较低的密封能力。钻具的横向振动使钻具承受交变的弯曲应力，同样会造成密封失效。加工内螺纹间的交互作用使得在接头处产生很高的热量，从而螺纹脂从螺纹间隙流出，可能造成误差，不合理的公差配合也是一个重要原因。

钻具刺漏的明显特征是在泵冲稳定的情况下，立压缓慢下降。但要注意区别钻井液加重后密度不均匀引起的泵压下降以及由于钻井液泵上水不好引起的泵压下降。

（二）断钻具的监测和预报

钻具刺坏如不能及时发现并采取相应措施，最终的结果必然是导致钻具断落。

显示特征：泵压突然大幅度下降，扭矩大幅度变大，悬重变小（有时时间很短），出/入口流量无明显变化。当下放钻具时泵压升高，但达不到未断之前的泵压，此时扭矩变大。有时，由于所断钻具重量太轻，悬重变化不大。

钻具折断或脱扣的原因主要有以下几个方面：

①钻具质量不佳，丝扣处有裂纹等弱点，或者丝扣断面过小、应力不足，导致钻具在

丝扣处折断；

②在钻进大口径井眼时，使用的钻杆过细，钻头过大，因钻杆的强度不够而折断钻杆；

③操作技术不熟练，导致井底不平，井壁凹凸不圆，钻进中钻杆左右摇摆，钻杆钢材因过度疲劳而折断；

④钻具丝扣加工质量不好，或者连接钻具时丝扣拧紧不够，或者在操作过程中，提升钻具后，没有及时发现钻具退扣，以致发生钻具脱扣事故；

⑤钻进所使用的钻具较为陈旧，钻进中没有及时发现钻具刺漏，钻进时因溜钻、顿钻引起的扭矩急剧升高以及起钻过程中遇阻后又强拉硬提导致钻具脱落。

（三）掉水眼的监测和预报

钻头喷嘴高速射流的水力能量不仅能净化井底的岩屑，还有直接冲蚀破碎岩石的作用，但是，如果钻头水力流速超过额定值，或（水眼）喷嘴组合计算不当，就会导致钻头水眼脱落事故的发生。同时，钻头长时间在高压下转动，会发生磨损及松动。

显示特征：当掉水眼（喷嘴）时，入口流量不变，立管压力突然减小并稳定在某一数值上、钻时增大、钻速降低、扭矩波动，钻头时间成本增大。

（四）堵水眼的监测和预报

工程施工过程中，钻头堵水眼的发生原因主要是循环系统有杂物或大颗粒物体，入井钻具空间中携带杂物，井口落物进入钻具空间及钻进过程中发生溜钻、顿钻，下钻过程中没有做防堵水眼的措施等几个方面。

显示特征：立管压力升高，出口流量减小，泵冲数下降，钻时增大、钻速降低，钻头时间成本增大，岩屑气少，扭矩增大。

（五）溜钻、顿钻的监测和预报

提升系统和动力系统异常是发生溜钻和顿钻的直接原因。提升系统异常主要表现为溜钻现象。所谓动力系统异常，主要表现为动力系统输出功率异常，引起各受动设备工作呈异常波动的现象。

显示特征：钻头井深突然增加，大钩位置快速下降，悬重突然减小，钻压突然增大，扭矩增大，钻速减小，钻头时间成本减小，以上参数曲线呈突变形态，其他参数则基本不变。

（六）遇阻的监测和预报

遇阻产生的原因是多方面的：起钻完后发生井塌；钻井液性能不好、失水大、滤饼厚，地层膨胀致使井径缩小；上次起钻钻头磨损严重、下新钻头造成遇阻；起钻前未循环好钻井液、下钻下不到底；钻具结构变化，如果换大钻具或加入大直径扶正器，或更换了钻头类型，也容易遇阻。

显示特征：大钩负荷减小，扭矩波动变化幅度大，超拉力减小，岩屑中多上部地层掉块。

（七）钻头寿命终结的监测和预报

钻头寿命终结指钻头老化，牙齿磨损严重。

显示特征：扭矩曲线形态变化幅度大，扭矩一秒钟曲线形态呈纺锤体变大，或瞬间出现增大尖峰，偶见钻压波动，钻时明显变大，进尺缓慢或无进尺，生产成本变大，立压、泵冲、排量略见上升，转速跳动，钻头时间成本增大，岩屑中可见铁屑，其他参数（曲线）基本不变。对于单牙轮旷动，扭矩数值波动范围大，曲线变宽，并伴有毛刺。

钻头成本占钻井成本的三分之一左右，钻头的使用寿命直接影响钻机的经济技术指标，适用各种地层且使用寿命长的钻头是降低钻井成本的最有效措施。在钻头使用的各个阶段，当钻压及转速不变时，早期扭矩增大并大幅度波动、晚期扭矩可呈平滑趋势，但早晚期都伴有钻时增大、钻速降低、钻井成本增加、钻井时效降低、岩屑变细或有铁屑、岩屑气少、岩屑破碎量少返出量少。

（八）井塌的监测和预报

井塌产生因素：起钻未及时向井内灌注钻井液，钻井液液注压力降低造成井塌；钻井周期长，钻井液性能不好，特别是密度太低，失水过大，井壁不稳定易造成周期性井塌；钻井液处理不当，大量加水，泡塌地层；停钻时间长，钻井液沉淀，性能变坏，诱发井塌；胶结不好的疏松地层和破碎性地层，易受钻井液浸泡，减弱其胶结力而造成井塌；流沙层、砾石层与其黏土的间互层因失去稳定性，大段井塌；起钻速度太快，产生抽吸效应诱发井塌。

显示特征：钻进时泵压上升或蹩泵，扭矩增大或无转速；起钻中钻井液倒流、池体积增加，上提、下放遇阻钻具悬重变化大，循环时蹩泵泵压上升；振动筛上岩屑数量增多，岩屑多呈大块状。

（九）钻头泥包的监测和预报

钻头泥包产生影响因素：钻至松软的黏土地层，钻速快，排量小、钻井液性能不好，特别是黏度、切力过高，容易造成钻头泥包；此外，钻进时钻井液短路（钻井液不完全从钻头水眼返出）或停泵后继续钻进，造成干钻，容易造成钻头泥包。

显示特征：转盘扭矩变化幅度大，有蹩钻、跳钻现象；钻速显著下降；泵压略有增高；活动钻具时有遇卡现象，悬重变化幅度大。

（十）井涌的监测和预报

在钻井过程中，如果钻遇高渗透层，且井底钻井液液注压力低于地层孔隙压力，在压差的作用下，地层流体就会进入井眼。井涌的前期为溢流，当大量地层流体侵入井眼后，就有可能产生井涌甚至井喷。当溢流或井涌发生时，一般采用停泵压井的方式进行控制。

显示特征：钻井液入口流量稳定，循环池体积增加、出口密度减小、出口流量增大、出口温度升高（油侵）或降低（水或气侵）、电阻率升高（油气或淡水侵）或降低（盐水侵）、立管压力下降、气体含量增加（油、气侵）、孔隙压力梯度增加。

（十一）井漏的监测和预报

井漏是指在钻进、固井、测试或修井等井下作业中各种工作液（包括钻井液、水钻井液、完井液以及其他流体等）在压差作用下直接进入地层的一种井下复杂情况。井漏包括渗透性滤失、裂缝性滤失及溶洞性滤失等。其中，裂缝性、渗透性、微渗透性的钻井液漏失现象各有其不同的状态，主要是漏失速率和漏失时间。

井漏的原因：地层疏松、钻速快，钻井液未循环好，开泵过猛，容易蹩漏；渗透性地层，钻井液密度过高，压漏地层；钻穿地层断裂带或有裂缝时井漏；溶洞漏失。

显示特征：钻井液入口流量稳定，钻井液池体积减小、出口流量减小、立管压力下降、岩屑返出量少或无返出、脱气器液面降低影响气体检测连续性。

（十二）硫化氢异常的监测和预报

钻井过程中，常有来自地层的各种污染物侵入钻井液，使钻井液性能发生不符合要求的变化，有的污染物严重影响钻井液的流变性和滤失性能，有的污染物能腐蚀钻具。钻井液中的污染物最常见的是油、气侵，黏土侵，钙侵，盐侵和盐水侵，还有 Mg^{2+}、CO_2、H_2S 和 O_2 的污染。

地层中硫化氢的侵入以及钻井液处理剂在高温下发生分解或者氧化还原反应都会造成钻井液的硫化氢污染。

显示特征：室内固定式硫化氢仪经由外部气管线抽吸分析，反映了钻井液中的硫化氢含量变化；室外固定式硫化氢仪监测的是施工作业现场大气环境中的硫化氢含量情况，且监测结果随着监测位置或环境中风向、风力的不同而不尽相同。当钻井液中含硫化氢时，录井实时监控有明显反映。

（十三）二氧化碳异常的监测和预报

二氧化碳是一种酸性气体，是钻井液中较为常见的污染源，当其混入钻井液后会生成 HCO_3^- 和 CO_3^{2-}，反应中生成的碳酸使钻井液 pH 值下降，其酸性比 H_2S 强，并且也和钻井液中的碱反应生成碳酸氢钠。二氧化碳气体侵入井内将大大降低或完全抵消钻井液中的碱性，钻井液中气泡增多，黏度切力上升，钻井液流动性变差。

显示特征：CO_2 检测含量上升，气测基值有漂移。

钻井液中二氧化碳的来源主要有以下几个方面：

①在钻井液配浆或其处理过程中相关化学药品用量过多产生二氧化碳；

②在固控中空气中的二氧化碳被溶解至钻井液中；

③有机物在高温下分解出二氧化碳；

④随着地层流体的侵入，地层中的二氧化碳进入到钻井液中。

（十四）石膏侵的监测和预报

石膏是钻井液中易于形成的污染问题之一，特别对聚合物钻井液而言，因其抗污染的能力较弱，就更易发生石膏污染，钻井液中有石膏侵入也会降低其 pH 值，大量的钙离子还会使钻井液过度絮凝，进而使其黏度、切力，以及滤失量都会相应增加，滤饼变厚，含钙量增加，钻井液的流动性变差。所以，在钻遇石膏层前，对钻井液进行预处理，降低固相含量、降低黏切力、提前加入抗石膏类处理剂（如纯碱、除钙降黏剂等），并依据邻井施工资料提前准备处理石膏层的处理剂，提高钻井液 pH 值，从而提高钻井液抗石膏污染的能力。

显示特征：钻井液发生石膏侵会增加岩屑的清洗难度，同时，由于钻井液过度絮凝、黏度切力增加而导致脱气器对钻井液搅拌逸散气体困难。

（十五）盐水侵的监测和预报

当钻遇岩盐层时，由于井壁附近岩盐的溶解使钻井液中氯化钠（NaCl）浓度迅速增大，从而发生盐侵。钻达盐水层时，若钻井液的静液压力不足以压住高压盐水流，盐水便会进入钻井液发生盐水侵。由于分散钻井液的矿化度一般很低，没有足够的抗盐能力，因此在其受到盐侵或盐水侵之后，钻井液的流变和滤失性能将发生规律性变化。钙性盐水以及钠性盐水是地层中较为常见的盐水，钻井液中侵入盐水也会使其 pH 值降低，导致钻井液处理剂丧失其作用，钻井液不再具有胶体性质，钙离子还会加剧钻井液的絮凝状态，流动性变差。当发生盐水侵时，要及时补充抗盐性强的各种处理剂，将分散钻井液转化为盐水钻井液。

发生盐水侵时，钻井液含盐量增加，氯根剧增，有时见槽面上漂浮有白色小点或泡沫，无芳香味，钻井液密度稍减，失水剧增，滤饼稍增，切力稍减；同时，岩屑、岩心有时可见溶蚀状态，岩屑、岩心发白，易受潮。

显示特征：全烃升高，重烃升高，甲烷高，重烃低，非烃高，电导率升高。

（十六）淡水侵的监测和预报

钻井液淡水侵影响因素：钻井液密度过低，地层水侵入；有影响的注水井没有停注泄压；注水井发生串层。

钻井液淡水侵对井的影响：淡水侵后钻井液密度降低，可能引发溢流；钻井液黏度下降，携砂能力降低，滤饼质量下降，护壁能力降低，可能引起井下复杂情况；钻井液切力下降，对岩屑的悬浮能力降低，非常容易引起井下复杂情况发生；钻井液被稀释，造成各种处理剂的浪费。同时，淡水侵后钻井液流动性变好，颜色变浅，有时见较大的气泡，无芳香味；气测有后效，密度稍增，失水剧增，滤饼增加，切力稍减，含砂稍增，氯根剧减，钻井液量变化随产层压力而变。

显示特征：全烃和重烃均有上升，甲烷含量不高，重烃小，非烃大；岩屑、岩心较清洁，为“白砂子”，岩屑有时可见溶蚀特征，易受潮。

（十七）气体钻燃爆监测和预报

气体（气体－泡沫）钻是负压钻进，无法平衡井底压力，从而也就不能进行地层压力监测，井底的异常压力都是通过监测的气体显示而反映出来的。由于空气（或 N_2）对地层气的稀释作用，所以不能以常规钻井液钻的气体显示值来衡量气体钻中的异常气体显示，要根据设计指定的监控门限（一般情况下为全烃 $\leqslant 3\%$）及时提供异常显示汇报。气体钻中地层气的稀释倍数在 10~20。实钻中，如出现井下燃爆，则录井显示特征为甲烷因燃烧而含量降低，二氧化碳因甲烷燃烧生成而含量升高。

（十八）气体钻井下钻具状态的监测和预报

气体钻对钻具的破坏性最大，断钻具最为常见，要及时对悬重、扭矩、立压的变化进行分析判断，及时报告井下异常情况。

（十九）气体钻地层出水的监测和预报

气体钻井钻遇水层后，当岩屑粉末和水的比例达到一定值时，岩屑就会黏附在钻具和井壁上形成滤饼环，容易引起井下复杂情况或事故。所以，气体钻时，要及时密切观察立管压力变化。

显示特征：立管压力上升，是地层出水量大的信号；同时，监视排砂管出口，如果有岩屑团排出，扭矩则增大，并伴随蹩、跳钻，上提钻具遇阻，则可能是钻头泥包、井壁上形成滤饼环。地层出水时，接砂口粉末岩屑潮湿有水分或潮湿感，甚至无岩屑粉尘返出。

（二十）蹩钻的监测和预报

蹩钻的原因：钻遇硬夹层或软硬交界地层；钻压过大或溜钻；钻遇砾石层或石灰岩溶

洞；上部地层塌块；井下掉东西；牙轮卡死；钻头泥包。

蹩钻是钻井钻进中遇到的一种异常现象，易在钻进砂砾或卵石地层中时发生，井下掉块多也会产生蹩钻，遇到蹩钻时需要采用上提钻具再慢慢往下划的方式解决。录井显示特征：扭矩变化波动幅度异常。

（二十一）跳钻的监测和预报

跳钻多发生在牙轮钻头钻进时，原因：钻遇砾石层、软硬夹层、不均质地层（如含燧石）、缝洞石灰岩地层；井塌或井下有落物；钻头严重泥包。

显示特征：扭矩变化波动幅度异常。

（二十二）井喷的监测和预报

井喷是指地层流体（油、气、水）无控制连续不断地涌入井筒、喷出地面或侵入其他低压层位的现象。引起井喷的主要原因：

①在钻头钻透地下高压油气层时，钻井液液柱压力低于油气层压力；

②遇到漏失层，钻井液漏失；

③钻穿油气层时，起钻速度过快，产生抽汲作用，产生负压差；

④钻穿油气层后，起钻时未及时灌入钻井液，使井内钻井液液面下降，井底压差降低；

⑤没能有效清除钻井液中滞留的气体，继续循环使用，使钻井液气侵严重，井底压差降低；

⑥钻至油气层时，发生井下事故，如断钻具、卡钻等，造成油气长期积聚降低了液柱压力；

⑦设备故障，停钻修理，地层流体侵入，降低了液柱压力；

⑧测井时，钻井液静止时间过长，地层流体侵入，降低了液柱压力。

发生井喷时如果不能及时平衡和控制地下油气层压力，在短时间内井场上就会弥漫原油和天然气，一遇明火或喷出的砂石打在钢铁井架上迸出火星，即刻会发生大火，严重威胁生产安全。

预防井喷的主要措施就是做好一级井控，分析落实井下气体显示，也可根据接单根气的变化趋势分析井下压力平衡状态。

（二十三）地层流体侵入的监测和预报

地层流体指地层中的油、气、水，地层流体侵入钻井液，相应的现象及注意事项见表 6-2-9。

表 6-2-9　地层流体侵入的现象及注意事项

序号	现象	注意事项
1	钻进中出现蹩钻或跳钻	记住方入（根入）和井深，提高警惕性
2	钻速增快或放空	记好钻时或放到底，丈量方入（根入）或放空的深度
3	泵压下降（气侵引起）	查明钻井液泵有无故障，准备除气
4	井口钻井液间歇涌出	专人在钻井液出口观察
5	砂样中见油砂或结晶	及时取样识别砂样并进行荧光分析
6	钻井液出口槽有油花或气泡	及时收集油花或气泡样品

续表

序号	现象	注意事项
7	在钻台上或钻井液出口槽边有油气味	及时报告司钻或值班人员
8	钻井液密度下降	及时测量钻井液性能
9	钻井液黏度上升	及时测量钻井液性能
10	钻井液氯根含量增加或减少	及时做氯离子滴定
11	起钻时井口液面下降或外溢	及时做到“十快”动作，做好放喷防火准备，控制好井口
12	下钻时井口钻井液长流	及时做到“十快”动作，做好放喷防火准备，控制好井口
13	钻进中钻井液池液面增加或减少	落实坐岗人员，观察、记录液面，按规定设置报警

（二十四）卡钻的监测和预报

卡钻是指钻具在井下失去上提下放甚至旋转等活动能力的事故。

卡钻可分黏附卡钻、蹩漏卡钻、沉砂卡钻、键槽卡钻、井塌卡钻、井下落物卡钻、干钻卡钻、缩径和钻头泥包卡钻等，卡钻事故是在钻井工程事故中发生概率最高、最常见的事故。

显示特征：扭矩增大或大幅度波动、上提钻具时大钩负荷增大、下放钻具时大钩负荷减小、立管压力升高、扭矩增大、出口流量减小、岩屑返出物混杂。

卡钻时，钻具提不起来，放不下去，活动范围不大，多为井塌和砂桥卡钻；钻具固定在一个卡点上多为落物卡；能放下去，每次上提可上行一段，但不解卡，多为缩径和泥包卡钻；起钻经常在一定位置遇卡，可以转动，可以下放，多为键槽卡钻。

1. 键槽卡钻

原因：键槽卡钻易发生在硬地层中，井斜或方位变化大，形成了狗腿的地方。钻进时，钻柱紧靠狗腿段旋转，起下钻时钻柱在狗腿段上下拉刮，在井壁上磨出一条键槽，起钻时钻头拉入键槽底部被卡住。

显示特征：键槽卡钻时下钻不遇阻，钻进正常，泵压也正常，但起钻到狗腿处常遇卡，随着井深的增加愈加严重，能下放但不能上提，严重时可能卡死。

2. 沉砂卡钻

原因：在使用黏度小、切力小的钻井液钻进时，由于其悬浮携带岩屑的能力差，稍一停泵岩屑就会下沉，停泵时间越长，沉砂就越多，严重时可能造成下沉的岩屑堵死环空，埋住钻头与部分钻具，形成卡钻。此时，若开泵过猛还会蹩漏地层，或卡得更紧。

显示特征：重新开泵循环，泵压很高或蹩泵；上提遇阻，下放遇阻且钻具的上提下放越来越困难，转动时扭矩很大甚至不能转动。接单根或起钻卸开立柱后，钻井液喷势大。

3. 井塌卡钻

原因：在吸水膨胀的泥、页岩地层，胶结不好的砾岩等地层，由于钻井液的失水量较大，浸泡地层的时间较长，钻井液密度小，或起钻未及时灌钻井液以及抽吸作用而使井壁产生坍塌造成卡钻，这在钻进或划眼过程中发生较多。

显示特征：有大块滤饼和小块地层脱落，换钻头后下钻不能到底；有时在钻井液中携带出大块未切削的上部岩层岩石；在钻进中突然发生蹩钻，上提遇阻泵压上升，出现蹩泵甚至钻具不能转动等现象。

4. 压差卡钻

原因：水平井钻井中钻具由于重力作用靠近下井壁，在压差作用下，钻具下侧部位就会贴于井壁，钻具与井壁滤饼黏合在一起，静止时间越长则钻具与滤饼的接触面积就越大，由此而产生卡钻。

显示特征：钻井液性能不好，密度过高造成井内压差太大。失水量大，滤饼厚，黏附系数大，一旦停止循环，不活动钻具，钻具就会与井壁滤饼接触，时间增加则会使接触面积和深度加大，滤饼对钻具的黏附力增加，导致钻具无法上下活动和转动，悬重变化异常，但能够开泵循环，且泵压正常稳定。

5. 缩径卡钻

原因：易发生在膨胀性地层和渗透性孔隙度良好的井段。由于钻井液性能不好，失水量大，在井壁易形成胶状稀松的滤饼，当泵排量小、钻井液上返速度低时，易在滤饼上面沉淀较多的黏土颗粒岩屑及加重剂，致使井径缩小。钻井液形成的液柱压力不足以抵抗地层的塑性变形时，容易迅速产生严重的缩径卡钻。

显示特征：遇阻的位置固定，循环时泵压增大，上提困难，下放容易，起出的钻杆接头的上部经常有疏松的滤饼。

6. 落物卡钻

原因：由于操作管理失误，将油抹布、卡瓦牙、吊卡牙或其他小工具掉落井内，卡在井壁与钻具或套管与钻具之间而造成落物卡钻。

显示特征：扭矩增大且跳变异常，下放阻力提升拉力增大。

7. 砂桥卡钻

原因：砂粒堆积在地层或井筒内而形成砂拱或砂塞卡住钻柱。

显示特征：扭矩增大且跳变异常，下放阻力提升拉力增大。

8. 泥包卡钻

造成泥包卡钻的原因主要有以下几个方面：

①软泥、滤饼、钻屑黏附在钻头或扶正器周围，或填塞在牙轮或刀片间隙之间，或嵌在牙齿间隙之间，轻则降低机械钻速，重则把钻头或扶正器包成一个圆柱状活塞，使其在起钻过程遇阻、遇卡。

②钻遇松软而黏结性很强的泥岩时，岩层的水化力极强，切削物不成碎屑，而形成泥团，并牢牢地黏附在钻头或扶正器周围。

③钻井液循环排量太小，不足以把岩屑携离井底，如果这些岩屑是水化力较强的泥岩，则在重复破碎的过程中，颗粒越变越细，吸水面积越变越大，最后水化而成泥团，黏附在钻头表面或嵌在牙齿间隙中。

④钻井液性能不好，黏度太大，失水量太高，固相含量过大，在井壁上结成了松软的厚滤饼，在起钻过程中被扶正器或钻头刮削，越积越多，最后把扶正器或钻头周围之间间隙堵塞。

⑤钻具有刺漏现象，部分钻井液短路循环，到达钻头的液量越来越少，钻屑带不上来，只好黏附在钻头上。

钻头泥包主要是泥页岩遇水发生塑性变形，使钻头面与切削面之间的黏附力变得比举升岩屑的携浮力大得多，因而发生泥包。

泥包卡钻主要有以下特征：

①钻进时，钻速逐渐降低，扭矩逐渐增大，如因泥包而卡死牙轮，则有蹩钻现象发生。如钻头或扶正器周围泥包严重，减少了循环通道，泵压还会有所上升。

②上提钻头有阻力，阻力的大小随泥包的程度而定。

③起钻时，随着缩径的不同，阻力有所变化，一般都是软遇阻，即在一定的阻力下一定的井段内，钻具可以上下运行，但阻力随着钻具的上起而增大，只有到小井径处才会遇卡。

④起钻时，井口环形空间的液面不降，或下降很慢，或随钻具的上起而外溢，钻杆内看不到液面。

9. 蜡卡

蜡卡的原因：原油中含蜡量过高，随着原油从井底向井口流动，井筒温度逐渐降低，当温度低于蜡的凝析点时，蜡质物质便开始沉积在管壁上，如采取套管生产，清洁工作不及时，便可造成卡钻。

蜡卡的特征：扭矩增大，上提下放阻力大，悬重异常。

10. 封隔器卡

封隔器卡的原因：由于分采、分注或套管试压等工作需要，往往需下封隔器配合完成。一旦解封失效，就可造成卡钻。常见的如封隔器胶皮老化而不能收回，卡瓦片不能有效回收等。

封隔器卡的特征：扭矩增大，上提下放阻力大，悬重变化异常。

11. 水泥卡

造成水泥卡的原因主要有以下几个方面：

①打完水泥塞后，没有及时反洗井或上提管柱，水泥固封将井下管柱卡住。

②蹩压挤水泥时，没有检查上部套管的破损，使水钻井液上行至套管破损位置而短路，将上部管柱固封在井里造成卡钻。

③挤水泥时间过长或添加剂用量不准，使水钻井液在施工中凝固。

④井下温度过高，对水钻井液又未加处理，或井下遇到高压盐水层，使水钻井液性能变坏，以至早期固结。

⑤计算错误，或挤注水泥时发生设备故障造成管柱或封隔器固封在井中。

⑥在注水泥后，未等井内水泥凝固，盲目探水泥面，误认为注水泥失败，此时既不上提管柱，又不洗井，造成卡钻。

⑦挤注水泥候凝过程中，由于井口渗漏，使水钻井液上返，造成井下管柱固封。

水泥卡的特征：扭矩增大，上提下放阻力大，悬重变化异常。

思考题

1. 五项实时监控的具体内容有哪几项？
2. 钻速瞬间变化的影响因素有哪些？
3. 起下钻过程中钻井液池液面瞬间增加的影响因素有哪些？

扫一扫
获取更多资源

4. 如何进行钻前地层压力预测？
5. 工程异常事件按引发机理及后果可分为哪三类？
6. 钻具刺漏的显示特征有哪些？
7. 井涌的显示特征有哪些？
8. 井漏的显示特征有哪些？
9. 气体钻地层出水的显示特征有哪些？
10. 引起跳钻的原因有哪些？
11. 卡钻有哪些类型？引起沉砂卡钻的原因有哪些？

第七章

录井新技术及应用

油田勘探开发整体进入后期，难动用、致密隐蔽油气藏、页岩油气藏等难点对录井技术服务提出更高的要求，主要表现在油气层准确定量化的识别与评价。同时，工程技术进步与革新对录井服务冲击明显。主要表现在 PDC 钻头 + 动力钻具，水平井等特殊井与非常规勘探对随钻岩性识别和地层对比、油气层发现等方面提出了更高的要求。各项录井新技术得到推广应用。

第一节　录井新技术简介

X 射线元素录井、X 衍射全岩矿物分析、核磁共振录井、定量荧光录井、碳同位素录井、岩石热解地化录井等新型技术应用于现场，使录井“三性”检测由定性向定量转变，大大提高了对隐蔽性油气藏的发现能力和认识能力，在油田勘探开发中发挥了重要作用。

一　X 射线元素录井技术

X 射线元素录井技术是以岩石化学为理论基础，通过对岩石样品进行 X 射线荧光光谱分析获取岩石化学组分，进而进行岩性识别和地层评价的一项随钻地质分析技术，其理论基础是 X 射线荧光分析理论和岩石地球化学理论。

（一）技术原理

X 射线是电磁波谱中的某特定波长范围内（0.005~10mm）的电磁波。一个稳定的原子结构由原子核及核外电子组成，其核外电子都以各自特有的能量在各自的固定轨道上运行。当 X 射线作为高能粒子束轰击介质时，原子的内层电子（如 *K* 层）在足够能量的 X 射线照射下脱离原子的束缚释放出来，电子的释放会导致该电子壳层出现相应电子空位。这时处于高能量电子壳层的电子（如 *L* 层）会跃迁到该低能量电子壳层来填补相应的电子空位。由于不同电子壳层之间存在着能量差距，这些能量上的差以二次 X 射线的形式释放出来。不同的元素所释放出来的二次 X 射线具有其特定的能量特性，因此，二次 X 射线又叫特征 X 射线，或叫 X 射线荧光（XRF）。X 射线荧光具有物质元素的指纹效应。

当用 X 射线照射岩屑样品时，岩屑可以被激发出各种波长的特征 X 射线（X 射线荧光），需要把混合的 X 射线按能量（或波长）分开，分别测量不同能量（或波长）的 X 射线的强度，经计算机处理显示为元素的种类及含量，达到对岩屑中元素的定性和定量分析的目的，如图 7–1–1 所示。

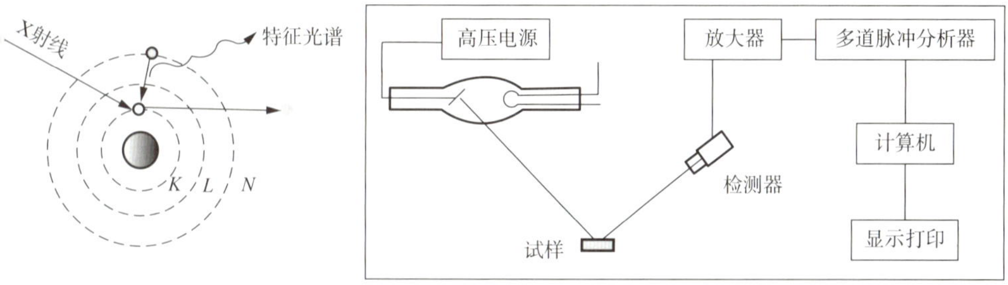

图 7–1–1　能量色散性 X 射线分析仪分析原理图

（二）仪器设备

EDX4500H 型 XRF 元素录井仪如图 7–1–2 所示，能够检测 Na，Mg，Al，Si，P，S，Cl，K，Ca，Ba，Ti，Mn，Fe，V，Ni，Sr 和 Zr 等共 35 种元素。快速元素分析仪只能检测 12 种元素。

图 7–1–2　EDX4500H 型 XRF 元素录井仪

X 射线元素录井分析仪器设备主要包括：振动磨样机、压片机、真空泵、能量色散型 X 射线荧光仪（元素录井仪）、计算机 5 部分，如图 7–1–3 所示。这 5 部分基本体现了该技术的分析流程，即采集、粉碎、压片制样、抽真空、分析、数据处理 6 个过程。

新型振动磨样机　　压片机　　真空泵　　能量色散型X射线荧光仪　　计算机

图 7–1–3　X 射线元素录井分析仪器设备

（三）样品采集、处理与分析

1. 样品采集

按录井设计间距采样。岩屑样品质量不小于 10g，具有代表性；岩屑样品原则上采用自然晾晒法干燥，若采用烘箱干燥时，烘箱温度应控制在 85℃以下。

2. 样品处理

（1）粉碎

样品采集后用强磁将岩屑里钻具磨损的铁屑清除；挑选完岩样后用研钵或粉碎机粉

碎；粉碎器具每次使用前后都要清理干净，防止样品相互污染；岩屑样品粉碎粒度不小于120目。

（2）压片制样

对岩样进行压片处理。压片模具每次使用前需清理干净，防止样品相互污染；对岩样进行压片处理时，压力为20~30MPa，保证样品片的黏结度，防止在仪器内脱落。对不易压制成片的样品可适当添加少量黏结剂，黏结剂成分应不含原子序数大于11号的元素（推荐用硼酸），并注明黏结剂名称及样品号。

3. 样品分析

（1）元素含量标定

每半年用标准物质对元素录井仪进行标定。标定前开机稳定仪器，时间不小于1h；标样采用国家标准岩石样品，采用种类应包含施工井区所有岩石种类，推荐采用种类涵盖三大岩中大部分常见种类，标准样品总数量要求不少于10个。用不少于5个同类型标准物质进行元素含量标定，12种元素的X射线荧光分析脉冲计数与标样元素含量相关系数应大于0.9。

（2）仪器校验

每次仪器重新安装后均应进行重复性、稳定性、标准物质样品线性度测试；每月进行一次重复性、稳定性测试；每个工作班应进行一次稳定性测试。

（3）抽真空

样品分析前先抽真空，真空度应不小于90%。

（4）分析

真空度达到要求时开始分析，分析时间原则上不低于60s。样品分析时的参数设置与仪器标定时的参数设置必须完全一致。

（5）数据处理

对岩屑样品中的Mg、Al、Si、P、S、K、Ca、Ti、V、Cr、Mn、Fe等共35种元素进行X射线分析、记录与输出。

（四）分析参数

1. 元素参数及意义

（1）Fe、Al、K、Ti：反映泥质含量，与岩石泥质含量正相关，泥岩段Fe、Al、K、Ti含量正异常，砂岩段和碳酸盐岩段Fe、Al、K、Ti含量负异常，不同地区其主导元素往往不一样。

（2）Si：反映砂质参数，标准化Si元素含量与泥质含量差值和岩石砂质含量正相关，砂岩段Si元素含量正异常。

（3）Mg、Ca：反映碳酸盐岩含量，能够利用Ca、Mg元素含量准确计算碳酸盐岩中灰岩含量和白云岩含量。

（4）Fe、Mg：反映超基性岩和基性岩，Fe、Mg含量同时上升（Fe含量比区域上泥岩值还高），K、Si含量降低；当Mg含量大幅升高时为超基性岩，Mg含量略有升高，同时Na含量明显升高时为基性岩。

（5）K、Na：反映中性岩和酸性岩，当Fe、Si含量在砂岩范围，Al含量在泥岩范围，三者出现矛盾时，K、Na含量同时上升（K含量比区域上泥岩值还高）。

（6）P、S、Cl: 阴离子元素往往与岩石中有机质伴生，一定程度上反映了岩石中有机质含量变化趋势。

（7）Mg/Si、Ca/Si：碳酸盐岩中反映受陆源物质影响大小的参数。

（8）Sr/Ba：反映水体深浅的指数，数值越大表明水体越深。

2. 元素衍生参数及作用

元素衍生参数及作用见表 7-1-1。

表 7-1-1 元素衍生参数及作用

元素衍生参数	计算公式	作用
砂质指数	砂质指数 =（$Si-Si_{min}$）/（$Si_{max}-Si_{min}$）× 100	识别砂岩
泥质指数	泥质指数 =[（Al / Si）-（Al / Si）]/[（Al / Si）$_{max}$ -（Al / Si）$_{min}$] × 100	识别泥岩
灰质指数	灰质指数 =[（Ca+Mg）-（Ca+Mg）$_{min}$] / [（Ca+Mg）$_{max}$ -（Ca+Mg）$_{min}$] × 100	判识灰岩及地层灰质含量变化
脆性指数	脆性指数 =[（Ca+Si+Mg）-（Ca+Si+Mg）$_{min}$] / [（Ca+Si+Mg）$_{max}$ -（Ca+Si+Mg）$_{min}$] × 100	用于评价泥页岩储层可压裂性
水体指数	=[Mn/Fe-（Mn/Fe）$_{min}$] / [（Mn/Fe）$_{max}$ -（Mn/Fe）$_{min}$] × 100	判识沉积环境
气候指数	$C=\sum$（Fe+Mn+Cr+Ni+V+Co）/ $\sum$（Ca+Mg+Sr+Ba+K+Na）	判识气候环境
风化指数	WI=（2 × Al+2 × K）/（Ca+Mg+2 × Na）	判识风化环境
化学蚀变指数	CIA=100 × 2 × Al/（2 × Al+Ca+2 × Na+2 × K）	判识化学蚀变程度

二 X 衍射全岩矿物分析技术

岩石由各种矿物组成，因此准确判定岩性首先要明确矿物组成。X 衍射全岩矿物分析技术（XRD）通过检测样品中具有晶形的所有矿物的含量，从而根据矿物成分和含量对样品进行岩性识别、定名。X 衍射全岩矿物分析可进行黏土矿物种类及含量分析，对泥页岩、致密砂岩等非常规储层评价具有较好的辅助作用。一方面解决由于岩样细小而造成的矿物、岩性难以识别的问题；另一方面随钻进行黏土矿物种类及含量分析，为油气层保护及压裂配伍提供依据。

（一）基本原理

利用 X 射线研究晶体结构中的各类问题，主要是通过分析 X 射线在晶体中产生的衍射现象。X 射线照射到晶体上，与晶体发生相互作用，产生一定的衍射花样，它可反映出晶体内部的原子分布规律。概括地说，一个衍射花样的特征由两个方面组成：一方面是衍射线在空间的分布规律（称为衍射几何），它是由晶胞的大小、形状和位向决定的；另一方面是衍射线束的强度，它取决于原子在晶胞中的位置。为了通过衍射现象来分析晶体内部结构的各种问题，必须在衍射现象与晶体结构之间建立起定性和定量的关系。

1912 年英国物理学家布拉格父子（W.H.Bragg 和 W.L.Bragg）导出了形式简单，但能够说明晶体衍射基本关系的布拉格方程或“反射”定律。根据他们的证明，可以将晶体的衍射现象看作是由晶体某些“镜面反射”的结果，但不是任意的晶面都能产生“反射”。只有这样的晶面：它与入射 X 射线所形成的角度 θ（须注意，X 射线学中入射角与反射角的含义与一般光学的概念有所不同）和该晶面的晶面间距 d' 以及入射线的波长 λ 符合公式 $2d' \sin\theta=n\lambda$ 时，才能产生反射，这就是著名的布拉格定律（Bragg's law），它是 X 射线衍射的最基本定律。

XRD 是晶体的“指纹”，不同的物质具有不同的 XRD 特征峰值（点阵类型、晶胞大小、晶胞中原子或分子的数目、位置等），结构参数不同则 X 射线衍射花样（衍射线位置与强度）也就各不相同，所以通过比较 X 射线衍射花样（衍射线位置与强度）可区分出不同的物质。在多相的混合物中，每种物质成分都有各自特征的衍射图谱，每一种物质成分的衍射图谱与其他物质成分的存在与否没有关系，也就是说样品的衍射图谱是由样品中各组成物质的衍射图谱组成的，这也是 X 射线衍射定量分析的基础。

（二）仪器设备

实验室大型全岩矿物分析仪器体积庞大，质量大于 500kg，需要冷却系统，能耗高，样品制备复杂，对环境要求高，不能满足录井现场岩性快速识别的需要。YST–1 型 X 衍射全岩矿物分析仪如图 7–1–4 所示，体积小，重量轻，使用方便，无须水循环冷却，维护方便。与实验室测量数据对比，数据相差不大，完全满足岩性识别的需求。

YST–1 型 X 射线衍射仪是按照晶体对 X 射线的衍射的几何原理设计制造的衍射实验仪器。在测试过程中，由 X 射线管发射出的 X 射线照射到试样上产生衍射现象，用辐射探测器接收 X 射线光子，经测量电路放大处理后，在显示或记录装置上给出精确的衍射线位置、强度和线形等衍射信息。X 射线粉末衍射仪是由 X 射线发生器、振动器、X 射线强度测量系统、衍射仪控制及衍射数据采集分析系统组成的，其中包括电源设备及防护装置等。

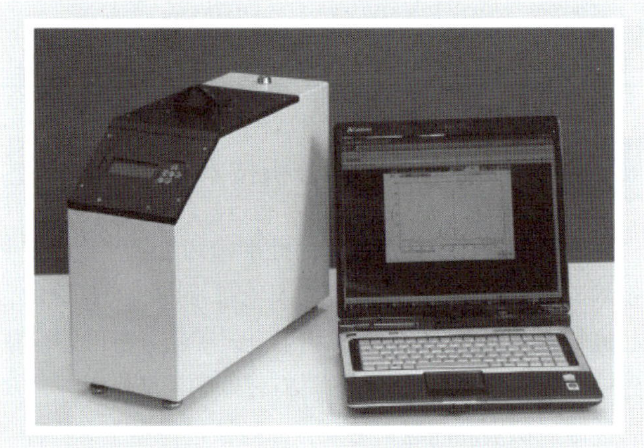

图 7–1–4 YST–1 型 X 衍射全岩矿物分析仪

YST 系列 X 射线衍射仪的 X 射线发生器是高稳定度的。它由 X 射线管、高压发生器、管压管流稳定电路和各种保护电路等部分组成。YST–1 型 X 射线衍射仪是密封式射线管，阴极接负高压，阳极接地。灯丝罩起着控制栅的作用，使灯丝发出的热电子在电场的作用下聚焦并轰击到靶面上，阳极靶面上受电子束轰击的焦点便成为 X 射线源，向四周发射 X 射线。

（三）样品处理及要求

样品必须干燥、干净，样品如果含油，需洗干油至四级荧光以下。样品取样量不少于 2g。采用粗磨样品 50mg 操作即可，可通过 150μm 筛，同时样品尺寸需要足够大以保证能够在样品池内对流，非常小的颗粒容易发生互相粘连，无法保证良好的对流。如果遇到这种问题，可以增加样品池容量或购买备用的样品池。

制备分析所用的样品的典型方式是用破碎机粉碎样品，颗粒不均的样品需要通过样本筛进一步细化，当完成后，用提供的外部样品振动筛将研磨好的样品插入样品池，使样品通过振动或对流进入样品池。

（四）工作方法

衍射仪使 30kV 的射线射出 X 射线，以此激发样品。任何结晶物质都有其特定的化学组成和结构参数，依据 X 射线对不同晶体产生不同的衍射效应来鉴定物相，即可得到样品的衍射图谱，如图 7-1-5 所示。

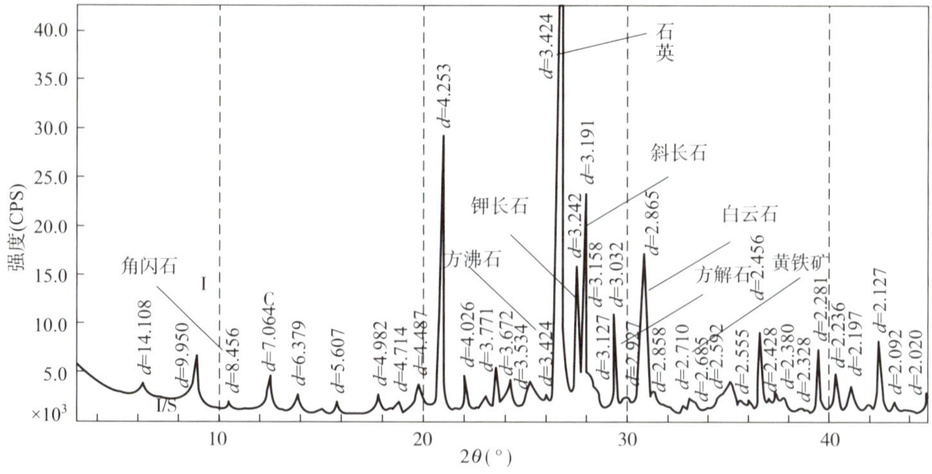

图 7-1-5　X 衍射全岩矿物分析谱图

描述晶体形状与大小的特征峰 *d* 值是衍射中的晶胞参数，*d* 值是根据衍射的角度计算出来的，每一种矿物 *d* 值唯一。通过将此矿物 *d* 值与标准物质对比（见表 7-1-2），即能定义检测矿物。

全岩矿物分析检测出来的是黏土矿物总量和石英、斜长石、钾长石、方解石、白云石、铁白云石、菱铁矿、硬石膏、石膏、重晶石等常见非黏土矿物含量。对于含量较少的矿物组分会降低鉴定的可靠性。

表 7-1-2　常见矿物特征峰值

矿物名称	特征峰 *d*/Å	矿物名称	特征峰 *d*/Å
石英	4.26 3.34	浊沸石	9.45
钾长石	3.25 6.50 2.16（Na、K 长石）	方沸石	3.43
斜长石	3.20 4.04 6.40（Na、Ca 长石）	片沸石	9.0（斜发沸石）
方解石	3.03~3.04（高 Mg 方解石）	重晶石	3.44 3.58
白云石	2.88~2.91（白云石类）	角闪石	8.45
文石	3.40	普通辉石	2.99
菱铁矿	2.79~2.80（含 Mg、含 Mn 问题）	石膏	7.61
菱镁矿	2.74（含 Fe 问题）	硬石膏	3.50
碳钠铝石	5.69	锐钛矿	3.52
石盐	2.82	方英石	4.05

续表

矿物名称	特征峰 d/Å	矿物名称	特征峰 d/Å
黄铁矿	2.71 3.13	鳞石英	4.11
针铁矿	4.18	勃母石	6.11
赤铁矿	2.69	三水铝石	4.85
磁铁矿	2.53	硬水铝石	3.99

三 核磁共振录井技术

核磁共振（Nuclear Magnetic Resonance，NMR）录井技术属于低磁场核磁共振分析在石油勘探开发领域的一个应用分支，是 21 世纪初兴起的能快速、无损测量岩石物性参数的一种新技术。该技术通过测定岩石孔隙流体中氢原子核（1H）的含量及流体与岩石孔隙固体表面之间的相互作用来获取储层孔径大小、孔隙度、渗透率、流体饱和度等物性参数。

核磁录井技术是录井在储层物性评价上的一项重大进展，是目前唯一能在钻井现场快速、准确评价储层物性、孔隙结构及流体性质的一项录井技术。

（一）基本原理

核磁共振是一种物理现象，于 1946 年由美国哈佛大学的 Purcell 和斯坦福大学的 Bloch 两人各自独立发现。即处于恒定外磁场中的原子核，如果同时在恒定外磁场垂直的方向上加一交变电磁场，就可能引起原子核在相邻的两个子能级间的跃迁。这样，当交变电磁场的频率所对应的能量刚好等于原子核两相邻子能级的能量差时，处于低子能级的原子核就可以从交变电磁场吸收能量而跃迁至高子能级，这就是原子核系统在恒定和交变磁场同时作用下，并且满足一定条件时所发生的共振吸收现象，就是核磁共振现象。

原子核是一个自旋系统，当无外磁场作用时，该系统的方向是杂乱无章的，其宏观磁矩为零，如图 7-1-6 所示。当施加恒定外磁场 $\boldsymbol{B}_0$ 后，核自旋空间取向从无序向有序过渡，自旋系统的磁化矢量 $\boldsymbol{M}_z$ 从零逐渐增长，当系统到达平衡状态时，磁化强度达到稳定值 $\boldsymbol{M}_0$。

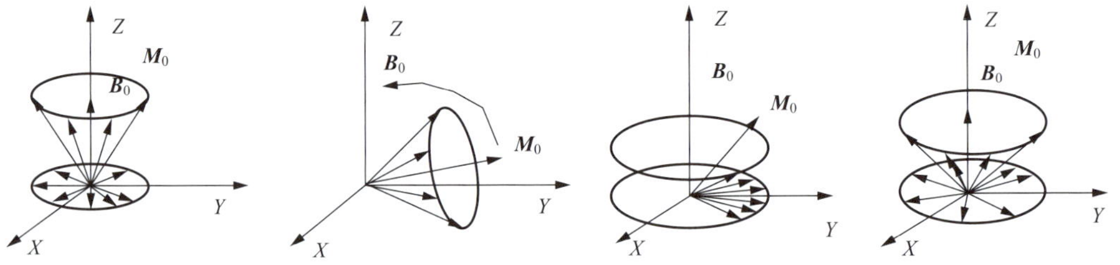

图 7-1-6 弛豫过程示意图

如果再次对核自旋系统施加一个交变电磁场（如射频场作用），磁化矢量就会偏离平衡位置，当交变电磁场作用停止后，自旋系统这种不平衡状态不能维持下去，而是自动地向平衡状态恢复，这种恢复过程也需要一定时间。把自旋系统从不平衡状态向平衡状态恢复的过程，称为弛豫过程，恢复过程所用时间就称为弛豫时间。弛豫时间分为纵向弛豫时间（$\boldsymbol{T}_1$）和横向弛豫时间（$\boldsymbol{T}_2$）。

1.T_1 纵向弛豫时间

T_1 弛豫的发生是因为旋转核与周围环境（晶格，lattice）之间有能量交换，引起沿着磁场方向状态和沿着磁场反方向状态的原子核数量发生改变，重新恢复到未加交变磁场的平衡状态时的数量分布，因此 $\boldsymbol{M}_z$ 会恢复到 $\boldsymbol{M}_0$，而 T_1 也称为自旋－晶格弛豫时间。该弛豫过程经历的时间愈短，自旋－晶格弛豫过程的效率愈高。气体和液体样品的 T_1 很短，仅几秒钟。固体样品因分子热运动受到限制，T_1 很大。

2.T_2 横向弛豫时间

T_2 弛豫的发生也有一定程度的 T_1 弛豫发生的因素，但除此之外，也因为旋转核相互之间有能量交换，各个原子核旋转的相位变得随机，其磁化向量在 X 轴、Y 轴方向的净值（$\boldsymbol{M}_{xy}$）逐渐衰减。故 T_2 也称为自旋－自旋弛豫时间。液体 T_2 约为 1s，固体或黏度大的液体，T_2 相对较大，约 10~4s。因此 NMR 常采用液体作为检测对象。

（二）检测参数

核磁共振录井在实际测试过程中，获取的主要是 T_2 弛豫时间曲线，这个曲线是由许多不同孔隙内各种流体的核磁共振信号叠加而成的。再通过各种拟合、反演从这些核磁共振数据中提取到丰富的孔隙尺寸信息，得出相应的孔隙度、渗透率、油水分布等物性参数。

1. 孔隙度

孔隙度是物质空隙空间的量度，它是物质孔隙体积与物质总体积的比值，范围在 0~100%。如果多孔介质被水饱和，核磁共振自旋回波串的初始幅度或 T_2 分布曲线围成的面积与探测范围内的孔隙流体中的氢原子数量成正比。因此，在知道样品的体积大小之后，这一幅度经刻度后就可以得出该样品的孔隙度值。

2.T_2 分布

多孔介质通常存在一个孔隙尺寸分布，且常含有多种流体成分。T_2 分析记录到的自旋回波串（横向弛豫测量）不是单个 T_2 值的衰减，而是 T_2 值的分布，代表了含有不同孔径以及单润湿相的孔隙介质的多指数衰减特征（见图 7-1-7），图中 100% 水饱和的孔隙（上左）有单一的 T_2 值（上中），它取决于孔径分布，因此它的自旋回波串就是单指数衰减（右上）。100% 水饱和的多孔隙（左下）有多个与孔隙尺寸有关的 T_2 值（下中），其合成的自旋回波串表现为与孔隙尺寸相关的多指数衰减（右下）。即当采用短回波间隔（简称 *TE*）和孔隙只含饱和盐水时，表面弛豫起主要作用。在此情况下，T_2 直接与孔隙尺寸成正比。

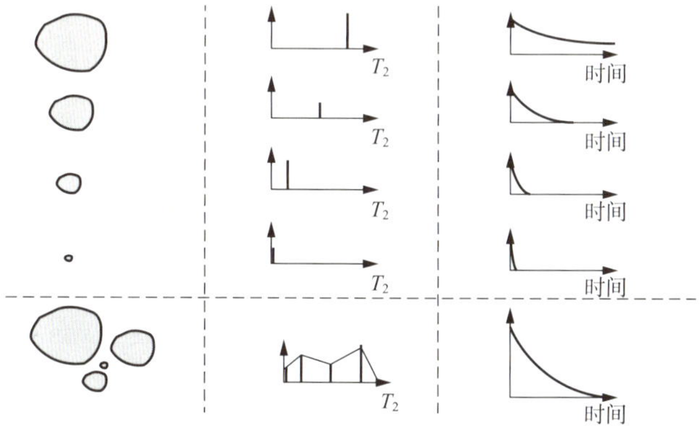

图 7-1-7　100% 水饱和孔隙衰减回波与孔径关系图

第七章 录井新技术及应用

3. 自由流体、束缚流体与 T_2 截止值

利用核磁共振提供的孔隙度和孔径分布信息，可以估算渗透率和具有潜在生产能力的孔隙度（可动流体含量）。

核磁共振估算的生产孔隙度称为自由流体指数（*MFFI*，也叫 *FFI*）。*MFFI* 的评价是基于以下假设：可动流体赋存于大孔隙中，而束缚流体赋存于小孔隙中。由于 T_2 值是与孔隙尺寸有关的，因此可以选择一个 T_2 值，小于该值对应的流体存在于小孔隙中，大于该值则流体存在于大孔隙中，此值称为 T_2 截止值。通过在 T_2 谱图上的划分，T_2 截止值将 T_2 谱图分为可动（MFFI）和不可动（MCBW 和 BVI）两部分，如图 7-1-8 所示。

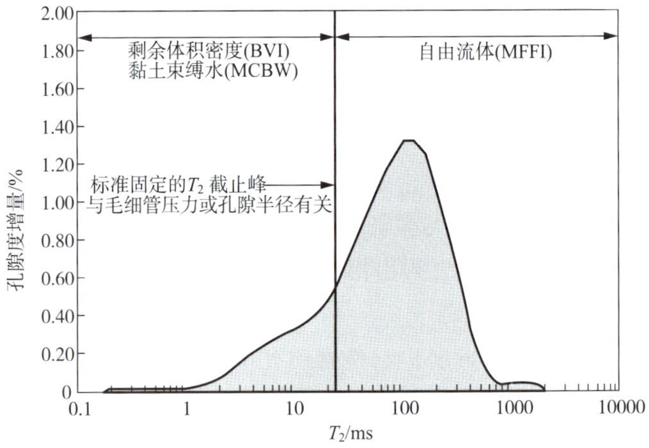

图 7-1-8　自由流体与束缚流体 T_2 谱关系图

4. T_2 截止值的确定

T_2 截止值也可以通过在实验室进行岩样的核磁共振测量来确定。在水饱和度（S_w）为 100% 且均为束缚水条件下对岩样进行核磁共振特性分析（再根据毛管压力曲线建立适当的饱和度值，或者直接使岩样脱干到适当的毛管压力之后）。为达到束缚水状态，要采用离心技术或隔板技术（在指定的毛管压力下）。T_2 分布的比较如图 7-1-9 所示。

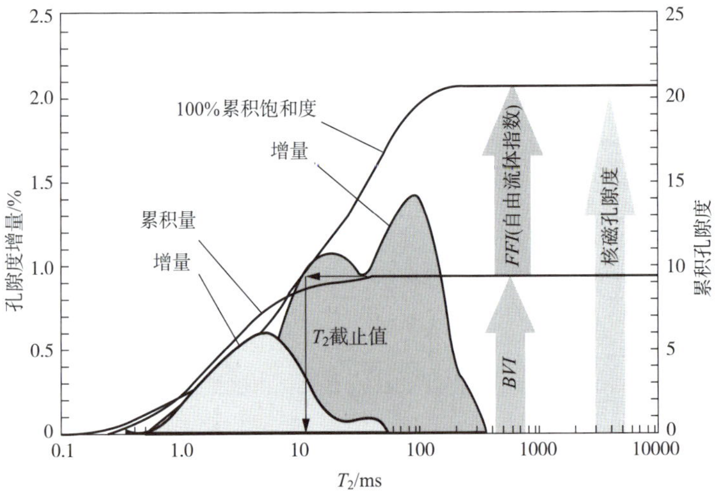

图 7-1-9　自由流体与束缚流体 T_2 谱关系图

用两种方式显示这两个 T_2 分布，即区间孔隙度和累积孔隙度。累积曲线用来确定 T_2 截止值。从 T_2 分布和累积孔隙度图上求 T_2 截止值时，从累积孔隙度轴（岩样处于束缚条件下）进入交会图，向 S_w=100% 的累积孔隙度曲线作一水平线，一旦这两条相交，从交点处向 T_2 轴画线，交点的 T_2 值就是 T_2 截止值。

当缺少实验数据时，也可以根据岩性采用缺省的 T_2 截止值。但是，T_2 截止值不但受介质材料影响，同时也受其他因素的影响，如孔壁化学性质、少数顺磁或铁磁物质、结构、孔喉与孔隙的比值以及其他未知的因素。在实际应用中，由于对每个样品进行实测 T_2 截止值不现实，所以一般采用地区、区块的经验值。

5. 渗透率

核磁渗透率有两种常用模型，如图 7-1-10 所示，一种是采用自由流体模型或 Coates 模型，孔隙尺寸参数是通过 T_2 截止值隐含输入的，它确定 *FFI* 和 *BVI* 的比值。另一种表达式是采用 T_2 平均值模型或 SDR 模型，孔隙尺寸的输入参数是弛豫谱的 T_{2gm}（核磁测量 T_2 谱的分布形态综合反映参数）值。在每种表达式中使用这些特定的尺寸参数是基于经验的考虑。对于 100% 的盐水饱和岩样，这两个模型得到的渗透率与实验室数据都有很好的相关性，但是当孔隙中含烃时，由于 T_{2gm} 不是纯粹由孔隙尺寸决定的，所以这时 SDR 模型无效。而在油气勘探开发领域，含水或含烃地层样品是最主要的研究对象，所以，在油气勘探开发分析化验领域，Coates 模型是普遍采用的核磁共振渗透率计算模型。

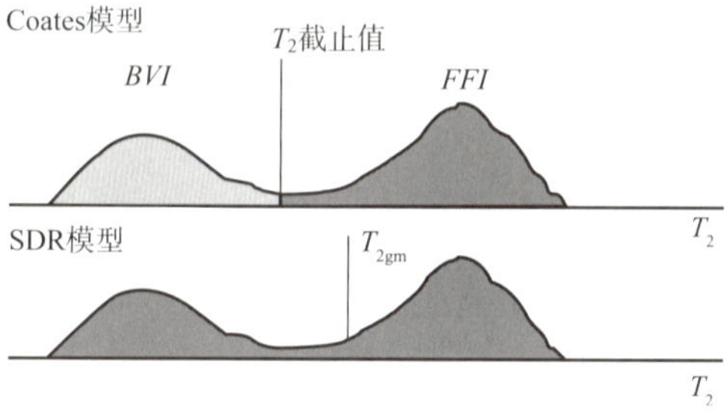

图 7-1-10　Coates 渗透率模型（上）使用 *FFI*/*BVI* 值描述 *S*/*V*（表面积 / 体积）的变化，SDR 渗透率模型（下）使用 T_2 平均值描述 *S*/*V* 的变化

（三）技术发展历程

为适应勘探开发的需求，核磁共振录井由一维向多维及成像发展。分析对象从单纯的岩心拓展到岩心、岩屑、旋转式井壁取心，从常规储层发展到低孔低渗、泥页岩等非常规储层，分析样品从固体进展到液体样品，在储层评价和流体性质识别中发挥了重要作用。

1. 一维核磁录井技术

核磁共振信号主要由黏土颗粒吸附流体、细小孔缝束缚流体、大孔（洞）缝自由流体等不同流体内的所有 1H 核子的核磁衰减信号组成。衰减曲线通过数学方法处理得出弛豫时间谱图（横向弛豫时间 T_2、纵向弛豫时间 T_1），在核磁共振录井技术中主要测量横向弛豫时间 T_2，T_2 的大小反映流体受到多孔介质表面作用力、流体核子间本身的束缚作用力、流体自然扩散作用力三方面作用力的强弱影响。在特定条件下，T_2 的大小隐含着孔径大小、固体表面性质、流体性质以及流体赋存状态（可动、束缚）等信息。核磁弛豫谱图在各自不同范围大小的孔隙内的一般规律为：弛豫时间越长，孔隙越大，油质越轻；而弛豫时间越短，孔隙就越小，油质就越稠，如图 7-1-11 所示。

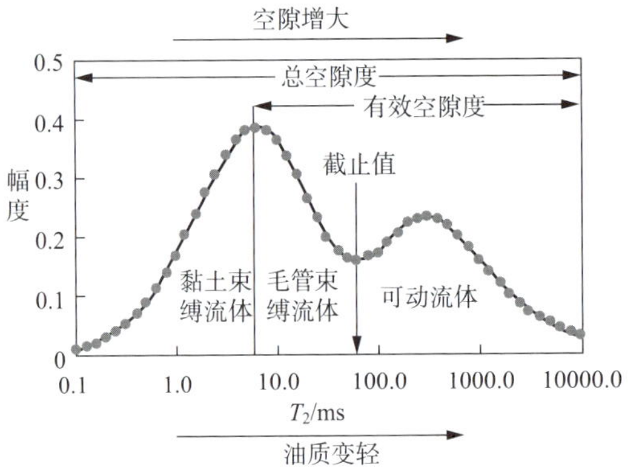

图 7-1-11 一维核磁共振孔隙度谱图

一维核磁共振技术具有“一样三谱”的特征，如图 7-1-12 所示，图中“干样信号”为新鲜样信号，是样品原始的核磁共振 T_2 测试谱图，“孔隙信号”为饱和样信号，是样品经过真空饱和矿化水之后的核磁共振 T_2 测试谱图，“油信号”为浸泡样信号，是样品浸泡锰溶液之后的核磁共振 T_2 测试谱图。

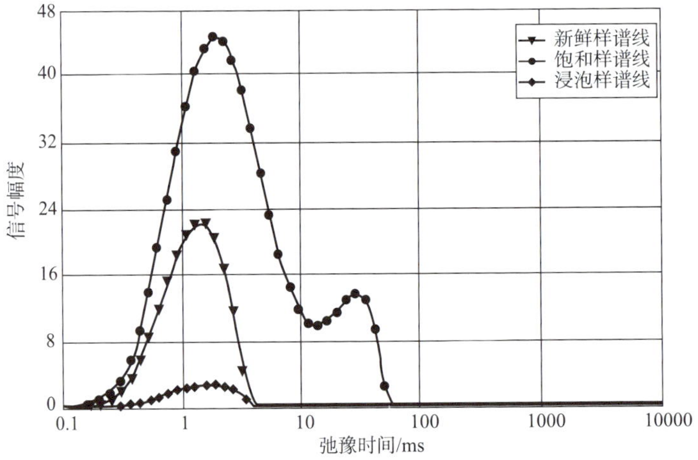

图 7-1-12 核磁共振 T_2 测试谱图

2. 多维核磁录井技术

一维岩样核磁共振技术具有分析速度快、量化程度高、样品形状无要求、样品无损坏等优点，在油田储层评价、开发试验、核磁共振测井以及核磁共振录井等领域广泛应用。但对于纳米级储层，一维核磁共振录井技术具有两点不适应性：一是一维核磁弛豫时间最低，只能检测到 0.1ms，相当于 73.5nm 的孔隙，而泥页岩的孔隙一般为 30~400nm，对小孔隙信号的信息丢失较多，不能满足泥页岩油气储层物性评价的需要；二是分析样品需要高矿化度溶液饱和及浸泡，氯化钾、氯化锰溶液容易使泥页岩膨胀以致泡散，破坏了孔隙结构。同时，对于储层中的微小孔隙，锰离子不易扩散进去，无法达到油水信号的有效区分，地层流体识别困难。因此，人们在一维核磁共振技术的基础上又拓展形成了多维核磁共振技术。

（1）D–T_2 核磁录井技术

D–T_2 核磁优化了硬件射频功能，其 T_2 谱的反演从 0.01ms 开始，如图 7–1–13 所示，相当于 7.35nm 的微孔隙，特别适合泥页岩及致密砂岩储层的物性评价。增加了梯度磁场，将孔隙流体中氢核数分布从一维的单个 T_2 弛豫变量拓展到二维的多个变量，可同时分析横向弛豫时间 T_2、纵向弛豫时间 T_1、流体扩散系数 D 等多个变量，能够充分利用 NMR 观测的信息，尤其是增加了扩散系数 D 后，在区分流体性质方面具有独特的优势，如图 7–1–14 所示。

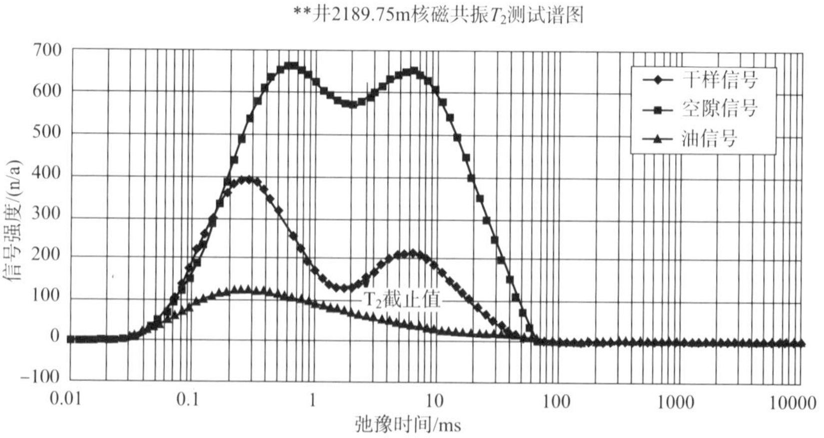

图 7–1–13　多维核磁共振测试谱图

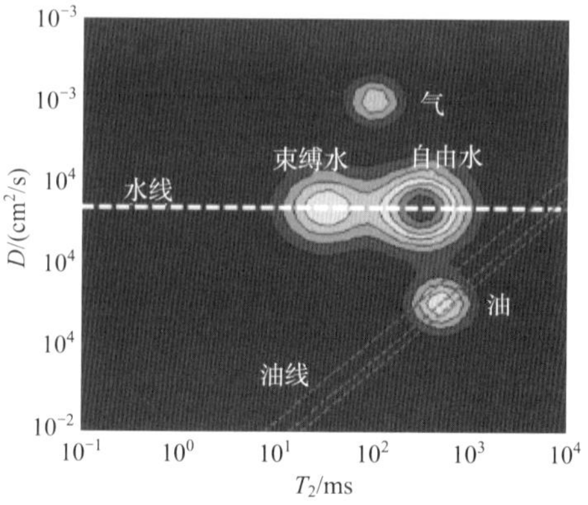

图 7–1–14　多维核磁 D–T_2 分析谱图

总之，多维核磁增加了纳米级孔隙的检测精度以及油、气、水识别的能力，并且由于样品无须浸泡，还极大地缩短了样品分析时间。

多维核磁共振 T_2 谱分析的孔径范围，涵盖了干酪根纳米孔、颗粒间纳米孔、矿物晶间纳米孔、溶蚀纳米孔等不同成因、不同大小的孔隙。根据已有的研究成果，可将多维核磁共振技术 T_2 谱包含的孔隙信息按孔径大小、成因和赋存状态，将泥页岩中的储集空间分为基质孔隙、生烃孔隙和微裂缝这三类，如图 7–1–15 所示，三者之间没有明确的界限，且存在交集。其中基质孔隙峰反映了吸附气含量的高低，生烃孔隙峰反映了生烃能力的大小，而微裂缝峰则反映了储层改造的难易程度。合理的划分和评价对于指导泥页岩、致密砂岩储层油气勘探、开发具有重要的作用。

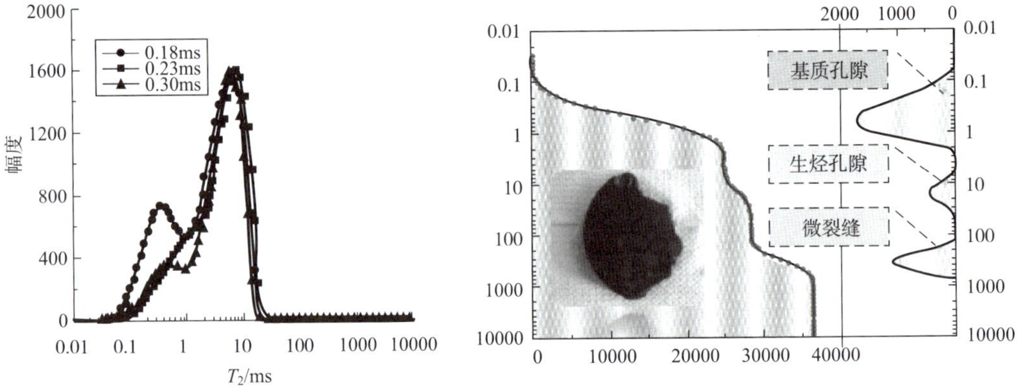

图 7-1-15　泥页岩储层核磁共振积分谱图（左）及核磁共振微分谱图（右）

（2）T_1–T_2 核磁录井技术

在 D–T_2 核磁模式中，主要通过改变回波间隔来体现流体扩散特性。由于页岩油储集层主要以纳米级孔隙为主，要求回波间隔设置非常短，故增大回波间隔时，核磁共振测量难以记录到完整的有机孔隙信息。因此，人们优化了时间序列，采用的回波间隔 T_E 大幅缩小至 0.1ms 甚至 0.06ms，形成了 T_1–T_2 核磁模式，最小可以检测到弛豫时间为 0.01ms（约等于 8nm）的孔隙，涵盖了干酪根纳米孔、颗粒间纳米孔、矿物晶间纳米孔、溶蚀纳米孔等不同成因、不同大小的孔隙，T_1 的精度得到了较大提高，对精确、快速、定量化评价页岩储层意义重大。试验表明，有机孔隙中沥青质、原油和无机孔中原油的纵向弛豫时间 T_1 均长于相似情况下水的 T_1，在 T_1/T_2 上差异更为明显，因此，在一维 T_2 谱上难以区分的流体在二维谱图上可以得到有效的解决。

（四）样品采集与分析

1. 样品采集要求

岩屑样：在岩屑清洗后除去掉块取样，并在 20min 内将样品装入取样袋密封，单颗粒径应不小于 5mm，质量应不少于 50g。

岩心样：在岩心中心部位取样，并在岩心出筒后 30min 内封蜡后装入取样袋密封，样品质量应不少于 20g，且大小以 25mm × 25mm × 30mm 为宜。

旋转井壁取心样：由径向直接取样，并在岩心出筒后 20min 内封蜡后装入取样袋密封，样品质量应不少于 15g，长度大于 15mm 为宜。

2. 仪器校验

①每次安装或维修仪器后，应对仪器进行重复性、一维线性刻度测试；连续运行 24h 应进行重复性测试。

②标定前开机稳定仪器，时间不小于 1h。

③进行样品测量时，室内温度变化超过 ±5℃，必须重新进行标定；如室温变化不超过 ±5℃，至少一周标定一次。

3. 影响因素

长期以来，岩石孔隙度、渗透率、含油饱和度等物性参数是实验室通过一定体积和形态的岩心柱进行洗油和压汞等常规分析技术获得的，与之相比，核磁共振录井技术的最大优势在于可以实现随钻分析大量的岩心（屑）、井壁取心等样品，且对样品的体积和形态没有严格要求。但在分析应用过程中也存在较多影响因素。其中，有客观因素，也有主观因素。

（1）核磁共振技术本身的局限性影响

核磁共振分析时样品室置于一个场强大小固定、均匀的磁场里，因此，当磁场发生变化时，对核磁共振的影响也是巨大的，常见的影响场强及其均匀性的因素有：

①环境温度变化引起的场强的变化；

②富含铁、锰等铁磁性矿物的样品，在样品内部产生一个梯度场，从而对场强产生影响。

（2）样品本身特性的影响

由于沉积环境、成岩作用、矿物成分、地质改造、勘探开发过程中的人为作用等因素不同，岩样也会呈现出均质性差、松散、遇水发生变化等不同特征，往往这些特征也会对核磁共振分析产生不同程度的影响：

①储层岩样不均质的影响，使得同一个深度、不同部位的样品，分析数据差异较大；

②松散、松软、易碎样品的影响，该类样品在高矿化度水饱和、锰溶液浸泡过程中岩石结构发生严重变化，已经不能代表原始样品的物性特点；

③一些含水敏矿物较多的样品，在高压饱和、浸泡过程中岩石由于遇水发生结构重塑，同样也不能代表原始样品的物性特点。

（3）样品准备过程中的影响

受限于样品钻取、采集、制作等过程的技术工艺，样品会发生被污染、物理结构被破坏等不能达到核磁共振分析要求的情况：

①在样品准备过程中，样品受到其他非地层流体的污染，从而使核磁共振测试的目标物发生改变；

②在样品钻取、采集、制作过程中，由于工艺流程不合理或不满足要求，使得样品的物理结构发生改变，比如采用榔头砸取的方式，会人为增加样品的裂隙发育程度。

（4）样品测试过程中的影响

样品测试需设置的设备参数、测试参数、样品参数较多，不同类型的样品，需要不同组合的参数设置。而在实际测试过程中，实验人员对样品特性和检测设备的了解程度不同，选用的各参数组合会有所差别，导致样品检测结果的差异：

①体积计算方法对测量值的影响。体积的准确测量直接影响到检测值的准确性，一般常用的骨架密度法虽然满足大多数常规孔隙样品的要求，但对一些泥页岩、致密砂岩等非常规样品，计算值和实际值偏差较大，对分析值有一定影响。

② T_2 截止值的选取对分析值的影响。T_2 截止值选取的不准确将直接影响到渗透率、可动（束缚）流体区分的准确性，每个样品实测又不显示，目前最好的办法就是不断积累和完善不同探区 T_2 截止值经验值库。

③原油系数对测试的影响。不同性质的原油，存在不同的原油系数（也称含 H 系数），不同地区、不同温度、不同来源都存在一定差别，一般相对密度 0.85 左右的轻质油的原油

系数在 1.1~1.2，但有些稠油的原油系数可以达到 2.0 以上，所以要利用脱水原油来标定原油系数。

四 显微荧光薄片分析技术

显微荧光薄片分析技术是在普通偏光显微镜技术基础上发展起来的一种显微镜观察技术，是通过荧光显微镜研究岩石及其含油特征的一种快速简便的分析手段。该技术是常规岩矿鉴定与显微荧光观察的有机结合，在不破坏原岩结构状态的情况下，烃类与岩石组成结构同时观察，能够清晰地反映出烃类不同成分和含量以及石油烃类在岩石中的存在方式，直观地揭示了岩石中石油烃类分布与岩石结构、构造、次生缝洞的关系，从而为评价油气层提供可靠依据。

（一）基本原理

石油中某些具有共轭双键的有机物质可被激发而发出荧光。观察分析这些发光物质本身的变化及其与岩石结构、构造的相互关系，从而分析判断有机质的类型、变质程度、有效储集空间、油气运移等一系列有关石油的地质问题。荧光显微镜是以紫外光作为光源，紫外光激发能够发光的物质产生荧光，因此偏光显微镜下准确地取得岩石的成分、结构、次生变化及缝、洞资料，是荧光镜下鉴定的基础，而岩石的发光特征如发光部位、发光颜色及发光亮度等则是荧光镜下所需观察研究的内容。

岩石中含沥青物质性质和成分的不同，是受形成岩石时的沉积环境和成岩后生阶段一系列作用所形成的岩石成分、结构、构造、缝、洞、孔所控制的。与岩石的原始成分、结构、构造有密切的同生或原地的沥青物质称为原生沥青，即与围岩同时形成的。与围岩无成因联系的，称后生的或异地的次生沥青，主要分布在沉积期后形成的结构、构造、缝、洞、孔中。当含沥青丰富时，可以将整个岩石浸染（包括了所有的原生结构及构造）。

显微荧光分析技术就是用紫外光激发石油沥青物质，产生可见的荧光图像，直接观察石油沥青在岩石中的分布状况，为岩石含油气性评价提供微观可视化信息。借助于石油沥青发光的特性，在岩石保持完整的结构和构造的情况下，可以观察岩石中沥青物质与周围矿物岩石之间的各种关系。根据发光的性质及发光的产状来追溯沥青与岩石之间的成因，从而解决石油地质工作中的一些实际和理论问题。

（二）仪器设备

荧光显微图像系统是由具有荧光和偏光系统的蔡司偏光荧光显微镜、电脑和荧光图像分析软件、高分辨率真彩色面阵 CCD 摄像头、高分辨率真彩色图像采集卡、高分辨率图像图形显示卡、显微接口和视场校正器等组成的。

荧光显微镜的结构分为透射光与入射光两个系统。透射光系统由光源产生紫外光，经仪器的主体（台下折光棱镜及聚光镜）透射到载物台岩石薄片上，再经物镜、目镜直接透射到观察者的眼睛中。

入射光系统又称反射光系统，它是紫外光照射到物体上再反射回来的光线（荧光）。所以入射光系统所观察到的光线来自岩石表面能被紫外光激发而产生荧光的沥青物质。由于轻质沥青易逸散，往往浮在样品表面，所以用入射光来观察薄片及岩石磨光面的轻质沥青物质、微裂缝及孔隙中的沥青物质等。

（三）样品采集

储层岩石样品通常使用岩心样品和井壁取心样品。对于岩心样品，为了确保样品的代表性、新鲜度和石油烃类在有效孔隙中的真实赋存状态、接近保真含量，要根据需要选取钻井液侵入环以外新鲜、无污染的含油部位，切取 25mm × 25mm × 5mm 的岩样，对可以辨认出层面的样品应垂直层面切片，每米取样应不少于 3 块或根据不同岩性取样，以确保具有代表性。

井壁取心样品与岩心样品的区别在于岩心样品保持地层岩石的原始特性，胶结较致密不用处理可直接切磨片，而井壁取心样品一是受取心过程中的机械破坏，岩样变疏松无法进行切磨片，二是井壁受钻井液长时间浸泡、冲洗，其中的油水分布受到一定影响。

（四）岩石含水对荧光制片和图像特征的影响

含水岩石由于水容易蒸发以及黏合剂对水有很强的渗透能力的原因，对于荧光制片和荧光显微图像特征会产生很大影响。

1. 岩石含水对荧光制片的影响

如果孔隙充满油，黏合剂很难进入孔隙，不会发生油的稀释作用；如果孔隙充满水，黏合剂会迅速进入孔隙中去；但如果孔隙中的水已蒸发，油保留在颗粒表面，黏合剂也会迅速渗入。如果没有水的稀释作用，黏合剂和油的接触面积减小，固化快，则黏合剂、油互溶的现象不明显。当孔隙中油水共存时，黏合剂进入孔隙后，由于水的稀释作用及黏合剂和油的接触面积大，固化慢，油、黏合剂互溶的作用时间长，黏合剂和油互溶的现象才明显发生，并导致镜下荧光显微图像变化。

2. 岩石含水对荧光图像特征的影响

对于刚出筒的含水及高含水岩样立即制薄片进行图像鉴定。由于水的存在，这类储层的荧光颜色浅、亮度强。放置几天后，水蒸发，重复进行鉴定时，荧光颜色变深、强度变低，发现两次图像其发光面积、发光颜色、发光强度都发生了很大的变化，甚至相同视域两次图像的油水形态都不同，导致解释结果不同。

（五）流体的荧光显微图像特征

1. 原油的荧光显微图像特征

为了研究方便，通常将石油分为饱和烃、芳烃、非烃和沥青质 4 个族组分。饱和烃不具荧光性，芳烃荧光性最强，非烃荧光性较芳烃弱，沥青质荧光性更弱。在荧光显微技术中，把赋存于烃源岩及储集岩中的石油统称为发光沥青，分为油质沥青、胶质沥青及沥青质沥青。荧光显微镜镜下鉴定内容包括沥青成分的判识、沥青丰度（含量）的鉴定、沥青产状与沥青性质的鉴定。

（1）油质沥青

油质沥青化学成分以可溶烃为主，包括饱和烃、环烷烃和一部分低分子芳烃，是原油中较轻质的部分。可见荧光常呈白、蓝白、蓝、蓝绿、绿、黄绿、黄色，虽然通常情况下观察不到饱和烃的荧光，但可以通过改变其他烃类的浓度来改变整个油质沥青的荧光特性。芳烃荧光性最强，一般呈蓝白、鲜绿或绿黄色。

（2）胶质沥青

胶质沥青化学成分以非烃为主，非烃又叫极性有机化合物，是相对分子质量较高的含氧、氮、硫等杂原子的稠环化合物，是石油中较稳定的组分，因为它们含有 O、N 和 S 原子，而且总的相对分子质量也比芳烃大。非烃与烃类化合物的根本区别在于它们含有氮、氧和硫等极性基团，而这些基团大都以键与碳骨架相连。从荧光意义上来讲，一方面，这些极性基团本身可以激发荧光，另一方面它们可以改变芳核键的共轭度，一般可以增大芳核的共轭度，从而增强芳核的荧光性，使其进一步红移而集中于黄光和红光区，从而显示为橙黄、橙、棕褐色、褐色、红褐色等较深荧光颜色。

（3）沥青质沥青

沥青质沥青化学成分以沥青质为主，同样为含氧、氮、硫等杂原子的稠环化合物，但缩合程度更高，结构更复杂，荧光颜色也更深，呈红、棕红色、棕褐色，甚至黑褐色。其荧光强度很弱，对样品的整体颜色影响不大。

2. 水的荧光显微图像特征

水本身并不具备发荧光性。但是，由于油中的芳烃类化合物及其衍生物具有微弱的亲水性，溶有微量芳系化合物的水便显示出特殊的荧光颜色。尽管在岩石样品的采集及荧光制片过程中，原先赋存于岩石孔隙中的水可能蒸发散失，但是水中所溶的芳烃类组分大部分仍驻留在孔隙中，利用上述特性可以发现水在储层中存在的状态。

五　定量荧光录井技术

定量荧光录井技术利用了石油中的不饱和烃在紫外光的照射下能发射荧光的特性，实现了原油荧光的定量分析、解释。随着技术的发展，从最初一维荧光（单发单收），发展为二维荧光（单发多收），目前已实现了三维荧光（多发多收）。

（一）基本原理

石油中的不饱和烃及其衍生物在紫外光的照射下，会吸收其中波长较短、能量较高的光子，暂时达到非稳定状态，随后通过辐射出波长较长、能量较高的光子而返回到原来的初始状态，辐射出的这种光就叫作荧光。

不同原油所含分子成分结构不同，所吸收光的波长和发射的荧光波长也不同，由此可定性判别原油性质。同一类型的原油，用同一波长的激发光照射，可发射相同波长的荧光。若浓度不同，则浓度增加，所发射的荧光强度也增强。

运用这一基本理论，在石油钻探过程中，根据定量检测岩样中所含石油的荧光强度，再利用邻井相同层位的油所作的标准工作曲线计算出相当的油含量，根据油含量的多少和油质情况来判断地层含油情况。

荧光强度与荧光物质浓度之间的关系式为：

$$F=\Phi I_0\left[2.3\varepsilon bc-\frac{(2.3\varepsilon bc)^2}{2}+\frac{(2.3\varepsilon bc)^3}{3}\right] \quad (7\text{-}1\text{-}1)$$

式中　F——荧光强度；

Φ——荧光效率（Φ= 发射荧光的分子数 / 激发的分子总数）；

I_0——激发光强度；

ε——摩尔吸光系数；

b——液层厚度，cm；

c——荧光物质的浓度，g/mL。

当荧光物质的浓度很低时（$\varepsilon bc<0.05$），式（7–1–1）可简化为：

$$F=2.3\Phi I_0\varepsilon bc \tag{7–1–2}$$

即低浓度条件下，荧光强度与荧光物质的浓度成正比，但当荧光物质的浓度较大时（$\varepsilon bc>0.05$），荧光强度与其浓度的线性关系将发生偏离，在浓度更高时（淬灭点），随着含油浓度的增加，荧光强度反而会减低，产生的原因可能是激发了的分子间互相碰撞而失去能量（自身猝灭），或者是荧光又被未激发的分子所吸收（自身吸收），见图 7–1–16。

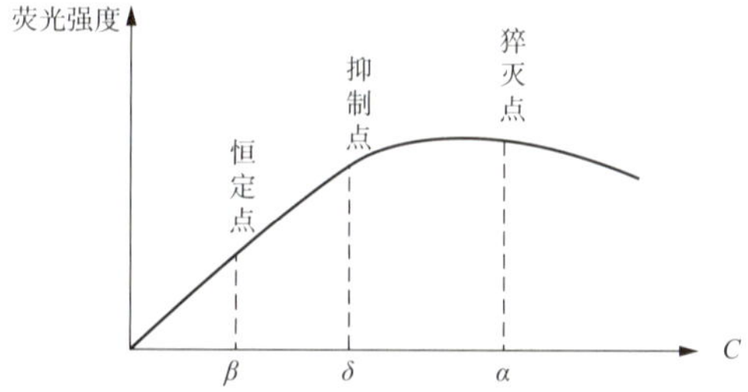

图 7–1–16　定量荧光强度与含油浓度间曲线图

（二）分析设备

目前二维定量荧光仪和三维定量荧光仪在录井现场和化验室均有使用，不同型号的定量荧光仪工作原理有所不同。

1. 二维定量荧光仪

OFA 石油荧光分析仪结构框图如图 7–1–17 所示。

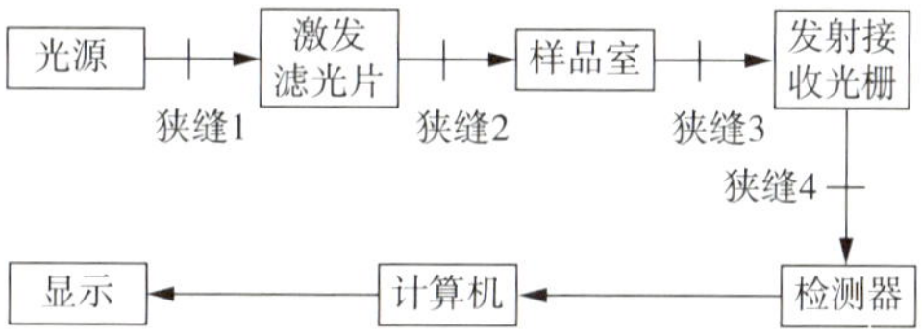

图 7–1–17　OFA 石油荧光分析仪结构框图

汞灯发出的光通过狭缝 1 射入激发滤光片，激发滤光片将汞灯发出的光过滤成波长为 254nm 的单波长光，这一单波长光经过狭缝 2 照射到样品室上，样品室内比色皿中的石油组分吸收激发光的能量产生能量跃迁同时发出荧光，发出的荧光经狭缝 3 由发射接收光栅分光色散后经由狭缝 4 照射到光电倍增管上，光电倍增管将光信号转变为电信号，再放大送到计算机处理，最后以数字和图谱的形式提供结果，每次扫描的二维荧光图谱（横坐标为发射波长，纵坐标为荧光强度）如图 7–1–18 所示。

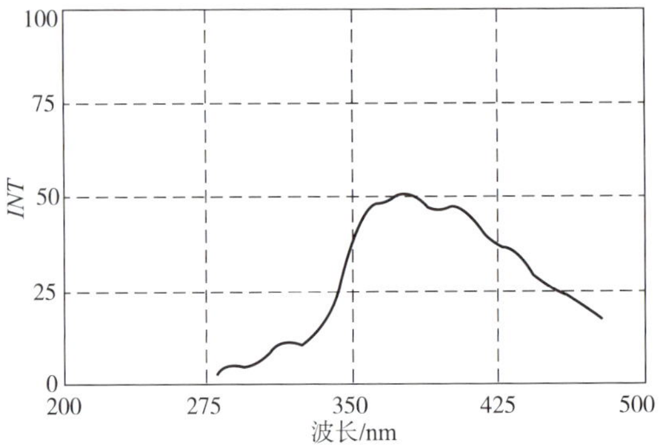

井号：滨182　日期：2000/06/01　序号：2　深度：1000.00

稀释倍数：1　波长：360　灵敏度：50

(374/52.6) (375/52.7) (376/52.8) (377/52.8)

图 7-1-18　OFA 提供的二维荧光光谱

2. 三维定量荧光分析仪

（1）LH-SDYG 三维荧光分析仪

利用氙灯光源和单色仪得到单色性极好的扫描激发光，使其透射比色皿中的样品溶液，并且从与激发光垂直的方向对样品发出的荧光强度进行测定，利用 CCD 光学检测器把光信号转化为电信号，经过软件和硬件的信号分析与处理，在计算机上显示出来，如图 7-1-19 所示。

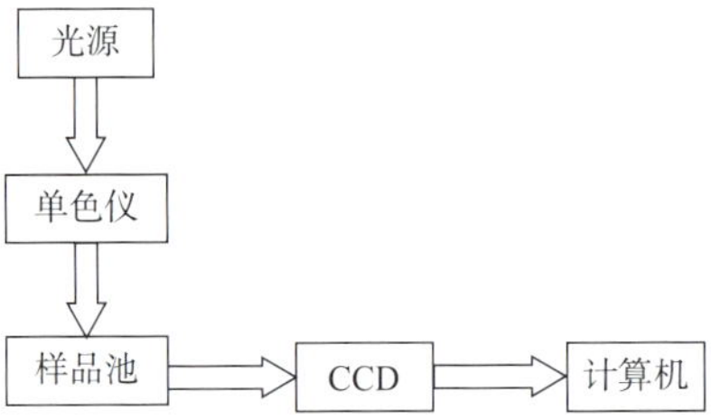

图 7-1-19　LH-SDYG 三维荧光分析仪结构简图

（2）QFA-3D Ⅲ型三维定量荧光分析仪

光源氙灯发射出的光束经激发光单色器（E_x）后照射到样品池上，单色器具有分光的作用，每转动一个角度会允许一种波长的光通过，连续转动使不同波长的光连续通过，样品池中的荧光物质吸收激发光后产生能量跃迁而发射荧光（E_m）。荧光由大孔径非球面镜的会聚及光栅的分光后，入射在光电倍增管上，光电倍增管把光信号转换成电信号，电信号经放大送至计算机进行处理，然后再以数字显示或图谱打印的方式提供给用户，如图 7-1-20、图 7-1-21 所示。

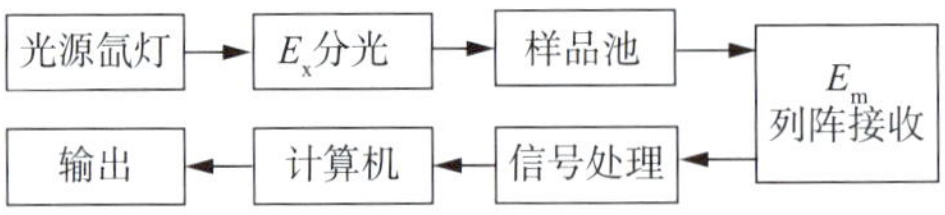

图 7-1-20　QFA-3D Ⅲ型三维定量荧光分析仪结构简图

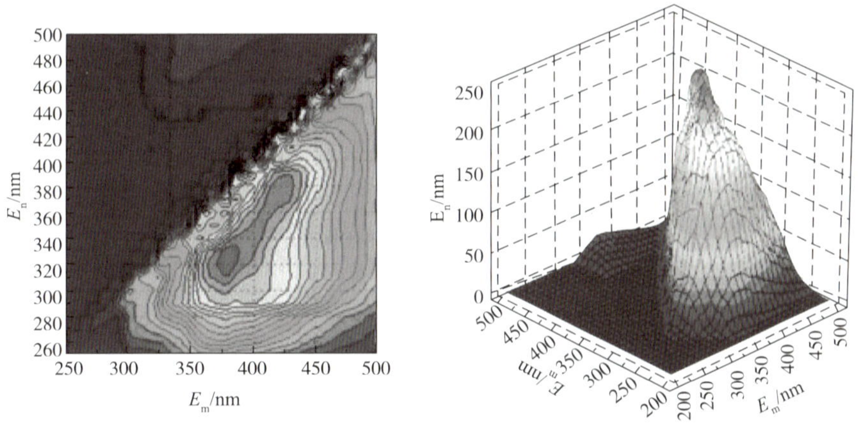

图 7-1-21　三维荧光仪的荧光光谱

3. 三维荧光分析仪与二维荧光分析仪的区别

（1）激发波长不同

二维荧光分析仪的激发波长固定于 254nm。不同油质和各种钻井液添加剂存在不同的最佳激发波长，所以二维荧光分析仪不能充分激发各种油质和钻井液添加剂的最大荧光强度值。三维荧光分析仪的激发波长可变连续，激发范围为 200~800nm，可任意选择激发波长段，从而找到不同油质和各种钻井液添加剂的最佳激发波长和发射接收波长，得到各种油质和各种钻井液添加剂的最大荧光强度值，充分体现荧光物质的全貌。

（2）可提供更多的信息参数

二维荧光图谱形成一条曲线，提供有限的参数供解释人员分析利用。三维荧光扫描可以形成多条二维曲线，解释人员可以提取有价值的多条二维曲线进行分析利用，得到荧光物质的最佳激发波长和最佳接收波长，从而得到任意曲线下的荧光强度、含油浓度、荧光级别、油性指数等各类参数。

（3）可彻底区分油质与其他荧光物质

二维荧光分析仪对受钻井液添加剂污染的含油岩样扫描后形成一条很复杂的二维曲线，只能证明已经受污染，但受到什么添加剂污染还不是很清楚，在充分区分钻井液添加剂的污染方面还不够全面。三维荧光分析仪以立体图和指纹图的形式很直观地反映出荧光物质的全貌，油气和钻井液添加剂在不同区域产生不同的指纹反应，这样很容易区分不同的油质和其他荧光物质（如钻井液添加剂等），彻底解决钻井液污染真假油气显示的问题。

（三）主要参数及物理意义

1. 二维定量荧光仪分析参数

（1）荧光波长 λ（nm）

原油中荧光物质所发射荧光对应的波长，反映不同性质原油的出峰位置。300~340nm 范围内出峰为轻质油成分（轻质峰）；340~370nm 范围内出峰为中质油成分（中质峰）；荧光波长大于 370nm 出峰为重质油成分（重质峰）。

（2）主峰波长 λ（nm）

荧光谱图中荧光强度最大值对应的波长。

（3）荧光强度 F

原油中荧光物质所发射荧光的强弱，反映被测样品中含荧光物质的多少。

（4）油性指数 R

是一个派生参数，指原油样品中不同荧光物质荧光强度的比值，一般采用中质组分主峰荧光强度与轻质组分主峰荧光强度的比值。油性指数反映原油性质的轻重。

$$R=F_1(360\text{nm})/F_2(320\text{nm}) \tag{7-1-3}$$

（5）相当油含量 C（mg/L）

也称为含油浓度，指单位质量（1g）岩石样品中被正己烷试剂萃取出的荧光物质的含量，相当于原油的量，是由荧光强度派生的参数，反映的是被测样品的含油浓度。经二次分析的样品，含油浓度是两次分析之和。

$$C=C_1+C_2 \tag{7-1-4}$$

（6）荧光系列对比级别 n

反映单位质量（1g）样品中含油荧光级别的高低，是由含烃浓度（C）派生的参数。

$$n=15-(4-\text{Log}C)/0.301 \tag{7-1-5}$$

2. 三维定量荧光仪分析参数

荧光强度、相当油含量、对比级别与二维定量荧光仪分析参数意义相同，其他参数定义如下：

（1）激发波长（E_x, nm）、发射波长（E_m, nm）

原油中不同成分的出峰位置。荧光强度 INT 最大时（峰顶）对应的峰称为特征峰，此时的激发光波长为最佳激发波长，发射光波长为最佳发射波长。

（2）主峰、次峰

当一种原油样品中含有不同油质的荧光物质时，其图谱会表现出多峰的特征。图谱中最大荧光强度形成的密集椭圆对应的峰位为图谱主峰，另一次高荧光强度形成的密集椭圆对应的峰位为次峰。

（3）三维油性指数（O_c）

重质＋中质成分荧光峰与中质＋轻质成分荧光峰的强度比值，反映原油的轻重。

$$O_c=F_2/F_1 \tag{7-1-6}$$

需要说明的是，由于两种仪器测量量程不同，荧光强度测量值不同，但经过标定后，两种仪器计算的样品的相当油含量（含油浓度）及对比级别是一致的。

六 录井前沿技术

随着油气勘探开发不断地发展，录井技术作为勘探开发中主要技术的一种得到了快速发展，一些先进的录井技术，如：拉曼激光气体检测技术、红外光谱分析技术、扫描电镜岩石定量评价技术、碳同位素录井技术等，正在积极推广应用中。以碳同位素录井技术为例，简述其工作原理及方法。

碳同位素录井技术实现了实验室检测向井场检测的转移，相比实验室检测，同位素检测技术具有快速、低成本和数据量大的优势，在传统油气地球化学中的应用的基础上拓展了新的应用，尤其在页岩气和致密砂岩油气等非常规油气勘探开发领域应用效果显著。

（一）基本原理

同位素（Isotopes）是指原子核内质子数相同而中子数不同的一类原子，由于质子数相同因而具有基本相同的化学性质，在化学元素周期表上处于同一位置。同位素分为稳定同位素和放射性同位素，稳定同位素为原子核稳定不能自发地进行某种核蜕变的同位素，放射性同位素为原子核不稳定，能自发地衰变成其他的同位素，其最终转变为稳定同位素。同位素的含量一般用丰度表示，是指自然界存在的某一元素中各同位素所占的原子百分比，在同位素地球化学中主要的研究方法就是根据同位素丰度的变化来研究地质过程中发生的各种物理、化学变化的规律性。

碳的稳定同位素主要有两种 ^{12}C 和 ^{13}C。以甲烷的碳同位素为例，物理性质上，$^{12}C_1$ 比 $^{13}C_1$ 更容易扩散和解吸附；化学性质上，$^{12}C_1$ 比 $^{13}C_1$ 更容易发生化学反应。也就是说，轻同位素比重同位素跑得快、更活泼，因此，轻重同位素的不同变化反映了油气成因、扩散、运移的信息。常用的碳同位素相对丰度地球化学界约定用 $^{13}C/^{12}C$ 值确定的 $\delta^{13}C$ 表示，以美国南卡罗来纳州上白垩统中拟箭石化石作为国际碳同位素标准（PDB）。国际上通用的碳同位素的丰度表示方法是用样品的同位素比值相对标准样品同位素比值的千分偏差，即 δ 值表示：

$$\delta = \left[\frac{(^{12}C/^{12}C)_{\text{sample}}}{(^{13}C/^{12}C)_{\text{standard}}} - 1 \right] \times 100 \qquad (7\text{-}1\text{-}7)$$

式中　sample——测试样品 $^{13}C/^{12}C$ 值；

standard——标准样品 $^{13}C/^{12}C$ 值，为 0.0112732。

（二）工作方法

现场连续采集钻井液气和岩屑罐顶气样品，实时对钻井液气和罐顶气进行碳同位素的检测、分析与应用，工作流程图如图 7-1-22 所示。

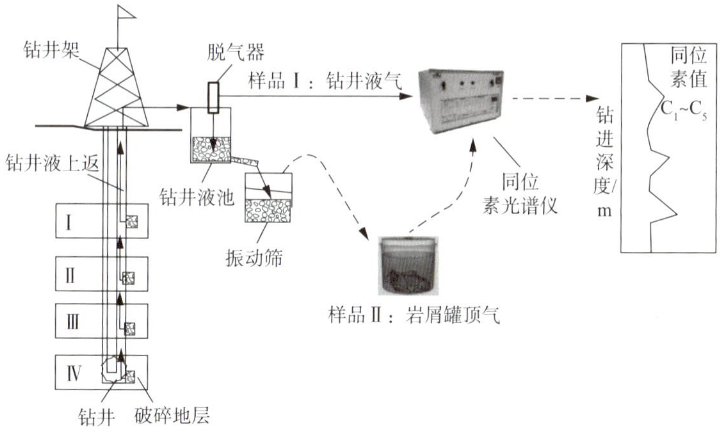

图 7-1-22　碳同位素录井工作流程示意图

1. 样品采集

（1）钻井液气采集方法

钻井液气的采集使用特定的钻井液气管（Isotube）或钻井液气袋（Isopack），如

图 7-1-23 所示。钻井液气管为直径 25cm 左右中空的圆柱形气管，两侧带有螺旋纹气芯，通常为钢制或铝制，体积为 100~130mL，可承受最大压力为 100psi，如 Isotech 公司的钻井液气管；钻井液气袋为长方形或正方形铝箔气袋，体积通常为 100mL 或 200mL，常见一个进气口或两个进气口，常见橡胶气垫，可通过注射针进行注射，如 Isotech 的钻井液气袋（Isopack）或国产同种规格的铝箔气袋均可满足使用要求。

根据样品采集方案设计，分别使用钻井液气管或钻井液气袋进行取样。将气管接入钻井液气管时，等待 5~10s，待气体充满气管；如果使用带有压力计的检测阀，可直接拉动扳手，取出钻井液气管；如果使用钻井液气袋，视钻井液气流量人工把握时间，充满气袋即可，切忌过度充气造成气袋鼓胀甚至破裂。旋紧钻井液袋进气口，并标注井位、深度、含气量、取样时间和日期等信息。

取得的钻井液气管和钻井液气袋宜及时进行分析检测，理论上讲，烃类气体在气管和气袋中保存时间不宜超过一周。

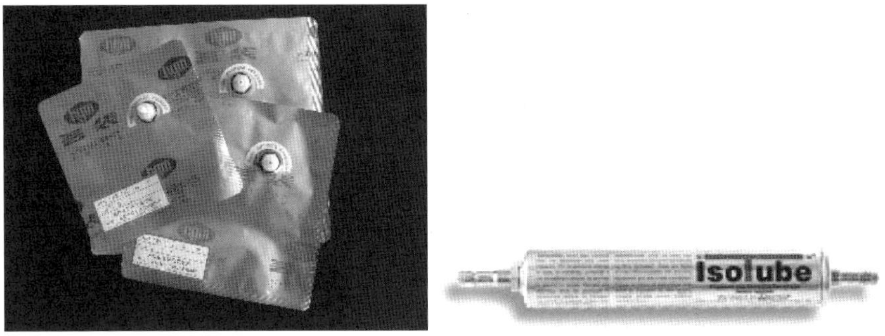

图 7-1-23　钻井液气碳同位素采集装置

（2）岩屑罐顶气采集方法

岩屑气样品采集是对返回至地面的岩屑进行取样，岩屑样通常与钻井液样一一对应。岩屑通过振动筛与钻井液进行分离，分离后钻井液进入钻井液罐中，完成一次循环。岩屑通过振动筛后，逐渐积累，通过迟到时间和迟到井深，取出对应的岩屑样品。将适量岩屑（通常 300~400g）装入岩屑罐内，至岩屑罐约 3/4 处，添加适量清水，覆盖岩屑表面即可，并加入适量除藻剂，封盖岩屑罐并倒置。岩屑气碳同位素采集装置见图 7-1-24。

岩屑样品通过称量后静置，按照建立的时间分析序列，在碳同位素分析仪上进行分析检测。

图 7-1-24　岩屑气碳同位素采集装置

2. 仪器设备

气相色谱–红外光谱同位素分析仪（GC–IR^2）整体结构由气相色谱仪和光谱仪组成，如图 7–1–25 所示，实现气相色谱仪与红外激光光谱同位素分析仪的联用。光谱仪主要组成为：温控红外激光、红外激光发射检测器等，光谱仪为精确温控的封闭箱体；气相色谱仪配置 2 个温箱，2 个色谱分离柱，2 个全烃进样口，进样口 1 与色谱柱 1 主要用于分离甲烷，并将 C_2^+ 反吹出色谱柱，进样口 2 与色谱柱 2 主要用于分离乙烷、丙烷、丁烷等更多轻烃组分，色谱柱 1 出口的甲烷气与色谱柱 2 出口的 C_2^+ 等组分通过右侧的六通阀。

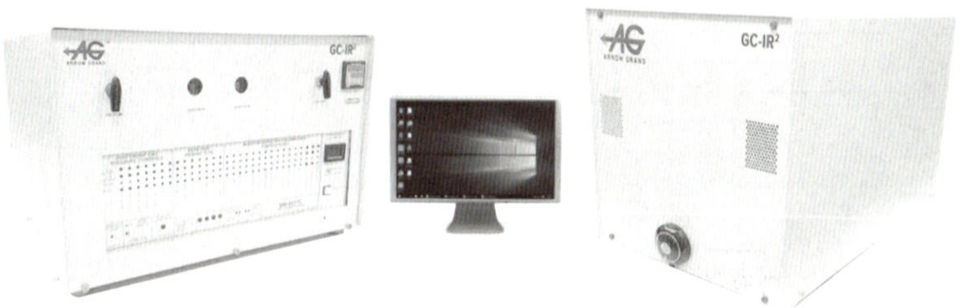

图 7–1–25　气相色谱–红外光谱同位素分析仪（GC–IR^2）整体结构组成

3. 样品分析

混合烃经过毛细色谱柱分离出甲烷、乙烷、丙烷等组分后，经由 1/6in 外径不锈钢毛细管进入高温燃烧池进行氧化燃烧生成 CO_2，流入内径小于 1mm 的真空波导管线中，对流经其的气体组分进行红外激光光谱检测，数据采集与数据分析均通过软件进行控制，获取主峰出峰开始时间、结束时间以及各组分的 ^{12}C 积分结果、^{13}C 积分结果和碳同位素值。工作原理图与色谱分析图，如图 7–1–26、图 7–1–27 所示。

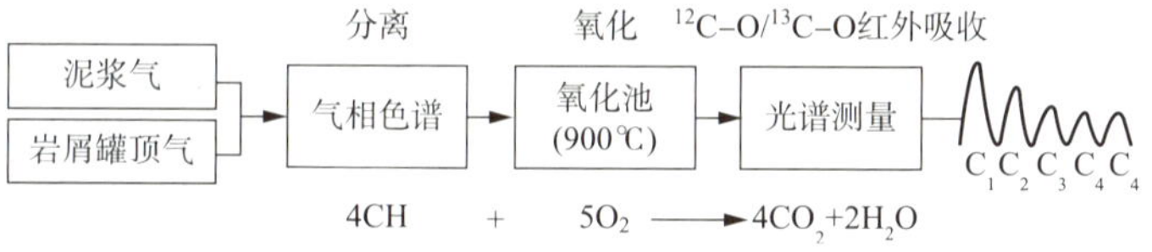

图 7–1–26　气相色谱–红外光谱同位素分析仪（GC–IR^2）工作原理图

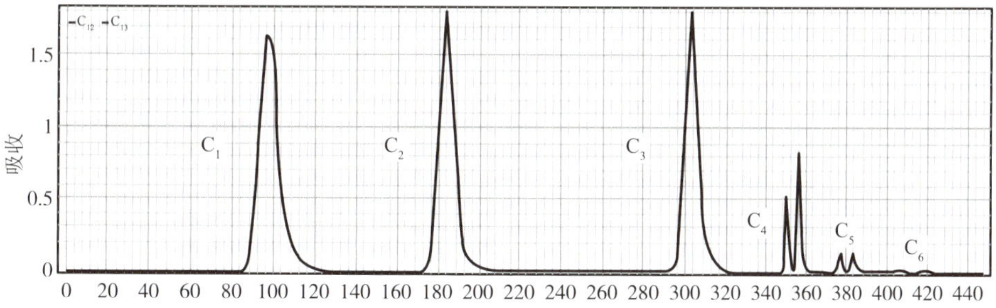

图 7–1–27　气相色谱–红外光谱同位素分析仪（GC–IR^2）色谱分析图

七　岩石热解地化录井技术

岩石热解地化是 20 世纪 70 年代发展起来的一种生油岩评价方法。岩石热解地化录井是根据有机质热裂解原理，利用岩石热解仪对岩石样品进行分析，进而对烃源岩和储集层进行评价的录井方法。

（一）仪器结构

仪器由气路系统、热解装置、氢火焰离子化检测器（FID）、微电流放大器、温度程序控制系统、数据处理系统五部分组成，组成框图如图 7–1–28 所示。

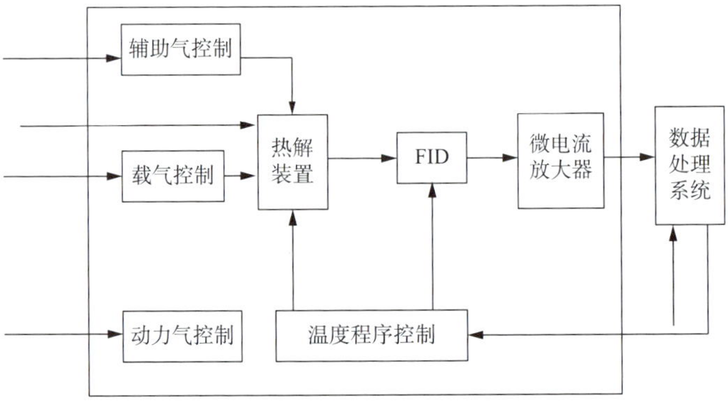

图 7–1–28　岩石热解地化录井仪器组成框图

（二）分析原理

在特殊裂解炉中对定量的生油岩和储油岩样品进行程序升温烘烤，使岩石样品中的烃类和干酪根（生油母质）在不同温度范围内挥发和裂解，通过载气（H_2 或 He）的吹洗使其与岩石样品实现物理分离，由载气携带直接进入氢火焰离子化检测器（FID）进行定量检测，检测结果经气电转换将烃类浓度的不同转变成相应的电信号的变化，经放大进入计算机进行运算处理，得到烃类各组分含量 S_0、S_1、S_2 和裂解烃峰顶温度 T_{max}。仪器的分析流程如图 7–1–29 所示。

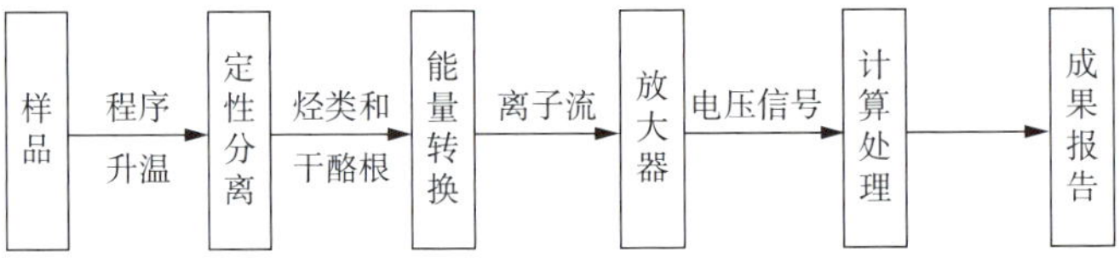

图 7–1–29　岩石热解地化录井仪器分析流程图

（三）主要参数

1. 三峰原始参数

S_0：小于等于 90℃时检测到的单位质量岩石中的烃类含量，mg/g；C_1~C_7 之间的气态烃类即天然气峰。

S_1：90~300℃时检测到的单位质量岩石中烃类的含量，mg/g；C_8~C_{33} 之间的液态烃类即油峰。

S_2：300~600℃时检测到的单位质量岩石中烃类的含量，mg/g；表示单位岩石中所储藏的 C_{33} 以上的重质烃类、胶质、沥青质或有机质的裂解烃量。

S_4：恒温 600℃经 6min 氧化，检测到的单位质量岩石热解后残余有机碳含量，%。

T_{max}：热解 S_2 的最高点相对应的温度，℃。

2. 五峰参数

周期 1 的原始参数主要为：S_0、S_{11}、S_{21}、S_{22}、S_{23}。

S_0（天然气峰）：表示在 90℃时检测的单位质量储油岩中烃（天然气）的含量，mg/g。

S_{11}（汽油峰）：表示在 90~200℃时检测的单位质量储油岩中烃（汽油）的含量，mg/g。

S_{21}（煤油 + 柴油峰）：表示在 200~350℃时检测的单位质量储油岩中烃（煤油 + 柴油）的含量，mg/g。

S_{22}（蜡 + 重质油峰）：表示在 350~450℃时检测的单位质量储油岩中烃（蜡 + 重质油）的含量，mg/g。

S_{23}（胶质 + 沥青质峰）：表示在 450~600℃时检测的单位质量储油岩中烃（胶质 + 沥青质）的含量，mg/g。

第二节　录井新技术解释及应用

应用 X 射线元素录井、X 衍射全岩矿物分析、核磁共振录井、定量荧光录井、显微荧光录井、碳同位素录井、岩石热解地化录井等录井新技术对储层油气层特征进行综合评价，可以有效提高录井资料的精度和解释评价质量。

一　X 射线元素录井技术

（一）评价方法

1. 岩性识别

（1）砂泥岩剖面

Si、Al、Fe、Ca 的含量占所有分析元素含量的 90% 以上。Si 主要来源于氧化物 SiO_2，在沉积岩、砂砾岩中 Si 元素含量最高。K、Fe、Al 主要来源于氧化物 K_2O、FeO、Fe_2O_3、Al_2O_3，沉积岩、黏土中这三种元素含量最高。因此在砂岩剖面中 Si 呈现高值，Fe、K、Al 呈低值，泥岩则反之。

（2）砂泥岩剖面中的含膏岩性

由于石膏中富含 P、S、Ca、Ba，而 Si、Al 含量很低，所以，P、S、Ca、Ba 含量高，Si、Al 含量低是含膏地层的显著特征。

（3）碳酸盐岩剖面

该类型剖面中，Ca 主要来源于碳酸盐 $CaCO_3$，碳酸盐岩中含量最高，是判断灰岩的标志元素之一 。因此在灰岩剖面中 Ca 元素呈异常高值，同时 Cl、P 元素含量也会上升，Si、Fe、K、Al 均呈异常低值。Mg 主要来源于白云岩 $CaMg(CO_3)_2$，是判断白云岩的标志性元素之一 。含有云岩地层利用 Mg 元素的变化可以清楚地展示白云岩富集井段。Ca 或 Mg 含量高是碳酸盐岩的特征。

（4）页岩

页岩的 S 含量具有富集趋势，尤其是黑色页岩中 S 含量相当丰富。S 含量异军突起可能意味着页岩的出现。U、Th 元素均为放射性元素，有机质越丰富，高放射性物质就越多。U、Th 元素在页岩中含量最高，是判断页岩的标志性元素之一 。因此在页岩中，Fe、K、Al 仍有相同的变化趋势，同时由于有机质含量的增多，S、Th、U 元素含量上升。

（5）盐膏岩

盐岩的化学成分为 NaCl，特别是 Cl 元素主要存在于盐岩中，因此 Na 和 Cl 呈异常高值，是判断盐岩的标志性元素。膏盐的主要化学成分为 $CaSO_4$、$BaSO_4$，因此在大膏层中，Ca、Ba、S 元素呈异常高值，其余 Fe、K、Si 等元素均呈低值。Ca、Ba、S 三元素含量同时上升为膏岩富集段特征，依据此判断标志层快速直观。

（6）煤层

煤层在正常录井过程中容易识别，但在特殊钻井条件（PDC 或空气钻井）下煤层常与灰黑色泥岩、碳质泥岩难以区分。利用元素特征识别煤层非常有效，煤层中 P、S、Cl 元素含量明显升高，而其他元素含量明显下降。

（7）火成岩

不同火成岩具有不同的化学成分，并在某些方面呈现有规律的变化，这是 X 射线元素分析识别火成岩的基础，见表 7–2–1。

表 7–2–1　不同岩性火成岩元素相对富集规律

元素	玄武岩	安山岩	火山角砾岩	凝灰岩
Si	中	中	高	高
Al	中	中	高	高
K	低	中	高	高
P	高	低	高	低
S	中	低	高	中
Ca	高	中	低	低
Mg	高	高	低	低
Fe	高	高	低	低
Cr	中	中	低	低

一个较小的研究区或某一层段地层中，元素的组合特征是有规律可循的，不仅是反映在 X 射线荧光图谱上，通过数字解析，其各类岩性元素含量的不同比值上差异也十分明显。可以利用不同元素在岩石中的富集规律及元素交会法、曲线特征综合分析法、图谱法等方法进行火成岩岩性的有效识别。

TAS 图版是适合于火成岩分类命名的最有用的分类方案之一，主要是利用火成岩的碱度（Na_2O+K_2O 的含量）和酸度（SiO_2 的含量），利用 TAS 图版进行火成岩的分类。将 Na+K 与 Si 元素质量分数转化为氧化物含量，可以识别火成岩的岩性。

砂岩、泥岩、碳酸盐岩等不同岩性的元素特征，见表 7–2–2。

表 7-2-2　不同岩性元素分布规律

元素岩性	Si	Al	Fe	Ca	Mg	P	S	Mn	Ti	V	Cr	K
砂岩	高	中等	中等	低	低	低	低	中等	主要与重矿物含量有关	中等	中等	低
泥岩	中等	高	高	中等	中等	中等	中等	高		高	高	中等
碳酸盐岩	低	低	低	高	高	高	高	低		低	低	高
片麻岩	高	高	高	低	低	低	中等	低		低	高	高
火成岩	中等	中等	高	中等	高	低	中等	高		中等	中等	低
膏岩	低	低	低	高	中等	高	高	高		中等	中等	低

2. 地层层位划分

地层分层与沉积环境的变化息息相关，在不同沉积环境下，元素的迁移、聚集形成了不同的岩石。从岩石地球化学组成的角度分析，通常将 O、Si、Al、Fe、Ca、Mg、K、Na、Ti 这 9 种元素划分为主量元素，其含量占地壳质量的 99% 左右，其余元素称为微量元素。主量元素中的 Si、Al、Ca、Mg、K 属于造岩元素，广泛分布在岩石中，且不同岩性之间，元素含量的变化非常大，如砂岩中 Si 的含量普遍高于泥岩，而碳酸盐岩中 Ca、Mg 的含量高于碎屑岩。微量元素中 Mn、S、P、Cl 元素是生物的必需元素，因此微量元素的含量与沉积环境中生物存在状况有着密切关系，如水体深度、生物数量与活跃程度等，直接影响了岩石中该类元素的含量。

由于各种元素的活跃程度与迁移能力不一样，沉积环境的变化能导致岩石中各种元素的分异与富集，而相似的沉积环境下，性质相近的元素迁移与重新组合的特征较为相似。根据前人的研究成果，Cl、S、Ca、Mg、K、P 等元素随着外界环境的变化，非常容易迁移与富集，而 Al、Fe、Si 等元素非常稳定，因此陆相环境下形成的岩石中，同类岩石的 Fe、Si 等元素的含量相对比较稳定，Cl、Ca、Mg 等元素易迁移，由于受到外界环境的影响，同类岩石中含量的变化也会非常大。锰铁比值（Mn/Fe）是广泛应用的地球化学示踪剂，水体越深，锰铁比值越低。同时，沉积物中元素的含量随着沉积物粒度的不同而呈现有规律的变化，如 Si 元素随着粒度变细而含量降低，Fe 元素含量会逐渐增加等。因此，从理论上能够通过元素的不同及含量的变化，区分沉积环境，进而划分地层。

3. 判断沉积环境

母岩在风化、搬运和再沉积过程中，受气候、水动力条件、搬运距离和沉积水体等条件的影响，沉积物在继承了母岩元素特征的同时，元素含量和矿物组成也发生了很大的变化。比如原地沉积物以重矿物和稳定元素富集为特点；而长距离搬运和深水沉积的沉积物则以稳定矿物和易迁移元素富集为特点，因而元素和矿物组成的变化反映了沉积环境的变化。

一些反映水体变化的指数、反映风化程度的指数、反映气候条件变化的指数则可以运用到随钻沉积相分析中，一些特殊的沉积相可以通过元素录井数据进行直接识别，如沼泽相、蒸发岩相、风化壳相、煤相、火山岩相地层的识别，见表 7-2-3。

表 7-2-3 元素录井参数在沉积相分析中的应用

评价方面	参数	作用
水体深浅	Mn/Fe、Sr/Ba、Ca/Mg、Mg/（Al、Si）、Ca/（Al、Si）、离岸指数	评价海相地层水体深浅的变化，评价湖相地层水体深浅的变化
气候条件	气候指数	评价沉积环境的干燥与潮湿程度
风化程度	风化势能指数、化学风化指数、碱金属淋滤系数等	评价地层和岩石的风化程度，识别黏土型和红土型风化壳
特殊沉积相	P、S、Al、Fe、K、Cl 等	对特殊沉积相的识别，如沼泽相、蒸发岩相、风化壳相、煤相、火山岩相地层

（1）古气候环境特征

在潮湿气候条件下，沉积岩中 Fe、Mn、Cr、V、Ni、Co 等元素含量较高，而在干燥气候条件下，由于水分的蒸发，水介质的碱性增强，Ca、Mg、K、Na、Sr、Ba 被大量析出形成各种盐类沉积在水底，所以它的含量相对较高，利用这两类元素的比值计算气候指数 C 值，C 值的判别图版如图 7-2-1 所示。

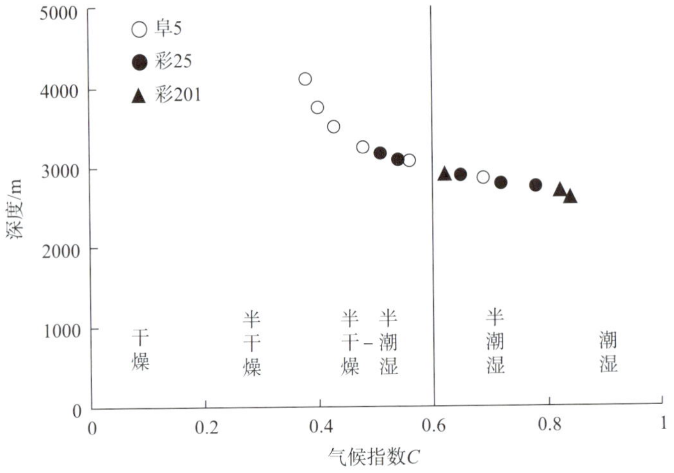

图 7-2-1 古气候判别图版

风化指数是指岩石或土壤矿物风化强度的化学参数，或岩石、土壤矿物化学风化强度的度量。通常气温越高、湿度越大越有利于岩石风化。因此风化沉积产物化学风化指数值的高、低分别对应于温暖湿润和寒冷干燥的气候条件。

化学蚀变指数首先是作为判断源区化学风化程度的化学指标被广泛应用，现在已经应用在判别沉积物沉积的古气候环境上。研究表明，化学蚀变指数值介于 50~65 之间，反映寒冷、干燥的气候条件下低等的化学风化程度；化学蚀变指数值介于 65~85 之间，反映温暖、湿润条件下中等的化学风化程度；化学蚀变指数值介于 85~100 之间，反映炎热、潮湿的热带亚热带条件下的强烈的化学风化程度。化学蚀变指数越大，说明母岩化学风化程度越高。构造运动可造成母岩区在短时期内强烈快速的剥蚀，引起沉积物化学蚀变指数突然降低，剧烈的构造运动过后，母岩区化学风化重新加强，化学蚀变指数明显上升。

（2）古盐度特征

某个地质时代一个水体的含盐度即为古盐度。作为古环境古气候分析中的一个重要指标，古盐度在恢复沉积时期古地理环境和古气候中具有重要的应用。古盐度的定量计算方法有很多种，主要有微量元素法、元素比值法等。

1）微量元素法：

在微量元素中，硼元素对于盐度的反应比较敏感，并且硼元素在各种地球化学分析方法中是比较容易确定的一种元素。因此硼元素常被作为反映盐度的一个较好的指标来使用。

大量研究表明，黏土中硼元素的含量可以指示其形成时水介质的古盐度值。溶液中的硼一旦被黏土矿物吸收固定后，无论其呈吸附状态存在或是进入黏土矿物晶格，都不因后期水体硼浓度的下降而解吸，因而样品的分析结果可作为其最初沉积时的水体盐度标志。

2）元素比值法：

锶比钡迁移能力强，在淡水湖泊，水介质酸性比较强，矿化度低，硫酸根离子含量少，锶、钡均以重碳酸盐的形式保留在湖水中，当湖水不断咸化、矿化度逐渐增高时，钡首先以硫酸钡形式沉淀出来，而锶只有当湖水或海水浓缩到一定程度后才会产生硫酸锶的沉淀，因此可以利用锶钡比值来确定古盐度。

Ca/（Ca +Fe）值也可作为反映沉积时水介质盐度的地球化学指标，一般情况下，咸水沉积物的 Ca/（Ca +Fe）值大于 0.8，淡水沉积物小于 0.5。

古盐度的地球化学判别指标见表 7–2–4。

表 7-2-4　古盐度的地球化学判别指标

元素指标	淡水	咸水
V	＞1.88，陆相沉积	＜1.54，海相沉积
Sr/Ba	＜0.6，陆相	＞1，海相
Fe/Mn	＞1	＞＞1
Ca/（Ca+Fe）	＜0.4	＞0.8
Ca/Mg	小	大

3）古氧相特征：

古氧相指反映地层沉积形成时沉积环境水体中，特别是底层水体中溶氧量特征及其变化的各种岩石、生物和地球化学等特征的综合。古氧相主要分为富氧相、贫氧相和厌氧相。古氧相识别在层序地层、盆地分析、重大地质事件研究及地史恢复等当前地球科学研究前沿领域中，显示出广阔的应用前景。

在判断沉积物形成环境的氧化还原条件方面，地球化学方法一直发挥着相当重要的作用，特别是对一些细粒泥质沉积物。目前常用的古氧相地球化学指标大致可以分为两类：第一类利用铀钍元素在不同沉积环境中的变化关系，包括 U/Th 值及自生铀含量；第二类包括各种痕量元素比值，如 V/Cr、Ni/Co、Ni/V 和（Cu+ Mo）/Zn。各种指标均具应用成功的实例。

具体判断标准见表 7–2–5。

表 7-2-5　古氧相环境的地球化学判别指标

项目	V/Cr	Ni/Co	U/Th
厌氧	＞ 4.25	＞ 7.00	＞ 1.25
贫氧	4.25~2.00	7.00~5.00	1.25~0.75
富氧	＜ 2.00	＜ 5.00	＜ 0.75

4）古水深特征：

古水深分析对于再造古环境、盆地构造和演化具有重要的意义。古水深可以用离岸距离来表示，离岸距离越远，Mn、Ni、Co、Cu 等过渡性元素的含量升高趋势就越加显著，含量就越高，含量范围的波动就越小。Co/Ti、Ni/Ti 等通常可以作为离岸距离的标志，这些比值常会随着离岸距离的增加而增大。锰铁比值（Mn/Fe）是广泛应用的地球化学示踪剂，水体越深，锰铁比值越低。

4. 储层评价

陆相砂岩储层，Si 元素含量变大，说明储层质量变好；而 Al、Fe、Ti 等 3 种元素含量变大，预示着储层质量变差；Ca 元素变化对储层的影响在不同的区域有较大的差异。Si/Al 值的变化预示着岩石粒度的变化，Si/Fe 值的变化反映了充填物的变化，而 Fe/Ca 值反映了化学胶结物的变化。海相储层在一定的范围内，S 元素含量与溶孔发育程度具有正相关性。

在非常规储层中，元素录井主要应用于工程甜点评价中。页岩油气井工程甜点是指岩石脆性高、容易压裂的井段。岩石的脆性评价参数主要有泊松比、杨氏模量等，但要获得这些参数需要在实验室对岩心实物进行分析，现场条件不允许。但是可以利用元素数据，反演脆性矿物含量，从而间接评价岩石的脆性高低。

不同矿物含量的差异对储层脆性评价的贡献不同，针对不同的储层可以选择不同的评价参数来进行脆性评价。比如，若储层是以石英为主的岩层，则可用硅质指数进行脆性评价；若储层是以碳酸盐岩为主的岩层，则可用灰质以及云质指数进行脆性评价等。脆性指数则综合考虑了 Si、Ca、Mg 元素的含量，可识别大段泥页岩地层中的有利储层段，为压裂井段的选择提供参考。

5. 辅助水平井地质导向

元素录井技术在地质导向中的适用性较强，具有高效率、操作便捷等优点。

元素录井数据携带了丰富的地层信息，为地层识别以及评价参数计算提供了数据基础。水平井地质导向轨迹确定的过程中，根据元素和能谱特征追踪地层特征，可以为井深轨迹的判定提供依据，进而辅助地质导向施工。在非常规页岩油气的施工中，利用元素录井数据识别控制点、目的层、钻头穿行状态和评价页岩参数，可为页岩油气水平井地质导向提供依据。

（二）应用实例

元素录井使用的样品是粉末样品，不受钻井方式的影响，并且样品是混合样，受采样因素的影响，因此元素录井在地层和储层评价中应用广泛。主要应用包括：岩性识别、地层对比与划分、储层分析与评价、沉积环境判识、辅助水平井地质导向、优化射孔及压裂改造方案等。

1. 地层层位划分

KX101 井勘探目的层为馆陶组，实钻钻遇了良好油气显示，但对于该显示层位的归属，是馆陶组还是东营组，存在较大的分歧。由于岩性组合特征相似，从地质的角度难以确定层位。采样进行元素分析，发现井深 1466.00m 附近硅、硫、锰、铁、钠、钾等元素变化明显（见图 7-2-2），表明沉积环境发生变化，因此，将含油段岩屑划分为东营组。对区块老井 K119 井和 K126 井进行元素分析，发现具有相同的规律。

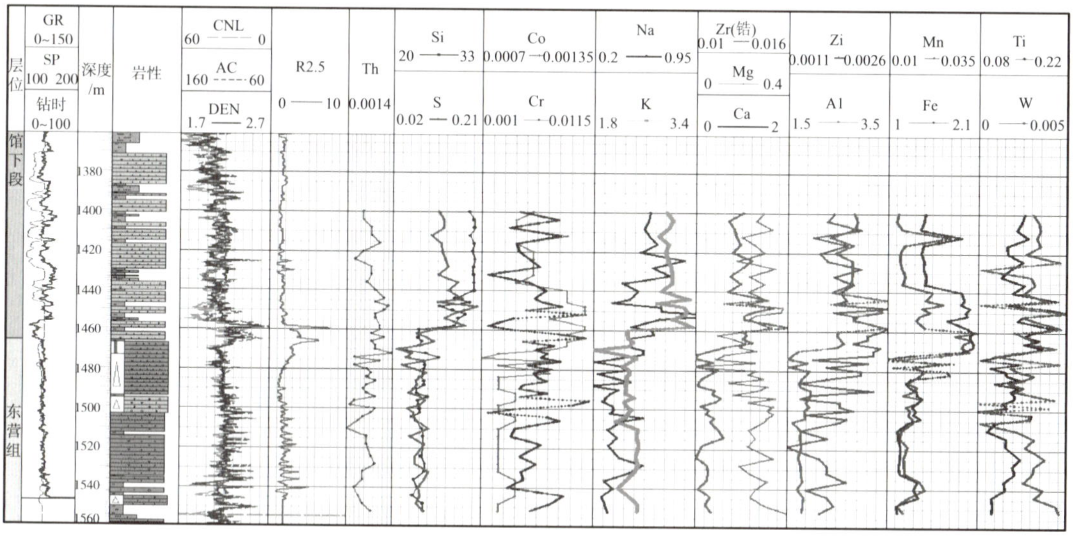

图 7-2-2　KX101 井元素综合评价图

后来，KX101 井在馆陶组底部连续取心，落实了馆陶组与东营组的地层分层界线，证实了该区元素判别的准确性。

济阳坳陷下古生界碳酸盐岩潜山是胜利油田的一个重要勘探类型，利用测井 GR 曲线可以准确划分下古生界内部层位，但是随钻过程中仅依靠岩性划分层位难度较大。通过元素录井发现，Ti、Fe、Al、K、Si 等元素形成的曲线与 GR 有极好的一致性，如图 7-2-3 所示。这样，就为录井现场快速准确判断地层层位提供了有力的技术支撑。

2. 在水平井地质导向中的应用

水平井地质导向的技术难点主要集中在入窗和水平段两个阶段。入窗阶段的重点是准确识别标志层；水平段的关键是明确钻头的穿行状态。落实关键控制点、判别钻头穿行状态，是地质导向的重点与难点。利用元素录井技术，可以在一定程度上解决这两项技术难点，尤其是在南方海相碳酸盐岩水平井的地质导向应用中效果良好。

（1）地质导向技术

1）关键控制点识别方法：

威荣页岩气田五峰组—龙马溪组一段的 9 个小层均为深水陆棚相，如图 7-2-4 所示，并可细分为黏土深水陆棚、含钙黏土深水陆棚、钙质黏土质深水陆棚、生物硅质深水陆棚等多个不同的沉积微相。不同沉积微相的元素富集情况不同，因此纵向上小层不同，元素含量也不同。根据岩石的矿物成分，可将岩相划分为黏土质、钙质和硅质等三类。

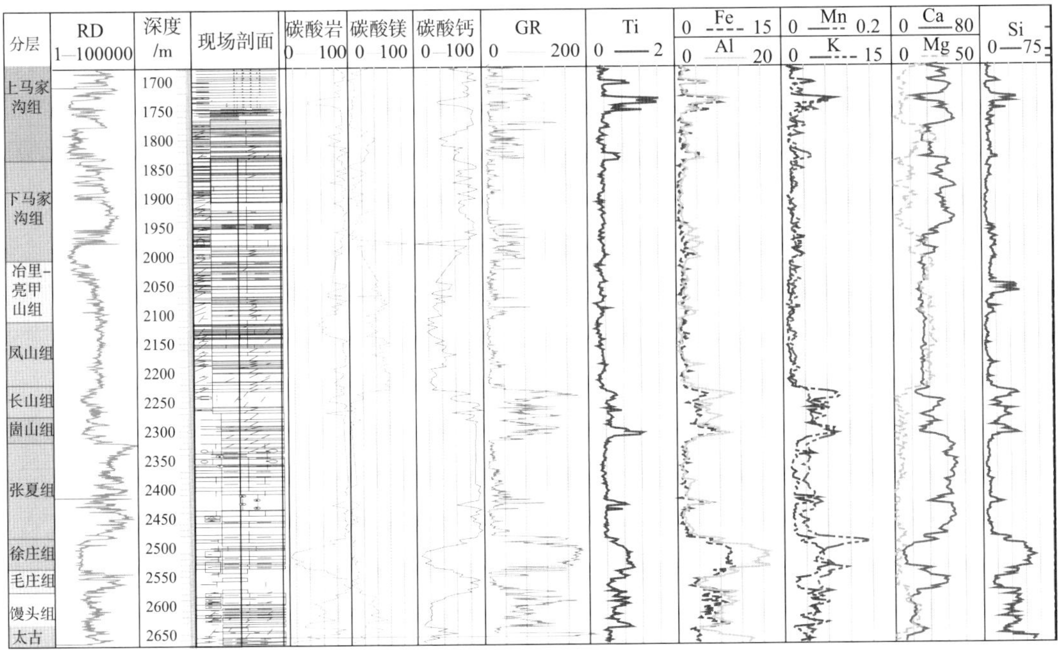

图 7-2-3　ZG11 井下古生界元素综合评价图

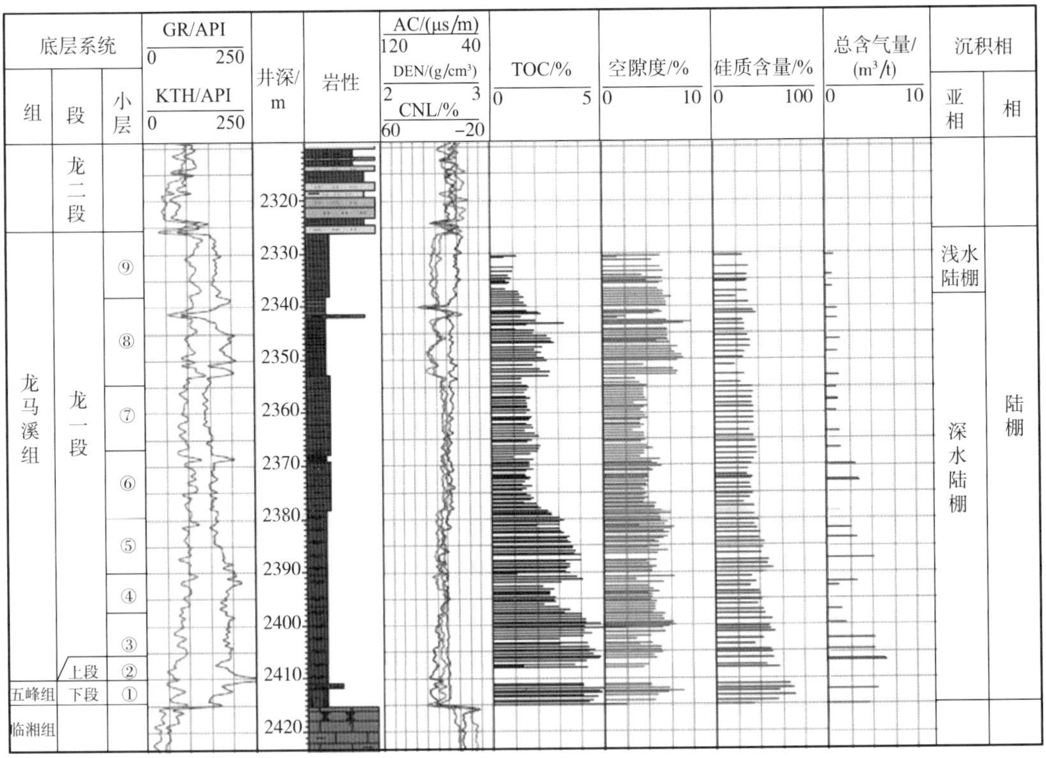

图 7-2-4　JY1 井五峰组 - 龙马溪组一段页岩气条件综合柱状图

通过建立 XRF 元素录井数据与岩石矿物成分之间的计算模型，采用三端元图版，将岩相划分为黏土质、硅质、钙质、混合质，通过区分不同的岩相识别关键控制点。从

图 7-2-5 威荣页岩气田 Y3 井的三端元图版可以看出：Y3 井钻遇的⑧～⑨小层为黏土质，主要为黏土深水陆棚相条件下的页岩，进入⑦小层后为混合质，是从黏土深水陆棚向含钙黏土深水陆棚过渡，进入③小层后，逐渐变化为硅质，与生物硅质深水陆棚微相对应。由此可见，应用 XRF 元素录井的三端元图版能有效区分各个小层，识别出关键控制点。

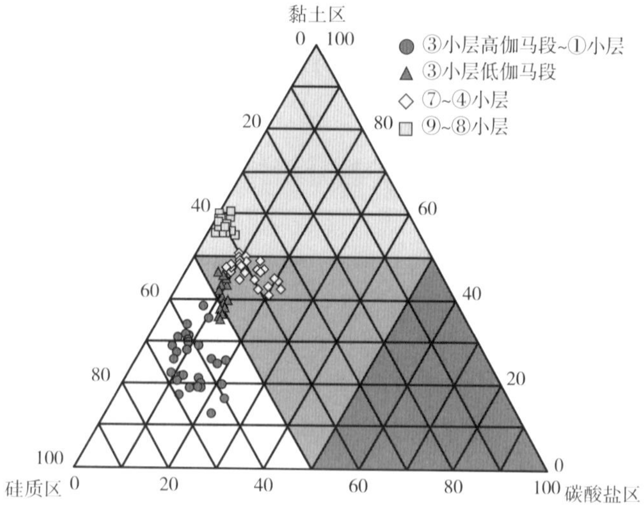

图 7-2-5　Y3 井元素三端元图版

2）目的层识别方法：

实钻过程中，与邻井着陆段特征对比，可通过常规录井的岩屑颜色、录井气测值的变化，进行初步判断，运用元素、自然伽马能谱资料对小层进行划分，结合近钻头随钻伽马、井斜数据和曲线综合分析判断，达到实时跟踪监控地层位置的目的。特征位置确定后，根据构造剖面图提取的靶前地层倾角，计算目前位置到箱体入靶点的垂直深度，计算靶前距在设计范围内，调整井斜，达到顺利着陆的目的。例如，四川某井龙马溪组地层由新到老元素和能谱特征总结为：1 层从上往下岩屑颜色逐渐变深，气测值缓慢升高；S 元素从中部开始含量缓慢升高；Fe 元素从底部开始含量明显降低；Al 元素含量缓慢降低；Ca 元素含量快速升高；元素录井曲线特征是 S、Fe 在近底部出现交汇。2 层作为优质页岩顶，储层脆性、含气性、TOC 等均明显高于上部地层；元素特征表现为，S 元素含量持续升高；Fe 元素含量持续降低；Al、Si 元素含量降低，Ca 元素含量增加至中下部达到最高值，然后开始降低；岩屑伽马缓慢升高；能谱 U 含量明显高于上部，Th、K 含量略微降低；气测值持续显示高值。

3）钻头穿行状态识别方法：

顺利着陆后，轨迹需要保持在箱体内钻进。经三维地震资料切片及邻井实钻得出井眼轨迹方向地层视倾角，在实钻过程中计算本井实际地层视倾角，同时运用着陆过程的方法，元素和伽马特征根据箱体实际情况而定，四川某井箱体元素特征表现为 Al 含量下降，Si 含量升高，岩屑伽马快速上升至最高值，能谱 U 含量升高、U/K 升高，根据此来判断轨迹所处位置，若轨迹位于箱体外下部五峰组，元素含量变化主要表现为，Ca 含量迅速升高、Mn 含量波动较大、Si 含量降低、岩屑伽马骤降、能谱 U 含量降低、Th-K 含量上升、U/K 值降至最低。地质导向师结合近钻头随钻测量数据综合分析判断调整井斜，使井眼轨迹保持在箱体中钻进。总结可知，通过现场定性和定量研究龙马溪组下部至五峰组元素和能谱的变化，多种方法相结合可判别出小层和箱体特征，结合录井资料和随钻测量数据实时调整轨迹，保证箱体钻遇率的最高化；元素、伽马能谱录井相比随钻伽马具有多项优势，特别由于其数据的准确性和时效性强，能避免单伽马曲线在对比中出现的多解性，能避免前期构造剖面图反应的地层起伏精度不高、把握不准地层倾角的问题，结合录井常规判断方法，实现精准定位，能在实钻过程中给地质导向轨迹的控制提供有力依据。水平段钻进中采用元素录井和伽马能谱录井，有效地辅助了地质导向施工。

二 X 衍射全岩矿物分析技术

（一）评价方法

1. 岩性识别

岩石由不同的矿物组成，因此明确矿物的成分与组合，就能够确定岩石的岩性。下面以火成岩为例，阐述利用 X 衍射全岩矿物分析识别岩性的方法。火成岩中矿物成分的含量和种类各有不同，其变化遵循一定的规律。就各类矿物含量的变化而言，从超基性岩到酸性岩，浅色矿物含量逐渐增加，暗色矿物含量逐渐减少，至碱性岩，暗色矿物略有增多的趋势；就矿物种类的变化而言，从超基性岩到酸性岩，斜长石由基性变为酸性，而且从中性岩开始出现钾长石和石英，在酸性岩中两者大量出现，从超基性岩到酸性岩，暗色矿物由富含铁镁的岛状、链状硅酸盐矿物（橄榄石、辉石）逐渐变为含“OH”的层状硅酸盐矿物（黑云母）。碱性岩中出现霞石，石英已消失。因此，火成岩的矿物成分及其组合，是火成岩分类的重要基础之一，也是判识火成岩的最直观的标志。

针对准噶尔盆地西北缘石炭系火成岩特点挑选出了石英、角闪石等常用的 20 多个矿物相进行快速定性分析计算，实现了火成岩岩性及矿物组成的快速准确识别与分析。利用 XRD 技术对玄武岩、安山岩、安山质火山角砾岩、凝灰岩分析出的主要矿物的矿物组合与理论吻合性较好（见图 7–2–6）。玄武岩以斜长石为主，暗色矿物见辉石、橄榄石、角闪石；安山岩出现钾长石，暗色矿物见辉石、角闪石和黑云母；安山质火山角砾岩出现钾长石，石英增多，暗色矿物减少；凝灰岩以斜长石为主，石英含量高，含少量暗色矿物，见角闪石，偏基性。

2. 非常规储层脆性评价

石英、长石等脆性矿物含量高有利于后期的压裂改造形成裂缝，碳酸盐矿物含量高的地方，易于溶蚀产生溶孔。因此，利用石英、长石、方解石、白云石等脆性矿物的含量计算脆性矿物指数 B_M，可以为储层脆性评价提供依据。脆性矿物指数公式见式（7–2–1）：

$$B_M=(X_{quartz}+X_{dolomite}+X_{calcite}+X_{feldspar}+X_{pyrite}) \qquad (7\text{–}2\text{–}1)$$

式中 B_M——页岩矿物脆性指数；

X_{quartz}——样品中石英质量分数；

$X_{dolomite}$——样品中白云石质量分数；

$X_{calcite}$——样品中方解石质量分数；

$X_{feldspar}$——样品中长石质量分数；

X_{pyrite}——样品中黄铁矿质量分数。

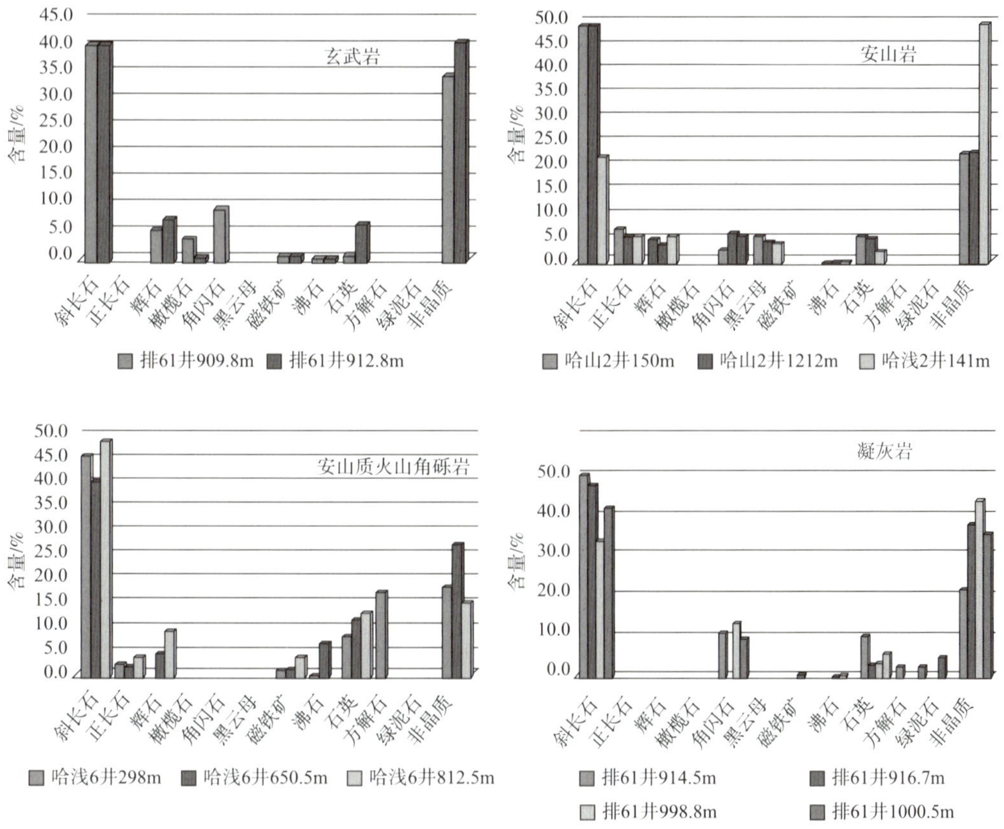

图 7-2-6　玄武岩、安山岩、安山质火山角砾岩、凝灰岩主要矿物含量柱状图

依据表 7-2-6 的矿物脆性指数等级划分标准可以对泥页岩的可压型进行评价。

表 7-2-6　矿物脆性指数等级划分表

矿物脆性指数	评价等级
$B_{M1} \geq 70$	好
$60 \leq B_{M1} < 70$	较好
$40 \leq B_{M1} < 60$	中
$B_{M2} < 40$	差

（二）应用实例

1. 岩性识别

B105-17 井目的层为沙四段，位于灰岩滩坝与砂岩滩坝的交汇处，勘探目的是落实砂岩滩坝的展布范围与储层产能。现场岩性识别和井壁取心都认为以砂岩为主，但通过 X 衍射全岩矿物分析（见表 7-2-7），储层的灰质含量高，远高于石英、长石的含量，储层性质应该为灰岩储层，与岩石薄片鉴定的结果一致。建设方根据岩性的重新认识，最终修改了原砂体分布图、井位部署方案和投产方案。

表 7-2-7　B105-17 井井壁取心 X 衍射全岩矿物分析数据表　%

井深 /m	岩　性	黏土矿物含量				石英	斜长石	方解石	白云石	菱铁矿	黄铁矿	非晶质
		蒙脱石	伊利石	绿泥石	高岭石							
2368.00	灰色油斑粉砂岩	9	4	2	2	28	14	22		4	12	3
2369.00	灰色荧光泥质粉砂岩	9	5	2	2	15	8	57				2
2394.00	灰色荧光泥质粉砂岩	12	4	3	3	18	9	45			4	2
2395.00	灰色荧光泥质粉砂岩	7	2	2	2	15	6	62	4			
2396.00	灰色油斑粉砂岩	14	3	3	3	15	7	48			4	3
2398.00	灰色荧光泥质粉砂岩	6	3	1	1	12	5	61	11			
2399.00	灰色荧光泥质粉砂岩	10	5	3	4	18	9	45	6			
2400.00	灰色荧光泥质粉砂岩	11	5	4	2	23	13	34	4		4	2
2416.00	灰色荧光泥质粉砂岩	4	5	2	2	15	6	63	2			1
2417.00	灰色荧光泥质粉砂岩	14	4	4	3	22	13	33		3		4
2418.00	灰色荧光泥质粉砂岩	15	4	6	6	21	12	29			6	1
2419.00	灰色荧光泥质粉砂岩	14	6	3	4	18	9	42			3	1
2421.00	灰色油斑泥质粉砂岩	9	3	2	2	15	7	61				
2422.00	灰色荧光泥质粉砂岩	7	2	1	1	15	7	62	4			1

2. 敏感性矿物识别

X 衍射全岩矿物检测识别黏土矿物类型和产量。黏土矿物的类型、含量与储层的敏感性密切相关，通过全岩矿物分析识别出敏感性矿物，可以辅助解决开发中的一些疑难问题。

Z139 块注蒸汽热采馆陶组稠油油藏。投产中发现，Ng7 砂组注蒸汽开发效果好，$Ng6^3$、$Ng6^6$ 注蒸汽困难，注采效果差，一直困扰建设方。对 Z139-P3 井的岩屑采样进行 X 衍射全岩矿物分析，分析数据见表 7-2-8。馆陶组岩性主要为细砂岩，以石英为主，长石次之。Ng6 砂组碳酸盐岩含量高，明显高于 Ng7 砂组，且以方解石为主，含量 5%~12%，Ng7 砂组未见灰质成分，以白云质为主，含量 2%~4%。从黏土矿物类型上看，Ng6 砂组黏土矿物含量高，在 15%~27%，平均为 22.07%；黏土矿物类型主要以蒙脱石为主，平均含量 14.15%；Ng7 砂组黏土矿物较低，在 3%~16%，平均 7.5%，蒙脱石含量平均为 5.4%。对比认为，Ng6 砂组较 Ng7 砂组黏土矿物含量尤其是蒙脱石含量高，造成注蒸汽过程中储层“水敏”锁喉，导致了注汽困难。

表 7-2-8　Z139-P3 井馆陶组岩屑 X 衍射全岩矿物分析

序号	地层层序	井深 / m	全岩矿物和黏土矿物组分含量 /%								
			黏土矿物			石英	斜长石	方解石	白云石	磁铁矿	非晶质
			蒙脱石	伊利石	总含量						
1	$Ng6^3$	1846	12	8	20	41	14	7	5	4	9
2		1850	10	7	17	40	16	7	4	3	13
3		1854	16	10	26	43	15	12			4
4		1858	14	8	22	43	18	10			7
5		1862	12	6	18	38	16	12	4		12
6		1865	9	6	15	44	17	9			15
7	$Ng6^6$	2002	16	8	24	46	17	9			4
8		2006	16	7	23	45	19	10			3
9		2010	15	6	21	37	13	10	4		15
10		2014	17	10	27	37	16	5			15
11		2018	16	10	26	40	21	8			5
12		2022	16	9	25	43	19	7			6
13		2025	15	8	23	42	20	6			9
14	$Ng7^1$	2146	7	5	12	57	19		2		10
15		2148	5	3	8	59	25				8
16		2150	7	4	11	57	16			4	12
17		2152	6	3	9	60	18		4		9
18		2154	8	3	11	56	16		4		13
19		2156	7	3	10	54	17		4	4	11
20		2200	3	2	5	59	31				5
21		2206	3		3	63	26			4	4
22		2212	3		3	58	31			3	5
23		2218	10	6	16	50	20			5	9
24		2224	4		4	64	21		3	4	4
25		2230	3		3	64	26			3	4
26		2236	5		5	66	21			3	5
27		2242	5		5	64	23		3		5

3. 脆性矿物评价

利用 X 衍射全岩矿物分析脆性矿物石英、方解石、白云石含量，进而判断储层脆性，为压裂选层提供依据。分析表明，CXX 井石英 + 方解石 + 白云石平均含量 58%，方解石 + 白云石含量 38%；计算矿物脆性指数平均 0.58，按照矿物脆性指数评价标准，评价该井储层为高脆性，可压裂条件好。X 衍射全岩矿物分析，如图 7-2-7 所示。

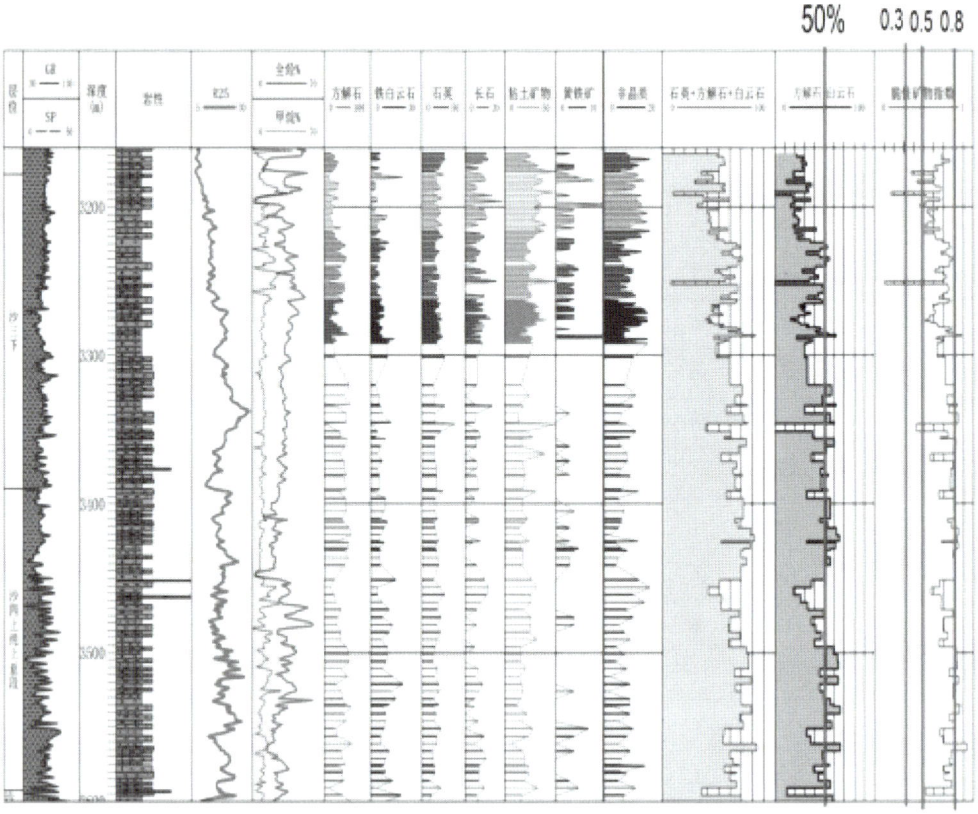

图 7-2-7　X 衍射全岩矿物分析图

三　核磁共振录井技术

1. 一维核磁共振录井技术应用

（1）储层识别

岩石孔隙是由不同大小的孔道组成的，每种尺寸的孔隙有其自己的特征弛豫时间 T_2，因此在岩石中存在多种指数衰减过程。核磁共振 T_2 谱的分布则反映了岩石中大小孔隙的分布状态，大孔隙对应长 T_2 值，小孔隙对应短 T_2 值。因此，根据核磁共振 T_2 谱的形态与结构可以快速识别储层。不同类型的储层，峰的幅度、位置、形状和数量都有所差别，如图 7-2-8 所示。砂岩为双峰型，表明储层中有大孔隙，也有小孔隙；泥质岩为单峰型，弛豫时间短，表明储层主要为小孔隙；碳酸盐岩为三峰型，弛豫时间长，表明储层中除了大孔隙、小孔隙外，还有缝、洞。

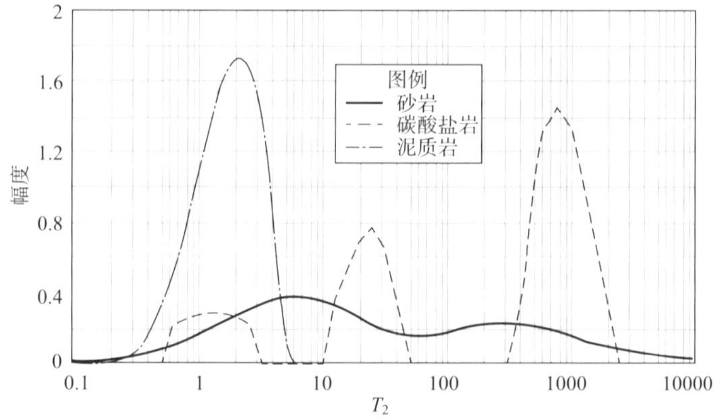

图 7–2–8 不同岩石类型 T_2 谱图

对于碎屑岩储层而言，谱图特征一般符合如下规律：T_2 弛豫时间谱图主要为大孔隙为主的单峰形态，说明储层物性较好；主要为双峰形态或多峰形态，说明储层均质性较差，存在多种类型孔隙，如图 7–2–9 所示。

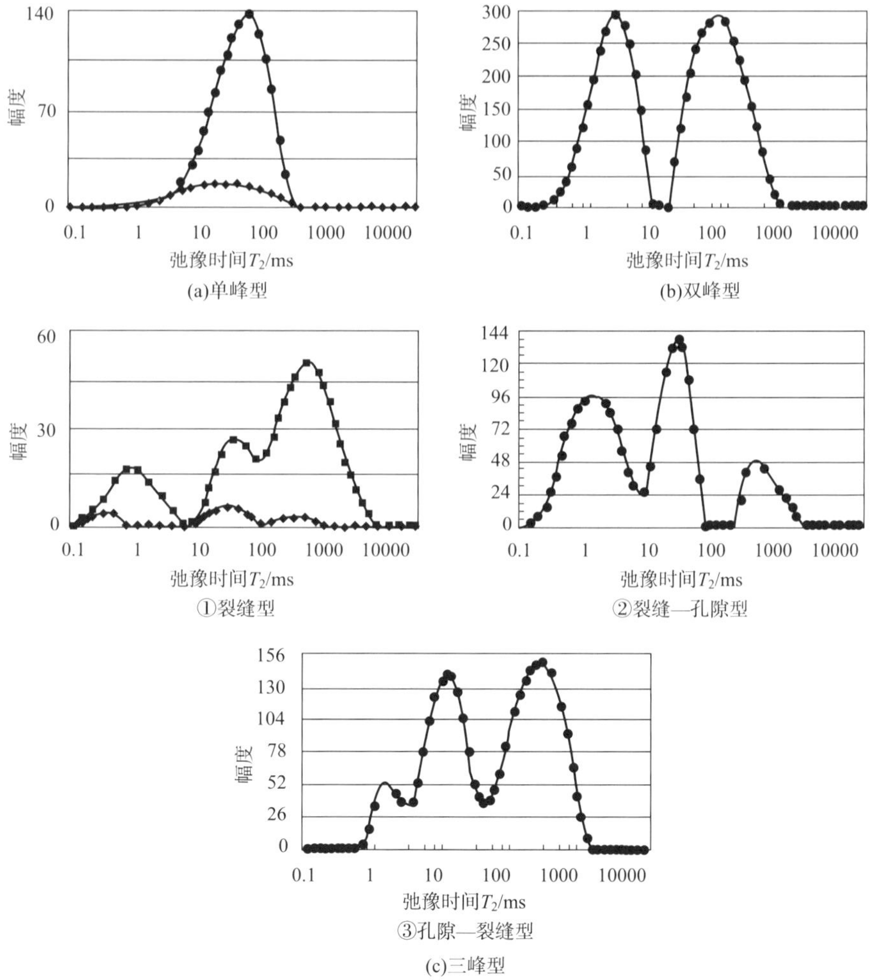

图 7–2–9 碎屑岩 T_2 谱图类型特征

T_2截止值将孔隙流体分为可动流体和束缚流体。可动部分面积大，说明可动流体含量高，束缚部分面积大，说明束缚流体含量高。弛豫时间越长，表明孔隙越大；信号幅度越大，表明孔隙度越大。因此，根据孔隙信号的幅度和弛豫时间长短可大致判断储层的储集性能，如图7-2-10所示。

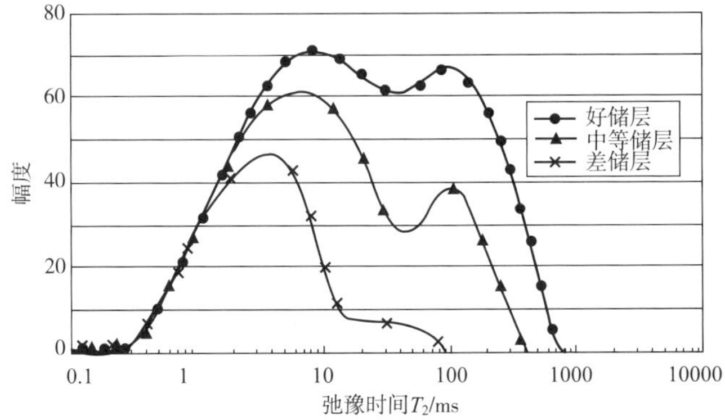

图7-2-10　不同储集性能储层T_2谱图对比

（2）孔隙结构评价

当岩石孔隙中饱和含氢流体时，氢原子核弛豫信号幅度与岩石孔隙度成正比，其弛豫时间与孔隙大小和流体性质（黏度和可流动性）有关，因此T_2谱图真实反映了岩石孔隙大小和分布等孔隙结构特征。

T_2谱和毛管压力曲线都反映了岩石的孔隙结构，那么二者之间必然存在密切的关系。图7-2-11、图7-2-12分别为某井T_2幅度累积曲线与压汞毛管压力曲线及T_2谱图与由毛管压力曲线计算的孔喉半径频率曲线对比图。可以看出，两种曲线在形态和幅值上非常相似，尤其在大孔径处吻合较好。毛管压力反映的是孔喉间的连通关系，反映的是汞进入的最小喉道与其连通的孔隙的体积，不能反映孤立孔隙和束缚孔隙部分，而T_2谱图反映的是整个孔隙空间体积，能反映出束缚部分的孔隙体积，这是利用T_2谱图进行孔隙结构评价的基础和依据。虽然它们反映的孔隙结构方式不同，但是都能反映岩石的孔隙结构特征。与压汞试验相比，核磁分析成本更低，时效性更高。

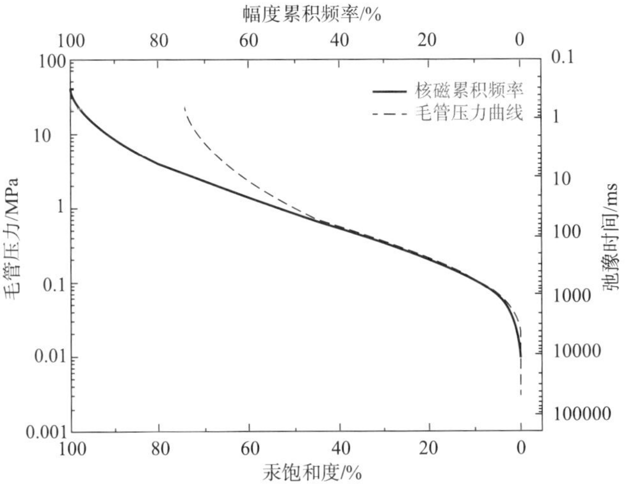

图7-2-11　T_2累积曲线与毛管压力曲线对比

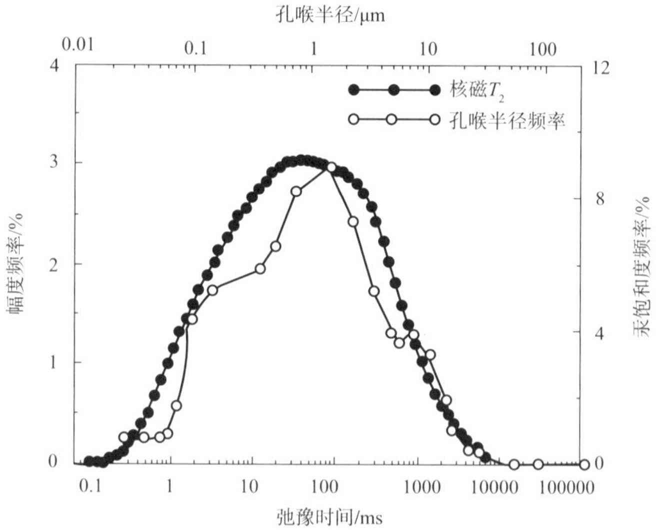

图 7-2-12　T_2 谱图与孔喉半径频率曲线对比

因为核磁共振 T_2 谱图和压汞曲线在形态和幅度值上具有良好的对应性，所以只要把核磁共振 T_2 谱图转成 T_2 幅度累积曲线，再按照压汞曲线定性评价孔隙结构的方法就可以实现核磁共振录井对储层孔隙结构的评价。

（3）流体性质评价

核磁共振录井可以利用谱图幅度差进行可动流体判识：新鲜样与浸泡样在可动部分之间存在明显的面积差，该面积差是可动水部分的面积，表明储层含可动水；饱和样与浸泡样之间的面积差较大，表明储层含油丰度低；新鲜样与浸泡样在束缚部分面积差大，表明储层束缚水含量高，该束缚水在储层被压裂后，可克服毛细管力产生流动，造成产层出水。图 7-2-13 中出露的蓝色部分可认为是储层中含的“水”。由此，根据 T_2 谱图特征、面积差，可定性评价油水层，判别方法见表 7-2-9。

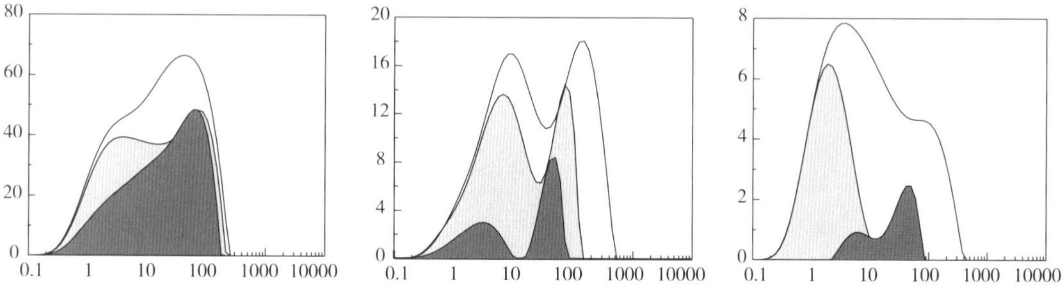

图 7-2-13　不同流体性质储层 T_2 谱图特征

表 7-2-9　利用核磁共振 T_2 谱图判识流体性质方法

流体性质	T_2 谱图特征		
	饱和样与浸泡样间面积差	新鲜样与浸泡样间面积差	浸泡样谱图特征
油层	较小	可动部分无或较小面积差，束缚部分较小	可动部分面积大于束缚部分
油、水同层	较小～较大	可动部分较大或无面积差，束缚部分较大	可动部分面积大于束缚部分
含油水层	大	可动部分较大或无面积差，束缚部分大	可动部分面积大于束缚部分
干层	饱和样下面积小，以束缚部分为主，饱和样与浸泡样间的面积差大，浸泡样可动部分面积大于束缚部分		

（4）原油性质评价

试验表明，不同原油性质的储层，谱图形态是有差别的。核磁共振弛豫时间具有随着原油黏度、密度的增加而缩短的特征，如图 7-2-14、图 7-2-15 所示，因此，根据谱图弛豫时间、形态，可以定性地辅助判断原油性质。

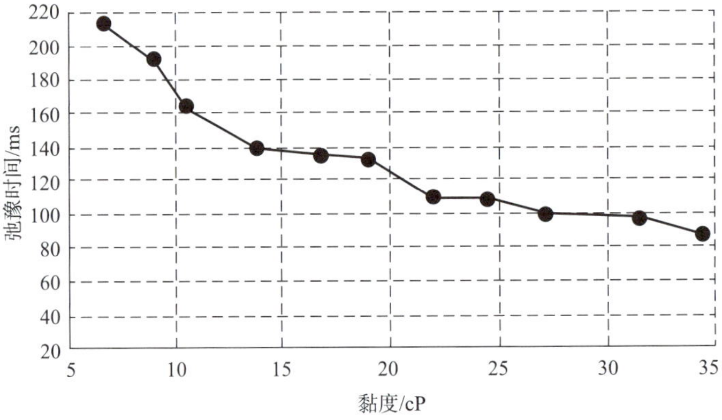

图 7-2-14　原油黏度与弛豫时间关系图

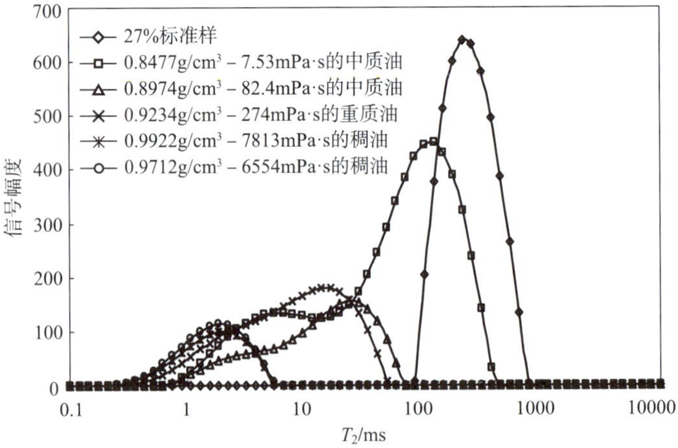

图 7-2-15　原油密度与弛豫时间关系图

2.D–T_2 核磁共振录井技术的应用

由于 D–T_2 核磁共振增加了对纳米－微米级孔隙的识别测量，因此，孔隙度相比一维核磁共振孔隙度会略大，图 7–2–16 为某井同一样品一维核磁共振与多维核磁共振的数据对比所示。

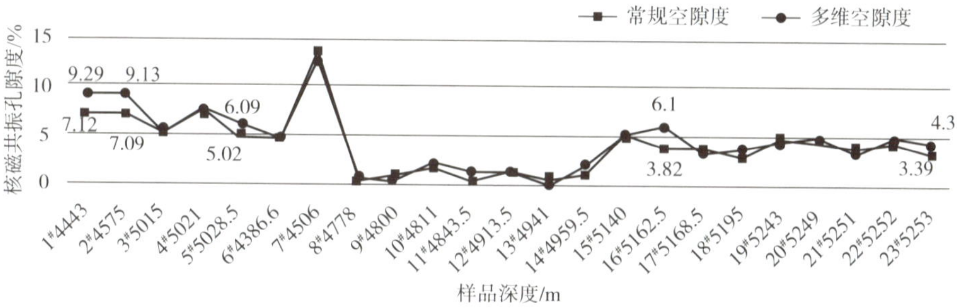

图 7–2–16　某井一维与多维核磁共振孔隙度对比折线图

D–T_2 核磁共振改善了含顺磁性元素样品的物性分析能力。样品中顺磁性原子（如铁、锰）的含量较高，加速了流体中氢核子的核磁共振衰减，常规核磁共振设备因为场强和分析主频较低，无法检测到样品中的衰减信号。而多维核磁共振分析仪器有更高的场强和主频率，对该类样品有更强的适应能力。JX326 井碎屑岩储层中由于含有顺磁性物质，常规孔隙度检测值为 0，而多维核磁共振检测样品孔隙度在 3%~9%，从同一样品的 T_2 谱图对比上，可以看到多维核磁共振的信号得到了大幅的改善，如图 7–2–17 所示。

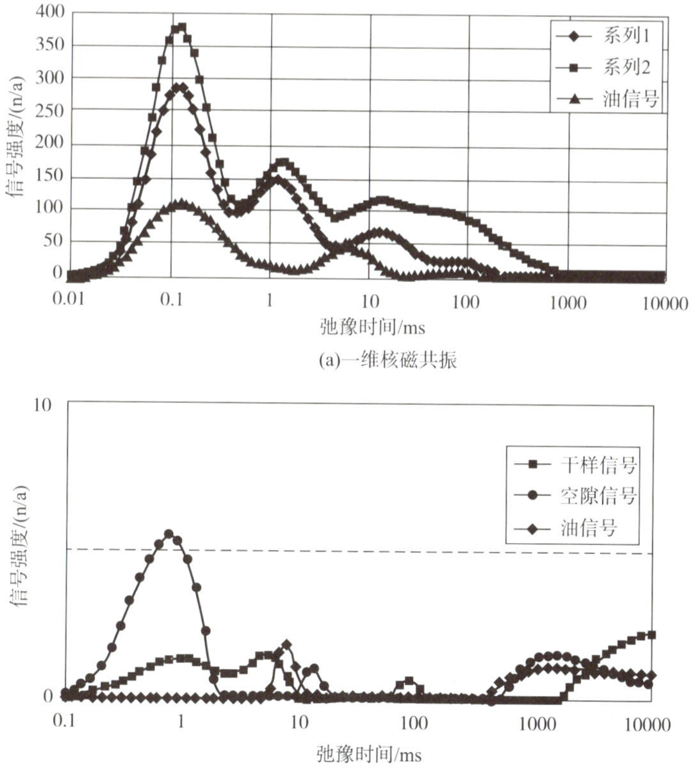

(a)一维核磁共振

(b)多维核磁共振

图 7–2–17　JX326 井一维与多维核磁共振 T_2 谱图对比

$D-T_2$ 核磁共振可以对泥页岩的储层和流体性质进行评价。对 LY1 和 NY1 两口井某层段泥（页）岩储层进行了核磁共振录井分析，分析结果见图 7-2-18，从 T_2 谱图上看，LY1 井生烃孔隙较为发育，基质孔隙所占比例较小，孔隙主要以生烃孔隙为主。NY1 井基质孔隙较为发育，生烃孔隙所占比例明显小于基质孔隙所占比例，LY1 井泥（页）岩储层物性好于 NY1 井。

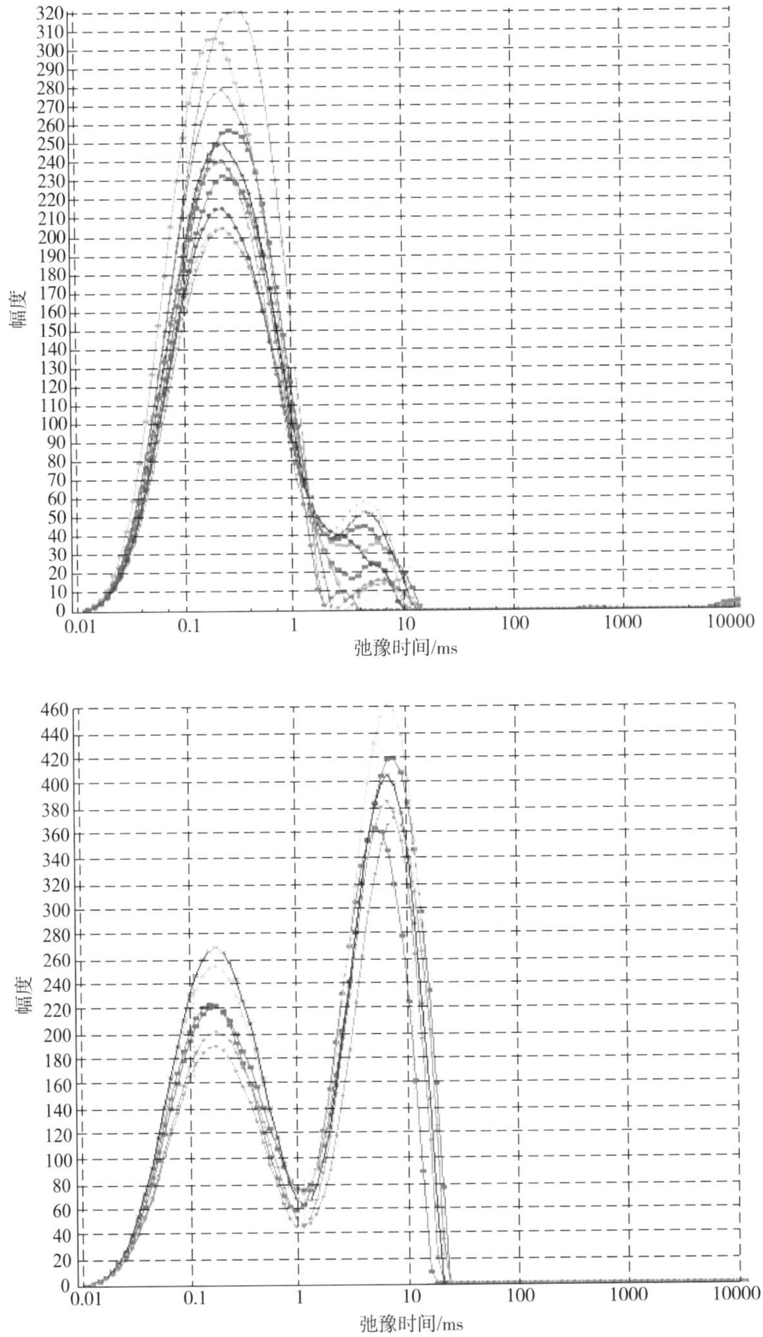

图 7-2-18　T_2 谱图 LY1 井（上图）、NY1 井（下图）

结合多维核磁共振谱图（见图 7-2-19）分析，LY1 井 3118m 油泥岩的主峰集中在水线范围内，受弛豫时间影响，图形呈规则的圆形；NY1 井 3322.4m 油泥岩的主峰集中出现在水线范围内，有少量峰出现在了油线范围内。

LY1 井试油日产水 3.3m^3，未见油显示；NY1 井试油日产油 0.002t，产水 0.65m^3。佐证了 LY1 井储层物性好于 NY1 井，LY1 井含油性差于 NY1 井的核磁共振分析结果。

3.T_1–T_2 核磁共振录井技术的应用

由于 D–T_2 核磁共振在流体性质评价方面的不足，目前在勘探开发中，更为认可的是 T_1–T_2 核磁共振方法，尤其是在泥页岩非常规储层的应用，实现了对页岩油储层流体性质无法定量区分的突破。表 7–2–10 是 H_2 测井应用该技术检测的页岩有效孔隙度、干酪根等固态有机质体积比等参数，并对黏土束缚水、毛管束缚水、可动油、束缚油进行了有效区分。核磁共振 T_1-T_2 谱图如图 7–2–20 所示。

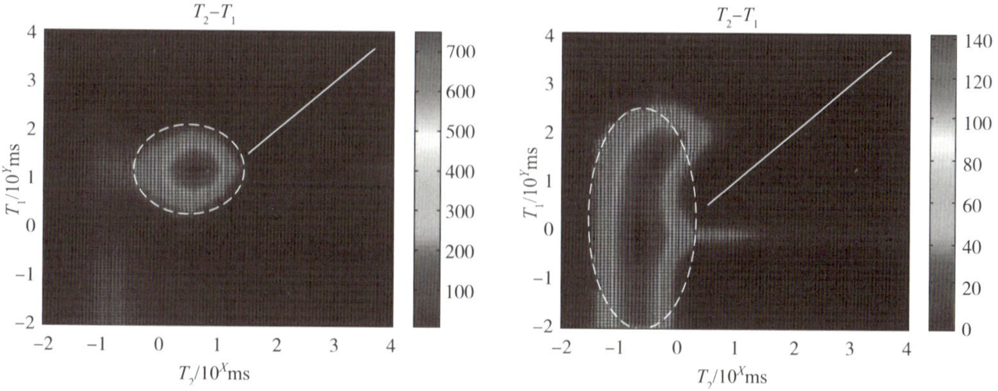

图 7–2–19　D–T_2 谱图 LY1 井（左图）、NY1 井（右图）

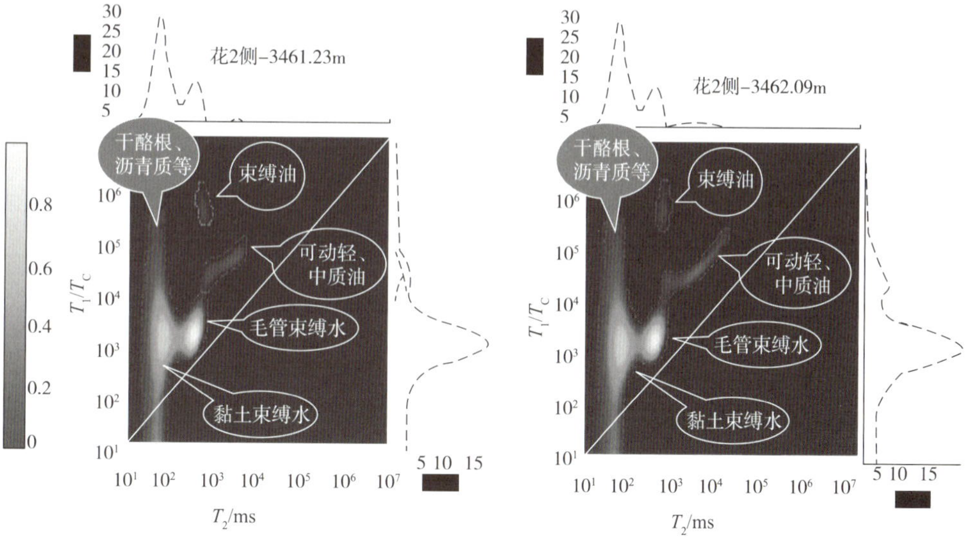

图 7–2–20　H_2 测井核磁共振 T_1–T_2 谱图

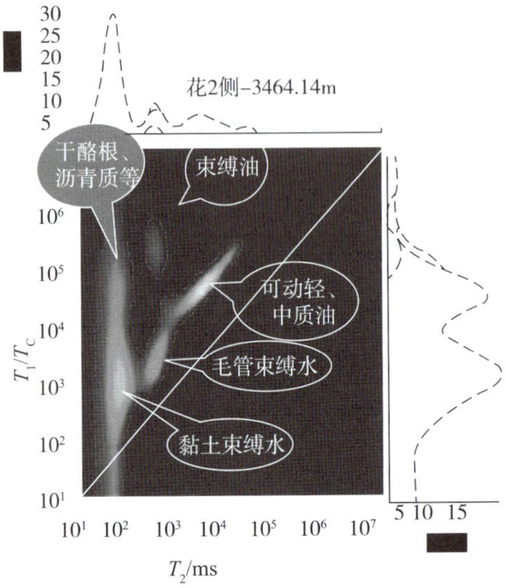

图 7-2-20　H_2 测井核磁共振 T_1–T_2 谱图（续图）

表 7-2-10　H_2 测井核磁共振测试数据表

序号	井深 /m	总孔隙度 /%	有效孔隙度 /%	渗透率 / mD	可动流体饱和度 /%	可动油饱和度 / %	束缚油饱和度 /%	干酪根等固态有机质体积比 /%	毛管水饱和度 / %	黏土水饱和度 / %
1	3461.23	8.16	5.23	0.00004	12.26	5.35	0.76	23.67	6.91	57.16
2	3462.09	7.54	5.61	0.00017	13.99	6.04	1.07	23.84	7.95	54.22
3	3464.14	5.28	2.72	0.00004	28.00	16.57	3.42	24.53	11.43	36.04

四　定量荧光录井技术

（一）评价方法

定量荧光录井利用荧光谱图的特征、最大峰值及对应的波长位置、油性指数等主要参数，可以准确确定主要目的层的原油性质和含油丰度。

1. 含油气丰度评价

定量荧光仪检测的荧光物质是以萘族为主的双环芳烃族化合物，因此所测的荧光强度与该物质的含量在一定范围内是呈线性或抛物线关系的，而不是实际的含油量。不同产层中的原油其所含的芳香族化合物的种类和含量是不同的，其中双环芳香族化合物的含量也是不同的，在轻质油及凝析油中含量相对较高。但对同一种油源的原油来说，其中的双环芳香族化合物的含量是相对稳定的。因此不同区块不同层位的原油其荧光强度与含油量之间都对应有相应的线性方程或抛物线方程，由此，可以与传统的荧光级别建立联系，并可测定储层的含油浓度。相同含油浓度条件下，油质越重，样品的荧光强度越高（见图 7-2-21）。因此，依据原油性质的不同，形成了定量荧光含油级别评价标准，见表 7-2-11。

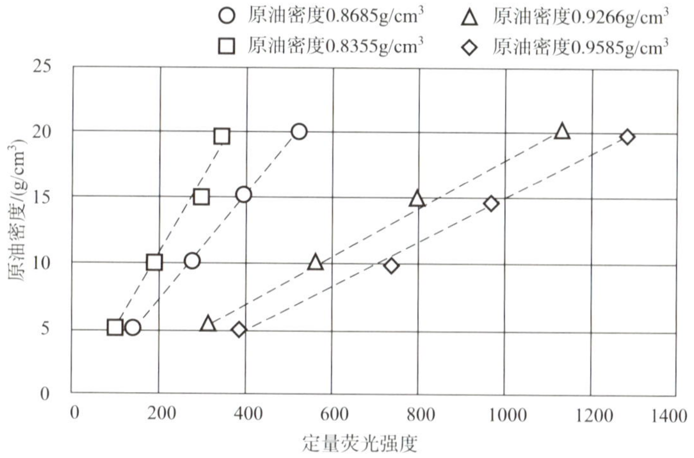

图 7-2-21 原油密度与定量荧光强度关系图

表 7-2-11 三维定量荧光含油气丰度评价标准

原油性质	含油气丰度		
	高	中	低
轻质油	$N > 7$	$5 < N < 7$	$N < 5$
中质油	$N > 9$	$6 < N < 9$	$N < 6$
重－稠油	$N > 11$	$8 < N < 11$	$N < 8$

荧光分析仪给出样品荧光谱图、主次峰的荧光波长值和荧光强度值及 C_0 值，通过公式计算或查表，得到样品相应的荧光对比级别和相当油含量，见表 7-2-12。

表 7-1-12 原油浓度与荧光对比关系数据表

原油浓度 *Cl*（mg/g）	10000	5000	2500	1250	625	310	160	80
荧光对比级	15	14	13	12	11	10	9	8
原油浓度 *Cl*（mg/g）	40	20	10	5	2.5	1.2	0.6	
荧光对比级	7	6	5	4	3	2	1	

2. 原油性质评价

二维定量荧光与三维定量荧光在原油性质的判别标准上存在一定差异，三维定量荧光除了利用油性指数来判别原油性质外，还可通过特征峰定性判断，见表 7-2-13~表 7-2-15。

表 7-2-13 三维定量荧光原油性质判别标准（胜利东部参考值）

原油性质	密度范围 /（g/cm³）	最佳激发波长 /nm	最佳发射波长 /nm	油性指数范围 *R*
轻质原油	0.77	315~330	370~390	1.3
	0.82~0.84	300~320	370~408	1.4~1.6
中质原油	0.86~0.92	330~340	390~400	1.9~2.1
重质原油	0.92~1.00	360~380	400~440	2.1~2.4

表 7-2-14　三维定量荧光原油性质判别标准（胜利西部参考值）

原油性质	密度范围 /（g/cm³）	最佳激发波长 /nm	最佳发射波长 /nm	油性指数范围 R
轻质原油	0.79	280~300	335~350	0.9~1.2
	0.83~0.86	300~320	350~375	1.2~1.3
中质原油	0.86~0.92	300~330	350~386	1.2~1.6
重质原油	0.92~0.99	300~330	386~430	1.3~1.7

表 7-2-15　三维定量荧光录井原油性质判别标准

原油性质	主峰波长位置 /nm	油性指数 R	原油密度 /（g/cm³）
轻质油	358~360	＜ 2.97	0.75~0.86
中质油	360~364	2.97~3.74	0.86~0.90
重质油	362~365	3.74~4.10	0.90~0.95
稠油	364~367	＞ 4.10	＞ 0.95

不同油质的原油在荧光光谱特征上，差别也非常明显。

轻质油峰：有一组最佳激发光波长（E_x）、最佳发射光波长（E_m）及其对应的最大荧光强度值（Int），即“单峰图谱”。峰顶比较尖，陡峭，其指纹覆盖面小。如图 7-2-22（左图）所示，轻质油谱图对应主峰波长为 300nm、327nm。

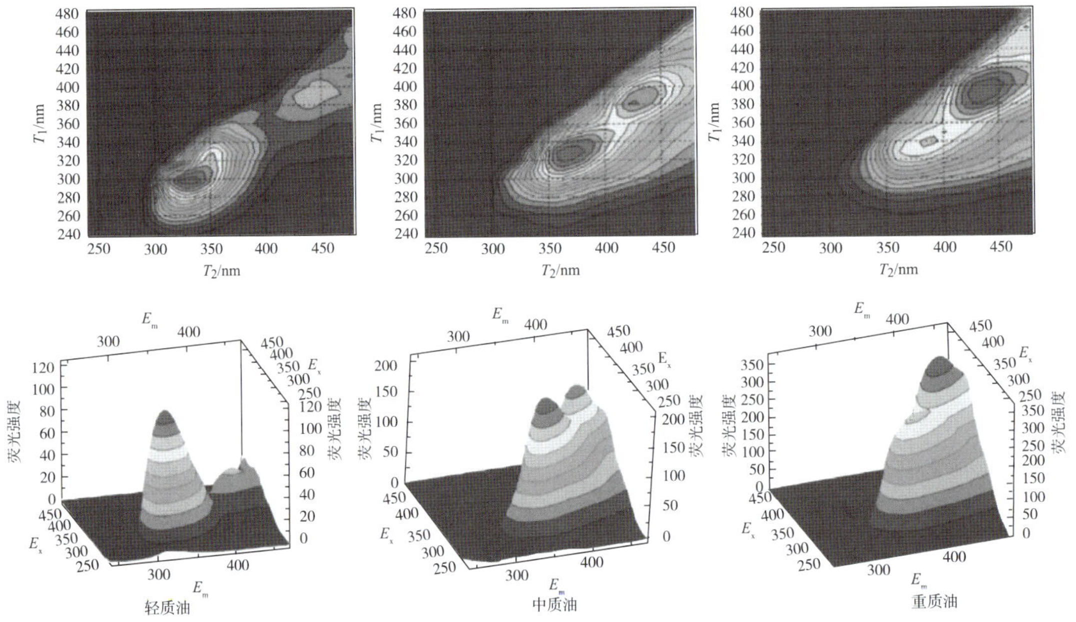

图 7-2-22　不同性质原油谱图

中质油峰：谱图形态峰顶比较圆，峰形介于轻质及重质油峰之间，其指纹覆盖面比较大。如图 7-2-22（中图）所示，中质油谱图对应主峰波长为 330nm、363nm。

重质油峰：谱图形态峰顶比较圆，峰形比较平缓，其指纹覆盖面大。如图 7-2-22（右图）所示，重质油谱图对应主峰波长为 400nm、435nm。

总体而言，同一地区或同一层位的原油油质越重，特征峰波长越靠后，油性指数越大。此外生产实践中发现，油性指数与原油密度间往往存在着良好的线性关系，依据两者间的关系式，可以通过油性指数估算样品的原油密度，判断油质类型。关系式会随着地区、层位的不同而变化，需要在生产中加以总结、完善。

3. 真假油气显示识别

钻井过程中，为了降低井下钻具摩擦阻力，提高润滑性，在钻井液中加入各种有机添加剂或混油钻进；为了提高钻井液某种特定性能或保护油气层，通常会在钻井液中加入各种添加剂（常用的添加剂有 ZRH 系列、白油、磺化沥青、乳化剂、MC-1、FT-1 等）；为处理钻井事故会加入原油、柴油；为某种特定的目的，会采用混油钻井液或油基钻井液钻进等。因此，钻井液中加入各种有机添加剂、混油实际上已不可避免，这样使取全、取准资料与钻井安全成为矛盾。

三维定量荧光技术在真假油气显示识别的过程中独具优势，可通过图谱识别的方式，对样品中原油及钻井液的比例进行判断，从而智能扣除其中钻井液的污染，保留原油荧光图谱。

通过荧光试验，根据不同钻井液添加剂图谱形态，可分为四类。第一类：无荧光无指纹图谱（钻井液荧光对比级别在 3 级以下，三维定量荧光未见指纹图谱），添加剂类型为原材料、无机处理剂、降滤失剂、堵漏剂、防塌剂、降黏剂、絮凝剂、增黏剂等；第二类：有荧光无指纹图谱（钻井液荧光对比级别大于 3 级，未见指纹图谱），添加剂类型为堵漏剂、防塌剂、降滤失剂、润滑剂、絮凝剂等；第三类：弱荧光有指纹图谱（钻井液荧光对比级别在 3 级以下，见指纹图谱），添加剂类型为树脂类降滤失剂、复合型降滤失剂、絮凝剂等；第四类：有荧光有指纹图谱（钻井液荧光对比级别大于 3 级，见指纹图谱），添加剂类型为油基类原材料、沥青类防塌剂、解卡剂、润滑剂、高分子絮凝剂等。

每口井施工前，对该井待检测地层中的标准油样及添加剂进行分析，形成图谱，进行对比。根据添加剂的类别，将属于第四类的添加剂与标准油样的图谱进行出峰位置及个数的对比，若图谱有差异，则可以正常钻进，若无差异，则要提前通知工程及建设方，建议尽量替换。在施工过程中，主要是将岩样与添加剂的图谱进行对比，针对出峰位置及个数，若有差异，则可以识别真油气显示，若无差异，则无法直接识别油气显示。

（二）应用实例

三维定量荧光技术检测精度更高、谱图反映的油气信息更丰富，在弱油气显示及高荧光钻井液条件下真假油气显示识别及油水层识别方面具有其独特优势，尤其是高荧光钻井液条件下的显示识别，是勘探开发中急需的一项技术。在实践中，逐步总结出 3 种应用三维定量荧光技术识别真假油气显示的方法。

1. 图谱对比法

图谱对比法是三维定量荧光最基本的方法，也是最常用的方法。通过该方法可定性地判别真假油气显示。比对参数包括定性的图谱指纹形态以及定量的主、次峰位置、峰型变化、等值线大小等。若新钻开地层岩屑出现：岩屑与邻近钻井液背景谱图比对，出现新的峰型或主、次峰位置发生较大偏移或显示层与邻井油样图谱形态相似两种特征，可以认为有新含油气层出现，同时在强度上若满足荧光相对含量浓度大于地区标准即可解释为油气层。

桩 ×× 井为海油陆采井。其目的层为沙二段油层，埋深 3300~3350m，构造图上呈北高南低趋势。该井钻探过程中采用了油基钻井液，对油气显示的发现造成了较大困难。本井岩屑一般观察后，由于岩石热解和二维定量荧光均为严重高值，最终选用三维定量荧光。从三维荧光谱图来看，如图 7-2-23 所示，白油和岩屑的最佳激发和发射波长不一致，因此对油气显示发现影响不大。利用该技术对本井进行了油气层评价，取得了较好的效果。

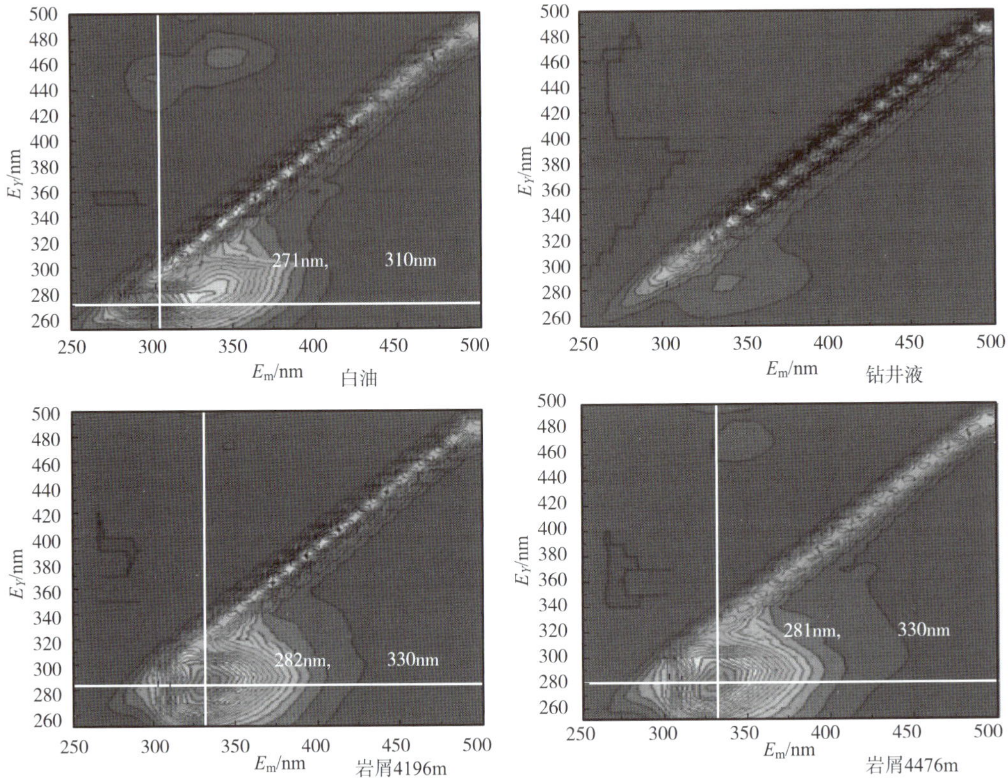

图 7-2-23　桩 × × 井三维荧光谱图（彩图见附录）

2. 参数法

三维荧光分析技术判别油水层主要依据荧光强度、含油浓度（mg/L）、荧光系列对比级别，结合数据在纵向上的差异以及储层物性参数来综合判别。参数法是在谱图对比的基础上，利用含油评价参数辅助判断真假油气显示。通过该方法可定性半定量地判别真假油气显示。

FSX111 井三开前井深 4750m，挑岩屑样，滴照见荧光显示。三维定量荧光分析，激发波长 300nm，发射波长 343nm，荧光强度 6934.8，含油浓度 190.9mg/L，对比级别 9.3，反映为轻质油特征，含油丰度较高。钻开砂砾岩体，气测值升高，能挑出岩屑，滴照见荧光显示，三维定量荧光反映为轻质油特征，含油丰度较高。井深 4752m 前砂砾岩荧光显示得到落实，如图 7-2-24 所示。

三开完钻井深 4752.0m，四开后钻至 4756m 换钻头，下钻至井深 4756.00m 开泵循环测后效，钻井液静止时间 60.0h，显示高峰全烃由 51.00% 增加到 99.99%，槽面见棕褐色油花占 15%，呈斑块状分布，无色透明气泡占槽面 10%，呈串珠状，直径 2~3mm，具原油和天然气味，槽面未上涨，高峰持续时间 59min。钻井液中含有大量原油斑块，对钻井液造成污染。分析为上部注水层油气发生窜槽，不断进入井筒。

针对钻井液被污染的情况，首先采用三维定量荧光谱图对比法开展分析。该井采用金恒祥三维定量荧光分析仪。钻井液图谱显示影响油峰位置为激发波长 310nm、发射波长 390nm。无显示岩屑谱图显示油峰位置为激发波长 310nm、发射波长 380nm，重质油特征，与槽面原油油峰位置接近，非地层真实油气显示。有显示岩屑谱图显示油峰位置为激发波

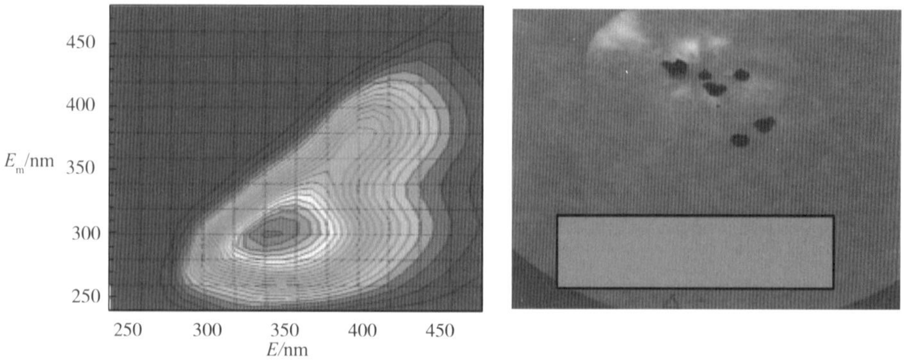

图 7-2-24　FSX111 井井深 4750m 三维定量荧光谱图及荧光滴照照片

长 300nm、发射波长 350nm，轻质油特征，符合该层位区域原油特征，应为地层真实油气显示。从该段钻井取心样品分析谱图看，油峰位置为激发波长 290nm、发射波长 320nm，轻质油特征。根据岩屑图谱与岩心谱图的显示差异可以判定，该井岩屑的真显示峰位置应为激发波长 300nm，发射波长 350nm，如图 7-2-25 所示。因此，可以通过显示峰的位置及时判断真假油气显示。

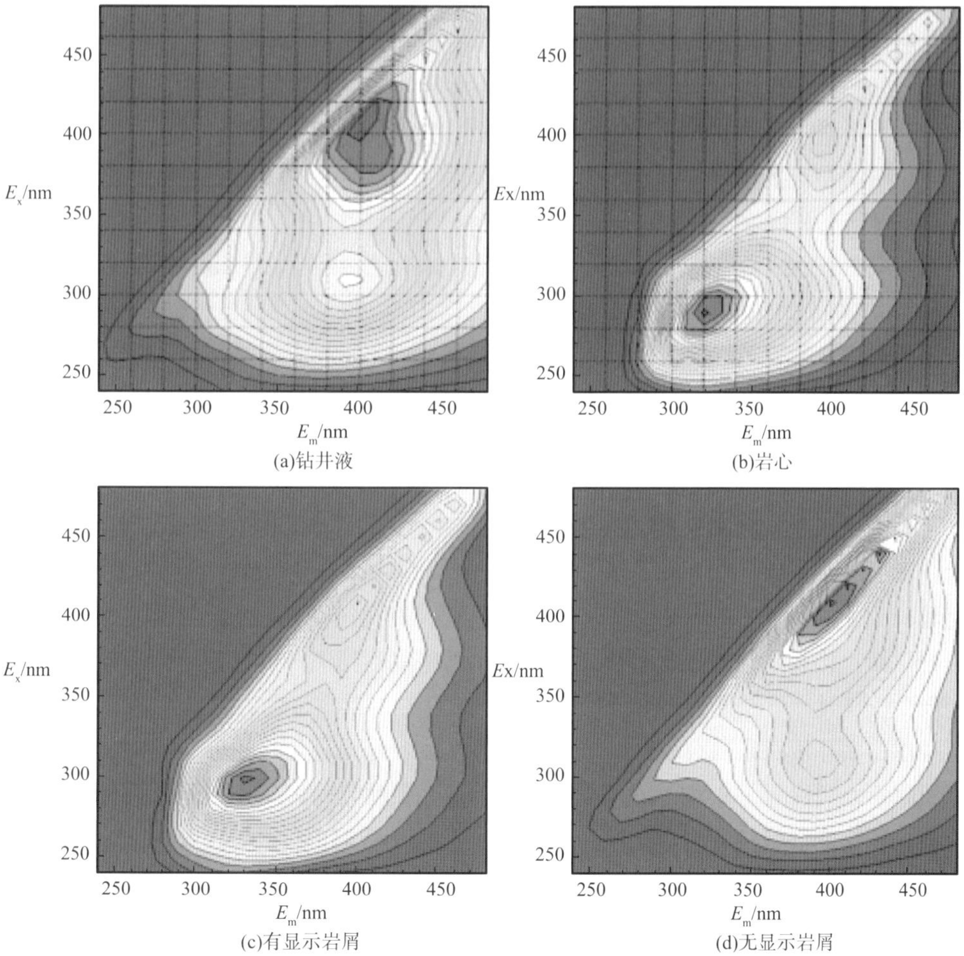

图 7-2-25　FSX111 井钻井液、岩心及岩屑分析谱图（彩图见附录）

为了更精确地落实油气显示，采用参数法开展分析。利用三维定量荧光技术对污染井段数据进行定波长标定，按岩心的油峰位置（300nm、320nm）进行采峰。根据岩屑油峰发射波长（<350nm）、油性指数（<1.6）及相对含油浓度、荧光对比级别（>6 级），结合现场气测、荧光滴照情况进行真假识别。利用该方法确定真显示层 12 层，可疑层 2 层，假显示层 7 层，增加层 2 层。

通过四开前未受污染的岩屑荧光录井和三维定量荧光录井、四开后钻井取心及井壁取心证实，沙四下砂砾岩体储层含油是落实的。经建设方同意，依据三维定量荧光等资料，对现场剖面和岩屑录井综合图进行校正，解决了钻井液被污染条件下的真假显示识别问题。

3. 图谱扣背景法

有机添加剂的混入是阶段性的，其干扰通常是长井段的，但在一定井段上是稳定的，定量荧光表现为稳定、相似的图谱，即背景图谱。有效去除背景干扰即可相对真实反映新地层含油气状况。

解谱和差谱等技术结合形成了图谱扣背景技术。图谱扣背景就是在近显示层上部，钻井液性能稳定、循环均匀，尤其是有机添加剂添加完成后，同时提取钻井液和岩屑指纹谱图作为背景图谱，在出现异常时，用异常层图谱扣除背景图谱，扣除时通常钻井液与异常前的钻井液相扣，岩屑与岩屑相扣。

图谱扣背景能够达到两个方面的效果：还原荧光强度、还原特征指纹。图谱扣背景技术能够有效扣除有机添加剂的影响，尤其对于添加剂与油层谱图不叠加时效果明显，二者叠加严重时也能部分排除干扰。但不可能得到绝对准确的地层荧光显示值。

应用图谱扣背景法可定性半定量地判别真假油气显示。丰 XX12 井采用该方法进行了油气显示的落实及评价。采用的是陆海三维定量荧光分析仪。

钻井液图谱显示影响油峰位置为激发波长 300nm、发射波长 351nm。荧光级壁心图谱井深 4694.5m、4695.5m，显示油峰位置为激发波长 270~290nm、发射波长 325~331nm，轻质油特征。对应显示岩屑图谱井深 4692m、4694m，油峰位置为激发波长 300nm、发射波长 340~343nm，轻质油特征。与井壁取心谱图对比，油峰略靠后，符合该层位区域原油特征，应为地层真实油气显示。但与钻井液谱图对比，油峰位置相差较小，现场识别有一定难度。因此，尝试采用图谱扣背景法减少钻井液对油气显示的影响。

首先尝试了直接扣除钻井液背景。钻井液图谱显示影响油峰位置为激发波长 300nm、发射波长 352nm，对比级别 10.4 级。从扣正己烷背景谱图看，油峰位置为激发波长 300nm、发射波长 338nm，基本与壁心谱图油峰位置一样，对比级别 6.4 级，荧光强度还受到钻井液影响。而直接扣除钻井液背景后，谱图显示已采集不到油峰位置。因此，当钻井液背景荧光强度较高时，不能直接扣除钻井液背景，如图 7–2–26 所示。

考虑扣钻井液背景的合理性，既不扣过，又能较好地满足含油性层间对比的要求，对钻井液背景分别稀释了 8 倍、16 倍，使稀释后荧光强度分别为 330、238。稀释 8 倍的钻井液图谱显示影响油峰位置为激发波长 300nm、发射波长 348nm，对比级别 4.8 级。稀释 16 倍的钻井液图谱显示影响油峰位置为激发波长 300nm、发射波长 350nm，对比级别 4.1 级，如图 7–2–27 所示。

选取了井深4766m含油岩屑分别扣除正己烷和稀释8倍、16倍钻井液背景。扣除稀释16倍钻井液的谱图可以明显地显示出油峰位置，因此丰深斜12井采用扣除稀释16倍钻井液背景的方法，减少钻井液对真实显示的影响，结合现场气测显示情况，对本井油气显示进行落实，取得较好效果，如图7-2-28所示。

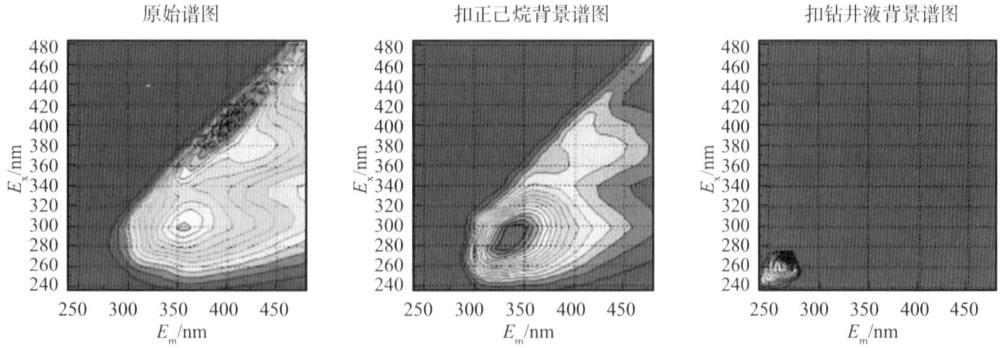

图7-2-26 FSX12井直接扣钻井液背景分析谱图

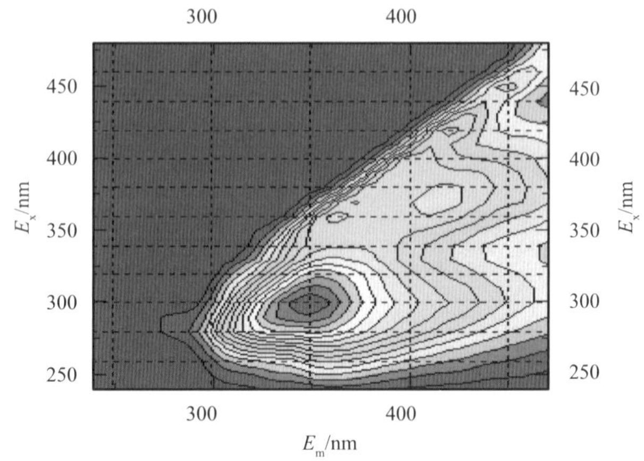

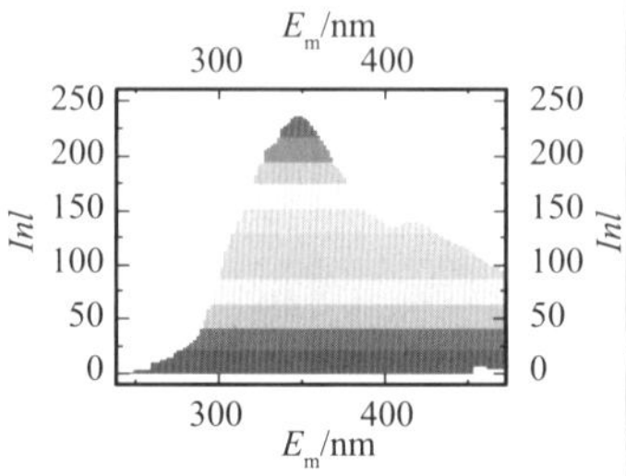

样品信息	样本类型	钻井液	井深/m	5241
	岩性	钻井液稀释8倍	层位	
谱图参数	最佳激发波长/nm	300	最佳发射波长/nm	348
	荧光强度/[μW/(cm²·min)]	238		
	稀释后相当油含量/(mg/L)	5.31	稀释倍数	1
检测结果	相当油含量/(mg/L)	5.31	对比级	4.1
	油质系数	0.594	油性指数	1.150

图7-2-27 FSX12井稀释8倍、16倍钻井液背景分析谱图（彩图见附录）

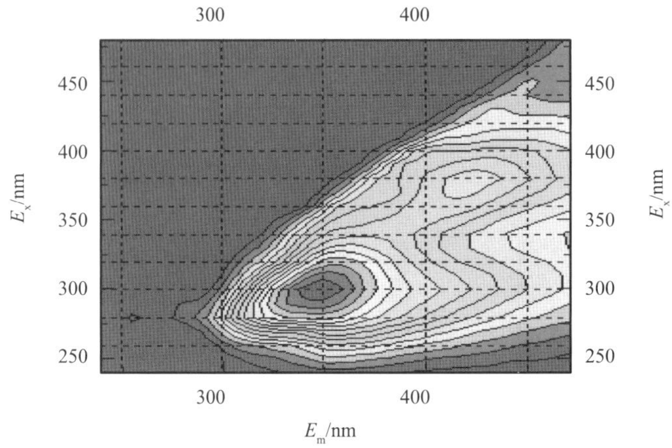

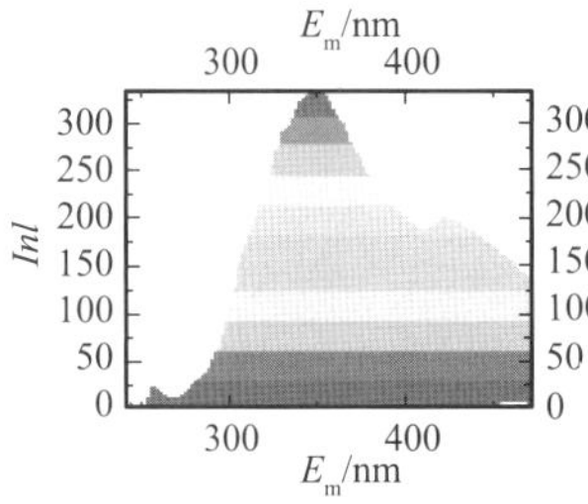

样品信息	样本类型	钻井液	井深/m	5241
	岩性	钻井液稀释8倍	层位	
谱图参数	最佳激发波长/nm	300	最佳发射波长/nm	348
	荧光强度/[μW/(cm^2·min)]	330		
	稀释后相当油含量/(mg/L)	8.25	稀释倍数	1
检测结果	相当油含量/(mg/L)	8.25	对比级	4.8
	油质系数	0.599	油性指数	1.133

图 7-2-27　FSX12 井稀释 8 倍、16 倍钻井液背景分析谱图（续图）（彩图见附录）

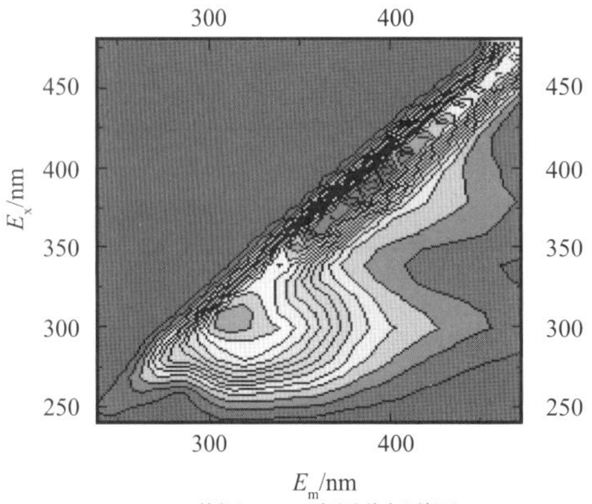

(a)井深4766m岩屑分析谱图

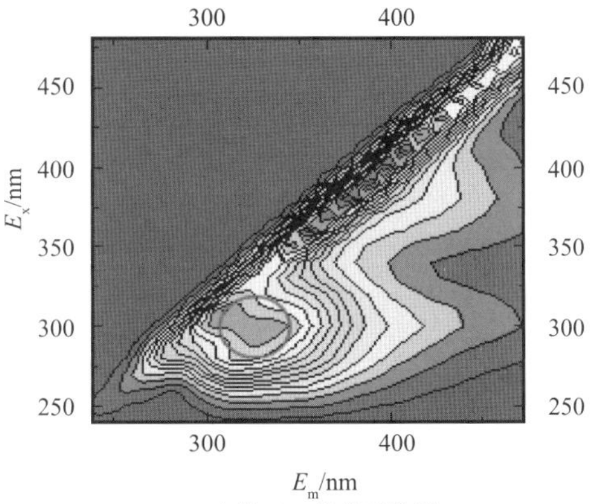

(b)扣除正己烷背景谱图

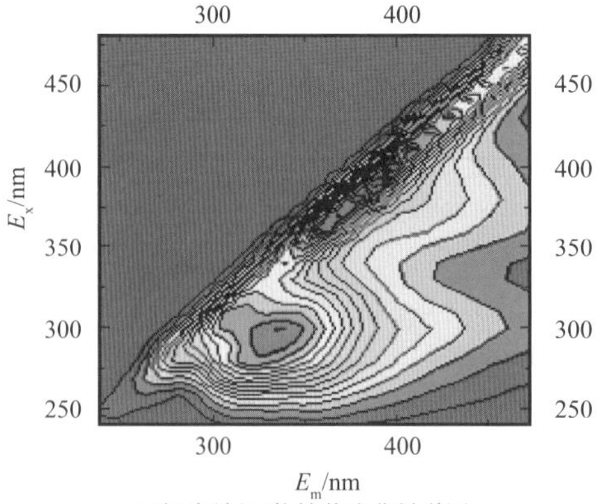

(c)扣除稀释8倍钻井液背景谱图

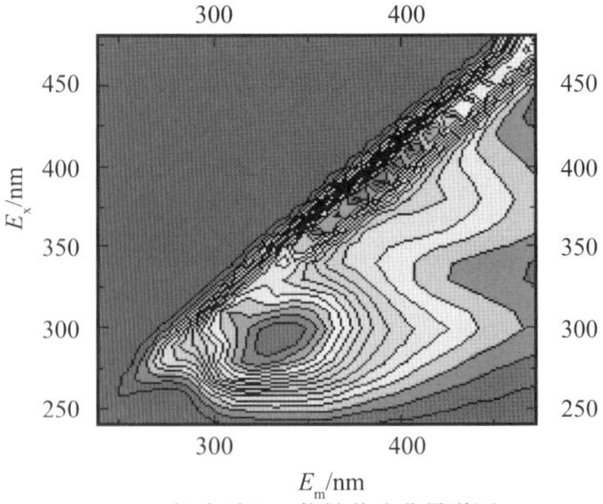

(d)扣除稀释16倍钻井液背景谱图

图 7-2-28　FSX12 井扣除稀释钻井液背景分析谱图（彩图见附录）

最终本井通过该方法既落实了油气显示，也减小了钻井液的影响，经井壁取心验证，效果明显。

五 显微荧光录井技术

1. 原油性质评价

发光颜色反映了沥青的组分，油质、胶质、沥青质荧光颜色各不相同，样品的荧光颜色是三者荧光综合显示的结果。在镜下对不同密度原油样品荧光颜色的观察表明，随着原油密度的增大，从轻质油、中质油到重质油、稠油，荧光颜色逐渐变深，由黄色、黄绿色、橙黄色逐渐变为黄褐色、棕褐色，如图 7-2-29 所示。

(a)轻质油(0.83g/cm³)　(b)中质油(0.89g/cm³)　(c)重质油(0.94g/cm³)

(d)稠油(0.98g/cm³)　(e)原油

图 7-2-29　不同密度原油显微荧光图像

选取岩石样品进行显微荧光分析，发现不同原油密度岩石样品的显微荧光图像特征与原油样品的显微荧光图像特征相同，即原油密度越大，重质组分比例越大，颜色也越深，油质越轻，原油颜色越浅（见图 7-2-30）。通过大量的分析表明，轻质油荧光颜色一般为亮黄色、黄色、黄绿色、绿黄色，中质油荧光颜色为黄色、绿黄色、黄绿色、橙黄色、褐橙色，重质油荧光颜色一般为以褐色、褐橙色为主，少量黄色、绿黄色，稠油荧光颜色多为褐色、褐橙色、黑褐色，少量呈橙黄色 、绿黄色。利用荧光薄片反映出的荧光颜色，可以辅助储层的原油性质判别。

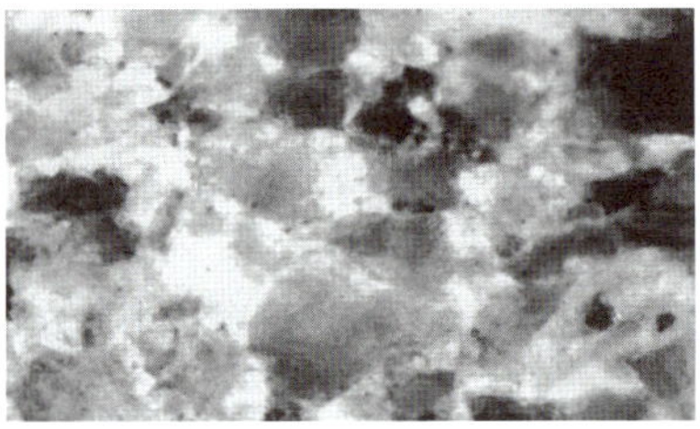

(a)轻质油

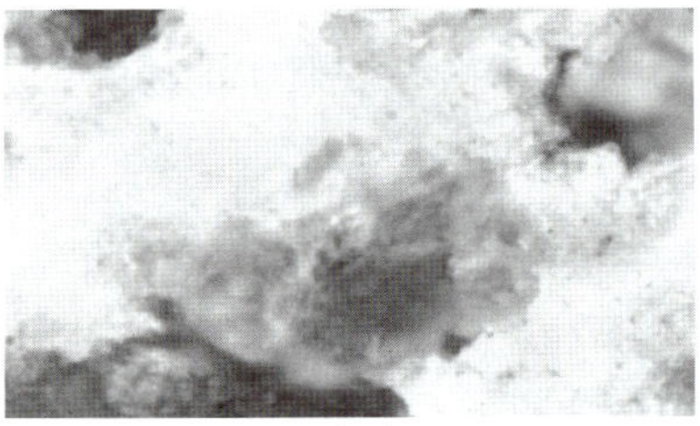

(b)中质油

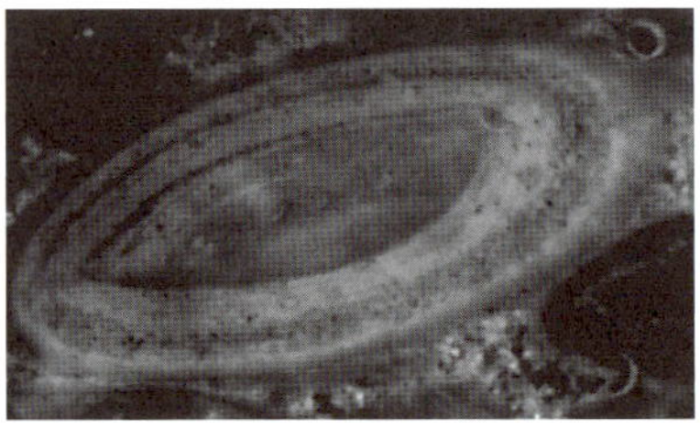

(c)重质油

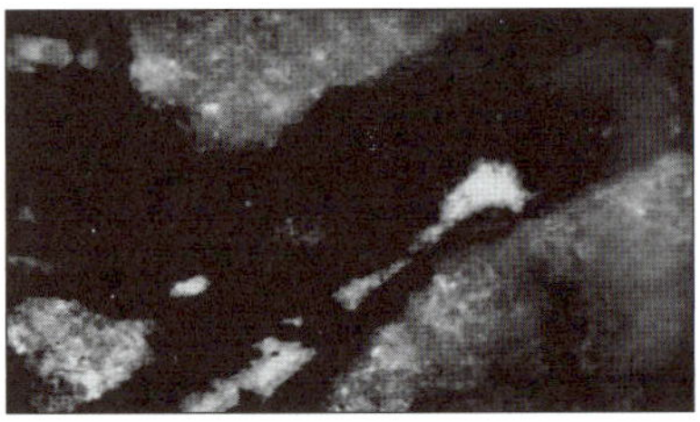

(d)稠油

图 7-2-30　不同油质荧光薄片镜下特征

2. 含油丰度评价

沥青的发光亮度反映了沥青的含量，因此，发光亮度、发光面积不同，样品的含油气丰度不同。根据发光颜色、强度、面积的不同，可将含油丰度分为高、中、低三个级别。依据石油行业标准 SY/T 5614—2011《岩石荧光薄片鉴定》，发光亮度与沥青含量关系见表 7-2-16。

表 7-2-16　发光亮度与沥青含量关系

发光亮度	沥青目估含量
极亮	最高
亮	高
中亮	较高
中暗	中低
暗	低
极暗	极低

碎屑岩储层和缝洞型储层在发光颜色、亮度、产状上多有区别，评价标准见表 7-2-17。

表 7-2-17　荧光薄片技术判别储层含油丰度标准

储层类型	丰度级别	发光亮度	发光特征	发光面积占孔隙面积比 /%
碎屑岩	高含油丰度	亮 – 极亮，局部中暗	色晕宽、色序明显	＞ 70
	中等含油丰度	中暗 – 亮	色晕、色序略差	30~70
	低含油丰度	暗 – 中暗，局部中亮	色晕可有可无、色序少	＜ 30
碳酸盐岩	高含油丰度	亮 – 极亮	色晕宽，色泽鲜，色序明显	
	中等含油丰度	中暗 – 亮	色泽鲜，色序和色晕较差	
	低含油丰度	较暗	色泽局部较鲜艳，色序不多，色晕可有可无	

3. 流体综合评价

各种沥青的成分及含量反映在荧光显微镜下，用发光颜色、发光强度及沥青在岩石中的赋存状态来表示。其中，发光颜色反映沥青的组分；发光亮度反映沥青的含量；沥青在围岩中分布情况和有机残体指向矿物的总和反映沥青的成因。

荧光的发光强度与石油的成分及含量有关，对于相同性质的原油，发光强度在一定范围内与发光物质的浓度成正比，当油水共存时，氧和细菌对原油产生氧化、降解作用，使原油性质发生变化，发光强度也随之变化。通过定性观察油质在镜下的发光强度、油水赋存状态、浸染程度及色序色晕特征作为识别油水层的主要依据。

纯油层一般发光颜色较单一且均匀，不具或具有很弱的色差；当油水共存时，荧光颜色不均匀～较均匀，色差明显增强，含水越多，荧光颜色越不均匀，色差越大；当储层中全部被水占据时，油相对较少，孔隙中发光沥青含量低，粒间孔隙发光差，只在部分孔隙边缘吸附微量的低分子烃类，呈现极微弱的光晕，由于孔隙中多被水占据，因此，大部分孔隙呈现了含微量轻质组分的灰绿色荧光，荧光颜色趋于单一化。

通过大量实钻井现场应用效果分析，显微荧光技术对岩石含油性的识别具有较好的效果。对于油层而言，不同的油质由于组分和流动性的差异，具有不同的显示级别和物性标准，但总的原则是不变的，那就是都有较发育的孔缝空间、较好的连通性，孔缝空间内都含有可动油，表现在荧光镜下的特征是：孔缝呈连通网状发弥漫状荧光并浸染周围基质和颗粒周缘。产油多少与孔缝空间大小、含油空间发光强度及浸染周围基质和颗粒程度有关：物性好、浸染严重、发光强度大，获高产油气流的可能性大。

荧光亮度一方面与岩石中的油水比例有关，另一方面也与油的成分有关。随着烃类相对分子质量的增加，荧光亮度逐渐变暗。对于碎屑岩储层，相同性质的原油，荧光亮度在一定范围内与发光物质的浓度成正比，荧光亮度也随之变化，一般油层荧光亮度较均匀，强度较高，但当含油饱和度很高时，亮度反而降低；当油层含水时，荧光亮度不均匀～较均匀，强度中～高，一般含水越多，荧光亮度越不均匀，强度较低。

通过将荧光薄片镜下特征与试油成果相对比，总结出碎屑岩流体性质的荧光薄片特征，不同流体性质的荧光图片显微特征，如图 7-2-31 所示。

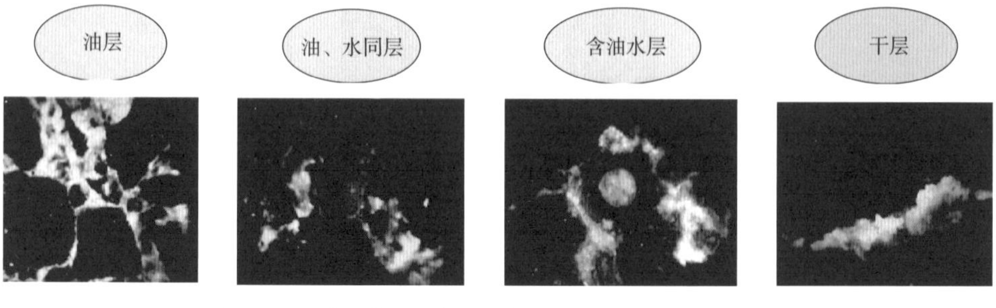

图 7-2-31　荧光薄片图像与流体性质响应关系（彩图见附录）

油层：荧光均匀，发光强；颜色鲜艳，向基质浸染，具色晕；孔隙中基本不含可动水，微裂缝一般被发光沥青所充填；含油率大于 70%。

油水同层：荧光均匀～不均匀，发光强～中等；连通性好的孔隙或裂缝一般被水充填，部分孔隙中油水以“乳化状态”存在；含油率 70%~30%。

水层：荧光不均匀，发光中等～弱，色差大；大部分孔隙被水充填，有时可见矿物颗粒具雾状油膜而呈现极强的光晕；或微孔隙中水呈弥漫状分布，孔隙边缘油水呈“乳化状态”存在；含油率一般小于30%。

缝洞型储层由于其孔隙类型的特殊性，油主要储集在裂缝和孔洞中，且发光亮度越高，向基质浸染越宽，色晕越多，获得高产油流的可能性越大。基质发光与否与产油关系不大。

4. 应用实例

X176区块主力层系为沙四段，岩性以灰色中砂质细砂岩、含中砂细砂岩、粉砂质细砂岩为主，为中孔中渗碎屑岩储层，处于低含水期。对X176–X15井段3270.0~3330.0m进行了连续取心。A层显微荧光图像特征：发光不均匀；发光强度弱~中等；荧光颜色以灰绿、褐黄色为主；油以吸附状、薄膜状分布，可见角隅状，如图7–2–32所示。B层储层显微荧光图像特征：储层发光较均匀；发光强度中~极强；荧光颜色以褐黄色、亮黄色为主；油以连片状分布在孔隙中，如图7–2–33所示。B层含油性明显好于A层，A层具有水淹特征，储层含油丰度与储层物性不成正相关，出现原油性质有所变重的现象。对B层井段3307.0~3316.0m进行测试，初期日产油21.7t，含水2.4%，与预测完全吻合。而试产一个月后，含水上升为16.4%，水型以地层水为主混有注入水，分析A层遭受水淹对B层产生了影响。

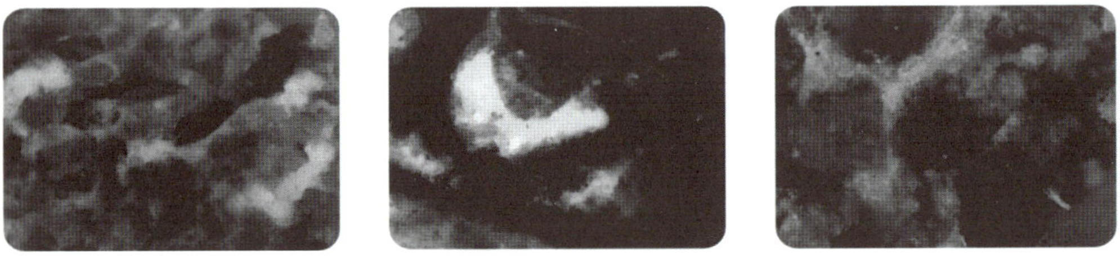

3277.44m　　3283.20m　　3283.60m

图7–2–32　X176–X15井A层显微荧光图像特征

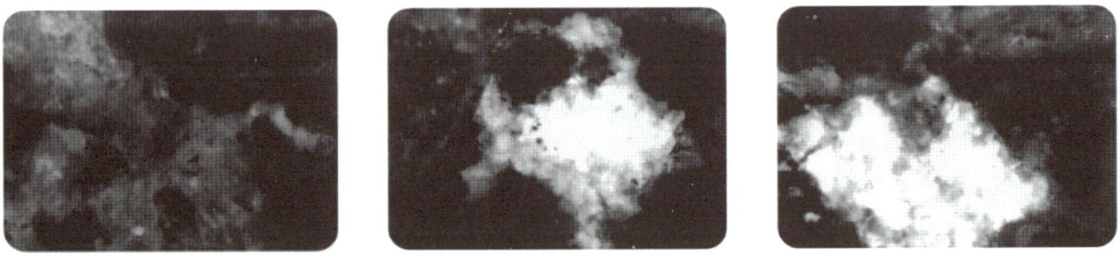

3305.75m　　3311.70m　　3312.60m

图7–2–33　X176–X15井B层显微荧光图像特征

六　碳同位素录井技术

（一）评价依据

同位素分馏机制是同位素应用于油气地球化学中的理论基础。同位素分馏（Isotope Fraction）是同位素以不同的比值分配到两种物质或物相中的现象，产生机制是由于同位素在物理及化学性质上存在轻微差异，根据分馏的性质和原因，同位素分馏机理分为动力学分馏和热力学分馏两大类型。以碳同位素为例说明两种分馏机制，碳同位素动力学分馏 ^{12}C、^{13}C 同位素质量数不同，分子的扩散速度、反应速度（包括物理的、化学的和生物化学的）不同，如气相烃类富集轻同位素 ^{12}C，液相烃类富集重同位素 ^{13}C，在扩散过程中先行扩散部分富集轻同位素 ^{12}C，残余部分富集重同位素 ^{13}C，吸附和解吸过程也会产生同样的同位素分馏现象。碳同位素热力学分馏是因热力学原因导致系统中 ^{12}C、^{13}C 同位素原子在化合物物相之间重新分配，造成化合物或物相中同位素组成的差异，^{12}C、^{13}C 同位素质量不同，其分子键的化学活动性不同，C—C 键的稳定性：$^{13}C—^{13}C$ > $^{13}C—^{12}C$ > $^{12}C—^{12}C$，在相同条件下，$^{12}C—^{12}C$ 参与反应的概率和速度比 $^{13}C—^{13}C$ 大，低温条件下形成的烃类富集轻同位素 ^{12}C，后期高温条件形成的烃类则相对富集重同位素 ^{13}C。

（二）评价方法

碳同位素录井主要有两个方面作用：一是快速解决油气成因类型、油气成熟度等油气地球化学认识问题；二是页岩油气甜点段优选、产能预测等应用。此外，可进行储层连通性分析、辅助水平井地质导向等。

同位素录井主要应用于致密砂岩油气和页岩油气的勘探开发。除油源对比、油气成因类型判识、油气运移过程次生变化评价等传统应用外，碳同位素录井主要应用于页岩气、页岩油的地质甜点判识、产能预测、储层连通性或封闭性评价和地质导向等工程服务应用。

（1）油气成因判识

烃类气体分类按有机成因母质的不同分为油型气和煤型气，$\delta^{13}C$ 值在不同类型的油气具有不同的值。煤型气碳同位素比油型气碳同位素重，煤型气 $\delta^{13}C_1$ 一般在 −28‰~−24‰，油型气的一般小于 −28‰。

烃类气体按生成演化阶段的不同可划分为生物气、生物 - 热催化过渡带气、热解气、裂解气。生物成因气位于浅层地层，为微生物作用形成，碳同位素“轻”，$\delta^{13}C_1$ 值一般小于或等于 −60‰；热成因气为有机质随埋藏深度增大，温度增高，产生于干酪根或先期生成的原油，碳同位素“重”，$\delta^{13}C_1$ 值一般在 −20‰~−60‰（见图 7-2-34）。

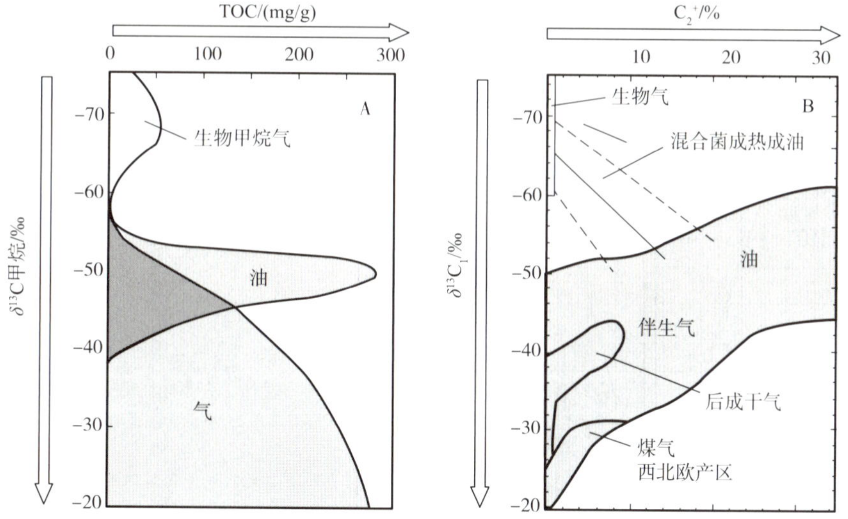

图 7-2-34　不同类型油气碳同位素值的变化

（2）油气成熟度判识

在油气生成过程中，根据碳同位素热动力学分馏理论，$^{12}C—^{12}C$ 键较 $^{13}C—^{12}C$ 键和

^{13}C—^{13}C 容易断裂，随着有机质成熟度的增高，形成的油气中的 $\delta^{13}C$ 值相应增大，即 $\delta^{13}C$ 值与有机质的热演化程度存在较好的相关性。

利用碳同位素判识油气成熟度，主要有三种方法：一是建立甲烷、乙烷和丙烷 $\delta^{13}C$ 值与 R_o 的关系图版或方程，对油气热成熟度进行定性或定量判识；二是建立甲烷、乙烷和丙烷的 $\delta^{13}C$ 值之间的差值与 R_0 的关系图版或方程，对油气热成熟度进行定性或定量判识；三是根据不同有机质的碳同位素分馏因子计算公式，绘制不同类型有机质甲烷、乙烷和丙烷的 $\delta^{13}C$ 值与 R_0 的关系图版，对油气热成熟度进行定性或定量判识。甲烷碳同位素与成熟度关系如图 7–2–35 所示。

目前对于天然气成因的判识标准和图版非常多，通过广泛的调研和图版优选结合应用实践，采用戴金星院士所建立的不同成因天然气的方法和图版法（V 形鉴别图版、Bernart 鉴别图版、$\delta^{13}C_1$- C_1/C_{2+3} 鉴别图版）判识油气成因和成熟度，见表 7–2–18、图 7–2–36。

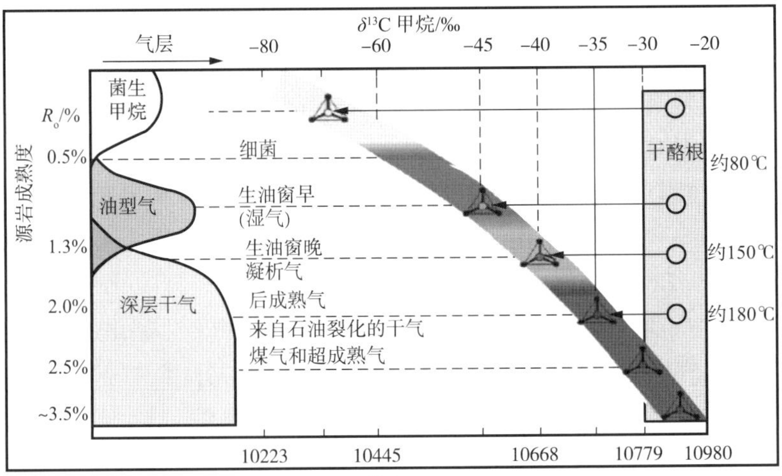

图 7–2–35 甲烷碳同位素与成熟度关系图

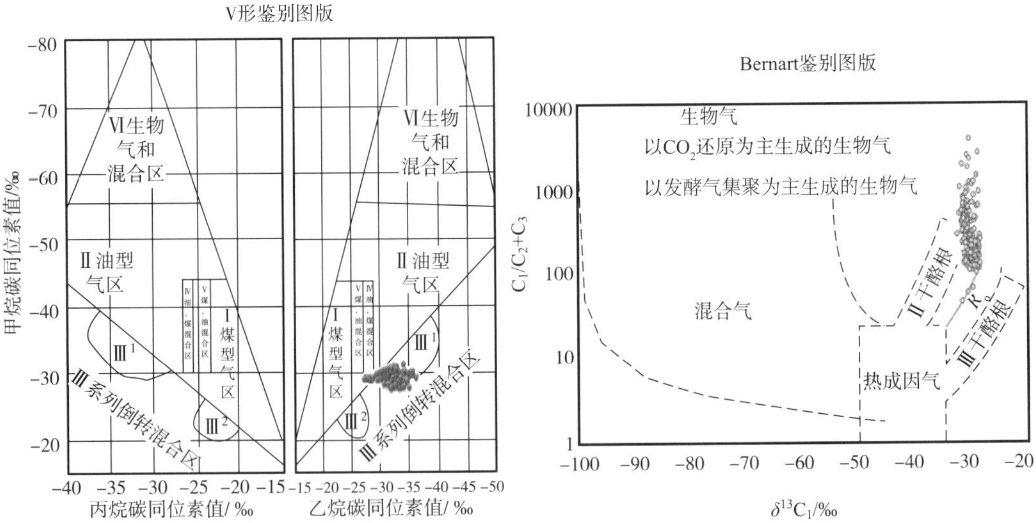

图 7–2–36 不同成因天然气的鉴别图版

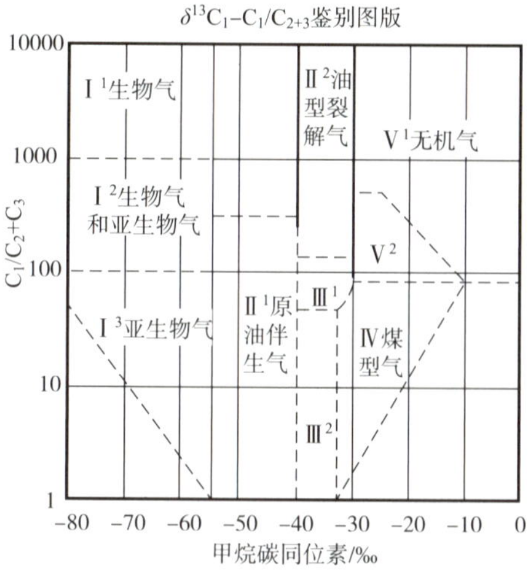

图 7-2-36　不同成因天然气的鉴别图版（续图）

表 7-2-18　不同成因天然气的标准值

项目	有机气		无机气
	油型气	煤成气	
δ	$-30‰>\delta^{13}C_1>-55‰$	$-10‰>\delta^{13}C_1>-43‰$	$\delta^{13}C_1>-10‰$
	$-10‰>\delta^{13}C_1>-105‰$		
δ	$<-28.8‰$	$>-25.1‰$	
δ	$<-25.5‰$	$>-23.2‰$	
碳同位素系列	$\delta^{13}C_1<\delta^{13}C_2<\delta^{13}C_3$		$\delta^{13}C_1>\delta^{13}C_2>\delta^{13}C_3$
$\delta^{13}C_1$–R_0 关系	$\delta^{13}C_1\approx15.801\log R_0-42.21$	$\delta^{13}C_1\approx14.131\log R_0-34.39$	

（3）储层连通性判识

稳定碳同位素作为气体“指纹”检测技术，检测的烃类气体同位素值相对稳定，相比传统的钻井液色谱录井技术而言，受钻井条件、烃类气体在钻井液中扩散及脱气过程中分馏效应的影响小。另外，不同油气系统在地质历史运移、成藏过程中烃类气体势必存在一定的差异，因此利用储层中烃类气体组分稳定碳同位素 $\delta^{13}C$ 值的差异性能够评价储层纵向和横向的连通性或封闭性。

一般情况下，连通的储层或者说为一套油水系统的储层稳定碳同位素值相似，反之不连通的储层或不同油水系统的储层稳定碳同位素值存在较大的差异。图 7-2-37 中划分了 5 套层，分别进行 MDT 和随钻烃类气体甲烷同位素检测，A、B、C 三套层具有相似的随钻录井碳同位素值，推测三套层纵向上连通为一套油气系统，A~C 储层组合和 D、E 储层图碳同位素值差异较大，表明 A~C 储层、D 储层、E 储层互不连通，以上分析与 MDT 烃类气体碳同位素值分析一致。

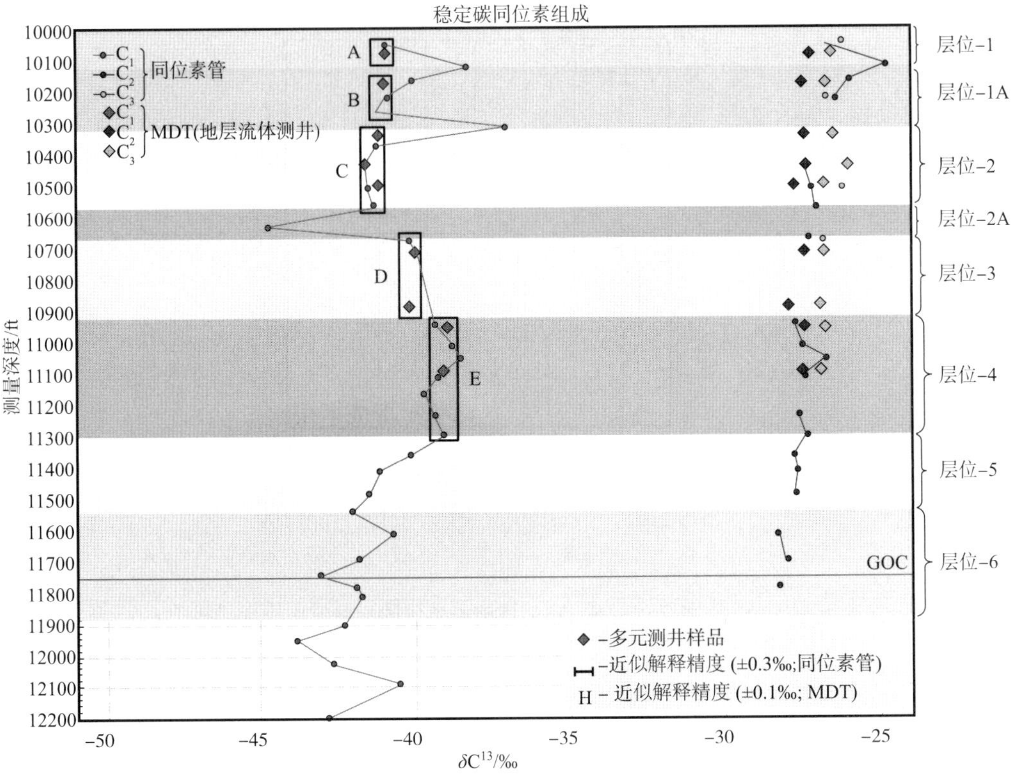

图 7-2-37　某井碳同位素检测连通性分析示意图

利用钻井液气碳同位素录井数据评价储层连通性，同样适用于不同井之间的横向连通性。钻井液气碳同位素录井数据评价储层连通性在探井 MDT 取样设计方案上有重要的指导作用，对评价连通的储层可减少取样点，对于评价不连通的储层可分别进行取样，从而使 MDT 取样方案能够满足了解不同油气系统流体性质的需求。

（4）页岩油气甜点评价

主要通过岩屑罐顶气的测量开展评价。岩屑罐顶气的测量并不是一次测量即可的，因为岩屑的放气是一个随时间逐渐展开的过程，所以岩屑罐顶气的测量对应一个完整的时间序列。通过某一个岩屑样品罐顶气碳同位素在时间序列下的变化特征，能够分析该页岩样品一些基本的页岩气地质属性特征。目前主要应用于两个方面：通过罐顶气碳同位素变化速率分析页岩基质渗透性特征；通过岩屑解析气量与碳同位素平衡关系刻画页岩相对含气程度。

罐顶气碳同位素在时间序列下产生变化主要是运移分馏效应所导致的。岩屑的放气并不是一个均质的过程，如图 7-2-38 所示：在放气的前期，岩屑内部气压较大，出气速率较高，出气量也较大，此时，岩屑的放气过程比较符合达西渗流的情况，碳同位素分馏极为微小；随着岩屑内部气体压力的降低，气体运移动力降低，进入滑脱流阶段，天然气碳同位素发生较弱的分馏效应；当岩屑内部压力继续减小，分子自由程增大并大于喉道尺寸时，进入克努森扩散过程，研究认为在这个过程中碳同位素发生较强的分馏效应，并且吼道越细小分馏效应越显著。由于岩屑的上返需要一定的时间，当取到岩屑并封装时岩屑的放气过程已基本进入了克努森扩散过程，因此，通过岩屑罐顶气碳同位素的变化速率则可以反推页岩的物性特征，主要是页岩中沟通有机孔隙的介质部分吼道的大小，这对页岩气的保存条件具有直接的影响。

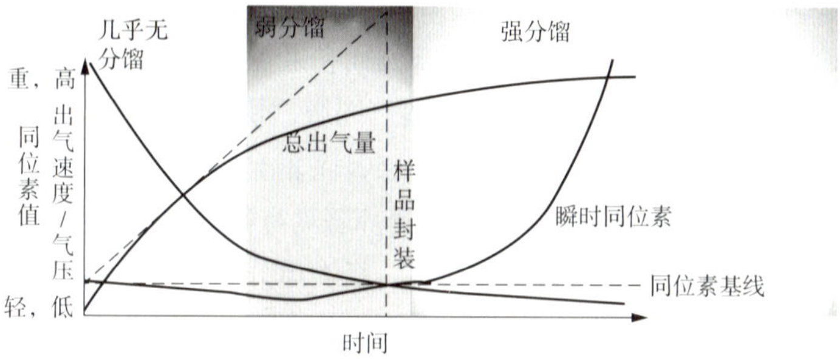

图 7-2-38　岩屑放气过程示意图

从目前的研究结果来看，有机孔隙对于页岩的储层至关重要，而有机孔隙当中的页岩气想要释放出来，必然要通过基质孔隙网络。从数值计算及实验模拟结果来看，在各个影响因素当中，页岩的基质孔隙网络的喉道尺寸对于碳同位素的分馏速率起到决定性的作用。因此，通过对岩屑罐顶气碳同位素的分馏速率的测量，则可以刻画页岩的致密程度与页岩气释放的难易程度。

岩屑罐顶气碳同位素的测量不仅可以反映页岩的物性特征，同时还可以推算页岩的相对含气量。

（5）储层产能预测

长久以来，Arps 公式都是预测油气井产能递减曲线及可采产量的有效方法，实践表明该经验公式简便而实用。但是随着非常规油气的兴起，该公式的适用性遇到了较大的挑战。以页岩气为例，其产能衰减往往较快，且其流动机制复杂，不再局限于黏滞流，在近几年的美国页岩气的应用中也表明，应用 Arps 公式的评估结果普遍要比实际情形乐观。除此之外，Arps 公式当中递减指数是尤为关键的指标，但是该指数的推算依赖较长时间的生产数据，因此生产前期进行资源量评估变得较为困难。同位素动力学分馏特征为预测单井可采资源量提供了新的途径，由于致密储层当中的天然气或原油伴生气在开采的过程中会发生同位素的动力学分馏，且这种动力学分馏与油气产出过程具有一定的对应关系，因此，通过采出气的同位素分馏特征便可以达到预测单井可采资源量的目的。

单井生产过程中的同位素分馏可以通过流动模拟的方法进行定量化的研究，将甲烷分子细分为 $^{12}CH_4$ 以及 $^{13}CH_4$，在考虑黏滞流、扩散、吸附等作用的基础上，建立数学模型来模拟天然气的产出过程，并以此来研究天然气产出过程中的碳同位素分馏行为。设储层区域为入口腔，井筒为出口腔，入口腔起始压力固定，出口腔压力在放气过程中恒定。其控制变量包括储层孔隙度、渗透率、储层温度、开采半径、地层初始压力、井底压力、$^{13}C_1$ 与 $^{12}C_1$ 扩散系数比值。

（三）应用实例

1. 油气成因识别

对于煤型气和油型气的碳同位素判识方法，采用标准值和 $\delta^{13}C_1$–C_1/C_{2+3} 鉴别图版，实现煤型气和油型气的快速区分，下面以 Cg27 井为例。

Cg27 井位于济阳坳陷车镇凹陷车西北带埕南断层下降盘。Cg27 井设计的主要目的层系是下古生界，同时还可以兼探沙河街组，圈闭类型为单纯的构造圈闭。该区下古生界油气一直认为来自上部沙三下－沙三中，油气“倒灌”被认为是该区域潜山油气成藏的主要模式，新生古储成为该区的主力油气勘探类型，然而在勘探实践中现场检测钻井液气和测试气的碳同位素值，采用标准值和 $\delta^{13}C_1–C_1/C_{2+3}$ 鉴别图版，快速判断下古生界油气成因为煤型气成因，确认井区油气来源于上古生界煤系地层，而非上部沙三下－沙三中，同时改变了油气“倒灌”成藏模式，对该区的下步井位勘探部署具有重要的意义。

在井段 4940.23~5505m 获取的天然气样品、烃类组分和碳同位素特征显示，甲烷含量 95.48%~95.94%，气体湿度 4.06%~4.52%，甲烷同位素值 –33.1‰~–34.0‰，乙烷碳同位素值 –21.2‰~–20.4‰，丙烷碳同位素值 –29.5‰~–28.2‰，见表 7–2–19。

表 7-2-19 Cg27 井古生界天然气特征数据表

项目	碳同位素值 /‰			烃类组分 /%						干湿指数	湿度
	C_1	C_2	C_3	C_1	C_2	C_3	C_4	C_5	C_6^+		
深度 4940.23 ~5505.00m	–33.1	–21.2	–29.5	95.94	1.29	1.01	1.02	0.75	0.00	4179.72	4.06
	–33.6	–21.1	–28.8	95.94	1.30	1.00	1.04	0.73	0.00	4182.54	4.06
	–33.9	–20.4	–28.2	95.89	1.32	1.00	1.07	0.72	0.00	4124.29	4.11
	–33.6	–20.6	–28.3	95.48	1.43	1.11	1.18	0.80	0.00	3764.65	4.52
	–34.0	–21.0	–28.4	95.78	1.33	1.03	1.12	0.74	0.00	4059.40	4.22
压裂返排气	–31.8	–15.1	–16.0	97.98	1.86	0.15	0.00	0.00	0.00	4860.41	1.86
	–31.8	–15.2	–15.3	97.93	1.92	0.15	0.00	0.00	0.00	4730.79	1.92
	–31.8	–15.4	–16.9	97.93	1.91	0.16	0.00	0.00	0.00	4728.58	1.91
	–31.8	–15.1	–15.2	98.05	1.80	0.15	0.00	0.00	0.00	5025.11	1.80
	–31.5	–15.1	–15.8	98.11	1.74	0.14	0.00	0.00	0.00	5204.92	1.74
后效气	–35.6	–17.9		99.90	0.00	0.00	0.00	0.00	100.00	106.64	0.10
	–34.7	–18.6		99.07	0.88	0.05	0.00	0.00	99.07	135.57	0.08
	–35.4	–17.9		99.27	0.73	0.00	0.00	0.00	99.27	88.65	0.25
	–36.0			98.88	1.05	0.07	0.00	0.00	98.88		
	–35.7	–16.8		99.87	0.00	0.00	0.00	0.00	100.00	112.13	0.36

如图 7-2-39 所示，从碳同位素特征上看，甲烷碳同位素均值为 –33.6‰，乙烷碳同位素均值为 –20.8‰，丙烷碳同位素均值为 –28.6‰，该处埋深为 4940.23~5505.00m，实测地温已经达到 170℃，但从构造史和成藏史方面看，该处烃源岩可能并未达到这么高的成熟度。后效气和压裂返排气中，观察到显然迥异的天然气碳同位素值和组成。其甲烷值可重至 –31‰，甚至后效气中可轻至 –35.59‰，数据显示天然气的成因为煤型气。

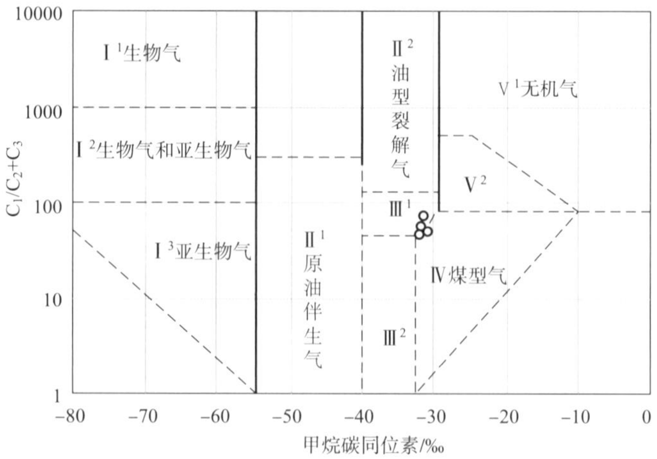

图 7-2-39　$\delta^{13}C_1$–C_1/C_{2+3} 鉴别图版

2. 页岩油气中的应用

利用钻井液气和罐顶气碳同位素随时间的变化率评价获得基质渗透率系数，评价甜点区。罐顶气分馏程度大，基质渗透率低，微孔发育，保存条件好，即甜点区。

图 7-2-40 与图 7-2-41 分别为 EYY2 井牛蹄塘段与陡山沱段页岩的岩屑罐顶气碳同位素录井结果，在碳同位素值与残留气量数据的基础上，通过 logbox2 软件给出了基质渗透性与相对含气量两项分析指标。牛蹄塘段 2950~3000m 的岩屑罐顶气碳同位素值相对于钻井液气差别并不明显，而在 3000m 以下岩屑罐顶气碳同位素值则开始明显重于钻井液气，并且在 3030~3060m 达到最大，72h 的岩屑罐顶气（累积）与钻井液气的碳同位素差值在 6‰ 左右。从岩屑罐顶气碳同位素值随时间序列的变化来看，其变化速率最大的一段同样也在 3030~3060m，说明该段岩屑放气过程中碳同位素分馏效应最为明显。反映到两项甜点评价指标上，3000m 以下页岩基质渗透性要明显低于上部，即页岩更为致密一些，基于钻井液气碳同位素做出的液态烃类残留比例的判断，致密的物性条件有利于烃类的保存；相对含气量指标较高的区域体现在 3030~3060m，认为是该地区牛蹄塘页岩核心甜点层段。将碳同位素录井方法与常规手段获得的甜点评价结果相对比：*TOC* 的高值点出现在 3030m 左右，其上下 *TOC* 值逐渐降低但变化幅度较小；岩心解析含气量高值出现在 2980~3060m 一个相对宽泛的范围内；气测高值则出现在 3010m 之后，最高值段集中于 3020~3035m，三者的判断结论并不统一。相对而言，碳同位素录井方法判断的甜点范围更集中，区分也更加明显。

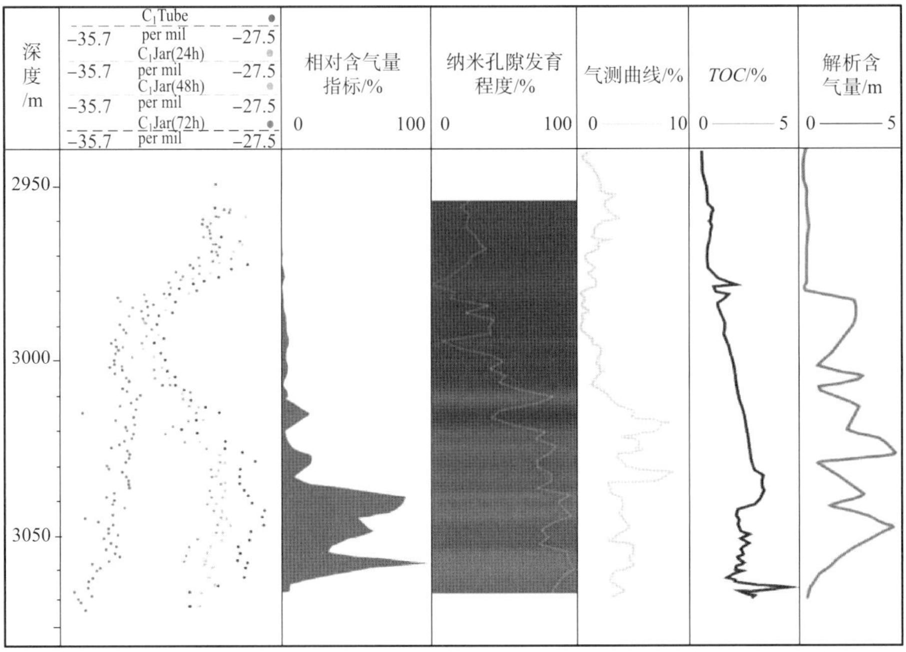

图 7-2-40　EYY2 井牛蹄塘段岩屑碳同位素录井成果图

陡山沱页岩是该井设计的水平井层段，根据导眼井获取的 *TOC*、气测等相关资料，将水平井的穿行层位定为 3 小段。但进入水平段以后，在实际的试钻进过程中，地层气测显示不好，因此决定另选水平井钻进层位。根据碳同位素录井结果，陡山沱段岩屑释放气相对于钻井液气碳同位素值变重明显的区域出现在 5~7 小段以及 3 小段中部，但是后续在时间序列下的变化整体偏小。进一步的甜点指标分析表明，陡山沱段页岩渗透性整体上要低于牛蹄塘段下部；虽然 3 小段存在个别区域气量指标较高，但是整体厚度较薄，连续性较差，而其上部的 5~7 段岩屑罐顶气变重幅度较大，气量指标也相对较好一些，这与本次钻井过程中的气测显示比较一致。因此，重新将 5~7 小段作为水平井的钻进层位是一个比较好的选择。

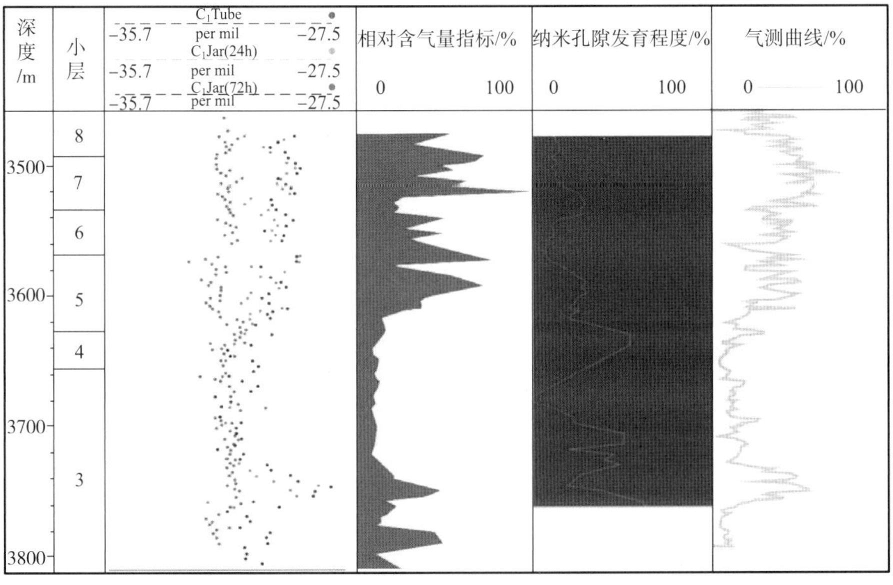

图 7-2-41　EYY2 井陡山沱段岩屑碳同位素录井成果图

七 岩石热解地化录井技术

（一）储层评价热解参数

岩石热解地化参数包括原始参数和派生参数，原始参数是由分析直接得到的，派生参数则是由原始参数计算而来的。

1. 三峰派生参数的计算和意义

P_g（含油气总量）：$P_g=S_0+S_1+S_2$

GPI（气产率指数）：$GPI=\dfrac{S_0}{S_0+S_1+S_2}$　　GPI（油气总产率指数）：$GPI=\dfrac{S_0+S_1}{S_0+S_1+S_2}$

OPI（油产率指数）：$OPI=\dfrac{S_0}{S_0+S_1+S_2}$　　PS（原油轻重组分指数）：$PS=\dfrac{S_1}{S_2}$

2. 五峰派生参数的计算和意义

P_g（含油气总量）：$P_g=S_0+S_{11}+S_{21}+S_{22}+S_{23}$

P_1（凝析油指数）：$P_1=\dfrac{S_0+S_{11}}{P_g}$　　P_2（轻质油指数）：$P_2=\dfrac{S_1+S_{21}}{P_g}$

P_3（中质油指数）：$P_3=\dfrac{S_{21}+S_{22}}{P_g}$　　P_4（重质油指数）：$P_4=\dfrac{S_{22}+S_{23}}{P_g}$

P_S（原油轻重组分指数）：$P_S=\dfrac{S_{11}+S_{21}}{S_{22}+S_{23}}$

S_0（含油饱和度）：$S_0(\%)=\dfrac{P_g\times\rho_f}{\rho_0\times\phi\times1000}\times100\%$

式中　ρ_f——岩石密度（g/cm^3）；

ρ_0——原油密度，g/cm^3；

ϕ——岩石有效孔隙度，%。

（二）含油气丰度评价

在烃类无损失的前提下，地化录井所分析的不同温度区间的烃类之和 P_g 基本上可代表储层中的烃类含量，在此前提结合原油性质，可利用 P_g 及谱图形态对储层进行含油气丰度的判断。评价见表 7-2-20。

表 7-2-20　含油气丰度评价表

判断参数	原油性质	高	中	低
P_g	轻 - 中质油	＞6	1~6	＜1
	重、稠油	＞40	15~40	5~15
谱图形态	轻 - 中质油	汽油峰或煤油、柴油峰高而宽，其他峰平而缓	介于两者之间	各峰峰形平而缓
	重、稠油	蜡重油峰高而宽，其他峰平而缓		

（三）原油性质评价

原油性质不同表现在热解参数上的差异即 S_0、S_1、S_2（或 S_0、S_{11}、S_{21}、S_{22}、S_{23}）之间相对含量的不同。原油轻重比参数 P_S 以及 P_1、P_2、P_3、P_4 与原油密度有较好的相关性，可依据多口井的数据建立原油密度与原油轻重比参数 P_S 以及 P_1、P_2、P_3、P_4 的关系图版，定性判别储层中的原油性质。原油性质评价见表 7-2-21。

表 7-2-21 原油性质评价

原油性质	P_S	原油指数
凝析油	5~10	$P_1 > 0.9$
轻质油	3~5	$P_2 > 0.8$
中质油	1~3	P_3=0.6~0.8
重质油	0.5~1	P_4=0.6~0.8
稠油	< 0.5	

思考题

1. 简述 X 射线录井的基本原理。
2. 简述 X 衍射全岩矿物分析的基本原理。
3. 核磁共振录井的检测参数有哪些？
4. 显微荧光薄片分析样品采集有哪些基本要求？
5. 定量荧光录井的安全操作事项有哪些？
6. 简述碳同位素录井的基本原理。

扫一扫
获取更多资源

参考文献

［1］张殿强，李联玮．地质录井方法与技术［M］．北京：中国工业出版社，2001.

［2］范濰．综合录井工［M］．北京：中国石化出版社，2013.

附录

附录 1　石油地质英语

一　地质相关高频词汇

（一）现场地质

汉	英	汉	英
砂岩	sandstone	泥质岩	argillaceous rock
泥岩	mudstone	粒状	granular, granulated
页岩	shale	含砾砂	pebbled sandstone
砾岩	conglomerate	粗砂岩	gritstone, gritrock, coarse sandstone
巨砾（岩）	boulder(boulder conglomerate)	中砂岩	medium sand
粗砾岩	cobble, cobblestone	细砂	fine sand
中砾岩	pebblestone	粉砂岩	siltstone, aleurolite
细砾岩	granule, bird's eye gravel, fine gravel	粉砂泥岩	siltpelite
角砾岩	breccia	粉砂质	silty, silt
灰质	calcareous	粉状	powdered
灰质淤泥	caustic lime mud	硬砂岩（杂岩）	hard sand, greywacke
灰质砾岩	calcareous conglomerate	硬夹层	hard interbedded layer, hard interbedded formation
凝灰质	tuffaceous, tuff	玄武质	basalt, basaltic
凝灰角砾岩	tuff breccia	含石墨的	graphitic
砂砾岩	glutenite, glutinite	石膏质	gypsiferous, salt lime, gypsum, gypse
石膏岩	selenolite, gypsolith, gyppsolyte	沥青质含量	asphalt content
石英砂岩	quartzose sandstone	海绿石英岩	glaucoquartzite
含螺	snail, spiral	海绿石	glauconite
白云质砂岩	dolomitic sandstone	高岭土质	kaolin
高岭土	kaoline, kaolinite	碳质泥灰岩	alm
含角砾砂岩	(breccias,breccial,brecciated) sandstone	碳质页岩	carbonaceous shale
碳质火成岩	carbophyre	碳青质	carbene
油页岩	pil shale	铝土质红土	bauxitic laterite
硅质砂岩	siliceous sandstone	泥灰岩	marl
砂质页岩	arenaceous shale, sandy shale	页状黏土	book clay
页片壮层理	lamellar bedding	页状剥落丘	exfoliation dome
页状硅酸盐	phyllosilicate	生物碎屑	biodetritus, biogenic debris
生物资源	living resources	生物钻孔	burrow

汉	英	汉	英
生物转化	bio-transformation	生物营力	biogenic agent
介形类	ostracode	针状集合体	acicular aggregate
鲕状灰岩	oolitic limestone	鲕状岩	oolite
假角砾构造	merolitic structure	假组合	pseudo-component
假连续性	paracontinuity	假碎屑岩	merolite
假临界点	pseudocritical point	竹叶状灰岩	wormkalk
竹叶状角砾	edgewise breccia	角砾状白云岩	brecciated dolomite
钾盐	potassium salt	钾质花岗岩	kaligranite
钾钙年代测定法	potassium-calcium age method	钙芒硝	glauberite
钙碱系列	calc-alkaline serie	杂环核	heterocyclic nucleus
杂卤石	polyhalite, polyhallite	杂砂岩	graywacke, greywacke
杂乱构造	chaotic configuration	杂乱结构	chaotic configuration
正长岩	syenite	正地形	positive form, positive landform
正长石	orthoclase, orthoclasite	斜长石	plagioclase, sodium-calcium feldspar
斜节理	diagonal joint,angular jointing	基性火成岩	basic igneous rock
闪长岩	diorite	辉长岩	gabbro
角闪岩	amphibolite	花岗岩	granite
煌斑岩	lamprophyre	云煌岩	minette
流纹岩	rhyolite, rhyolith	鞍山岩	andesite
透镜状砂层	lenticular sand, sand lens	玄武岩	basalt
石英岩	quartzite	大理岩	marble
板岩	slate	片岩	schist
片麻岩	gneiss	片麻理	gneissosity
方解石	calcite, calcspar	白云石	dolomite, dolomie bitterspar
白云岩	dolomite,dolostone,dolomitite	黄铁矿	pyrite
水平层理	horizontal bedding	波状层理	wavy bedding, hummocky bedding
斜层理	diagonal bedding, inclined bedding, oblique stratification	交错层理	cross-bedding
缝合线	suture	缝合构造	suture structure
冲刷痕	scour mark	冲积相	alluvial facies
冲积层	alluvium, alluvial layer, alluvial deposit	干裂	drying crack, sun crack, desiccation crack
浸泡	soak	浸油	immersion oil
水侵	water cutting, water invasion, water encroachment	浸液	immersion fluid, immersion liquid, index liquid
斜接褶皱	juxtaposed folds	倾伏褶皱	pitching fold, plunging fold
倒转褶皱	overfold, overturned fold, reflex fold	辉石	pyroxene
浮石	pumice	霏细石	felsite
锆石	zircon	蛋白石	opal

汉	英	汉	英
石榴石	garnet	高岭石	kaolinite
重晶石	barite	伊利石	illite
莫氏硬度 [（Mohs）Mohs’ Hardness]			
1- 滑石	talc	2- 石膏	salt lime, gypsum, gypse
3- 方解石	calcite, calcspar	4- 萤石	fluorite
5- 磷灰石	apatite	6- 正长石	orthoclase, orthoclasite
7- 石英	quartz	8- 黄玉	topaz
9- 刚玉	corundum, adamantine spar	10- 金刚石	diamond
地质年代单位（Geochrologic Unit）		年代地层单位（Chronostratigraphy Unit）	
宙	Eonothem	宇	Eonothem
代	Era	界	Erathem, Phythem
纪	Period	系	System
世	Epoch	统	Series
期	Stage	阶	Stage
地质年代（Geochron）			
前寒武纪	Precambrian	二叠纪	Permian
太古代	Archaean era	中生代	Mesozoic
元古代	Proterozoic	三叠纪	Triassic
震旦纪	Sinian	侏罗纪	Jurassic
古生代	Palaeozoicera	白垩纪	Cretaceous
寒武纪	Cambrian	新生代	Cenozoic
奥陶纪	Ordovician	第三纪	Tertiary
志留纪	Silurian	早第三纪	Palaeogene
泥盆纪	Devonian	古新世	Paleocene
石炭纪	Carboniferous	始新世	Eocene
晚第三纪	Neogene	渐新世	Oligocene
中新世	Miocene	上新世	Pliocene
第四纪	Quaternary	更新世	Pleistocene
钻井液性能（Mud Properties）			
密度	mud density	黏度	viscosity
失水	water loss	含砂	sand cut
泥饼	mud cake	氢离子浓度	pH (potential of Hydrogen)
石油储量分级（Grade of Oil Reserves）			
探明储量	proved reserves,proven reserves, demonstrated reserves	控制储量	control reserves
预测储量	prognostic reserves	远景资源量	prospective reserves
地质储量	reserves in place	潜在资源量	potential resources reserves

汉	英	汉	英
石油储量分级（Grade of Oil Reserves）			
推测资源量	hypothetical resources reserves	滚动勘探开发	progressive exploration and development
单井储量	individual-well reserves	可采储量	recoverable reserve
原始储量	primary reserve	累计产量	cumulative production
剩余储量	remaining reserve		
酸化（Acidizing）			
挤注	squeeze	酸液	acidizing fluid (acid liquor)
顶替液	displacement fluid	关井	closing well (shut-in well)
排酸	discharge	排液量	liquor drainage
压裂（Fracturing）			
压裂液	fracturing fluid, breakdown fluid, frac fluid	支撑剂	proppant, propping agent
前置液	preflush, ahead fluid, pad fluid	携砂液	load fluid, sand-laden fluid, sand carrier
扩散压力	diffusion pressure	携液量	liquid carry over
隔离液	insulating liquid, seal liquid, spacer fluid	加砂比	sand proportion
试气（Gas Testing）			
注	water, inject, injection	水泥塞	cement plug, cementing plug
下	run	封隔器	packer
洗井	well-flushing, washover, well cleanout	射孔	perforation
诱喷	induced blowout	放喷	flush, boosting
测压	pressure measurement	垫圈	packing ring, washer
临界速度	critical speed, terminal speed, critical velocity	油嘴	choke, bean, flow nipple
挡板	baffle	流压	flowing pressure
静压	static pressure		
皱曲要素 [Elements (constituents) of Fold]			
翼和翼角	limb	顶和槽	apex, top
枢纽	pivot, hinge	轴面	axial surface pinacoid, axial plane
色谱组分（Chrom）			
甲烷	Methane	乙烷	Ethane
丙烷	Propane	异丁烷	Iso-butane
正丁烷	Normal-butane	异戊烷	Iso-pentane
正戊烷	Normal-pentane	己烷	Hexane
庚烷	Heptane	辛烷	Octane
壬烷	Nonane	癸烷	Decane
氯离子滴定用品 [Chlorine Log (Salinity Log)]			
滤液	filtrate, filter liquor	滴定皿	burette, buret, byrette

汉	英	汉	英
氯离子滴定用品 [Chlorine Log (Salinity Log)]			
碳酸计	calcimeter	酚酞	dihydroxyphthalophenone, phenolphthalein
移液管	pipette	蒸馏水	distilled water, aqua distillate
铬酸钾	chromaic acid, chromate nitrate	指示剂	indicator
硝酸银	silver nitrate, lunar caustic	烧杯	beaker, bunsen beaker
试管架	test tube rack, test tube stand	试管	test tube
试纸	indicator strip, test paper	滴定	titration
茜红素	alizarin red	双氧水	oxydol
镊子	tweezers	四氯化碳	carbon tetrachloride
三氯甲烷	chloroform	器皿箱	utensil kit
硅胶	silica gel	氯化钙	calcium chloride
盐酸	hydrochloric acid	酒精	alcohol
荧光灯	ultraviolet light	元素扫描仪	element scanner
测井原图（Terms of Original Logging Map）			
纵线	in-line	纵波	compressional wave, longitudinal wave
相纸移动	photographic paper	测井速度	logging speed
横线	crossline	记号线	mark, sign
零长	distance of zero mark	基线	ground line
检流计（光点）	galvanometer(luminous point, light spot)	刻度线	scale graduation line, calibration tail
电流线	current line	镜质体反射率	vitrinite reflectance
地震测线	seismic line, seismic profile	反射波	reflected wave
透射波	transmitted wave	入射波	incidence wave, incident wave
折射波	refracted wave,refraction wave	电极距	electrode spacing
电极对	electrode pair	井径测井	caliper survey
自然电位测井	SPONTANEOUS POTENTIAL (SP)	伽马测井	GAMMA RAY
中子测井	NEUTRON	声波测井	SONIC
微电阻率测井	MICROLOG	微侧向测井	MICRO LATEROLOG
感应测井	INDUCTION ELECTRIC	电测井	ELECTRIC LOG
侧向测井	CONDUCTIVITY LATEROLOG	地层密度测井	FORMATION DENSITY LOG
孔隙度测井	SIDEWALL NEUTRON POROSITY LOG		

（二）地质岩性国际标准缩写

汉	英	汉	英
A			
丰富的	abnt (abundant)	关于	abt (about)
在……之上	abv (above)	累计	accum（accumulation)

汉	英	汉	英
	A		
针状	acic (acicular)	在……之后	aft (after)
聚集体，共计	agg (aggregate)	附聚物，集块岩	aglm (agglomerate)
藻类	alg (algae)	蚀变的	alt (altered)
琥珀色	amb (amber)	非结晶的	amor (amorphous)
双孔层孔虫属	Amph (Amphipora)	数量	amt (amount)
安山岩	andes (andesite)	斜的，有角的	ang (angular)
无水石膏	anhy (anhydite)	表现	apr (apparent)
近似的	aprox (aproximate)	出现	aprs (appears)
正上反角	anhed (anhedral)	文石	arag (aragonite)
砂质的	aren (arenaceous)	泥质的	arg (argillaceous)
泥岩板	argl (argillite)	长石砂岩	ark (arkose)
沥青	asph (asphalt)	平均	av (average)
	B		
……的底部	B (bottom of)	重晶石	bar (barite)
玄武岩	bas (basalt)	变成	bcm (become)
层	bd (bed)	层状的	bdd (beded)
层理	bdg (bedding)	箭石属（头足类）	belm (belemnites)
膨润土	bent (bentonite)	浅黄色	bf (buff)
生物碎屑岩	bioc (bioclastic)	黑云母	biot (biotite)
沥青（沥青质的）	bit [bitumen (imous)]	蓝色的	bl (blue)
析水，凝胶吸收	bldg (bleeding)	卵石	bldr (boulder)
黑色	blk (black)	块状的	blky (blocky)
光谱带，夹层	bnd (band)	带状，层状	bndd (banded)
腕足动物门	Brac (brachiopoda)	角砾岩	brec [(breccia(ed)]
光亮	bri (bright)	脆的	brit (brittle)
断裂	brkn (broken)	棕色	brn (brown)
苔藓动物门	Bry (bryozoa)	底	btm (bottom)
葡萄状的	btry (botryoidal)		
	C		
粗糙的	C [coarse(ly)]	岩心	C（core）
方解石	calc [calcite (areous)]	含碳的	carb (carbonaceous)
孔穴状	cav (cavernous)	大鹅卵石	cbl (cobble)
头足纲（软体类）	Ceph (cephalopod)	砾岩	cgl (conglomerate)
刺毛虫属	chaet (chaetetes)	玉髓	chal (chalcedony)
几丁质，甲壳质	chit (chitin)	白垩	chk (chalk)
亚氯酸盐	chl (chlorite)	赫色	choc (chocolate)
油嘴，节流器	chk (choke)	黑硅石	cht (chert)

续表

汉	英	汉	英
C			
循环	circ (circulate)	叠锥	c–in–c (cone–in–cone)
碎屑物	clas (clastic)	清洁，纯的	cln (clean)
清楚	clr (clear)	分簇	clus (cluster)
黏土	cly (clay)	黏土岩	clyst (claystone)
水泥，胶结	cmt (cement cemented)	同轴的	cncnc (concentric)
中心	cntr (center)	煤	coal (coal)
颜色	col (color)	普通的	com (common)
固结	conc (concretion)	贝壳状	conch (conchoidal)
牙形石	cono (conodont)	污染	contm (contaminate)
接触，界面	cont (contact)	贝壳灰岩	coq (coquina)
扭弯	contrt (contorted)	校正	corr (correct)
珊瑚	cor (coral)	压实	cpct (compact)
覆盖	cov (covered)	裂隙	crev (crevice)
细褶皱的	cren (crenulated)	海百合	crin (crinoid)
取心	crg (coring)	皱的	crnk (crinkled)
钻探用特级金刚石	crm (creams)	隐晶质的	crpxl (cryptocrystalline)
隐粒的	crpgr(cryptograined)	接触，界面	ctc (contact)
套管，下套管	csg (casing)	坍塌	cvg (cavings)
岩屑	ctgs (cuttings)	交错层	xbdd (crossbedded)
斗星介属（介形类）	cyp (cypridopsis)		
D			
钻铤	DC (drill collar)	死的	dd (dead)
钻井深度	DD (drillers depth)	岩屑	deb (debris)
减少	decr (decreasing)	度	degr (degree)
树枝石	dend (dendrite)	直径	dia (diameter)
硅藻	diat (diatoms)	差别	dif (difference)
侵染	dism (disseminated)	暗	dk (dark)
密实的	dns (dense)	钻杆	DP (drillpipe)
同上，重复	dto (ditto)	白云石	Dol (dolomite)
白云石晶模	dolc (dolocast)	白云石穴	dolmd (dolomold)
白云岩	Dolst (Dolostone)	钻井	drlg (drilling)
晶簇（状）	drsy［druse(y)］	碎屑的	dtrl (detrital)
确定，决定	dtrm (determine)		
E			
海胆类	Ech (Echinoid)	长条形的	elg (elongate)
椭圆状	elip (elliptical)	嵌入的	embdd (embedded)
内卷虫属（有孔虫类）	Endo (Endothyra)	扩大，放大	enlrg (enlarged)
估计的	est (estimated)	土状，泥质	ethy (earthy)

汉	英	汉	英
		E	
当量	equiv(equivalent)	全形的，自形	euhed (euhedral)
蒸发盐的	evap (evaporitic)	暴露	exp (expose)
挤压	extr (extrusion)		
		F	
细的	f (fine)	切割面	fac (facet)
动物群	fau (fauna)	蜂巢珊瑚属	Fvst (Favosites)
铁质的	Fe (Iron–Ferruginous)	铁矿石	Fe–st (Ironstone)
最终流动压力	FFP (final flowing pressure)	最终流体静压力	FHP（final hydrostatic pressure）
纤维状的	fib (fibrous)	形状	fig (figure)
裂开的	fis (fissile)	充满	fl (fill)
平滑的	flat (flattened)	长石	fld (feldspar)
薄层的，板层的	flgy (flaggy)	薄片，碎片	flk (flake)
电石，黑燧石	flnt (flint)	荧光	flor (fluorescence)
一切生物	fls (flesh)	断层	flt (fault)
浮式	fltg (floating)	地层	fm (formation)
消失，变弱	fnt (faint)	薄层状	fol (foliated)
有孔虫类	Foram (Foraminifera)	化石	Fos (fossil)
修正的，公平的	fr (fair)	断裂	frac (fracture)
碎块的	frag (fragment)	易碎的	fri (friable)
冻结，失去光泽	fros (frosted)	新鲜的	frs (fresh)
最终关井压力	FSIP (final shut–in pressure)	纺锤蜓	Fus (Fusulinid)
		G	
好	g（good）	辉长石	Gab (gabbro)
腹足纲（软体动物）	Gast (Gastropod)	天然沥青	gil (gilsonite)
玻璃状	gl (glassy)	海绿石	glau (glauconite)
抱球虫属（有孔虫类）	Glob (Globigerina)	球状	glblr (Globular)
光泽	glos (gloss)	绿色	gn (green)
片麻岩	Gns (gneiss)	笔石（类）	Grap (Graptolite)
颗粒，格令（重量单位）	gr (grain)	（颗）粒状的	gran (granular)
粒砂	grnl (granule)	等级	grd (grade)
花岗岩	Grnt (granite)	油性的	grsy (greasy)
粗砂质的	grty (gritty)	砾石	Gvl (Gravel)
灰色的	gy (gray)	石膏	gyp (gypsum)
硬砂岩	Gywk (Graywacke)		

附录

汉	英	汉	英
		H	
硬的	hd (hard)	赤铁矿	hem (hematite)
六角形的	hex (hexagonal)	高度	hi (high)
水平的	hrznl (horizontal)	重的	hvy (heavy)
烃类	hydc (hydrocarbon)		
		I	
火成的	ig (igneous)	初始流体静压力	IHP (initial hydrostatic pressure)
影响，效果	imp (impression)	浸渍的	imprg (impregnated)
包括	incl (included)	增长	incr (increase)
硬化的	ind (indurated)	不易区别的	indst (indistinct)
叠瓦蛤属（双壳类）	Inoc (Inoceramus)	夹层的，互层的，间层的	inbdd (interbedded)
初始关井压力	ISIP (initial shut–in pressure)	层间碎屑	intcl (interclast)
碎片间的	intfrag (interfragmental)	层间的	intfm (interformation)
交生的，连生的，叉生的	intgran (intergrown)	薄层相间的	intlam (interlaminated)
解释	intpt (interpretation)	侵入作用	intr (intrusion)
隙间的	intsl (interstitial)	间隔，层段	intv (interval)
晶间	intxl (intercrystalline)	无脊椎动物的	invrtb (invertebrate)
不规则的	ireg (irregular)	彩虹（色）的，现晕光的	irid (iridescent)
		J	
碧玉	Jasp (Jasper)	连接的	jtd (jointed)
接头，连接	jts (joints)		
		K	
高岭土	kao (kaolin)	方钻杆补心	KB (kelly bushing)
干酪根	ker (kerogen)	初始造斜	KO（kick off）
		L	
层状的	lam (laminated)	淡紫色	lav (lavender)
淋滤，淋溶，浸出	lch (leach)	（井内）台肩，暗礁	ldg (ledge)
小扁豆层，透镜体	len (lentil)	长	lg (long)
褐煤	Lig (Lignite)Lignite	致密晶质的	lith (lithographic)
褐铁矿	lmn (limonite)	块状的	lmpy (lumpy)
舌形贝类	Lngl (Linguloid)	下部的	low (lower)
大的	lrg (large)	石灰岩	Ls (Limestone)
松开	lse (loose)	光泽	lstr (luster)
轻的	lt (light)	石质，岩屑	ltc (Lithic)
小的	ltl (little)	层	lyr (layer)

续表

汉	英	汉	英
		M	
介质，中等	m (medium)	大化石	macfos (macrofossil)
磁铁矿	mag (magnetite)	磁性的	magn (magnetic)
紫酱色	mar (maroon)	大的	mas (massive)
材料	mat (material)	最大	max (maximum)
成员	mbr (member)	泥岩	Mdst (Mud stone)
变质的	meta (metamorphic)	交代	msm (metasomaticous)
云母	mica [mica(ceous)]	微化石	micfos (microfossil)
微粒的	micgr (micrograined)	微云母	mic–miea (micro–micaceous)
微晶的	micxl (microcrystalline)	中间	mid (middle)
最小	min (minimum)	乳状的	mky (milky)
较小的	mnr (minor)	矿物的	mnrl (mineral)
分钟	mnut (minute)	中等的，缓和的	mod (moderate)
软体动物门	Mol (Mollusca)	斑点状的	mot (mottled)
泥灰岩	Mrl [Marl(stone)]	基岩，岩石骨架	mtx (matrix)
百云母	musc (muscovite)		
		N	
不，无	n (no, non)	珍珠质的	nac (nacreous)
团块，结核	nod (nodule)	许多的	num (numerous)
		O	
油	Oil (oil)	目的	obj (object)
偶然的	occ (occasional)	赭石，赭色	och (ochre)
气味	od (odor)	裸眼井	OH (open hole)
橄榄色	olv (olive)	空鲕状	occ (oolicast)
鲕状岩	ool (oolite)	鲕状穴	oom (oomold)
不透明体	opq (opaque)	对应的	opp (opposite)
橘色	org (orange)	正长石	orth (orthoclase)
介形类（节肢动物）	Ost (Ostracod)	氧化的	ox (oxidized)
		P	
劣质的，贫的	p (poor)	填井	P & A (plugged & abandoned)
回填	PB (plugged back)	似无饰介属（介形虫）	Para (Paraparchites)
卵石	pbl (pebble)	碎片的	pchy (patchy)
现深度	PD (present depth)	长身贝类	pdct (productids)
丸，小球	pel (pellet)	射孔	perf (perforate)
渗透率	perm (permeability)	石油	pet (petroleum)
磷酸盐	phos (phosphate)	豆状岩	piso (pisolite)

汉	英	汉	英
P			
麻点	pit (pitted)	粉红色	pk (pink)
封隔器	pkr (packer)	斜长石	plag (plagioclase)
塑性的	plas (plastic)	瓣鳃类	Plcy (Pelecypods)
植物化石	pl fos (plant fossils)	板状的	plty (platey)
抛光	pol (polish)	孔隙度	por [porous(osity)]
瓷的，脆的	porc (porcelain)	可能的	pos (possible)
精确定位	P–P (pin–point)	起主要作用	pred (predominate)
保持	pres (preserved)	初次的，主要的	prim (primary)
棱状，棱镜	pris (prism)	珍珠状，碎片的	prly (pearly)
概率的，大概的	prob(probable)	突出的构造高点	prom(prominent)
假	psdo (pseudo)	章	pt (part)
裂开，分界	ptg (parting)	紫色的	purp (purple)
黄铁矿	pyr (pyrite)	焦沥青	pyrbit (pyrobitumen)
火成碎屑的	pyrclas (pyroclastic)		
Q			
石英	qtz (quartz)	含石英的	qtzc (quartzitic)
石英质的	qtzs (quartzose)	石英岩	qtzt (quartzite)
R			
红色	r (red)	放射，辐射	rad (radiate)
随机的	rand (random)	毛石	rbl (rubble)
整数的，圆形的	rnd (round)	回收的	rec (recovered)
正规的	reg (regular)	置换	repl (replaced)
菱形的	rhmbl (rhombohederal)	菱形	rhmb (rhomb)
化石	rmn (remains)	岩石	rk (rock)
剩余，残余，残渣	resd (residue)	旋转的方钻杆补心	RKB (rotary kelly bushing)
扩眼	rmg (reaming)	范围，距离	rng (range)
(泵进口的)滤网，滤器	ro (rose)	稀少，稀有	rr (rare)
树脂的	rsns (resinous)	钻机安装	Ru (rig up)
运行	run (run)		
S			
小的	s (small)	盐	sa (salt)
硫黄	S (Sulfur)	砂糖状	sach (saccharoidal)
赭色	sal (salmon)	饱和	sat (saturate)
次，副	sb (sub)	次棱角	sbang (subangular)
半形的	sbhed (subhedral)	次圆状的	sbrnd (subrounded)

汉	英	汉	英
S			
尺度，比例	sc (scales)	扩散的	scat (scattered)
片岩	sch (schist)	蚜，蚜化石（鄂器）	scol (scolecodonts)
稀少	scs (scarce)	砂	Sd (Sand)
砂质的	sdy (sandy)	次生的	sec (secondary)
沉淀，沉积物	sed (sediment)	亚硒酸盐，透（明）石膏	sel (selenite)
页岩	Sh (shale)	页岩质的	shy (shaly)
阴影	shad (shadow)	关井套管压力	SICP (shut–in casing pressure)
软的	sft (soft)	菱铁矿	sid (siderite)
关井钻杆压力	SIDP (shut–in drillpipe pressure)	二氧化硅	sil (silica)
断层擦痕面	sks (slickensided)	少量的，轻（微）的	sl (slight)
丝状的	slky (silky)	慢的	slo (slow)
粉砂	slt (silt)	粉砂岩	Sltst (siltstone)
粉（土）质的	slty (silty)	光滑的	sm (smooth)
试样，样品	smpl (sample)	溶液	sol (solution)
可溶解的	solb (soluble)	点，滴	sp (spot)
斑点	spec (speck)	石燕属（腕足类）	Spfr (Spirifers)
海绵状物	Spg (Sponge)	小球（体）	sph (spherules)
闪锌矿	sphal (sphalerite)	钻状体，骨针	spic (spicule)
碎片	splty (splintery)	孢子	spr (spore)
亮晶方解石	spy–ca (sparry calcite)	挤压	squ (squeeze)
种类	srt (sort)	分类	srtg (sorting)
砂岩	Ss (sandstone)	块石	st (stone)
点刻	stip (stippled)	染色	stn (stain)
薄间层	str (streak)	地层	strat (strata)
低产井，低产段，薄层，细脉	strg (stringer)	条纹	stri (striated)
流动	strmg (streaming)	层孔虫类	Strom (Stromatoporoid)
构造	struc (structure)	缝合线构造	styl (stylolite)
糖粒	suc (sucrosic)	糖粒状	sug (sugary)
表面，地面	surf (surface)	绢云母	srct (sericite)
抽汲	swb (swab)	袋，包	sx (sacks)
大小，尺寸	sz (size)		

附录

续表

汉	英	汉	英
T			
顶部	T/(top of)……	薄层的，表格式的	tab (tabular)
总深度	TD (total depth)	竹节石属	Tent (Tentaculities)
结构，特征	tex (texture)	坚韧的	tgh (tough)
厚的	thk (thick)	薄的	thn (thin)
遍及，始终	thru (throughout)	痕迹	tr (trace)
三叶虫纲	Trilo (Trilobite)	硅藻土	trip (tripolite)
半透明的	trnsl (translucent)	透明的	trnsp (transparent)
右旋轮藻属	Troc (Trochiliscus)	致密的	tt (tight)
测试	tstg (testing)	管子的，管状的	tub (tubular)
(火山质)凝灰岩	tuf (tuff)	实际垂直深度	TVD (true vertical depth)
U			
不整合	unconf (unconformity)	疏松的，非固结的	uncons (unconsolidate)
均匀的	uni (uniform)	上部	up (upper)
V			
非常	v (very)	易变的	var (variable)
染色的	vcol (varicolored)	多孔状	ves (vesicular)
斑驳的	vgt (variegated)	玻璃质，透明的	vit (vitreous)
岩脉，纹理	vn (vein)	火山岩	volc (volcanic)
脊椎动物	vrtb (vertebrate)	垂直	vrt (vertical)
季节	vrvd (varved)	晶洞	vug (vug)
W			
井	w (well)	白色	wh (white)
弱的	wk (weak)	等候	wo (waiting on)
气候	wthr (weather)	水	wtr (water)
波状	wvy (wavy)	蜡的	wxy (waxy)
同	w (with)	水垫	w/c (water cushion)
X			
交错层	xbdd (crossbedded)	交错层理	xbdg (crossbedding)
结晶	xl (crystal)	交错纹理	xlam (crosslaminated)
结晶体	xln (crystalline)		
Y			
黄色 yel (yellow)			
Z			
沸石	zeo (zeolite)	区域，地带	zn (zone)

二 地质压力

汉	英	汉	英
钻前预测	Pre-drilling Well Planning	随钻监控	Drilling Well Monitoring
钻后整理	Post-Drilling	教学演示	Teaching&Demonstration
超覆压力梯（上覆岩层压力梯度）	OBG（Overburden Pressure Gradient）	破裂压力梯度	FG（Fracture Gradient）
孔隙压力梯（地层压力梯度）	PP (Pore Pressure)	压力系数	Pressure Coefficient
泊松比	Poisson Ratio	D_{XC} 指数	Corr. Drilling Exponent
Sigma 指数	Sigma Exponent	地层压力梯度	FPPG（Formation Pore Pressure Gradient）
地层破裂压力梯度	FFPG（Formation Fracture Pressure Graduation）	地层孔隙度	Formation Porosity
泥页岩密度	Shale Density	净水压力	Hydrostatic Pressure
帕斯卡定律	Pascal' s Law	净水压力梯度	Hydrostatic Pressure Gradient
上覆岩层应力	Overburden Stress	正常地层压力	Normal Formation Pressure
异常地层压力	Abnormal Formation Pressure	异常压力	Pressure Anomalies
当量钻井液循环密度	ECD (Equivalent Circulation Density）	校正的 *d* 指数趋势线	D_{XC} Trend
漏失试验	Leak-off Test	当量静态密度	ESD
压差	Differential Pressure	砂岩线	Sand Line
泥线	ML (Mud Line)	牛顿流体	Newtonian Fluid
宾汉塑性流体	Bingham Plastic	幂定律流体	Power Law
罗伯逊－斯蒂夫流体	Robertson -Stiff	赫－巴流体	Herschel-Bulkley
钻具转动扭力和拖曳力	Torque&Drag	钻具活动对井眼的冲击力和抽吸力	Surge&Swab
水热压力成因	Aquathermal Pressuring	成岩作用	Clay Diagenisis
压实不平衡	Compaction Disequilibrium	底辟 / 刺穿作用	Diapirism
生烃作用	Hydrocarbon Generation	渗透作用	Osmosis
古压力，地层抬升	Paleopressures/Uplift	永冻土	Permafrost
储层构造，浮力	Reservoir Structure，Buoyancy	浅层气	Shallow Gas
构造应力	Tectonic Stress	区域再压实作用	Zonal Repressuring

附录 2　录井设备英语

一　标注用语

原图标注是录井一项重要的日常工作，是施工现场各方实时通信的重要手段。标注用语的简洁、准确和可理解是关键，否则会造成歧义，如：replace a new absorption tube（换干燥管），如果把 replace 改成 change 就不够确切了，因为只是替代了一个新的而没有换成其他样式的干燥管。还有，把干燥管称为 dry tube 也是不确切的，干燥管利用干燥剂对气体中水分的吸收原理而达到干燥的目的，所以，用 absorption tube 更能达意。以下为一些常用表述：

1. power failure (tripped off)。电源故障，非人为断电，用来标注外电源已断开并可预示由于断电而导致的记录原图失真现象。

2. paper jam 。打印机经常出现的卡纸问题，可造成曲线吻合不好。出现此问题一般通过微调导纸轮、进退打印纸来解决。为了不造成资料分析上的误解，标注此标记。

3. Leakproofness inspection from gas trap。从脱气器处进行封闭性检查，表示封闭性可用 Leakproofness 和 tightness。注：为避免与钻井工程中的脱气器的英语表达相冲突，录井仪脱气器用 gas trap（气体捕集器）表示为妥。

4. Carbide examination from gas trap。用电气石测试气体捕集器封闭性。test 的主要含义是实验和测试，examination 指细查和检查，inspection 是检查和检验，此项工作的目的是通过电气石来检查气路的封闭性，所以，用 examination 更符合意义。

5. replace a new… 泛指所有相同物件的替代作业，如：replace a new CUP sensor（换上新 CUP 传感器），replace a new hub（换新集线器）……

6. lower pump rate。指由于液面低而引起的气体峰值衰减现象和其他相关参数的变化。

7. lubricate … 可指日常相关的维护、保养作业，如：lubricate the drawwork sensor（保养绞车传感器）, lubricate the rig（保养钻机）。

8. Hash。由于电波动所引起的瞬时数据采集错误，如我们通常所说的毛刺。

9. free… from（at）… 将……从……地方移走，如：free mud from（at）trip tank（将钻井液从计量罐中移走），free mud from (at) surge tank（将钻井液从缓冲罐中移走）。

10. mud free from somewhere。什么地方跑钻井液，如：mud free from shale shakers（振动筛跑钻井液）。

11. background gas。背景气。

12. trip gas。起、下钻气。

13. gas aftereffects。后效气。

14. secondary gas aftereffects。二次后效气。

15. oil and/or gas shows。油气显示。

16. contaminated gas。污染气，由于加入了荧光添加剂或钻井液受到了其他物品的污染而使气体基值幅度上升，此时，应及时标注该项。

17. pipe gas（or connection gas）。接单根气。

18. make a single or make a connection, or make a joint。都可表示接单根的意思。

19. …calibration。指不同于实时录井的所有设备标定，如：FID calibration（标定色谱），hydrogen sulphide (H_2S) sensor calibration（标定硫化氢传感器）。

20. …be broken。指所有已坏而待检修的设备，如：Martin Decker Diaphragm Holder was broken（油轮坏了）。

21. Notify sth. to sb. or Notify sb. of sth. 将……告知……注：该项标注方式是最确切的预报监控的表达方法，在对外服务中使用频繁，如：Notify the duty driller and Supv. of Abnormal formation pressure（通知当班司钻和监督地层压力异常）。注：现场地质监督多称为 wellsitter。SPP goes down,driller be notified（通知司钻力压下降）。

22. transfer mud from … to … 从……向……倒钻井液，如：transfer mud from shear tanks to active pits（从剪切罐向循环池倒钻井液），transfer mud from trip tank to active pits（从计量罐向循环池倒钻井液），transfer mud from reserve tank to active pits（ 从储备罐向循环池倒钻井液）。

23. transfer mud between pits。泛指钻井液池间不引起总体积变化的钻井液互传。

24. make up a new BHA。指下钻时配接新的井下钻具组合。

25. fill drill string。下钻时向井下钻具中泵入钻井液。

26. break circulate。下钻过程中的中途循环，如遇阻时的循环。

27. RIH (run in hole)or tripping in。下钻。

28. POOH (pull out of the hole) or tripping out。起钻。

29. a round trip。全程起下钻。

30. a short trip。短程起下钻。

31. drill ahead。某种作业后的再钻进，如测斜后继续钻进时可键入该项。

32. take survey。指一切方法的测斜作业。

33. mud treatments。泛指一切钻井液处理工作。

34. build new volume。配置新钻井液。

35. run (ning) … 开、运行、启动……如：run desander（开除砂器），run desilter（开除泥器），run centrifuge（开离心机），run degasser（开脱气器）。上述设备的开、关会导致一定数量钻井液体积的变化，所以应予以及时标注。

36. mud losing from … 指导致钻井液损耗的地点及设备，如：mud loss from shale shakers（振动筛跑钻井液），mud loss from desilter（除泥器损耗钻井液）。

37. build …bbls new volume。配置……桶新钻井液，如：Build 30 bbls new volume in active pit.（在循环池中配置 30 桶新钻井液。）

38. no mud treatments。无钻井液处理作业，指当班无此作业。

39. Collect mud from trip in the cellar. 钻台下面有一个凹池用来存放起下钻时溢出的钻井液，这些钻井液要回收到循环系统中再利用，这个凹池称为 cellar，该项作业会使循环池体积上升所以要予以及时标注。

40. Ream last 2 stands to bottom. 从最后两柱开始划眼到井底，划眼时应及时标注以便掌握深度。

41. starting reaming depth。开始划眼深度。

42. shaker out of operation for …hours。振动筛坏……小时，该项用来标注振动筛停止工作的时间以帮助气测资料的分析。

43. continue adding defoamer。继续加入除泡剂。continue doing something 是一个非常有用的表达，用来表示一项连续从事的工作，如：continue repairing top drive（继续修顶驱），continue fishing operations（继续打捞），continue cleaning out sand trap（继续清理沉砂池）。

44. repairing … 修理……表示此项工作正在过程中，如：repairing the B.O.P（修理防喷器），repairing the SCR（修理可控硅整流器）。

45. pierced pipes。钻具刺穿。

46. lost… 掉……漏……如: lost nozzles（掉喷嘴）, lost cone（掉牙轮）, lost circulation（井漏），lost roller（掉滚珠）。

47. back lash。倒扣。注：国内一般将其标注为 reverse rotation, 但在英语中很难理解其具体意义，按国外监督的意见标注为 back lash 为妥。

48. hole deviation。井斜。与之相关的标注还有 taking survey（测斜），deflecting（造斜），correct drift（纠斜）, hold angle（稳斜）等。

49. rig up and/or rig down。井场上的安装和拆卸作业，也适用于录井设备，如：rigging up explosion-proof phone（安装防爆电话），rig down sensors（拆传感器）。

50. squeeze cementing。挤水泥。

51. bottom hole pressure test。井底压力测试。

52. waiting on … 一个非常有用的现场表达用语，用来表示已确定但尚未实现的作业，如：waiting on new drill collars（等新钻铤），waiting on cement（候凝），continue waiting on repair man（继续等维修人员），waiting on computerman（等计算机维修人员）。

53. prepare to do something。准备做……如：Prepare to Cut20″& 13 ⅜″ csg（准备割 20″、13 ⅜″ 套管），Prepare to take survey（准备测斜）。

54. bring in joints。从场地往钻台上拖钻杆。

55. …is on tour。……在班上，如：Mr. Wang, the duty driller, is on tour.（当班司钻是王先生）。

56. pick up from… 从……地方拖钻杆，如：pick up pipes from rack（从管架上拖钻杆）。

57. pick up and raise into the derrick。从场地拖钻杆到钻台。

58. lay down… 甩……如：lay down drill tools（甩钻具），lay down drill collars（甩钻铤）。

59. coring operation。取心作业。

60. Sampling。取样，可标注在诸如显示、仪器问题等有问题的井段，表示该井深数据已经取样。

61. Deflecting。造斜，如：deflecting angle（造斜角），deflecting tool（造斜工具）。

62. running in … 下入……如：running in whipstock（下入造斜器），running in the heavy

collars（下入加重钻铤），running in the extended core barrel（下入加长取心筒）。

63. Rig。该词在钻井工程作业中是一个使用范围很广的词，它可以代表井场及井场上的一切设备的综合，也可以指一个井队。如：lubricate the rig（保养钻机），go to the rig（到井场）。

二 常用工具

汉	英	汉	英
工具箱	tools box	活动扳手	adjustable spanner
内六方	allen key	天平	balance
计算器	calculator	岩心斧	core hatches
大锤	club hammer	圆规	compass
电钻	electric drill	砂轮	emery wheel
手电筒	flashlight (torch)	漏斗	funnel
锉	file	管箍	hose clip
钟表起子	instrument screwdriver	连接螺旋夹	jubilee clip
放大镜	magnifying glass	显微镜	microscope
自锁钳	mole wrench	臼和杵	mortar and pestle
梅花起子	phillips screwdriver	管钳	stillson pipe wrench
虎钳	combination pliers	剥线钳	wire–stripping pliers
尖嘴钳	long–nosed pliers	万能钳	universal pliers
木锉	rasp	平口起子	screwdriver
套环扳手	ring spanner	钢锯	hachsaw
剪刀	scissors	试电笔螺丝起子	electrical screwdriver
三角板	set squares	套筒扳手	socket spanner
开口扳手	open–ended spanner	夹钳	tongs
台钳	vice	曲柄扳手	wheel brace
钢尺	steel rule	钢卷尺	tape (steel tape or steel measuring tape)

附录 3　工程设备英语

一　钻机

汉	英	汉	英
井架	Derrick（mast 简易钻机）	人字架	Gin Pole
天车	Crown Block	钻台	Derrick Floor
水龙头	Swivel	立管	Stand Pipe
小鼠洞	Mouse Hole	大鼠洞	Rat Hole
井架大腿底板	Base Plate	井架大腿	Derrick Leg
水龙带	Rotary Hose	鹅颈管	Goose Neck
转盘链条罩	Guard (of Rotary Drive)	转盘	Rotary Table
井架扶梯	Steps	井架大腿拉筋	Girt
井架斜撑	Derrick Brace	游动钢丝绳	Rotary Line
坡道	Ramp	跑道	Cat Walk
井架底座	Derrick Substructure	水刹车	Hydraulic Brake
电磁刹车	Electromagnetic Brake	井口注钻井液管	Fill-up Line
大钩	Rotary Hook	二层台	Runaround
方钻杆	Kelly	防喷器	Blowout Preventer
绞车	Draw Works	套管头	Casing Head
空气包（位于坡道一侧）	Surge Chamber	空气包（位于循环池系统）	Air Chamber
拼车箱	Compound	绞车底座	Substructure (under drawworks)
泵传动护罩	Guard (of Pump Drive)	动力机台	Engine Platform
四通	Cross Tee	传动链条罩	Guard of Drive Chain
动力机	Drilling Engines	钻井液泵	Slush Pump
钻井液管线	Mud Line Manifold	钻井液搅拌漏斗	Mud Mixing Hopper
供水管线	Water Supply Line	上水管线	Suction Line
固定钻井液枪	Fixed Mud Gun	摇转式钻井液枪	Movable Mud Gun
钻井液池连通管	Mud Tank Connections	钻井液池	Suction Tank or Mud Tank
沉砂池	Settling Pit	振动筛	Shale Shaker
钻井液槽	Mud Return Ditch	架空槽	Return Line
压井管汇	Kill Line	节流管汇	Choke Line
防喷管汇	Relief Line	顶驱	Top Drive System
空气钻	Air Drilling	泡沫钻	Drill Foam
海洋钻井	Offshore Drilling	固定式钻井平台	A Fixed Platform
移步式钻井平台	A Jack-up Rig	半潜式钻井平台	Semisubmersible Rig

续表

汉	英	汉	英
钻井船	Drill Ship	船井	Moon Pool
除砂器	Desander	除泥器	Desilter
除气器	Degasser	循环罐	Active Pits
配钻井液	Build Mud	钻井液搅拌漏斗	Mud Mixing Hopper

二 井控

汉	英	汉	英
异常压力	abnormal pressure	正常压力	normal pressure
异常高压	higher-than-normal pressure, higher-than-expected pressure, abnormally high pressure	异常低压	lower-than-normal pressure, lower-than-expected pressure,abnormally low pressure
储能器	accumulator	储能器瓶	accumulator bottle
酸化压裂	acid fracture	可调节流阀	adjustable choke
节流阀	choke valve	单向阀	check valve
平板阀	gate valve	环形防喷器	annular/bag blowout preventer (BOP)
闸板防喷器	ram BOP	旋转防喷器	rotating BOP
环空压力（套压）	annular pressure(casing pressure)	环空	annular space, annulus
环空上返速度	annular velocity	大气压力	atmospheric pressure
回压	back-pressure	钟形导向短节（喇叭口）	bell nipple,shooting nipple
井底压力	bottom hole pressure (BHP)	放喷	bleed
放喷管线	bleed line,relief line	全封闸板	blind ram
半封闸板	pipe ram	剪切闸板	shear ram
变径闸板	variable ram	全封闸板防喷器	blind ram preventer
井喷	blowout	井侵	influx
溢流	overflow	井涌	kick
井喷失控	out of control for blowout	防喷器控制面板	blowout preventer control panel
防喷器控制面板	blowout preventer control panel	防喷器控制系统	blowout preventer control unit
井喷卡钻	blowout sticking	防喷器组	BOP stack
井底压力	bottom hole pressure(BHP)	中途测试	drill stem test(DST)
诱发的井涌	intentional kick	非诱发的井涌	unintentional kick
上返行程	bottoms up	上返时间	bottoms-up time
迟到时间	lag time	波依耳定律	Boyle's law
堵漏材料	bridging materials	压回地层压井法	bullheading
下入套管的井眼	cased hole	裸眼段	open hole section
套管破裂压力	casing burst pressure	套管下深	casing point
套压	casing pressure	套管鞋固深	casing seat

附录

续表

汉	英	汉	英
套管柱	casing string	悬空水泥塞	balance cement plug
水泥塞	cement plug	更换闸板	change rams
查尔斯定律	Charles's law	节流管汇	choke manifold
压井管汇	kill manifold	循环加重法	circulate–and–weight method
同步法	concurrent method	循环系统	circulating components
循环密度	circulating density	循环头	circulating head
循环压力	circulating pressure	井漏	loss of circulation,lost returns
黏土水化	clay hydration	关井压力	closed–in pressure,shut–in pressure
恒节流压力法	constant choke–pressure method	恒钻井液池液面法	constant pit–level method
分流器 / 转喷器	diverter	司钻控制台	driller's BOP control panel
司钻法	driller's method	等待加重法 / 工程师法	wait–and–weight method
钻杆安全阀	drill pipe safety valve	终了循环压力	final circulating pressure (FCP)
溢流检测	flow check	最大允许关井套压	maximum allowable annular surface pressure
压耗	friction loss	钻井液－气体分离器	gas buster（mud–gas separator）
气侵钻井液	gas–cut mud	地静压力	geostatic pressure
地温梯度	geothermal gradient	油泥塞	gunk plug
悬挂	hang off	硬关井	hard shut–in
软关井	soft shut–in	井眼尺寸	hole geometry/hole size
控制盒	hydraulic control pod	水力压裂	hydraulic fracturing
水静压头	hydraulic head	海德尔	hydril
静液压力	hydrostatic pressure	国际钻井承包商协会	International Association of Drilling Contractors(IADC)
国际井控论坛	International Well Control Forum (IWCF)	初始循环压力	Initial Circulating Pressure（ICP）
钻具内防喷器	inside blowout preventer (inside BOP)	原生水	interstitial water
逆乳化钻井液	invert–emulsion mud	旋塞	kelly cock
上旋塞	upper kelly cock	下旋塞	lower kelly cock
井涌	kick	井涌流体	kick fluids
井涌允许量	kick tolerance	压井	kill
压井液	kill fluid	压井管线	kill line
压井泵速	kill rate	压井泵压	kill–rate pressure
低泵速	slow circulating rate(SCR)	压井施工单	kill sheet
最大允许关井套压	maximum allowable surface pressure (MASP)	安装防喷器	nipple up
压井管柱	kill string	漏失测试	leak–off test(LOT)
井漏	loss of circulation(lost circulation, lost returns)	堵漏塞	lost circulation plug
拆卸防喷器	nipple down	回填	plug back

汉	英	汉	英
半封闸板防喷器	pipe ram preventer	填井材料	plugging material
侧钻	sidetrack	压力降	pressure drop
节流	positive choke	湿起	wet trip
干起	dry trip	闸板防喷器	ram blowout preventer
防喷器胶芯	preventer packer	低循环泵速	slow circulation rate(SCR)
低泵速循环压力	reduced circulating pressure(RCP)	防喷器遥控面板	remote BOP control panel
低泵速	slow pump rate(SPR)	返出物	returns
节流阀遥控面板	remote choke panel	安全阀	safety valve
反循环	reverse circulation	饱和点	saturation point
旋转头	rotating head	剪切闸板防喷器	shear ram preventer
回压阀	back pressure valve/non–return valve	关井井底压力	shut–in bottomhole pressure(SIBHP)
剪切闸板	shear ram	关井套压	shut–in casing pressure(SICP)
关井	shut in	强行起下钻	strip a well
关井井底压力测试	shut–in bottomhole pressure test	橡胶刮泥器	stripper rubber
关井立压	shut–in drill pipe pressure(SIDPP)	强行下钻	stripping in
不压井起下钻	snub	海底防喷器地面压力测试	stump pressure test
封井头	stripper head	海底节流管线阀	subsea choke–line valve
强行起下钻作业	stripping	无油管完井	tubingless completion
强行起钻	stripping out,strip pipe	修井机	service rig
海底防喷器	subsea blowout preventer	失控井 / 自喷井	wild well
地面防喷器组	surface stack	修井	workover
地下井喷	underground blowout	失控井	out of control well
固井（Cementing）			
固井施工	Cement Job	打水泥塞	Cementing Plug
钻水泥塞	Cement Drilling	挤水泥	Squeeze Cementing
水泥浆	Cement Slurry	水泥返高	Top of Cement
碰压	Bump Plug	隔离液	Spacer
漏失层	Loss Circulation Zone	高渗透层	Thief Zone

三 人员

汉	英	汉	英
联络人	Liaison Man	钻井监督	Drilling Supervisor (or Superintendent)
地质监督	Wellsitter	井队长	Toolpusher
副井队长	Assistant(Associated) Toolpusher	地质师	Geologist
司钻	Head Driller (or Driller)	副司钻	Assistant Driller
钻井液工程师	Mud Engineer	录井工程师	Mudlogging Engineer
钻井液工	Mud Boy (or Mud Man)	录井工	Mudlogger
捞砂工	Ditch Sample Catcher	钻工	Roughneck (or Floorman)
井架工	Derrickman	机工	Engineman (or Motorman)
场地工	Roustabout	机长	Motorist (or Mechanist)
泵工	Pump Man (or Pump Operator)	工长	Foreman
录井队长	Logging Crew Chief	录井仪	Mudlogging Unit
工作间	Workroom	井队	Drill Crew
录井队	Mudlogging Crew		

附录 4　彩图

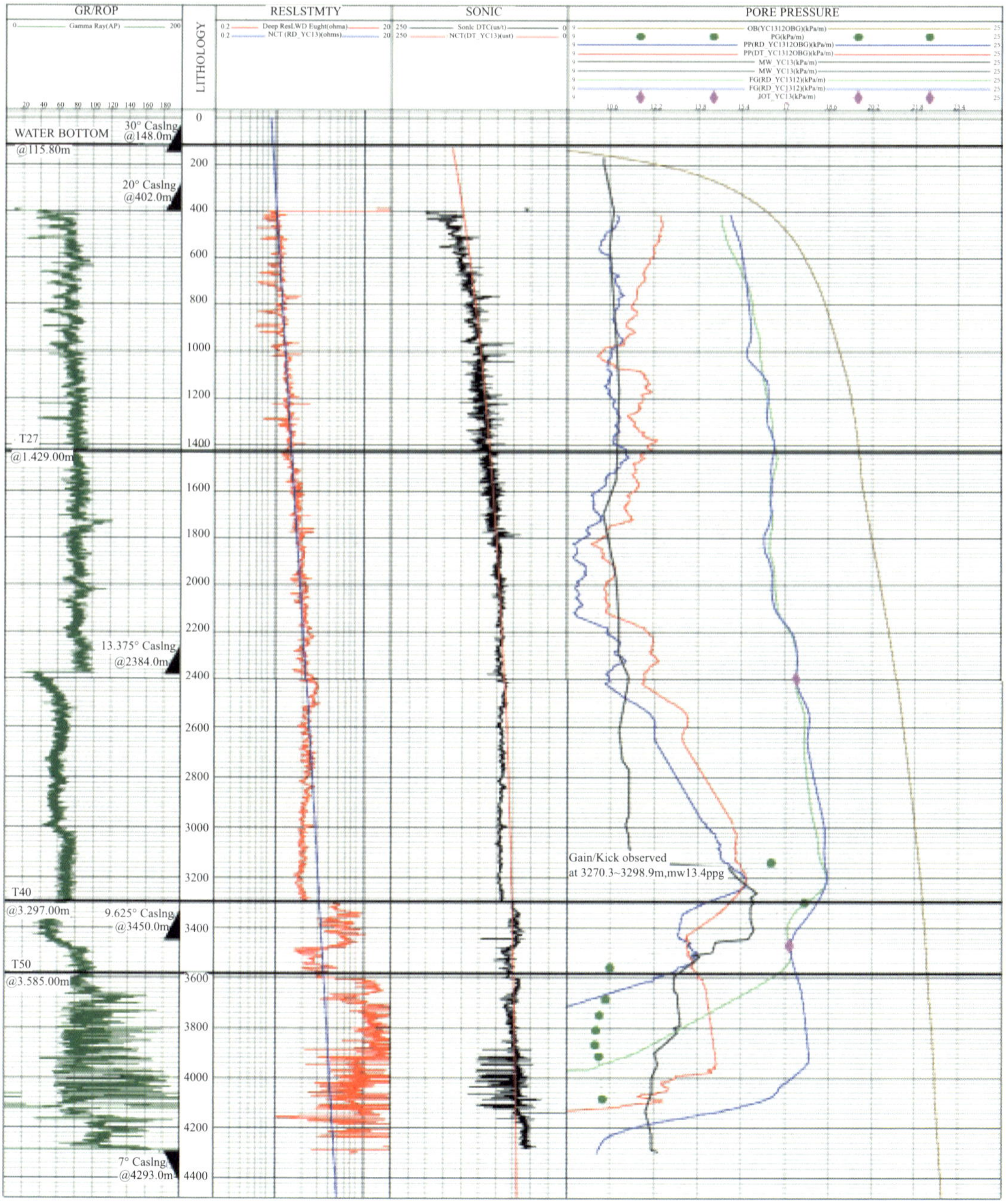

图 6-2-1　某井地层压力预测结果曲线图

附录

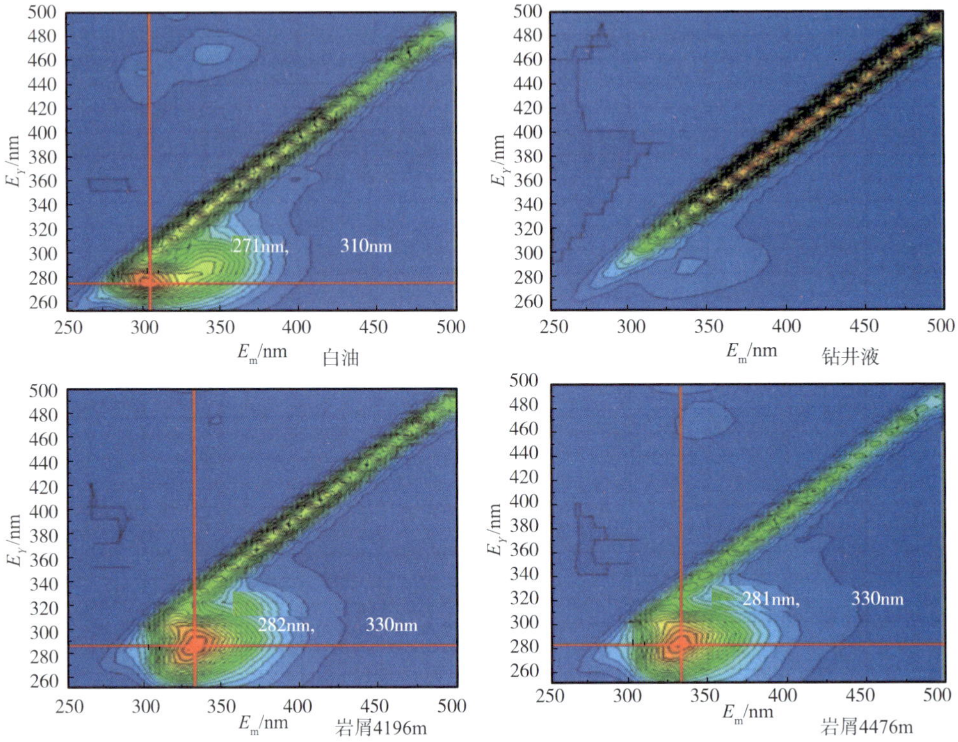

图 7-2-23　桩 ×× 井三维荧光谱图

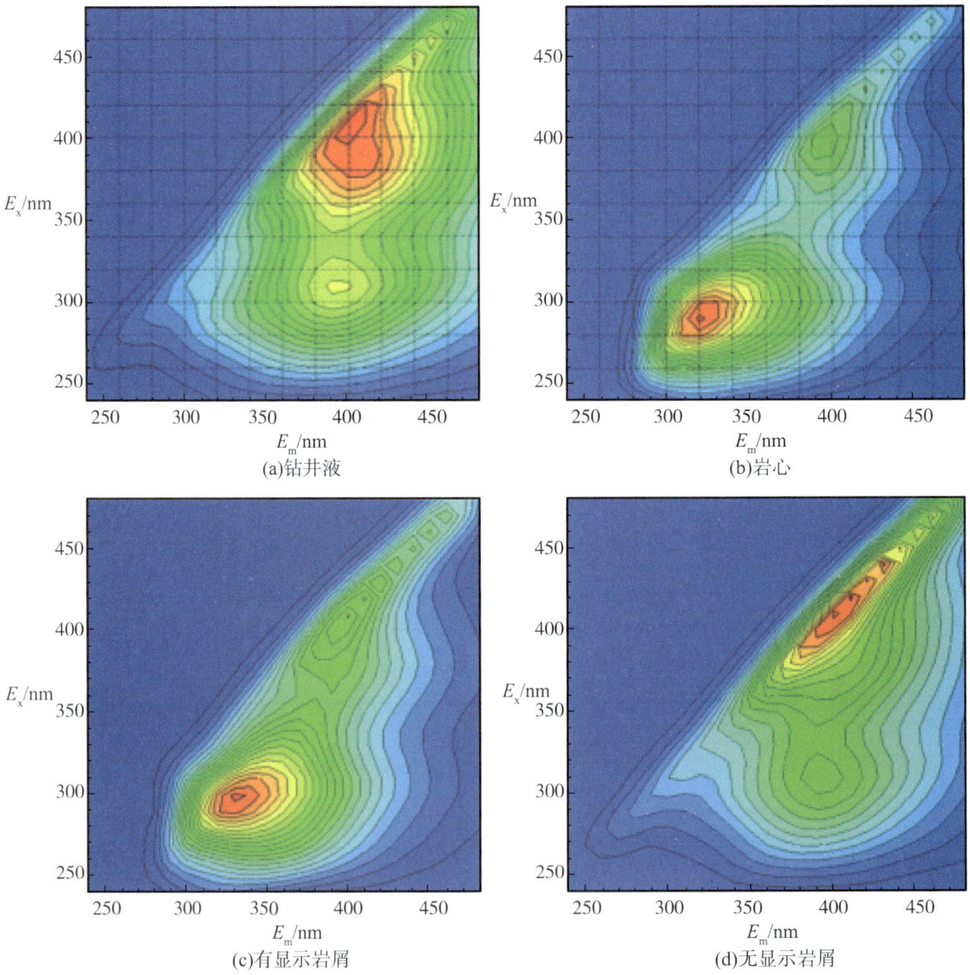

图 7-2-25　FSX111 井钻井液、岩心及岩屑分析谱图